研究生教学用书

教育部研究生工作办公室推荐

区域分析与规划高级教程

Advanced Program of Regional Analysis and Planning

吴殿廷 编著

高等教育出版社

内容提要

　　本书是教育部研究生工作办公室推荐的研究生教学用书。全书以区域为研究对象，以地理学、经济学理论为基础，以系统科学为指导，以区域发展和可持续发展为主线，着重从时、空两个方面，宏观和中观两个层面，探讨区域发展的客观规律，探索区域分析与规划的实用方法；吸收区域科学最新研究成果，结合中国的实际，试图在理论上给出区域系统分析的内容体系和思维框架；在方法和实践上有相当的实用性，使学生通过本课程的学习，能够结合具体区域进行分析，在参与区域发展研究和区域规划制定过程中发挥独特的作用。本书也为学生从事科学研究和毕业论文写作提供定量分析方法方面的支持。

　　全书共9章，内容包括区域与区域系统基本理论，区域发展过程机制、产业结构、空间结构分析，区域功能效益评价和规划、优化方法，区域发展方向与形象策划以及区域发展影响因素分析等。

　　本书可作为高等院校及科研单位地理类、经济类、规划类专业的研究生教材，也可供其他有关人员参考。

目　　录

第一章　系统与区域系统 ……………………………………………… (1)
　　第一节　系统科学原理 ………………………………………… (1)
　　第二节　区域系统 ……………………………………………… (10)
　　第三节　区域系统分析 ………………………………………… (26)
　　本章复习思考题 ………………………………………………… (32)

第二章　区域系统的时间过程分析 ……………………………… (33)
　　第一节　区域经济的产生和发展 ……………………………… (33)
　　第二节　区域经济动态过程分析 ……………………………… (42)
　　第三节　区域发展预测 ………………………………………… (59)
　　本章复习思考题 ………………………………………………… (75)

第三章　区域产业结构分析 ……………………………………… (76)
　　第一节　区域产业结构优化分析 ……………………………… (76)
　　第二节　主导产业的选择和确定 ……………………………… (96)
　　第三节　份额转移分析 ………………………………………… (98)
　　第四节　投入产出分析 ………………………………………… (102)
　　本章复习思考题 ………………………………………………… (115)

第四章　区域系统的空间结构分析 ……………………………… (116)
　　第一节　空间结构分析 ………………………………………… (116)
　　第二节　区域差异分析 ………………………………………… (126)
　　第三节　空间相互作用分析 …………………………………… (145)
　　第四节　区域协调发展的定量分析模型 ……………………… (159)
　　本章复习思考题 ………………………………………………… (164)

第五章　区域系统的功能效益分析 ……………………………… (166)
　　第一节　区域的比较与评价 …………………………………… (166)
　　第二节　模糊综合评价方法 …………………………………… (177)
　　第三节　层次分析法 …………………………………………… (181)
　　第四节　我国各地区现代化进程分析 ………………………… (190)
　　第五节　我国各地区工业化、城市化、知识化、现代化与经济发展
　　　　　　关系研究 ……………………………………………… (197)
　　本章复习思考题 ………………………………………………… (205)

第六章　区域规划和优化方法 …………………………………… (206)
　　第一节　区域开发中的规划问题 ……………………………… (206)

第二节　线性规划模型 …………………………………………… (207)
　　第三节　线性规划应用实例 ………………………………………… (210)
　　第四节　决策与对策分析方法 ……………………………………… (221)
　　本章复习思考题 ……………………………………………………… (230)
第七章　区域发展方向分析 ……………………………………………… (231)
　　第一节　地区形象设计 ……………………………………………… (231)
　　第二节　城市形象设计 ……………………………………………… (240)
　　第三节　城市功能、性质定位 ……………………………………… (245)
　　第四节　复州城镇经济社会功能和性质定位 ……………………… (253)
　　第五节　旅游目的地形象设计 ……………………………………… (262)
　　本章复习思考题 ……………………………………………………… (268)
第八章　区域发展的影响分析 …………………………………………… (269)
　　第一节　子系统贡献率和因子贡献率分析 ………………………… (269)
　　第二节　偶然因素对区域经济发展的影响 ………………………… (283)
　　第三节　突发事件对区域发展的影响分析——以 SARS 对我国
　　　　　　经济发展影响研究为例 …………………………………… (288)
　　本章复习思考题 ……………………………………………………… (294)
第九章　区域系统的复杂性分析 ………………………………………… (295)
　　第一节　区域人-地系统动态学分析 ……………………………… (295)
　　第二节　人地系统动态学思维模型 ………………………………… (303)
　　第三节　区域 PRED 模型：柴达木盆地人-地系统的动态模拟 … (308)
　　第四节　分形理论及其在区域系统分析中的应用 ………………… (313)
　　本章复习思考题 ……………………………………………………… (326)
主要参考文献 ……………………………………………………………… (327)
后记 ………………………………………………………………………… (333)

第一章 系统与区域系统

第一节 系统科学原理

一、系统科学的产生和发展

系统科学是一门年轻的科学。一般系统论的问世只不过是20世纪上半叶的事,然而系统的思想却渊源甚早。古代系统观的萌芽,不仅体现在各种科学技术及其物化的成果当中,而且在各种哲学著作中也有丰富的内容。早在我国殷商时代,在畜牧业和农业发展的基础上,人们便使用了阴阳、八卦、五行的原始观念来探究宇宙万物的发生与发展,从而开始了最早的系统思考与实践。在中国古代农业方面,最突出的是水利建设的灿烂明珠——都江堰工程。古希腊、罗马时期在农业生产和农业技术、冶金技术、建筑技术和物理学、天文学、地学、生物学、医学等领域表现出丰富的系统、信息、控制的思想。亚里士多德曾经指出"整体大于它的各部分之和"。著名的雅典卫城体现了系统整体协调优化的设计思想。

到20世纪,在科学、技术、管理和哲学思想等方面发生了深刻的变革,现代大规模改造世界的活动使人们逐渐明确地认识到必须从系统的角度考虑和处理问题,系统科学也随之兴起。

第二次技术革命的核心内容是电力和电子技术。电子学基础理论不断发展并广泛应用于近现代科学技术之中,产生出一系列新兴的电子学科以及许多重要的新技术,如现代通讯技术和电子计算机技术,特别是微电子技术堪称信息革命的先锋,其发展对社会经济的变革产生了广泛的影响。现代科学技术的成就使得系统思想方法定量化并为其实际应用提供了强有力的计算工具。正如维纳所说,20世纪是"通讯与控制的时代"。就是在这样的背景下,控制论、信息论、运筹学等系统科学的早期理论应运而生了。与此同时,人们的科学思想也发生了重大的变化。一方面,统计规律的发现是一个根本性的突破,它揭示了客观世界是一个多层次、结构复杂的整体。统计既是系统科学的基本思想,也是它的重要数学工具。另一方面,进化论的思想、克劳修斯的熵增加原理以及此后的薛定谔提出"负熵"的概念,为系统自组织理论的发展奠定了基础;而在达尔文的生物进化论的基础上,法国生物学家克劳德·贝尔纳和美国科学家申农开创和发展了稳态理论,据此维纳创立了控制论。

此外,系统科学的产生和发展与管理科学的产生和发展存在着密切的关系。19世纪末,随着社会生产规模的日益扩大,出现了专门从事组织管理的管理阶层。1911年,美国工程师泰罗(1856—1915)首先提出了"科学管理"的概念。1938年美国社会系统学派的创始人切斯特·巴纳德发表《经理人员的职能》一书,第一次把企业看作一个由多方面要素组成的"协作系统",企业管理的核心就是几方面要素的协调。这就是系统管理的雏形,它为系统工程的产生从管理上准备了条件。科学上的这些新思想、新概念和综合化、整体化的趋势,在哲学上也得到了充分的反映。早在19世纪20年代,马克思、恩格斯就提出了辩证唯物主义自然观,把世界看成是一个运动、进化、发展着的整体;同时,又把人类社会作为一个有机的整体来研究。此后,斯宾塞的社会有机论、柏格森的生命哲学、怀特海的有机体论等理论在研究中都把社会设想成一个有机的整体。

上述的20世纪的科学、技术、哲学和管理方面的变革性的发展,是系统科学赖以形成的背景和根源,系统科学集中体现了20世纪的科学精神,是这个时代精神的结晶。

二、系统科学的基本范畴

(一) 系统、要素和子系统

系统一词最早出现于古希腊语中,原意是指事物中共性部分和每一事物应占据的位置,也就是部分组成整体的意思。贝塔朗菲最初提出系统作为一个科学概念的时候,他认为系统是"相互作用的诸要素的综合体"。在现代科学中系统却并没有一个统一的确切的定义。我国系统科学界对系统的通用定义是钱学森提出的:系统是由相互作用和相互依赖的若干组成部分(要素)结合而成的、具有特定功能的有机整体。定义的形式虽然形形色色,但万变不离其宗,所有的定义都包含了对系统的3个最基本的属性特征的概括,也就是一切系统所具有的共同点:

第一,系统必须由两个以上的要素(部分、元素、环节等)所组成。要素是构成系统的最基本单位,因而也是系统存在的基础和实际载体,系统离开了要素就不成其为系统。要素以一定的结构构成系统时,各种要素在系统中的地位和作用是不尽相同的;

第二,系统的各要素之间、要素与整体之间以及整体与环境之间存在着一定的有机联系,从而在系统的内部和外部形成一定的结构或秩序;

第三,任何系统都有特定的功能,这是整体具有不同于各个组成要素的新功能,也就是通常所说的"整体大于部分之和",那种新功能是由系统内部的有机联系和结构所决定的。

系统和要素的概念是相对的。由要素组成的系统,本身又是较高一级系统的组成部分,在高级系统中,它的地位是一个元素,就称此元素为较高级系统的子系统。

(二) 系统与环境

环境是指存在于系统以外的事物(物质、能量、信息)的总称,或者说系统的所有外部事物就是环境。所有的系统都是在一定的外界环境条件下运行的,而环境是一种更高级的、复杂的系统。系统与环境的分界称为系统的边界,环境通过边界对系统施加的影响叫作扰动。

系统与环境是相互依存的,系统必然要与外部环境产生物质的、能量的和信息的交换。系统与环境的交互影响就产生了输入、输出的概念。外界环境给系统一个输入,通过系统交换与处理,必然会产生一个输出,再返回到外界环境。所以系统部件是输入、处理和输出活动的执行部分。系统与环境之间存在输入和输出的交互影响,或者说,系统与环境之间有着物质、能量和信息的交换,该系统就称作开放系统(opened system)。如果一个系统与环境之间没有物质、能量和信息的交换,该系统就称作封闭系统(closed system)。在自然界和人类社会中,绝对封闭和孤立的系统实际上是不存在的,任何系统都要受外界环境的影响,因而都是开放的。

环境的变化对系统有很大的影响,因此,系统必须适应外部环境的变化。能够经常与外部环境保持最佳适应状态的系统,才是理想的系统;不能适应环境变化的系统是难以存在的。

坚持环境适应性原则,不仅要注意调节系统内各要素之间的相互关系,而且要考虑系统与环境的关系,只有系统内部关系和外部关系相互协调、统一,才能全面地发挥出系统的整体功能,保证系统整体向最优方向发展。

(三) 功能和结构

系统的结构与功能是系统科学的基本范畴,是一切系统不可分割的两个方面,系统科学就是从系统的结构与功能的观点出发去研究整个客观世界。所谓结构,是指系统内部各组成要素之间的相互联系、相互作用的方式或秩序,即各要素之间在时间或空间上排列和组合的具体形式。系统的结构是系统保持整体性及具有一定功能的内在依据。与系统结构的概念相对应,把系统与外部环境相互作用所反映的能力称为系统的功能。系统功能体现了一个系统与外部环境之间的物质、能量和信息的输入、输出的转换关系。

功能是系统内部固有能力的外部表现,它归根到底是由系统的内部结构所决定的,结构的变化制约着系统整体的发展变化,结构的改变必然引起功能的改变。结构和功能的关系不是一一对应,而是功能具有相对的独立性。功能对结构不仅具有相对独立性,而且对结构有巨大的反作用。功能在与环境的相互作用中,会出现与结构不相适应的异常状态,当这种状态坚持一定时间时,就会刺激、迫使结构发生变化,以适应环境的需要。

三、系统科学的对象、性质和体系

(一) 系统科学的对象

系统科学不研究特定形态的、具体的系统,而是撇开系统的具体形态、特定的结构和功能,研究一般的系统,研究系统的类型、性质以及运动的机理和规律。

系统科学所感兴趣的不是某个特定领域的具体的结构、功能、性质和机理,而是作为一般系统的共同的规律性、一致性和同构性。而且,系统科学并不是把它研究的对象作为纯客观的实体,孤立地、静止地把握它。因此,可以这样说,系统科学是一种观察问题的方式。作为它的研究对象,不但系统本身各个要素的联系、要素和系统的联系,而且系统和环境的各种联系、现在的联系和状态与未来的联系和状态等,都被纳入考察问题的参考系之中。

(二) 系统科学的性质

1. 横断科学性质

系统科学反映的是自然界各个领域中某些共同的东西,它所研究的系统结构的规定性、系统的类型、机理和运动规律贯穿在自然界和社会的各个领域的系统之中。在世界的各个领域和各个层面上,都存在着具有一定结构和功能的系统,都有系统演化,也都有系统的信息传递和控制过程。系统科学正是在各门学科研究的基础上发展起来的,又撇开了各类系统的具体内容,用抽象的方法研究它们的共性。也就是说,系统科学具有横断学科的性质。

2. 综合性质

系统科学的综合性质,首先表现在研究方法综合融会了各个领域、各个学科的研究方法和方式,既有定量描述,又有定性分析;既有抽象方法,也有直观的表达等,总之,它综合了多种重要的研究方法和手段。其次,系统科学的综合性还表现在从方法论的层面把各门科学整合、融会、贯通起来,从而使它具有大科学或整体科学的特点。

3. 功能行为性质

系统科学就其本质而言是研究事物的功能行为的,它并不把客观事物作为真正的实体来研究其构成和发展,而是在运动发展的过程中,在动态中研究它的功能行为。系统科学的产生,人们研究各类系统的目的,就是为了寻求在人的参与下变革系统的结构,形成有利于人的系统功能的条件、程度和界限。从这种意义上说,系统科学具有一定程度的人文科学的性质。

4. 方法论性质

由于系统科学具有横断科学性质、综合性质、功能行为性质,因此,尽管它不是哲学方法论,却具有一般方法论的意义。首先,它的基本原理和方法都是从系统观点出发的,即着重从整体与要素之间、整体与环境之间的相互联系、相互作用中,综合而又精确地考察对象,并定量地处理它们之间的关系,以达到最优化处理问题和解决问题的目的。其次,系统科学为我们提供的是有机的、能动的或功能性的系统,充分体现了系统的目的性和选择性。再次,系统科学提供了一套具有哲学意义和方法论意义的概念和范畴。同时,系统科学的方法论性质还体现在它提供了一系列认识世界和改造世界的具体的、科学的方法与技术。因此可以说,系统科学是介于哲学和一般科学之间的桥梁。

(三) 系统科学体系

包括系统学(一般系统论)、系统科学方法论(原则)、系统工程学(一般方法)3个层次。

现代科学技术从纵向来看,可以分为4个层次:处于最高层次的是马克思主义哲学;第二个层次是基础科学;第三个层次是技术科学;第四个层次是工程技术。就系统科学来说,第四个层次,即直接服务于改造世界的实践技术是系统工程。第三个层次,技术与技术科学的是运筹学、控制论、信息论等。第二个层次,即属于基础科学的就是"一般系统论"、"系统方法"、"非平衡系统理论"、"协同学"、"超循环理论"等有关系统的理论,也可统称为系统论,它研究一般系统的概念、基本性质以及系统进化的一般规律。

四、系统科学的主要理论

(一) 一般系统论

一般系统论的创始人是美籍奥地利理论生物学家贝塔朗菲(L. Von. Bertalanffy)。20世纪20年代,从批判当时生物学中流行的机械论和活力论观点出发,贝塔朗菲提出生物学的机体论概念,强调把有机体作为一

个整体或系统来考察,这是一般系统论的萌芽。1947年他进一步提出了一般系统论这一概念。一般系统论有下列3个基本观点:

(1)系统观点。即指一切有机体都是一个整体(系统),系统是"相互作用的诸要素的复合体",其性质取决于复合体内部特定的关系。

(2)动态观点。即指一切有机体本身都处于积极的运动状态。生命系统本质上都是有机体,与环境不断地进行物质与能量的交换,并在一定条件下保持其自身的动态稳定性。

(3)等级(层次)观点。即指各种有机体都按严格的等级组织起来。系统就是由结构和功能组成的统一体。同一等级的结构具有同一等级的功能,而不同等级的结构具有不同等级的功能。

一般系统论有着十分广泛的含义,它的任务是确立用于各种系统的一般原则,它不是关于某种特殊系统的理论,而是适用于一切系统的普遍原理;它不是侧重于某一方面研究系统的理论,而是在最概括的程度上研究系统的理论。一般系统论的主题是阐述对于一切系统普遍有效的原理,不管系统的组成元素的性质和关系如何。

(二)信息论

信息论是一门研究信息传输和信息处理中一般规律的学科。它起源于通讯理论,是1948年由美国科学家申农提出的。信息论可分为狭义信息论与广义信息论。狭义信息论是研究通讯和控制系统中信息传递的共同规律,以及如何提高信息传输系统的有效性和可靠性的理论。广义信息论是利用狭义信息论观点来研究一切问题的理论,它研究机器、生物和人类对于各种信息的获取、变换、传输、存储、处理、利用和控制的一般规律,设计和制造各种智能信息处理和控制机器,以便部分模拟和代替人的功能,从而提高人类认识和改造客观世界的能力。

信息论的基本思想和特有方法完全撇开了物质与能量的具体运动形态,而把任何通讯和控制系统看作是一个信息的传输和加工处理系统,把系统的有目的的运动抽象为一个信息变换过程,通过系统内部的信息交流才使系统维持正常的有目的性的运动。任何实践活动都可简化为多种流:即人流、物流、财流、能流和信息流等,其中信息流起着支配作用。通过系统内部的信息流作用才能使系统维持正常的有目的性的运动,它调节着其他流的数量、方向、速度、目标,并控制人和物进行有目的、有规律的活动。

(三)控制论

控制论是20世纪40年代末期开始形成的一门新兴学科。第二次世界大战期间,由于自动化技术、导弹和电子计算机的发展,要求自然科学在理论上进行系统研究和科学总结。1948年,美国数学家维纳总结了前人的经验,创立了控制论这门学科。

控制论是研究系统的调节与控制的一般规律的科学,它是自动控制、无线电通讯、神经生理学、生物学、心理学、电子学、数学、医学和数理逻辑等多种学科互相渗透的产物。维纳把控制论定义为"关于在动物和机器中控制和通讯的科学"。在实际应用中,有关控制理论的具体内容有:最优控制理论,自适应、自学习和自组织系统理论,模糊理论,大系统理论等。

(四)系统工程学

系统工程学简称系统工程,是系统科学的一个应用分支学科,它产生于20世纪40年代,在20世纪60年代形成了体系。运筹学、信息论、控制论等为系统工程学的发展奠定了理论基础,电子计算机的出现和应用,为系统工程提供了强有力的运算工具和信息处理手段,成为实施系统工程的重要物质基础。进入20世纪70年代后,系统工程发展到解决大系统的最优化阶段,其应用范围已超出了传统工程的概念。

系统工程以系统为研究对象,使用科学的方法规划和组织人力、物力、财力,通过最优途经的选择,使我们的工作在一定期限内收到最合理、最经济、最有效的效果。即从整体观念出发,通盘筹划,合理安排整体中的每一个局部,以求得整体的最优规划、最优管理和最优控制,使每个局部都服从一个整体目标,做到人尽其才,物尽其用,以便发挥整体的优势,力求避免资源的损失和浪费。

(五)系统自组织理论

系统自组织理论是20世纪60年代以后发展起来的一种关于系统演化发展的一般性理论。它用系统观点考察一个系统,特别是复杂系统从无序到有序,从低级有序到高级有序的演变、过渡规律。

自组织理论反映了复杂系统在演化过程中,如何通过内部诸要素的自主协同来达到宏观有序的客观规律。系统学理论正是在研究各类自组织现象所遵从的这种共同规律的基础上产生和发展起来的。在一定的外部能量流和物质流输入的条件下,系统会通过大量子系统之间的协同作用,在自身涨落力的推动下达到新的稳定,形成新的时间、空间或时空有序结构。系统演化的这种过程,称为自组织。自组织的含义是指系统在没有外部指令的条件下,其内部子系统之间能够按照某种规则自动形成一定的结构和功能,它具有内在性和自主性。自组织的演化过程是开放系统中大量子系统集体的、自发的、自动的协同合作效应,它是系统自身内部矛盾运动的结果。

(六) 普利高津的耗散结构论

20世纪70年代,比利时物理学家普利高津(I. Prigogine)提出了"耗散结构"学说。他吸收了一般系统理论的基本思想,把非平衡态热力学和非平衡态统计物理学应用于研究自组织现象,以耗散结构为中心概念,建立了一套颇具特色的自组织理论,在现代系统理论中占有重要地位。

耗散结构的概念是相对于平衡结构的概念提出来的。普利高津从热力学第二定律出发,通过研究非平衡态热力学,指出:一个远离平衡态的开放系统,在外界条件变化达到某一特定阈值时,量变可能引起质变,系统通过不断地与外界交换能量与物质,就可能从原来的无序状态转变为一种时间、空间或功能的有序状态,这种远离平衡态的、稳定的、有序的结构称之为"耗散结构(dissipative structure)"。这一学说回答了开放系统如何从无序走向有序的问题。

耗散结构理论是综合性理论,具有普遍科学方法论的性质,是科学、技术、经济、管理等领域用以解决一系列综合问题的方法论工具。它表明以物质、能量和信息为基本要素的复杂系统可以用一种普遍适用的概念和规律来描述,如有序、涨落、失稳、分支等。耗散结构理论推进了系统自组织理论的发展,对系统科学的发展具有重要意义。

(七) 哈肯的协同学

协同学(synergetics)的创始人是德国著名理论物理学家赫尔曼·哈肯(Harmann Haken)。与耗散结构理论一样,协同学也是研究远离平衡态的开放系统在保证外流的条件下,如何能够自发地产生一定的系统有序结构或能动行为的一门新兴学科。它以现代科学理论中最新成果(信息论、控制论、突变理论)作为基础,汲取了耗散结构理论的论点,采用统计力学的考察方法来研究开放系统的行为。

协同或称协作,即协同作用之意。协同学理论强调协同效应,协同效应是指在复杂大系统内,各子系统的协同行为产生出的超越各要素自身的单独作用,从而形成整个系统的统一作用和联合作用。协同作用是任何复杂系统本身所固有的自组织能力,是形成系统有序结构的内部作用力。"协同导致有序"是这一理论的高度概括。

协同学是一种巨系统理论。哈肯发展协同学的目的是"建立一种用统一观点去处理复杂系统的概念和方法",他心目中的协同学是一种复杂系统理论。协同学主要研究开放系统,在协同学的框架内,可以对平衡相变和非平衡相变进行统一的处理。但协同学主要关心的是远离平衡态下进行的相变,即相变理论不能包容的那些现代发展了的内容。因此,协同学被看作是远离平衡现象研究的几种主要理论方案之一。协同学研究的是系统怎样从原始均匀的无序态发展为有序结构,因而是一种关于结构有序演化的理论。

(八) 艾根的超循环理论

超循环理论的创立者是联邦德国生物物理化学家艾根。艾根吸收了进化论、分子生物学、信息论、博弈论、非平衡自组织理论以及现代数学的有关成果,把生命起源作为自组织现象来描述,建立了超循环理论。超循环理论研究的是非平衡现象,是系统自组织行为。这是它与耗散结构理论、协同学的共同之处。这些学科相互支持,相互印证,又各有独特的贡献。

在超循环理论问世之前,科学界普遍认为生命起源和进化分为两个阶段,即化学进化阶段和生物学进化阶段。但艾根等人的工作发现,要把这两大阶段直接连接起来是困难的。这里有两个基本难题。第一是如何把生物进化的统一性和多样性协调起来。为了克服这一理论困难,艾根认为,应当承认在化学进化阶段与生物学进化阶段之间还存在一个分子自组织阶段,在这个阶段中完成了从生物大分子到原生细胞的进化,把统一性与多样性协调起来。这个自组织过程只有采取超循环的组织形式才是可能的。另一个难题是蛋白质与核酸的相互关系。艾根认为,超循环理论指出了解决这个问题的途径。

(九) 混沌理论

现实世界既存在从无序到有序的演化,又存在从有序到"无序"的演化,远离平衡系统的一种可能归宿是从通常意义上的有序结构状态转变成混沌结构状态。研究混沌的特征、实质、发生机制以及如何描述、控制和利用混沌的学科,称为混沌理论或混沌学(chaology)。

现代科学对于混沌现象的探索,可以追溯到19世纪末彭加勒关于"三体"问题的研究。作为一门学科,混沌理论发端于20世纪60年代初,主要标志有两个:一个是数学家柯尔莫哥洛夫、阿诺德和莫什尔关于哈密顿系统运动稳定性的工作,提出被誉为"牛顿力学发展史上最重大的突破"的KAM定理;另一个是气象学家洛仑兹关于一类耗散系统动力学行为的数值分析,发现了具有非平庸吸引子的第一个模型。这两项工作从两个方面揭开了现代非线性研究的帷幕。伊农等人于1964年发现,一个自由度为2的不可积哈密顿系统,在一定条件下表现出貌似无规则的运动。1971年,茹勒和泰肯斯首次引入对表征混沌特征有重要意义的奇怪吸引子概念,提出新的湍流发生机制。1975年,李天岩和约克首次在数学文献中使用了混沌这一概念。1978年,费根鲍姆从一维映射中发现关于混沌现象的标度性和普适常数,把重正化群技术引入这一领域。从20

世纪 70 年代中期起,混沌现象的研究吸引了数学、物理学等广泛领域学者的注意,发展成为一个空前活跃、成果累累的前沿科学。

(十)托姆的突变论

突变理论是法国数学家托姆于 20 世纪 60 年代末提出来的,目的是为描述现实世界特别是形态发生问题中的突变现象提供一种数学框架。平衡相变和非平衡相变都是系统在临界点上的突变行为,需要有适当的数学工具。突变理论就是为描述不连续现象而创立的一种新的数学理论。托姆所讲的突变概念,是指连续作用的原因所导致的不连续效果。从系统演化角度看,突变一般具有非常重要的建设性作用。

突变理论是在数学关于连续理论和不连续理论长期探索的丰富成果上提出来的,是非线性科学的重要组成部分。

第二节 区域系统

一、区域系统基本特征[①]

(一)综合性与整体性

区域系统的综合性是指系统要素的多样性,既有自然因素,又有社会因素和经济因素;整体性是指区域系统的各个部分是相互联系、相互制约的,只有综合协调社会、经济、生态、环境等各个方面才能获得最佳的整体性能。

(二)动态性与开放性

区域系统是涉及大量要素的复杂的动态系统,系统的结构、组成要素的水平与变化速度等均处于动态变化之中。区域是一个开放系统,区域与外界进行着能源、原材料、产品、人员、资金和信息的流动。区域之间存在着差异与梯度,不同地区有不同的发展条件和不同的发展优势,把不同的地区协调地组织起来,才能获得大系统的整体效益。从这个意义上讲,开放性是区域系统向优势化发展的必要条件,封闭、孤立必然导致区域系统的衰落,这已经为世界上各国、各地区的发展历程所证明。我国从历史上的发达到 20 世纪 70 年代的落后,而日本、新加坡、韩国等国家和地区二次大战后的迅速崛起,同区域系统的开放有一定程度的关系;我国的老、少、边、穷地区多数位于开放性程度低,交通、信息闭塞的山区和边远地区。

[①] 吴殿廷.区域分析与规划.北京:北京师范大学出版社,1999.5~7

第二节 区域系统

一个区域的开放程度同区域发展水平、区域空间地理位置、区域输出输入基础设施、区域内部吸收、消化、转移、输出能力有关。

区域系统既有信息开放,又有物质开放、技术开放和人员开放。简要介绍如下:

(1) 信息开放。区域与外界可能仅有信息联系,信息的入和出起两个基本作用:首先是有关思想、意识的精神产品的作用;其次是区域状况的传递,可以反映区域之间的差异与各自的优势、潜力,为实质性的区域开放准备。对一个区域社会经济系统来说,信息开放是区域开放的基本前提,同时也是促进区域开放的强大推动力。

(2) 物质开放。原材料、能源、产品等物质的输入和输出是区域系统开放的基本内容,有关的区域可以从物质开放中获得区域分工、专业化生产、规模经济等方面的巨大利益。物质流动在当今世界的社会经济活动中占据着举足轻重的地位。交通、商业和贸易都是直接从事物质开放的产业部门。

(3) 技术开放。技术开放是物质开放与信息开放的进一步发展。技术的输入和输出已经成为世界各国各地区推动科技、经济发展的动力,当今世界性技术革命的浪潮推动了技术开放的地位。扩大技术开放的程度,抓住技术革命的机会,就有可能使落后国家和地区用较短的时间迅速跨越发达国家和地区数十年、数百年的发展历程,从而进入发达国家和地区的行列,有可能实现跨越式的发展。

(4) 人员开放。人是区域经济活动中最活跃的因素。人口迁移、劳动力流动、技术人才的流动将使人力资源同物质资源最有利地配合起来,从而促进区域大系统的发展。在20世纪80年代的中国,尤其是落后地区,技术人才奇缺,引进一个或数个技术人才就可能搞活一家厂,带动一大片,繁荣一个地区。

开放的系统必然是动态的,系统的结构和功能,都在开放中变化,在开放中发展。

(三) 空间性与区域性

区域系统总是同一定的空间相联系,系统要素的空间分布、地区空间范围、空间距离、空间联系等在区域系统中有重大作用,对区域系统的组成部分如社会、经济、政治组织的行为有极大的影响。这就是区域系统空间性的含义。同样是平原地区,在大中城市周围的地区因受到较强的经济扩散作用,经济发展水平、发展速度就较远离大中城市的地区为高。例如,江苏省苏南地区处在上海、南京、苏州、无锡、常州、镇江等大中城市的影响范围之内,经济发展水平远远高出苏北地区。20世纪80年代末苏北土地占江苏全省的2/3,人口占69%,工农业产值所占比重不足40%,人均产值仅相当于苏南的40%,每平方千米产值仅为苏南的36%多一点。辽宁省的辽中南比较发达,但辽东、辽北、辽西不发达(表1-1);山东发展很快,但鲁西南山区也不行;广东也有粤北山区不发达问题。胶东半岛与鲁西南山区的差别、珠江三角洲与粤北山区的差别、江苏苏(州)、(无)锡、常(州)与苏北的差别,绝不小于全国沿海和内地的差别。

表1-1 辽宁省各地区经济收入的差异

地区	人均GDP/ (元·人$^{-1}$)	职工年平均工资/ (元·人$^{-1}$)	城镇居民人均可支配收入/ (元·人$^{-1}$)	农民家庭人均纯收入/ (元·人$^{-1}$)
全省	10 086	7 895	4 899	2 501
沈阳(辽中)	14 989	8 357	5 364	3 100
大连(辽南)	18 429	10 259	6 274	3 681
丹东(辽东)	6 909	6 464	4 205	2 920
阜新(辽北)	3 368	5 407	3 682	1 769
朝阳(辽西)	2 594	5 913	3 926	1 449

资料来源:辽宁省统计年鉴,2000。

区域性是指不同地区的区域系统在状态、水平、结构、效益、优势、潜力、功能、发展速度等各方面存在着显著的区域差异性,如中国东西部的人口密度、经济水平、经济效益、经济增长速度存在着由东向西从高到低的梯度差异。因而,不同的区域系统,在控制方式选择、发展方向规划、发展措施制定上,应有所区别。

(四)层次性

层次性是与区域系统的空间性、区域性紧密联系的一个概念。任何一个空间范围较大的区域系统总可按照某种规则分解成若干空间范围较小的区域系统,由此形成区域系统的层次结构。中国经济区域的层次结构最高层次(顶点)为国家,第二级为三大经济地带,第三级为大经济区,第四级为省级经济区,第五级为省内经济区,第六级为城市经济区(地市级),第七级为县级经济区(县市级),县级以下还可以有县内经济区、乡镇级经济区等。

由于研究的目的、问题、需要的不同,同一个区域可以通过不同的划分形成不同的层次结构,不同层次结构相互交叉、复合就可形成复合的层次结构。如上海经济区,下一级可以是省级经济区,也可以是以上海市为中心划分出的环状经济圈层,如核心带,苏南、浙东北城市组成的密集带,

第二节 区域系统

江、浙两省其他地区组成的中间带,安徽、江西、福建3省组成的边缘带等。

复合结构内部有三种基本的复合形式:重叠型(一个层次结构中的一个单元也是另一个层次结构的单元);组合型(一个层次结构中的部分单元组合成另一个结构的一个单元)和重组型(一个层次结构中的部分单元经重新分解组合形成另一个层次结构的部分单元)。

(五)自适应性与自组织性

区域系统是一个整体,外界环境的任何变化,都会引起系统结构与要素的变化,建立起新的稳定结构和状态,从而适应新的环境。自适应包括3个方面:第一是系统对外界环境变化自动反应性;第二是系统受外界环境变化干扰后自动恢复平衡的稳定性;第三是系统为适应新的外界环境变化而发生突变,导致系统结构变化与重组的演化性质。从这个意义上讲,不确定性现象的出现正是区域系统高度自适应能力的一种表现。

二、区域系统的结构和功能

系统结构是指系统内部各组成部分相互联系、相互作用的方式;通过系统内部各种比例关系的研究,可以揭示系统结构的数量特征。

(一)区域系统结构分析

从系统论的观点看,系统结构是系统内部组成要素之间的相互关系和有机联系,是系统的内部组织。

区域系统结构指区域系统内部各子区域、各部门、各要素、各方面及其相互之间的关系和有机联系。一般可以从两方面研究区域系统结构:一是区域系统内部各种比例关系,这是区域系统结构最直接的反映;二是区域系统内部各方面之间的相互联系与相互作用的方式,这是对区域系统结构内部比例关系实质的补充和深化。二者之间是互相密切联系的。为方便起见,一般都从区域系统内部的比例关系研究系统结构与功能的关系。

1. 区域系统结构分析的内容[①]

区域系统是复杂的综合结构系统,系统内部的结构也是复杂多样的,宏观结构内部包含微观结构,大系统下又分成若干子系统,各子系统相互交叉、复合,连接成系统的结构网络。从实际状况与研究需要来看,区域系统主要涉及下列14个方面的结构:

(1)空间结构。资源、社会经济活动、经济发展水平在空间上的分

---

① 张超,沈建法.区域科学论.武汉:华中理工大学出版社,1991.29～30

布。

(2) 城镇结构。区域系统内大、中、小城镇和经济中心的等级与规模分布。

(3) 资源结构。土地资源、农林牧渔生物资源、矿产资源、水资源的组成结构等。

(4) 社会(人口与劳动力)结构。人口年龄结构、民族结构、家庭结构、学历结构、职业结构等。

(5) 产业结构。经济活动按各种分类的比例结构。如三次产业分类法,按劳动密集、技术密集、资本密集程度分类法,农、轻、重分类法等各组成部门的比例关系。

(6) 规模结构。大中小企业、公司、单位的比例关系。

(7) 技术结构。高精尖新技术、中间技术、传统技术的开发应用比例。

(8) 投资结构。各部门、各行业、各类用途的投资比例;内资与外资,国家投资与地方投资,国家、集体、个体投资比例等。

(9) 消费结构。高中低、衣食住行的消费比例等。

(10) 交通结构。铁路、公路、水路、航空、管道等交通运输方式的运输能力构成等。

(11) 能源结构。石油、煤炭、水电、火电、核电、太阳能、风能、潮汐能等各种能源的生产与使用比例等。

(12) 消费积累结构。国民收入用于投资和消费的比例关系。

(13) 进出口结构。输入与输出产品的组成结构。

(14) 市场结构。区域市场、国内市场、国际市场的比例关系。

在区域研究和规划设计中,要深入分析上述各方面结构及其相互关系,从系统整体性出发确定各种结构的最优比例,以期达到系统整体功能的最优化。

2. 区域系统结构分析之一:要素比例关系分析

包括区位商、集中化指数、多样化指数等的计算与分析。

(1) 百分比。各要素占总体的比重,如三次产业比例、农轻重比例等,这些比例是与区域经济发展阶段和资源、环境特点相联系的。通过百分比及其变化的计算和分析,可以对区域系统的演化阶段和发展方向作出初步判断。如著名的恩格尔系数,就是用食品消费占整个生活消费的百分比来说明人们生活水平的。著名经济学家恩格尔发现,随着人们生活水平的提高,人们的食品消费总额也在不断提高,但食品消费在整个生活消费中所占的比例却在不断减小。这个规律被命名为恩格尔定律。恩

第二节 区域系统

格尔系数与生活水平之间的关系见表 1-2。

表 1-2 恩格尔系数与生活水平

恩格尔系数/%	>59	59~50	49~40	39~20	<20
生活水平	贫困	温饱	小康	富裕	极富裕

(2) 区位商。如下式所示：
$$Q = (N_1/A_1)/(N/A)$$
式中：N_1 为研究区域某部门产值(或从业人员)；A_1 为研究区域所有部门产值(或从业人员)；N 为背景区域某部门产值(或从业人员)；A 为背景区域所有部门产值(或从业人员)。

含义：Q 越大，该地区的这个部门所占比例相对越高。区位商大于1，表明本区域的该部门相对高(强)于背景区域，因而可能是专业化部门或优势部门。

(3) 多样化指数。用来研究区域内各部门发展是否均衡。常用的是吉布斯-马丁多样化指数：
$$GM = 1 - \sum X_i^2 / (\sum X_i)^2 \quad (i=1,2,\cdots,n) \quad 0 \leqslant GM \leqslant 1$$
式中：X_i 为 i 部门产值(从业人员)或其所占比重。

显然，GM 越大，地区部门分布越均衡，GM 越小，产业越集中于少数部门。GM=0，集中在一个部门；GM=1，所有部门均衡发展。

(4) 集中化指数。与多样化指数含义相反。
$$I = (A - R)/(M - R)$$
式中：A 为研究区域各部门所占比重(由大到小排列)的累积百分比之和；R 为背景区域(上级区)各部门累积百分比(由大到小)的和；M 为理想最大累积值(100%都集中在一个部门)之和。

一般有 $0 \leqslant I < 1$，$I < 0$ 则小而全严重($A < R$)，$I = 1$ 则畸形发展(只有一个部门)，不成为区域。

(5) 威弗组合指数。把观察分布(实际分布)与假设分布相比较，最接近的假设分布模式就是观察分布模式。"最接近"的判定：离差平方和最小。

设实际分布为 $X(i)$(百分数，由大到小排列)，$P(i,j)$ 为假设分布，$i,j=1,2,\cdots,n$(n 为部门数)，威弗组合指数的计算过程：
$$Q(1) = [X(1) - 100]^2 + X^2(2) + \cdots + X^2(n)$$
$$Q(2) = [X(2) - 50]^2 + [X(2) - 50]^2 + X^2(3) + \cdots + X^2(n)$$
$$Q(k) = \sum_{j=1}^{k} [X(j) - 100/k]^2 + \sum_{j=k+1}^{n} X^2(j) \quad (k=1,2,\cdots,n)$$

如果 $Q(L)=\min\{Q(k),k=1,2,\cdots,n\}$，则威弗组合指数记为 L。威弗组合指数常被用来确定区域的支柱产业或部门的数量(表 1-3)。

表 1-3 威弗组合指数计算表

实际分布		$X(1),X(2),\cdots,X(k),\cdots,X(n)$	离差平方和
假设分布	$j=1$	$100/j,0,\cdots,0$	$Q(1)$
	$j=2$	$100/j,100/j,0,\cdots,0$	$Q(2)$
	......	......	......
	$j=k$	$100/k,100/k,\cdots,100/k,0,\cdots,0$	$Q(k)$
	$j=k+1$	$100/(k+1),100/(k+1)\cdots,0$	$Q(k+1)$
	......	......	......
	$j=n$	$100/n,100/n,\cdots,100/n$	$Q(n)$

(6) 洛伦兹曲线和基尼系数。描述系统结构多样性和集中性，除了前述的多样化指数和集中化指数外，洛伦兹曲线和基尼系数也比较常用。二者都是建立在累积比率曲线与标准均衡曲线的对比上，其中洛伦兹曲线直观明显，基尼系数结论明确。

如图 1-1 所示，这是一个正方形，横坐标与纵坐标等长。横坐标是样本顺序，按结构百分比由大到小排列；纵坐标是累积百分比。图 1-1 中上凸的曲线是各样本的累积百分比曲线，也叫洛伦兹曲线。基尼系数就是洛伦兹曲线和对角线所夹的面积 B 与对角线和横坐标所夹的面积 A 之比。

设 $Y(i)$ 为由大到小排列的结构百分比，$i=1,2,\cdots,n$，$X(i)$ 是对应的累积百分比，$X(0)=0$，则：

$$A = 1/2 \times 100\% \times 100\% = 0.5$$

$$G_i = B/A = \left\{0.5/n \times \sum_{i=1}^{n-1}[X(i)+X(i-1)] - A\right\}/A$$

$$B + A = \sum_{i=1}^{n-1} 1/2 \times 100/n \times [X(i)+X(i-1)]$$

$$B + A = 0.5/n \times \sum_{i=1}^{n-1}[X(i)+X(i-1)]$$

由数学原理可以知道，$0 \leqslant G_i \leqslant 1$，$G_i$ 越大，结构的不平衡性越强(集聚性越大)。

由上述公式计算的是普通的 G_i 系数。考虑到各地区人口数量的差别，用加权 G_i 更能准确地揭示区域差异。加权 G_i 的计算，就是在上述公式中用：

第二节 区域系统

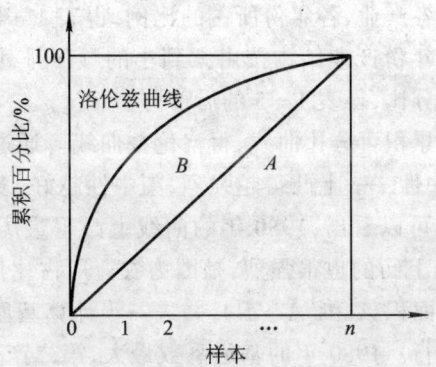

图 1-1 空间洛伦兹曲线和基尼系数示意图

$X(i)' = X(i) \times [(P_i/P)/(P/N)]$ 代替 $X(i)$。P_i、P 分别是对象区域和背景区域的人口。

在研究地区间经济发展水平不平衡性时,常把 $G_i = 0.4$ 作为预警值,即当 $G_i > 0.4$ 时,就要注意努力减小区域的不平衡性,而不能一味地强调效率,投资的重点应及时地转向欠发达地区。1999 年中国各省区人均 GDP 的 G_i 是 0.3255,加权 G_i 是 0.3343;城镇居民人均可支配收入的 G_i 为 0.1387,农民人均纯收入的 G_i 0.2117,都比人均 GDP 的 G_i 小得多。一般说来,G_i 的大小还受样本的多少影响,同样的差别,样本越大,G_i 也越大。

下面以辽宁省一、二、三产业增加值为例(表 1-4),绘制辽宁省经济洛伦兹曲线,并计算其基尼系数,以考察辽宁省经济的结构特点。当然,仅从三产业层面计算和考察产业结构特点是不够的,这里只是对计算过程的说明。

表 1-4 辽宁省三次产业增加值的变化

产业	产值/亿元					比例/%				
	1980	1985	1990	1995	1999	1980	1985	1990	1995	1999
第一产业	46.1	74.9	168.6	392.2	520.8	16.41	14.44	15.87	14.04	12.48
第二产业	192.2	328.1	540.8	1 390.0	2001.5	68.42	63.27	50.89	49.76	47.98
第三产业	42.6	115.6	353.3	1 011.2	1 649.4	15.17	22.29	33.25	36.20	39.54

第一步,计算各产业、各年份所占的比例,得表1-4中后部分。

第二步,对各年份产业结构按由大到小的顺序排列,得表1-5的前部分;计算累积百分比,得表1-5的后部分。

第三步,绘制累积百分比曲线,得洛伦兹曲线。通过该曲线的上凸情况判断结构的集中性——上凸得越强烈,集中性越好,多样性(均衡性)越差。从图1-2中可以看出,1980年的曲线上凸得最厉害,那时,第三产业比较弱;1999年上凸的也很强烈,是因为农业所占比例在减小。

第四步,计算面积 A 和 $(A+B)$,并进一步计算基尼系数。计算结果见表1-5最后一行。1980年的基尼系数最大,第二产业一花独放;1990年的最小,第三产业迅速发展起来,支撑起三分天下。从动态变化看,1980—1990是减小的过程,这是因为第三产业得到了迅速的发展;1990—1999年又开始增大,这是因为第一产业已经不是支柱产业了。可以预计,今后相当长时间内,辽宁省三次产业结构的集中性还要上升,基尼系数还要增大。

表1-5 辽宁省三次产业所占比例的变化

由大到小排列序列					累积百分比/%				
1980	1985	1990	1995	1999	1980	1985	1990	1995	1999
68.42	63.27	50.89	49.76	47.98	68.42	63.27	50.89	49.76	47.98
16.41	22.29	33.25	36.20	39.54	84.83	85.56	84.14	85.96	87.52
15.17	14.44	15.87	14.04	12.48	100	100	100	100	100
基尼系数					0.2620	0.2456	0.1893	0.1923	0.1914

多样性和集中性是相比较而存在的,多样性好则必然集中性差,反之亦然。因此,多样化指数和集中化指数的计算和应用,只需要考察一个方面就行了。当然,就多样性或集中性而言,其描述指标、指数也是多种多样的,有时用这个指标好,有时用那个指标好;有的领域或问题,习惯于用这个指标,有的领域或问题习惯于用那个指标。可以根据实际需要酌定。

应该注意的是,不同的区域系统,不同的系统结构,对多样性或集中性的要求是不一样的,虽没有明确的数量界定,但一般大的区域、大的系统,多样性太差不好,易导致系统稳定性、抗干扰能力差;小的区域、小的系统,集中性太小不好,易导致小而全、没有特色,因而也就没有生命力。

还应该注意的是,同样的区域,划分子系统的方法不同,其结构特征指标计算结果也将不同。

3. 区域系统结构分析之二:作用方式分析

第二节 区域系统

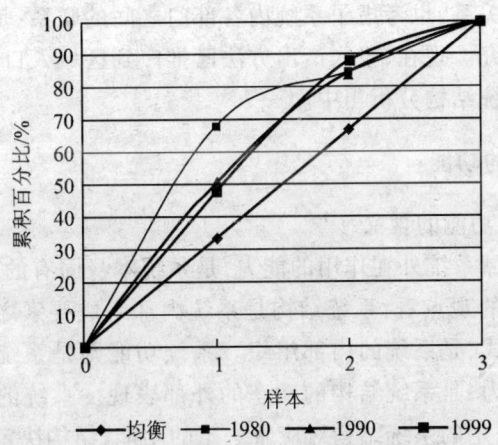

图1-2 辽宁省典型年份一、二、三产业结构的洛伦兹曲线图

详见图1-3。注意联系的方向与内容。

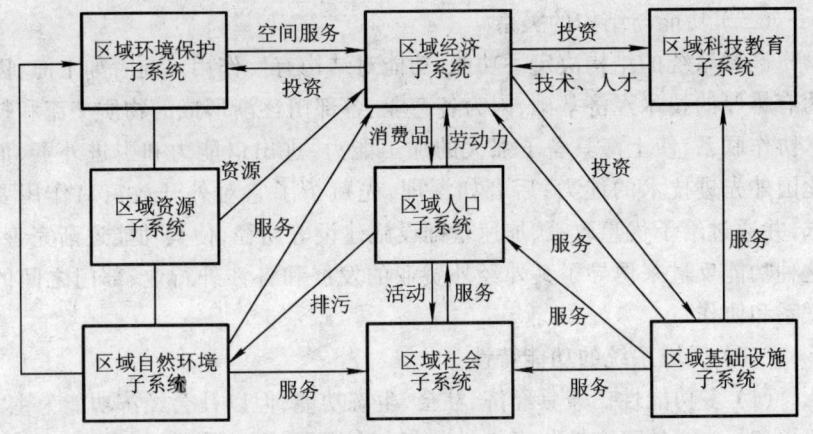

图1-3 区域系统结构:各子系统之间的相互作用

4. 区域系统结构分析之三:区域部门投入产出分析

投入产出分析中的"投入"指的是产品生产所消耗的原料、能源、固定资产和活劳动;"产出"是指产品生产出来后的分配流向,包括生产的中间消耗、生活消费和积累。简要地说,投入产出分析最初就是根据国民经济各部门之间产品交流的数量编制一个棋盘式的投入产出表。表中的各横行反映产品的流向,各纵列反映生产过程中从其他部门得到的产品投入。根据投入产出表计算投入系数(也称技术系数),编制投入系数表。利用这些系数可以建立一个线性方程组,通过求解线性方程组,可计算出最终需求的变动对各部门生产的影响。可见,投入产出分析既注重各部门在

系统中的数量关系,也考虑了系统内各部门之间的联系,是系统结构分析的更深入的研究。现在,投入产出方法已推广到区域人口系统、区域环境系统等区域系统结构分析当中。

三、区域系统的功能

(一)系统功能的含义

功能是区域系统外在作用的能力,是系统本身固有的。

从系统论的观点看,系统结构是系统内部组成要素之间的相互关系和相互作用方式,是系统的内部组织。系统功能则是系统与外界环境的相互作用的能力,是系统结构的动态的外部表现。系统的结构与功能是密切联系的,一定的系统结构对应着一定的功能,结构决定功能。通常所说的经济发达地区、经济欠发达地区、经济不发达地区的划分,生态环境恶化地区、生态环境脆弱地区、生态环境良性循环地区之间的划分,都是从系统功能的角度出发,对不同功能地区进行划分的。

(二)功能与结构的关系

区域系统的结构决定了功能,功能对结构有反作用。前者如上海,因为有雄厚的技术经济基础,因为各产业、各部门逐渐形成的物质交流和技术协作联系,使上海具备了强大的加工能力,进出口能力和引进外资、消化国外先进技术的能力;后者如深圳,先赋予了它对外开放窗口作用要求,并通过给予优惠政策、加速基础设施建设等途径,使其功能逐渐完善。这种功能反过来诱导了其外经外贸业的发展和各涉外行业、部门之间的联系和协作。

(三)区域系统的功能特性

(1) 多功能性。兼具经济、社会、生态功能,但以社会经济功能为主。

(2) 功能的可变性与可控性。任何结果都是有原因的,任何功能的形成都是有条件的和变化的,通过调节结构可以达到变化和控制的目的。

(3) 功能的可加和性与不可加和性。经济产值常是可加和的(但过程不可加和);社会功能具组合性,常不可加和。整体功能不可加和性体现在整体具有各组成部分所不具备的性能。如中国在联合国的席位,各省不能分享若干份之一。这和人体的器官、汽车的零部件组建起来的系统是一样的,总体具有各组成部分都不具备的功能,这就是系统整体大于部分之和的诠释。

四、区域系统演化和控制

(一)区域系统的演化

1. 演化方向

由无序到有序,即耗散结构形成过程。(过程)由简单到复杂:结构日趋复杂、功能日趋多样,与环境相互作用日趋增强。

2. 地域演化

区域内部的地理演化基本上遵循这样一条规律,即由"点"到"线"、由"线"到"网"到"面",最终是点—线—网—面的融合。其中"点"是指区域系统结构中不同级别的节点,"线网"是指区域系统结构中的线状地物,"面"是指范围广泛的区域。社会经济活动由于聚集功能的作用,首先在某些"点"上聚集。由于社会聚集活动的不断循环累积,节点的规模不断扩大,逐步成为区域内的中心,当聚集发展到一定规模后,中心将逐步通过扩散功能向周围地区扩散。扩散并不是各向等量的,首先是向交通线沿线扩散,并通过点及线、网向周围地区扩散,从而产生向"面"上扩散的效果,最终出现点—线—网—面共同发展,共同繁荣,相互促进的局面。例如,我国长江三角洲地区近年来社会经济演化的基本过程就是这样:首先是中心城市上海得到快速发展,然后是沪宁铁路沿线形成城市带,成为该区域发展的轴线。以后是苏、锡、常、通和杭嘉湖地区在轴线城市的作用下快速发展起来,整个区域的社会经济得到了极大的发展。最终点—线—网—面相互作用,使这一地理结构从单一中心(上海市),转变到城镇节点高度聚集和具有经济潜力的城市化区域。

点→线→网→面区域内部地理演化规律为区域系统规划中的空间布局提供了重要的理论基础。

3. 演化方式

区域系统演化的基本模式有两种:一种是渐变模式,一种是突变模式。两种模式中,渐变型模式是普遍的,而突变型模式是特殊的。

渐变型模式指的是区域系统演化是逐步展开的,缺乏中断或跳跃。渐变主要指两个方面的渐变:一是指在时间过程上,渐变型模式表现为从自然演化阶段渐渐进入农业社会阶段,最终达到成熟阶段;二是指空间过程上,渐变型模式表现为演化首先从某一地段开始,然后渐渐顺次扩大到其他地域。

日本城市地理学家山鹿城次在研究日本大城市郊区城市化过程中,为我们理解这一模式提供了很好的实例,他把日本大城市郊区城市化过程分为三个阶段:

(1) 从普通农业向近郊农业过渡,经营大田作物改为经营蔬菜、瓜果、花卉、草坪、庭院林木等农副产品和观赏植物。这个阶段可称为**作物的商品化**。

(2) 务农家庭的职业构成发生变化,家中的青壮年渐渐转向市区求职,而且由季节短工不断向常年工转化。这个阶段称为劳动的商品化。

　　(3) 兼业家庭的主要劳动力和决策人也转向城市。他们或卖掉土地进城工作;或者将土地出租给承包商;或者在土地上建起零售店、服务店等城市设施。总之,离开土地,不再务农。这个阶段可称为土地的商品化。

　　在时间过程上,这三个阶段是渐变的,在空间过程上也是渐次发生的,即城市附近的农村地域要在外延型城市化作用下变成城区,那么,城市的巨大能量首先迫使它变质为郊区,然后再把郊区变成为市区。

　　渐变模式指的是区域系统的正常化过程,这种过程可以发生在区域中心,也可能出现在区域边缘。

　　突变型模式是区域系统演化在逐步进行的过程中,出现突然的中断或跳跃,一段时期后,又纳入了渐变的轨道。因此突变型模式只是渐变型模式中的特殊表现形式。

　　突变也是指的两个方面:一是在时间过程上,中断了原有的发展顺序,在短时期内由一个发展阶段进入另一个发展阶段,或者跳过某一发展阶段,然后又沿着新开端指示的方向继续演化的现象;二是在空间上,中断了原有的推移顺序,跳过了一段空间后继续演化的现象。

　　深圳的情况是大家所熟知的,改革开放前,深圳基本上处于农业发展阶段,几乎没有什么工业,市场以地方性为主,区域内各节点(村镇)的相互作用微弱,没有形成节点体系。改革开放后,在深圳设立经济特区,在政府政策的正确导向下,二十余年的时间,深圳就从一个农业区域迅速成长为一个现代化的都市,出现了社会经济繁荣、社会的信息化、产业结构的高科技化。这一发展过程,基本上跨过了工业化的初级阶段,一步跨入了工业化中后期阶段,甚至趋向于成熟阶段。深圳的发展模式,是区域系统演化突变型模式在时间过程方面的最好例证。

　　区域系统演化突变型模式在空间过程方面的例子是大城市周围卫星城市的发展。区域内的城市化是区域系统演化的重要组成部分。城市化的一般模式是从城市向郊区推进,这是城市化的外延扩散模式。另一种模式是通过交通道路建设,在大城市的远郊配置新的城镇(卫星城镇),以分散大城市的人流,减轻大城市的压力。这样,就在大城市远郊具有优势区位的地段建立起了既适于生产、又适于生活,环境优美,设施齐全的现代化小城镇。这一过程,实现了区域系统演化空间上的中断和跳跃。

　　突变型模式一般出现在区域中心场比较弱的区域边缘地区。因为区域的核心部分受区域中心场的作用十分强大,在原有区域中心场的制约下,不可能发生突然的变化。而在区域的边缘则不同,这里的区域中心场比较弱,只要外界给予一定的影响,就有可能中断原有的发展顺序,出现跳跃式的发展。如卫星城市的建设最初是从近郊开始的,但由于近郊受城市作用的制约太强,卫星城不能起到分散大城市人口的功效,故早期的卫星城建设计划大多中途夭折。而远郊则不同,虽然仍在城市作用的控制下,但这里的场强比近郊要弱得多,故远郊的卫星城建设成功者居多。

需要指出的是,突变型模式不是一种自然演化的模式,而是一种在人为因素干预下出现的模式。在人为干预因素中,以政府的政策导向最为重要。如果政府不在深圳建立特区,不给予许多优惠的特区政策,深圳地区的演化是不可能发生突然性转变的。而且一般说来,对较大区域的长期变化来说,以渐变模式为普遍模式(韩渊丰等,1993),只有较小区域才可能发生突变。

4. 演化机理

各种流的转化,包括信息流、物质流、能量流、资金流、技术流、人流的流进流出;各种流在系统内各子系统之间的交流与作用,导致系统的进化。对自然区域系统而言,演化的内在机制是能量平衡和优胜劣汰的进化论;对社会经济区域系统而言,演化的内在机制是人的理性思维,人类社会具有自组织性。

(二) 区域系统的控制

1. 区域控制系统模型

如图1-4所示:

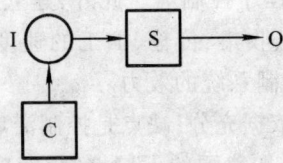

S.系统; I.系统输入; O.系统输出; C.系统控制

图1-4 区域系统控制模型

2. 系统的控制方式

(1) 反馈控制系统。这类控制系统的基本特征是控制作用决定于控制系统的状态、系统的输出及系统的目标。如果控制系统没有明确的目的,控制作用根据系统的状态或输出按常规决定,这类系统可称为常规反馈控制系统,采用的控制策略称为常规控制。如果控制系统有一定的目的,控制作用取决于系统状态或输出偏离目标的程度,这类系统可称为非常规控制系统,采用的控制策略称为非常规控制。控制方式有以下3种:

a. 比例控制:控制作用同系统目标偏差成正比例。若偏差大,控制作用就大,反之控制作用就小。这种控制方式如比例选择不当会造成系统振荡,系统状态或输出在目标附近波动,造成系统不稳定。比如,当区域某种产品供小于需时,供需差额将刺激区内投资,若投资规模过大将造成供大于需。这时若收缩生产规模,又回复到需大于供的情况,如此反复振荡,最终导致投资效率降低、系统崩裂。我国近年棉花、生猪等生产均存在这种问题。

b. 积分控制:控制作用的变化速率同系统目标偏差成比例。若目标偏差增大,则控制作用迅速增大;若目标偏差为零,则控制作用也不再变化,从而使系统稳定在目标上。

c. 微分控制:控制作用同目标偏差的变化速率成比例。若目标偏差变化大,则控制作用也大;若目标偏差变化小,则控制作用也小,这样能够减少系统在目标附近的振荡幅度,使系统逐渐接近目标。

反馈控制系统的控制功能同两个因素有关:一是系统状态与输出信息的准确性,二是系统根据信息进行反馈控制造成的时滞(时间延迟)。信息失真将使控制失去依据,时滞将影响控制的时效性,从而导致控制失效。区域系统中的时滞因素是一个很重要的问题。有些区域子系统的时滞很长,比如区域劳动力素质的提高,区域资源基地的建设,交通、住宅等基础设施的建设等因素从投资决策到决策见效的时间少则几年,多则十几年、数十年。对于时滞很大的区域子系统,就必须采用其他控制方式,如开环控制、提前控制、程序控制等。此外,建立有效的区域信息系统和决策支持系统,加快信息收集、传输、加工的速度和精确度、缩短决策时间,也有利于提高区域控制系统的效力。

反馈控制的优点是依据充分;缺点是控制滞后,发现偏离目标后再行控制,则偏离还将扩大。如我国的人口控制,发现出了问题后,才采取计划生育政策,使总量不断增加。要完全扭转局面,需到21世纪中叶。

(2) 开环控制系统。控制作用的依据是对系统未来的预测,因而是一种提前控制。如果一个区域系统中,信息收集时间过长,收集费用过高,控制系统时滞很大,宜采用开环控制方式。这时,系统控制作用不根据系统当前的状态而作出,因此所需信息较小,时间较短,从而提高控制效力。其惟一缺点是反馈灵敏度大大下降。

开环控制实质上是一种提前控制。控制作用是通过对系统未来的预测来确定控制作用的大小,以使系统状态或输出达到期望的目标。因此,

第二节　区域系统

提前控制有一定的预见性,能够使系统从目前状态出发最优地趋向目标,这种控制可以称为最优控制。开环控制的效果取决于对系统未来状态预测的精确性,因此预测的作用十分重要,预测失误将导致控制失误。由于系统外界环境的改变及其他干扰,预测误差是难以避免的,因此有必要随时根据实际的动态校正系统预测,从而修正控制作用。这种控制兼具开环和反馈控制的特点,可称为开环反馈控制系统。

开环反馈控制的优点是提前采取行动(控制),有希望尽可能减小偏差;缺点是依据(预测)不一定准确,因而有可能导致错误控制。

另一种控制方式是程序控制。程序控制也是一种提前控制,在各个时期对系统的控制作用预先以程序形式确定下来,然后依次发出控制指令。区域规划、城市规划、经济计划、投资计划、基础设施建设计划、资源开发计划、水利开发计划等各种规划和计划,广义上属于程序控制之列。实现程序控制需要预先知道系统及其环境的动态变化规律,然后进行系统分析、预测、系统综合和设计,从而预先确定控制作用序列,使系统按期望的轨迹运行。程序控制也有开环程序控制和反馈程序控制之分。前者控制程度一旦确定,就不能进行任何修正而严格执行。后者则要根据控制实施情况不断修改原定程序,以保证最优控制。由于区域系统的随机性和不确定性,规划、计划等控制程序一般都要在实施过程中随时调整修改,故一般采用反馈程序控制方式。

开环反馈控制和反馈程序控制是较好的区域系统控制方式,使开始既有一定的灵敏性,又有一定的预见性,从而保证最优地控制区域系统动态。

(3) 自适应控制系统。前述的控制系统都假定系统具有确定的目标,采用各种改善对系统实施控制使其趋向预定目标。自适应控制系统则没有惟一确定的目标,系统目标随着系统环境与状态的变化而变化。也就是说,系统的目标是适应系统的环境与状态。比如,当区域处于不发达状态时,区域系统的主要目标是维持区域内人口的基本生活需求。当区域进入较发达、发达状态时,区域系统的目标将使区域人口具有富有的物质生活和精神生活,高消费、高生活质量将成为区域系统的目标。可见,随着区域的发展,区域目标也在不断地升级提高。

除了目标自适应外,自适应控制系统的另一特征是区域系统的参数、结构也在不断地变化,以适应变化了的环境,从而提高系统的组织程度和功能。例如,当区域处于自给自足的不发达状态时,区域系统的内部组织程度很低,分工、流通极不发达,系统效率很低;当区域进入发达状态后,区域内部分工极细,组织程度很高,从而提高了系统的效率与功能。可见,区域发展是一个典型的自适应过程。

(4) 系统控制的实现。区域系统具有高度的组织性,各个子系统本身都构成一个控制系统,并且相互耦合成整体的区域系统。下一级系统受到上一级系统的控制,而上一级系统则根据各个子系统反馈信息发出控制,协调各子系统的行为,以保证系统的整体最优化。上一级系统控制下一级系统的方式有直接控制和间接控制之分。直接控制指上级系统直接控制下一级系统的输入。间接控制指上级系统通过对下一级系统控制机构的控制从而达到间接地控制下一级系统的输入。直接控制能够快速明确地控制下级子系统,但往往干扰下一级系统控制功能的发挥,甚至使下一级系统的控制机构处于形同虚设的状态。由于控制从上一级系统出发,故信息失真时滞增大的可能性大大提高,控制失误就会增多,因此直接控制应尽量避免。间接控制能充分发挥下一级控制系统的控制功能,但上级系统的控制意图有可能在中途夭折,达不到控制目的。

综上所述,直接控制和间接控制各有利弊,两者若能适当结合,就能达到更好的控制效果。我国政府机关向各地区各部门下达的指令性计划属于直接控制形式,指导性计划和各种政策、法规、法令则属于间接控制形式。两者结合就是我国目前的计划与市场相结合的混合控制形式。

第三节 区域系统分析

一、区域系统分析概述

(一) 系统分析的概念和原则

1. 概念

"系统分析"一词源于20世纪40年代,是美国兰德公司(Rand)在完成美国空军的"洲际战争"研究项目——"研究与开发"计划的过程中首次提出并使用的。在当时,系统分析的内涵是指对符合系统目标的不同方案进行费用和效果的经济评价。第二次世界大战以后,系统分析技术被广泛应用,特别是计算机的广泛使用,使系统分析思想和方法得到推广。

目前,尽管对系统分析的概念有不同的提法,如系统分析、系统工程、系统科学方法等,但有两个基本观点是一致的,即系统分析工作,都与特定的决策者相联系,其中决策者可以处在不同的层次;系统分析是一种思考和研究问题的策略体系,而不是具体的技术方法,系统分析方法必须根据研究对象和分析问题的不同而不同。

2. 原则

第三节 区域系统分析

系统分析原则概括起来有以下几种：

(1) 整体性原则。系统科学不同于传统科学的显著特点之一，就在于它对于系统整体特性的强调，它把所研究的对象看成一个整体系统，这个整体系统又是由若干部分(要素与子系统)有机结合而成的。其核心思想在于：一个系统作为整体，具有其要素所不具有的性质和功能；整体的性质和功能，不等同于其各要素性质和功能的叠加；整体的运动特征，只有在比其要素所处层次更高的层次上进行描述；整体与要素遵从不同描述层次上的规律。这便是通常所说的"整体大于部分之和"。因此，在研究中必须从整体性出发，从整体与部分之间相互依赖、相互制约的关系中去揭示系统的特征和规律，从整体最优化出发去实现系统各组成部分的有效运转。

从整体上考虑并解决问题，把研究对象看成是有机整体(系统)，在分析对象的各个组成部分的相对独立性时，在研究对象的各个组成层次时，总是强调从整体考察部分。认为整体不是部分的机械加和，而是它们的有秩序的组合，客观上可能存在这样的最优或较优的各部分的有机组合秩序(状态)，使得总体的功能大于各部分的功能之和，这就是整体优化。特定组合状态是否为优化状态，必须以它是否有利于构成总体优化作为考虑前提，由此建立分析问题和解决问题的模式。这就是说，"整体(系统)"既是考虑问题的出发点，也是解决问题的归宿(目标)。

(2) 动态性原则。区域系统都是开放的，离开了环境将不复存在；开放的系统不可能是静止的，必然表现为动态变化。那么，它的演化机制是什么？表现形式怎样？未来趋势如何？只有把握这些，才能对系统进行优化控制。因此，我们必须对系统进行动态分析，从历史变化过程把握其动态演化规律，结合环境变化预测其未来发展方向；从系统的输入－输出过程探索其内在演化机制，寻求有效控制的途径和措施。

系统内部诸要素的相关性及系统与外部环境的相关性都不是静态的，而是动态的，都与时间密切相关，都会随时间不断地变化。密切注意系统内外的各种变化，掌握变化的性质、方向、趋势、程度和速度，采取相应的措施，调整工程的方案、计划，改进工作方法，在变化中求得系统优化。

(3) 优化性原则。研究区域系统的目的是为了改造、利用这个系统。而改造、利用这个系统的目的是为了获取较多的利益。这"获取较多利益"就是寻优，即优化。应该说，优化思想古已有之，如"两害相较求其轻；两利相较求其大"等，但系统分析中的优化指的是整体的优化、动态的优化，这和以前的局部的最优、静态的最优明显不同。不仅如此，现代系统科学已经发现,对于一个较大的区域系统来说,其最优解可能是存在的,但却是很难找到的。因此,在区域规划中,不应该强调绝对的最优,应通过寻求满意解(相对最优)逐步逼近最优解,寻优是一个持续的过程,也是在寻优费用和寻优效果之间权衡的过程。

(4) 模型化原则。模型是反映事物变化过程特征和内在联系的简化表现形式。对区域系统进行分析,不仅要揭示系统的结构和功能特征,也要能描述清楚系统内部各组成部分(要素和子系统)之间的相互依存关系和时间、空间上的联系,尽可能把握系统与环境之间的相互作用方式和强度。即要对系统及其环境进行定性、定量综合研究,并用规范的语言、尽量简化的形式描述研究过程和研究结果。模型化是对区域进行深入研究的必然过程。模型,特别是数学模型,是区域系统分析的必不可少的工具。

以上原则不是并列的,而是有主有次的,其中整体性原则是根本,其他原则是对整体性原则的深化和补充。整体优化思想是系统科学的精髓,是区域系统分析的思想原则和方法论基础。

(二) 区域系统分析的特点

(1) 多学科性。区域分析的对象是复杂的大系统,这个大系统是许多学科的共同研究客体,有多种作用影响着区域系统的存在和发展。譬如,在作能源方面分析时,就必然要涉及到物理学、工程学、气候学、生物学、生态学、管理学、经济学、社会学及环境学等各学科的有关概念、理论和方法;在进行自然资源利用方面分析时,则需要涉及土地资源、生物资源、矿产资源、水资源、生态学、水文学、气候学、地质学、经济学、管理学、环境学等各个学科的内容。因此,在进行区域系统分析和进行区域规划时,必须依靠多个学科专家的通力合作。

(2) 分析结果的多方案性。在区域开发与规划研究过程中,系统分析人员与决策人员往往是不一致的(正因为如此,才有决策支持之说),系统分析者的任务是向决策者提供解决某一问题的可行方案,然后由决策者进行决策方案的选择。这就要求系统分析人员必须提供两个或两个以上的决策方案,否则,要决策者选择就成了空话。此外,前已述及,区域系统是一个非常复杂的大系统,对这个大系统进行开发,其最优解可能存在,但很难找寻。能够得到的,都是一定约束条件下的最优解。而约束条件往往是变化的,也常常是不确定的,因而必须从不同的角度进行优化,从而得到不同的开发方案。通过多方案的综合比较,才能选出既切实可行,又较为满意的开发方案,确保区域开发目的的实现。

(3) 定性分析与定量分析相结合。区域系统分析离不开数学模型,但因区域系统异常复杂,并不是所有要素及其变化都能量化。因此,在区域系统分析时,必须坚持定性分析与定量分析的结合。如果将区域系统分析单纯地理解为数量分析,将直接影响区域系统分析的进展和质量。

(4) 创造性。区域系统分析虽然具有多学科融合的性质,但它绝不是多学科的简单叠加。在区域系统分析中,一方面应广泛吸取自然科学、社会科学各个领域中的已有研究成果,另一方面要善于创造和总结,提出新问题,研究新领域,探索新规律,建立起自己的研究内容体系和理论、方法论体系,为区域开发和规划做出更大贡献(徐建华等,1994)。

(三) 区域系统分析基本范畴

从区域开发与规划的角度看,区域系统分析包括以下几个范畴:

(1) 目标。即区域系统的要求和要达到的目的。目标既是系统分析的出发点——系统分析的一切工作都要围绕系统分析目标进行,也是系统分析的归宿——系统分析的一切工作都是为系统分析目的服务的。在进行区域系统分析时,要首先明确被分析对象的目标和要求,为其他分析奠定基础。

(2) 替代方案。在区域开发活动中,为了实现同一目标,可以采取不同的方式和途径,这实现目标的不同方式和途径就是替代方案。区域开发系统分析的一项重要任务,就是在深入细致的调查研究基础上,通过建模、分析、计算、模拟、比较各种方案的利弊,向决策者提供其决策过程中可能用到的有用信息。提供高质量的替代方案,是区域开发决策成功与否的关键。

(3) 费用与效益。在区域开发中,任何一个建设、改造项目或措施的实施,都需要花费大量的投资费用,都可以获得一定的效益。区域开发系统分析时,总是希望通过费用与效益的对比分析来确定最佳的方案。一般说来,效益大,费用小的方案是可取的,有时以费用最小为准,有时以效益最大为准,有时以效益/费用最大为准。

(4) 模型。模型是对实际系统的抽象描述,通过模型可以将复杂的问题转化为易于处理的形式。在区域开发系统分析中,为了研究目标与方案之间的关系、费用与效果之间的关系,往往需要建立模型。对于一些尚待建设的项目,可以通过一定的模型求得系统设计所需要的参数,并据此确定各种约束条件。同时,还可以根据模型来预测各种替代方案的性能、费用和效益,以便于对各种替代方案进行分析和比较。

(5) 评价准则。为了对各种可行的方案进行比较排序,需要有一定的评价准则。一般而言,区域开发系统分析评价准则的确定,应该遵循以下几项原则:① 外部条件与内部因素相结合;② 眼前利益与长远利益相结合;③ 局部利益与整体利益相结合;④ 定性与定量结合。

(四)区域系统分析步骤

系统分析的目的是为了给决策者提供直接判断和制定最佳方案所需要的信息,系统分析的过程就是系统分析者从系统的观点出发,运用科学的方法和工具(主要指计算机),对系统的目标、功能、环境、费用、效益等进行调查研究,收集、分析和处理有关的数据和资料,并据此建立若干替代方案和必要的模型,进行模拟运算和仿真试验,最后将各种运算和试验结果进行比较和评价,整理成完整的综合的有效信息,供决策者作为选择决策方案的依据。区域系统分析的过程可用图1-5说明。

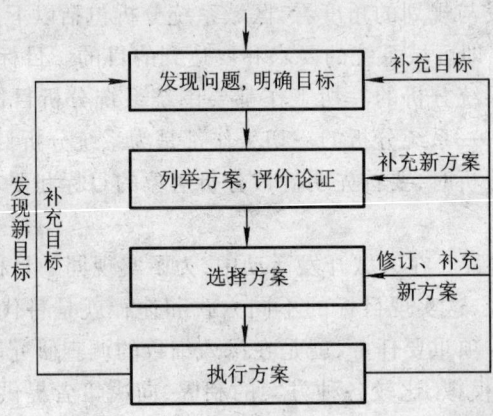

图1-5 区域系统分析过程示意图

二、区域系统分析中的数学方法

根据研究的内容和目的,区域分析和规划的数学方法可以分成5大类,即系统分析模型、系统预测模型、系统综合(设计)模型、系统规划优化模型、系统决策对策模型。如把基本统计模型单拿出来,则区域分析与规划模型就有6大类。

在确定区域系统边界、明确区域研究目的的基础上,区域系统分析主要是对该系统的技术性能、经济指标、社会效果和生态影响等进行分析评价,对系统的现状进行估算,从而揭示系统的结构、功能特性,发现系统存在的问题及各问题之间的相互关系,以便寻求解决问题的方法;系统预测主要是根据已掌握的信息,利用科学的预测方法,对系统的未来状态作出推断,为系统的优化控制提供参考;系统综合就是对区域开发方案的优化设计,即在满足总目标的前提下,运用大系统分解协调原理与数学模型,设计和协调具体的优化方案,生成若干可供选择的总体优化方案,为最终

第三节 区域系统分析

规划和决策提供选择的基础；系统优化规划模型是根据区域开发目的和系统预测结果等，构建总体优化的数学模型，用特定的模型方法，确定具体的规划目标，揭示各约束条件（资源、资金、市场、劳动力、设备等）对区域发展目标的作用，确保区域经济持续、快速发展；系统决策对策是从实践的角度评价和实施规划方案，并根据可能出现的情况提出对策措施。各类模型中所包含的具体模型、方法见表1-6。

表1-6 区域分析中的数学模型和方法

类别	目 标	方法/模型
系统分析	研究系统要素本身变化规律	概率分析，统计特征值分析
	分析要素间、子系统间关系	相关分析（线性相关、非线性相关），灰色关联分析，模糊贴近度，因子分析，空间相互作用分析，投入产出分析，诊断模型，回归分析模型，计量经济模型等
	研究系统要素空间变化规律	趋势面分析，对应分析，空间洛伦兹曲线等
	研究系统的结构特性	多样化指数，集中化指数，威弗组合指数，专业化指数，区位商模型，聚类（系统聚类，灰色聚类，模糊聚类等）分析，投入产出分析，对应分析，因子分析，洛伦兹曲线等
	分析系统的功能、效益	价值工程法，功能对比分析，模糊综合评价，生产函数模型，层次分析模型等
系统预测	分析系统演化规律，推断未来变化趋势	时间序列分析方法，定性预测：专家咨询法，问卷调查法等 定量预测：回归预测，自回归预测，平滑预测，灰色预测，模糊预测，仿真预测，类比预测等
系统综合	设计开发方案	特尔菲法，头脑风暴法，情景分析法，类比法，比例法等
优化与规划	控制系统朝着最佳方向发展	运筹学模型：线性规划（包括0-1规划，整数规划），动态规划，目标规划，网络规划等 控制论模型：一般控制论模型，大系统递阶模型等

续表

类别	目标	方法/模型
决策与对策	评价,设计,实施	模糊综合评价,计划评审技术,功能对比分析,层次分析等
	依据可能出现的情况提出对策措施	单目标决策:确定型决策,非确定型决策,风险决策等
		多目标决策:主导目标法,线性加权法,功效系数法等
		费用效果法,序列优化法,主分量层次分析法等
		矩阵对策:双方对策与多方对策,零和对策与非零和对策等

本章复习思考题

1. 解释概念:① 结节区域;② 区位商;③ 多样化指数;④ 开环反馈控制。
2. 简述系统分析的基本原则。
3. 简述区域系统的主要特征。
4. 请举例说明区域系统的结构与功能之间的关系。
5. 请你谈谈对区域系统演化规律的理解和认识。

第二章 区域系统的时间过程分析

第一节 区域经济的产生和发展

一、生产要素作用分析

(一) 生产要素

任何生产过程都离不开四大要素,即资源、劳动力、资本、技术。这些要素在区域发展过程中所起的作用,是随着区域的发展而发展的,呈依次递进态势,即在区域发展的早期阶段以资源(主要指自然资源)为主,到了高级阶段则以技术为主;工业化过程早期以劳动力为主,中后期以资本为主。其中资源(R)包括土地资源、能源、水资源、原材料等;劳动力(L)包括劳动力的数量、质量等;资金(K)包括固定资产、流动资金(生产性资金,生活服务性资金);技术(T)包括生产技术、管理技术、创新意识等。

(二) 生产要素的配置

不同的区域、处在不同发展阶段的区域,上述4种生产要素的组合方式是不同的。一般而言,农业社会以前,经济发展主要依赖于自然资源,劳动力的作用主要是对自然资源的采集和猎取;农业社会时期,经济发展主要是对土地资源的开发利用。农业社会以前、农业社会,区域经济还很难说已构成系统,即很难说有区域经济(系统)存在。工业社会早期,经济发展主要是对矿产资源、水资源等的开发利用。此时,已出现区域经济系统。随着社会的发展,人们改造自然、利用自然的能力加大,生产力水平提高,上述资源中,自然资源的制约作用越来越小,而技术、人的作用越来越大。

由于生产要素的差异,各地区依据经济规律(比较利益原则),逐步发展起来了或资源密集型产业(如采掘业、森林砍伐业等),或劳动力密集型产业(如养殖业、纺织业、服装和玩具制造业等),或资金(资本)密集型产业(如金融、保险业、大型石油化学工业等),或技术密集型产业(制药业、软件业等),相应地形成了各种规模、等级的生产基地。

R、L、K、T这4个要素的组合形式共计16种配置方式:只取1个,4种;取2个,6种;取3个,4种;取4个,1种;取0个,1种。这些组合方式,是我们认识和把握区域特点的基本出发点,任何一个国家,任何一个较大的区域,都可以大致归为这 16 种的某一种或几种,当然这种归类只是相对的划分。比如,在全国范围内,北京地区可以算得上技术和资金比较丰富、资源和劳动力相对不足的地区;而重庆地区则不同——劳动力比较丰富,资金严重不足,技术和资源一般。

(三) 生产函数模型

描述部门或区域社会生产的价值形成过程中输入、输出之间关系的一种经济数学模型。其中输入包括劳动力投入、资金投入以及资源技术输入等。输出即产值(或产量),用数学表达式表示:

$$P = kb_1^{a_1} \times b_2^{a_2} \times \cdots \times b_m^{a_m} \qquad (2-1)$$

式中:P 为输出(产值、产量、增加值等);k 为技术经济管理水平方面的系数;$b_1, b_2, \cdots, b_m$ 为投入要素的量;$a_1, a_2, \cdots, a_m$ 为各投入要素消耗的弹性系数。

由于资源、技术等都可以看作是资金、劳动力的替代品,所以,式(2-1)可以简化成:

$$Y = AK^\alpha \cdot L^\beta \qquad (2-2)$$

式中:K 为资金投入量;L 为劳动力投入量。因统计年鉴上只有资金和劳动力投入,故作此简化以实用。

K = 固定资产(原值或净值) + 定额流动资金年平均余额

L = 社会劳动力(区域)或职工人数(部门)

A 隐含了技术的作用,故称技术因子,也称是经济技术管理水平,α、β 需通过间接途径求得,如可用多区域或多部门统计数字回归分析得到。一般情况下取 $\alpha = 0.3, \beta = 0.7$。

(四) 生产函数模型的应用

1. 地区(部门)经济技术管理水平的比较

取 $\alpha = 0.3, \beta = 0.7$,或用回归的方法求出 α、β 之后,反求 A。此时,不同地区,A 不同,A_i 代表 i 地区的经济技术水平。

$$A_i = Y_i \Big/ (K_i^\alpha L_i^\beta)$$

A_i 越大,i 地区技术管理水平越高。

2. 区域规模经济报酬分析

用回归的方法求出 α、β 后,根据二者之和的大小,可以对研究对象进行规模报酬分析:

当 $\alpha + \beta = 1$,规模报酬不变,产出量的增加比例与投入量的增加比例相同;

当 $\alpha+\beta<1$,规模报酬递减,产出量的增加比例小于投入量的增加比例;

当 $\alpha+\beta>1$,规模报酬递增,产出量的增加比例大于投入量的增加比例。

我们希望的是 $\alpha+\beta>1$,因为产出的增长快于投入的增长,是集约式增长,是高效率的增长。所以,在 $\alpha+\beta>1$ 的情况下,应增大投入,加快发展。反之,当 $\alpha+\beta<1$ 时,增加投入就要慎重,因为规模报酬递减是增长质量下降的征兆,持续下去将导致边际产出-投入为负。

3. 生产要素贡献率分析

假定 $\alpha=0.3, \beta=0.7, \alpha+\beta=1$,基期时间标度为 0,目标期时间标度为年 t(间隔为 $t-0=t$)。有如下定义:

产出平均变化率:　　　$W=\lg(Y_t/Y_0)/t$

技术平均变化率:　　　$U=\lg(A_t/A_0)/t$

资金平均变化率:　　　$V=\lg(K_t/K_0)/t$

劳动力平均变化率:　　$R=\lg(L_t/L_0)/t$

技术进步贡献率:　　　$P_A=U/W$

资金增加贡献率:　　$P_K=(1-P_A)\times V/(V+R)$

劳动力增加贡献率:　$P_L=1-P_A-P_K$

显然,$P_A+P_K+P_L=1$,即经济的总增长是由资金、劳动力投入的增加和技术进步引起的。在现代社会,经济发展主要靠技术进步,如在日本,技术进步的贡献率达 60%～80%。我国目前却不尽然(即以外延扩大再生产为主,内涵扩大再生产为辅)。1990—1995 年我国工业生产情况如表 2-1 所示,用柯布-道格拉斯生产函数计算各生产要素的贡献率(假定 $\alpha=0.3, \beta=0.7$)如下:

(1) 不考虑价格变化,则:

$A_{90}=18\ 689/(15\ 951^{0.3}\times 6\ 378^{0.7})=2.226$

$A_{95}=54\ 947/(60\ 917^{0.3}\times 6\ 610^{0.7})=4.27$

$W=\lg(54\ 947/18\ 689)/5=9.37\%$

$U=\lg(4.27/2.226)/5=5.66\%$

$V=\lg(60\ 917/15\ 951)/5=11.64\%$

$R=\lg(6\ 610/9\ 378)/5=0.3$

$P_A=5.66\%/9.37\%=60.41\%$

$P_K=(1-60.41\%)\times 11.64\%/(11.64\%+0.3\%)=38.66\%$

$P_L=(1-60.41\%-38.66\%)=0.3\%$

(2) 考虑价格变化,并假定资金价格变化与工业产值价格变化相同,则工业产值价格变化系数为：

$$f = (1\,060.5/389.6)/(18\,689/54\,947) = 0.9184$$
$$A_{90} \text{不变}, A_{95} = 4.27 \times 0.9184^{1-0.3} = 4.0230$$
$$W = \lg(53\,947 \times 0.9184/18\,689)/5 = 8.6273\%$$
$$U = \lg(4.0230/2.2260)/5 = 5.14\%$$
$$V = \lg(60\,917 \times 0.9184/15\,951)/5 = 10.90\%$$
$$R = \lg(6\,610/9\,378)/5 = 0.3\%$$
$$P_A = 5.14\%/8.6273\% = 59.58\%$$
$$P_K = (1 - 59.58\%) \times 10.90\%/(10.90 + 0.3) = 39.34\%$$
$$P_L = (1 - 59.58\% - 39.34\%) = 1.08\%$$

表 2-1 我国工业生产 1990—1995 年数据资料

年份	工业总产值/亿元	资金占用/亿元	劳动力/亿元
1990	18 689(389.6)	15 951	6 378
1995	54 947(1 060.5)	60 917	6 610

注：括号中的数字为指数(以 1978 年为 100)。
资料来源：中国统计年鉴,1991、1996。

二、哈罗德-多马模型

分析经济发展使用的最简单、最著名的生产函数，是 20 世纪 40 年代分别由英国的罗伊·哈罗德和麻省理工学院的埃佛塞·多马提出来的，这一模型最初是用于解释发达国家经济增长和失业之间的关系的。但哈罗德-多马模型作为一种考察增长与资本需求关系的简便方法，已经广泛应用于发展中国家。哈罗德-多马模型试图说明的是稳定状态的经济增长所需具备的条件。具体来说，是要说明为了使经济能够按照一个固定不变的比率持续、均衡地增长，收入和投资或资本存量应按什么速度增长。

这一分析的核心是一个基本假设，即增量资本-产出比率是固定数字，亦即任何经济单位的产出，不管它是个别公司、一个行业还是一个国家，取决于向该单位投入的资本量。如果用 Y 表示产出，K 表示资本存量，于是产出与资本存量的关系是：

$$Y = K/k$$

k 在这里是一个常数，叫做资本-产出比率(在技术条件不变的条件下等于加速系数，$k = I/\Delta Y$)。产出和资本的增量之间的关系就可以表示为：

$$\Delta Y = \Delta K/k$$

而产出增长率为: $g = \Delta Y/Y$
于是有: $g = \Delta Y/Y = (\Delta K/Y)/k$

对于整个经济来说,ΔK 与总投资 I 是相等的,而总投资 I 又必须等于总储蓄 S,因此,$\Delta K/Y$ 就变成了 I/Y,而且等于 S/Y。S/Y 被称为储蓄率 s,即储蓄在国民生产总值中的比重。于是方程转化为:

$$g = s/k$$

这就是经济中哈罗德-多马的基本关系式。用文字表示,就是:

$$总投资 = 总储蓄 = GNP \times 储蓄率$$

在无大的结构变化、需求充分的情况下,增长率是储蓄率的函数,储蓄率越高,增长越快。

应用此方程,需首先确定一国或地区的资本-产出比率,然后,确定想要达到的经济增长率,应用此方程计算出为了达到这个增长率所必需的储蓄和投资水平;也可以先确定可行的或想要达到的储蓄和投资率,在这种情况下,可以应用方程算出可以达到的国民生产总值的增长率。

这一方程还可以在一个行业中使用,可以分别计算出不同部门的增量资本-产出比率。当计划人员决定了每个部门所得到的投资量之后,哈罗德-多马方程就可以确定每个部门各自预期的增长率。

三、投资和出口对区域经济发展的影响分析

(一) 乘数效应

在经济运行中,某些经济参数的变化会影响相关的一系列参数的连锁变化,最终将在特定的经济环境下,导致经济运行结果的成倍变化。这就是乘数经济范畴的现象。

乘数也叫做倍数,表明经济运行中经济变量之间的一种函数关系,它用来说明国民收入变动量和引起这种变动量的最初注入量之间的比例关系,即国民收入变动量是引起该变动量的最初注入量的倍数。哈罗德-多马模型就是一种乘数效应模型。乘数效应的一般表达方式如下:

$$K = \Delta Y/\Delta X$$

式中:K 为乘数;ΔX 为最初注入的增量;ΔY 为由 ΔX 所引起的国民收入增量。

现实经济生活表明,这种引起国民收入变动的最初注入量可为投资、税收、政府购买支出、转移支付和进出口等。不同的最初注入量引起国民收入变动,形成相应的投资乘数、税收乘数、政府购买支出乘数、转移支付乘数和外贸乘数等。

乘数所具有的客观性仅与再生产活动相联系,与社会制度无关。存在社会化生产活动,乘数作用必然存在;社会化大生产程度越高乘数作用越明显,社会化大生产活动程度越低,乘数作用越小;在经济运行完全分割的条件下,乘数作用完全消失。

如果说乘数是社会化再生产活动的描述,那么乘数效应则是这一活动的最终结果。产生乘数效应需要两个条件:一个是存在着具备乘数发生作用的社会化再生产的客观基础,被称为乘数存在条件,它是乘数发挥作用的基础条件,但不是全部条件;另一个条件是经济运行的参数变动,即经济运行参数在外力作用下不按自发规律运行,而是出现了正的或负的参数变动。经济运行参数变化借助于再生产活动的乘数基础作用,产生了放大或缩小经济运行参数增量若干倍的结果,这一结果就是乘数效应。

随着经济社会再生产过程的继续,一个经济参数变动所产生的影响通过再生产活动要长期保留在经济运行中。乘数效应就是在不断衰减着的增长幅度的再生产循环中,多次积累的总增长结果。每一次经济运行循环受到经济变量变动的影响,但经济在吸收了需求的变动作用以后,经济运行规律便开始产生作用,形成不断涌现的派生性需求。自发性需求演化成引致性需求的作用,每一次引致性需求作用结果都将是下一次引致性需求产生作用的前提,不断的经济运行将经济变量变动携带在每一次经济循环之中,形成了条件→结果→条件的循环关系。这些结果要在经济运行中得以积累,产生了经济总规模变化的作用。对于拉动经济增长的三驾马车——投资、出口和消费,都可以建立起相应的乘数模型。

(二) 投资乘数模型

投资乘数是指以投资作为自发性需求诱因,以一定的边际消费倾向为基本前提条件,以总的国民收入为结果的因与果对比。投资乘数是将投资看作初始的自发性需求,在供给能力允许的前提下,需求由供给满足并产生国民收入,新的国民收入经过分配和再分配,形成新的需求并又进一步要求供给与之相适应,再产生新的国民收入,新的国民收入再次被分配,形成新需求,如此进行下去所形成的国民收入总值与初始自发性投资的比较。

1. 投资乘数的基本计算公式

$$K = \Delta Y / \Delta I$$

而
$$\Delta Y = \Delta I + \Delta I b + \Delta I b^2 + \Delta I b^3 + \cdots = \Delta I \times 1/(1-b)$$

所以
$$K = [\Delta I \times 1/(1-b)] / \Delta I$$

即
$$K = 1/(1-b) \quad (0 < b < 1)$$

式中：K 代表投资乘数；b 代表边际消费倾向。

投资乘数效应的作用受到自发性需求、边际消费倾向的变动的影响以及资源或供给条件的限制。

投资乘数的形成需要下列条件：

(1) 正常的消费和储蓄的主观与客观需要。所谓正常的消费率与储蓄率是指消费率与储蓄率取值均在 0~1 之间，不存在极端的情形，且这种在 0~1 之间的消费率或储蓄率是由正常的主观和客观因素决定的。换言之，它完全由经济运行因素决定。

(2) 正常的投资渠道。正常的投资渠道提供了较为宽松的资金获得环境，使资金流动顺畅，资金市场信号真实反映了比较稳定的资金成本，并有利于投资者的预期稳定，最终有利于储蓄转化为投资，则有利于形成自发性投资需求。

(3) 存在不断放宽的供给与资源约束条件的创造机制。足够的供给能力和宽松的资源约束是乘数发挥作用的前提条件，由于乘数的作用，决定了必然会使需求接近供给和资源的提供量。从乘数的自发性需求到供给和资源约束条件放宽的过程需要一定的制度条件。这种制度条件的本质就是它必须排斥数量型增长，而保持内涵质量增长，即从微观上，能够使企业感受到资源边际效率递减的信息，刺激企业形成摆脱这一约束的愿望，循着技术增长促进企业发展的道路来获得利润。

2. 投资乘数作用结果

在自发性投资需求的作用下，产生一系列的引致性需求，最终形成企业收入，再通过企业和政府的分配与再分配形成个人收入，个人收入分配成消费和储蓄。其中的消费构成了新引致性需求，而储蓄构成了新投资的资金来源。乘数发生作用的过程，就是上述消费和新增储蓄的序列值形成的过程，这一过程会对经济运行产生一定的影响。

投资乘数的最终结果表现为短期最终结果和长期最终结果，这些结果有积极的方面，也有消极的方面。

(1) 投资乘数短期最终影响。第一方面，需求增长。在需求没有受到供给因素限制条件下，由于乘数的推动，可以产生数倍于初始需求的引致性需求，即：

$$m = [\Delta Y/(1-b) - \Delta Y]/\Delta Y = 1/(1-b) - 1 = b/(1-b)$$

第二方面，生产增长。为满足消费增长必须有相应的商品提供给市场，如果自发性需求发生于存货供大于求时，则需求增长首先由存货来满足，使企业存货减少；随着企业存货数量的减少，市场将产生供小于求的信号，这便促使企业进一步扩大生产，提高产量以调整存货的变化。

第三方面,资源消耗。在不考察资源放宽的条件下,生产量的提高必然会形成资源消耗量的增加,其增加值应为单位产量消耗资源乘上最大需求量减掉存货富余量,即:

资源消耗增加 = 单位产量消耗资源系数 × [ΔY/产品价格 × $1/(1-b)$ - (存货量 - 正常存货量)]

(2) 投资乘数的长期最终影响。第一方面,需求攀升。消费需求的增加,将产生一定的心理影响——消费需求的向下刚性,每次对需求的刺激都将产生新的需求水平,在乘数作用消失以后,需求水平并不因此而降低,在下次乘数发生作用时,又一次产生更高的需求水平,形成不断升高的需求序列。

第二方面,潜在国民收入增长。这里所说的增长不是指国民收入在短期内升高,而是指国民收入生产能力的提高。自发性需求产生于形成新的生产能力的投资,引致性需求中的全部或部分将产生需求增长的市场信号,进而影响到对供给能力增长的要求,引导储蓄转化为存量投资,也形成生产能力。在长期中,对供给的需求的信号,一部分传递到资源上,形成资源的创造,扩展了资源的利用领域、增加资源技术内含,降低了资源利用成本;另一部分作用到产品功能上,不断以有限的资源创造出具有更高功能的产品,使产品的技术内涵增高。

第三方面,经济波动与调控陷阱。经常使用乘数效应作为经济调控手段,就必然会形成经济的不断波动。而恰好在发展中国家,为了保持经济的不断高速增长,通过动员自发性投资,特别是政府的直接投资来推动经济,伴随而来的经济波动就在所难免了。如果乘数作用所产生的供给能力增加超过需求增长,则必将在乘数效应发生之初的供大于求的基础上进一步扩大供大于求的矛盾。为了使供求平衡,政府不得不再一次动员自发性投资需求来适应供给,其结果则要形成新的供大于求的局面,最终形成来自不断调控的经济波动。我们把这种政府出于平衡供求关系而造成进一步形成更大的不平衡的调控,称为"政府调控陷阱"。

(三) 出口乘数模型

经济开放之后,经济运行必然要受到外贸的影响,进出口对异国的经济特别是对国民收入的影响就叫做外贸乘数效应。在这里,我们重点讨论的是出口对于区域经济的影响,也就是出口的乘数效应。

1. 净出口贸易乘数

进出口均为自发性变量,以其差额作为自发性需求,其他因素均不变,则:

$$\Delta Y/\Delta NX = 1/[1-b(1-t)]$$

式中：NX 代表贸易收支盈余，表示国外对本国的总需求；b 代表边际消费倾向；t 代表税率。

该式说明了净出口额的变动对国民收入变动的影响，其值等于一般乘数，也就是净出口贸易乘数效应与国内贸易效应结果相同。

2. 出口贸易乘数

出口为自发性需求，进口为引致性需求，其他因素不变，则：

$$\Delta Y/\Delta X = 1/[1 - b(1-t) + m]$$

式中：X 代表为出口而生产的产品量；m 代表边际出口倾向。

该式说明了出口变动所引起的国民收入变动，不仅取决于边际消费倾向和税率，还取决于边际进口倾向。由于 $m>0$，出口贸易乘数小于国内一般贸易乘数，说明相同的出口变动引起的国民收入增长小于国内变量变动引起的国民收入增长。

3. 出口乘数效应

当一国采取以出口为主的贸易政策时，出口变动将会形成3种影响：

(1) 考察出口时，由于出口对国内产品生产形成需求，并在国内形成国民收入增长，即：

$$\Delta Y = \Delta X \times \{1/[1 - b(1-t)]\}$$

该值的形成与一般的乘数形成过程是相同的，都是先由出口需求变动产生自发性需求，这一自发性需求通过社会再生产过程变成个人收入，纳税后变成个人可支配收入，在扣除储蓄，变成下期的国内消费，国内消费对生产活动提出扩大生产的要求，形成新的国民收入，如此不断循环下去。

(2) 形成引致进口变动。为保持进出口平衡，出口必然要求有适当的进口与之相平衡；同时，出口变动所引起的国民收入变动本身也要引致进口的改变，而进口的改变必然会改变国内的生产和国民收入总值，所以国民收入变化要扣除由进口造成的国民收入减少的影响，其结果为：

$$\Delta Y_m = \Delta X \times \{1/[1 - b(1-t) + m]\}$$

(3) 改变了国际收支地位。出口需求变动所产生的乘数效应所形成的影响使经济从一种均衡状态转为另一种均衡状态，也就是说无论是否考虑到引致性进口的影响，都要在最后收敛于稳定的均衡状态，同时，它使国内生产增长了 ΔY_m，也改变了国际收支地位。

$$\Delta NX = \Delta X - m\Delta Y_m$$
$$\Delta Y_m = \Delta X\{1 - \{m/[1 - b(1-t) + m]\}\}$$

上式括号中的值必定大于零，可保证国际收支地位的改善（$\Delta NX>0$），而与具体的外贸参数 m 和税率以及出口强度 ΔX 无关。

四、产业结构对区域经济发展的影响分析

产业结构是诸产业按照社会再生产的投入产出关系有机结合起来的一种经济系统,这一系统在与外界的能量互换中,不断地改变着自身的状态。这些不同的关系状态,对经济增长有重大影响。并且,产业结构中的关系越复杂,其关系状态对经济增长的影响就越大。产业结构状态及其变动对经济增长的影响,即结构效应①。

在不同的层面上的结构效应分别是:

结构关联效应,在高度抽象的产业结构内部关联的层面,以投入产出的中间产品运动为其分析模型,具体考察技术矩阵水平、产业关联规模和结构聚合质量的状态及其变动对经济增长的影响。

结构弹性效应,从国民产品运动的角度考察作为供给方面的产业结构对需求结构变动的反映程度(即结构弹性),及其对经济增长的影响。

结构成长效应,把产业结构作为动态系统处理,引入资源结构、分配结构的新变量,分析其余整个外部环境交互作用中的动态成长过程,考察结构转换对经济增长的影响。

结构开放效应,以国际产业联系模型来考察国内产业结构参与国际分工的程度和类型,及其对国内经济增长的影响。

除上述效应外,还包括产业结构的内部关联对经济增长的效应等。

第二节　区域经济动态过程分析

区域经济总是要发展的,发展的方式可以概括为持续性发展和波动式发展;区域经济发展,在其早期阶段,主要表现为数量的增长。而区域经济数量增长,也有持续性增长和波动式增长两种方式。

一、区域经济发展的趋势性和阶段性

无论从总量上讲,还是从质量上说,区域经济都是一定要发展的,这已为世界各国、各地区的实践所证实。当然,这种趋势性变化也是不平衡的,有时快,有时慢,有时因自然灾害或政治动荡而暂时地有所下降,但最终仍会继续发展。

区域经济发展的这种趋势性是由两方面因素决定的。首先是社会需求的拉力——人们的消费需求永无止境;其次是科学技术的推动——科

---

① 萨缪尔森 B,诺德豪斯 W 著.宏观经济学.第 16 版.萧琛等译.北京:华夏出版社,1999

学技术的进步也是无休无止的。

从主要生产要素变化的角度说,世界经济、大的区域经济都是沿着资源经济→劳动经济→资本经济→知识经济的过程发展的。亦即在区域经济发展的早期阶段,生产的投入主要靠资源,特别是土地资源,相应的产业是农业,包括种植业、畜牧业、林业和渔业等;然后是劳动力,简单的、廉价的劳动力,相应的是轻工业、餐饮业等;后来发展起了大工业,机械设备、厂房等的投入成了经济发展的关键,对应的产业有机械工业、石油、化学工业等。目前,科学技术已经成为发达国家、发达地区经济发展的决定性因素。

科学技术的发展变化也是不平衡的,有时快,有时慢;有时深刻,有时平淡无奇。伴随着每一次深刻的科技革命,都或迟或早地促动着产业方向的重大变革,这必然导致经济发展过程表现出明显的阶段性。

从消费需求和生活方式的角度看,生存资料为主的消费(主要由第一产业供给),先后让位于发展资料为主的消费(主要由第二产业供给)和享受资料或服务为主的消费(主要由第三产业供给),区域发展的趋势表现为贫穷阶段→温饱阶段→小康阶段→富裕阶段→极端富裕阶段的趋势。

关于区域发展的趋势和阶段,曾有很多著名的经济学家作过系统的研究,形成了比较公认的理论成果,如配第-克拉克定理(产业结构演变定理)、霍夫曼定理(工业化过程定理)和罗斯托的经济增长阶段论等。

二、区域经济发展的波动性和周期性

(一) 经济周期波动的含意

经济波动,一般是指经济运行过程中交替出现的扩张与收缩、繁荣与萧条、高涨与衰退现象,经济的周期性波动是一个连续不断的过程。我们把经济变量由一个谷底到下一个谷底,经历一次扩张和收缩的过程视为一个周期。每一个周期都有大致相同的过程,复苏、扩张、衰退、收缩,这就是经济周期的规律性。

美国著名经济学家密切尔(W. C. Mitchel)和伯恩斯(A. F. Burns)在1946年为经济周期(business cycles)下了这样一个定义:"经济周期是在主要以工商企业形式组织其活动的那些国家中所看到的总体活动的波动形态。一个周期包含许多经济领域在差不多相同时间所发生的扩张,跟随其后的是相似的总衰退、收缩和复苏,后者又与下一个周期的扩张阶段相结合,这种变化的序列是反复发生的,但不是定期的;经济周期的持续期间从1年以上到10年、20年不等;它们不能再分为性质相似、振幅与其接近的更短的周期。"这一定义大体被一般西方经济学家所接受,而且一直作为美国全国经济研究局(NBER)研究经济周期波动的依据。

经济的周期性波动既给人民就业和生活带来影响，又给政局的稳定带来冲击。力求消除经济的周期性波动一直是各国政府和经济学家为之奋斗的目标。自工业革命以来，尽管人们做出了种种努力，但经济周期波动仍然没有消失，可以说，世界经济的发展史，就是经济周期波动的历史，经济运行就像世间万物的发展一样，有盛必有衰，经济存在周期性波动是不可避免的。

（二）西方经济学中关于经济周期波动的各种学说

多少年来，人们一直在对经济周期波动从各种不同角度进行研究，形成了许多理论假说，试图回答诸如为什么会产生经济周期波动，为什么经济的扩张阶段和收缩阶段要交替重复地进行这样由经济行为所引起的一系列问题。

1. 外部因素理论

外部因素理论认为，经济周期的根源在于经济制度之外的某些事物的波动，如太阳黑子、星象、战争、革命、政治事件、金矿的发现、人口和移民的增长、新疆域和新资源的发现、科学发明和技术进步等。这种理论的主要代表人物是英国经济学家杰文斯(H.S.Jevons)。

2. 货币理论

这种理论认为，经济周期纯粹是一种货币现象，货币数量的增减是经济发生波动的惟一原因。经济周期波动是银行体系交替地扩张和紧缩信用所造成的。即使没有其他原因存在，货币供应的变动也足以形成经济周期，这种理论的主要代表人物是英国经济学家霍特里(R.G.Hawtrey)。

3. 投资过度理论

这种理论主要强调了经济周期的根源在于生产结构的不平衡，尤其是资本品和消费品生产之间的不平衡。人们的当期收入中的消费部分用来直接购买消费品，而储蓄部分则最终转化为投资。当利率政策有利于投资时，就会刺激投资的增加，形成了经济的繁荣。但资本品生产的增加是以消费品的生产下降为代价的，导致生产结构失调，最终将不可避免地引起衰退。这种理论的主要代表人物是奥地利经济学家哈耶克(F.A.Hayek)。

4. 消费不足理论

消费不足理论一直被用来解释经济周期的收缩阶段，即衰退或萧条重复发生。这种理论把萧条产生的原因归结为社会对消费品的需求赶不上消费品的增长。强调消费不足是由于人们过度储蓄从而使其对消费品的需求大大减少。当储蓄投资于生产过程时，不管数量大还是小，迟早总要引起麻烦,带来经济的崩溃和萧条。消费不足理论的一个重要结论是,一个国家生产力的增长率应当同消费者收入的增长率保持一致,以保证人们能够购买那些将要生产出来的更多的商品。这一思想对于当今西方国家的财政货币政策仍然有影响,消费不足理论早期的代表人物是马尔萨斯,近代的代表人物是英国经济学家霍布森(J. A. Hobson)。

5. 心理理论

这种理论强调心理预期对经济周期各个阶段形成的决定作用。在经济周期的扩张阶段,人们受盲目乐观情绪支配,往往过高地估计了产品的需求、价格和利润,而生产成本,包括工资和利息往往被低估了。并且人们之间存在着一种相互影响决策的倾向,如某企业经营者因对未来的乐观预期会增加与他有关的货物和服务的需求,于是带动其他企业经营者也相应增加需求,从而导致了过多的投资。根据心理理论,经济周期扩张阶段的持续期间和强度取决于酝酿期间的长短,即决定生产到新产品投入市场所需的时间。当这种过度乐观的情绪所造成的错误在酝酿期结束时显现出来后,扩张就到了尽头,衰退开始了。企业经营者认识到他们对形势的预测是错误的,乐观开始让位于悲观。随着经济转而向下滑动,悲观性失误产生并蔓延,由此导致萧条。这种理论的主要代表人物是庇古(A. C. Pigou)和凯恩斯。

6. 创新理论

创新理论是由熊彼特(J. A. Schumpeter)提出来的。熊彼特关于经济周期的解释是建立在创新的投资活动是不断重复发生的。但这个过程基本上是不平衡的、不连续的并且是不和谐的。熊彼特理论的核心是3个变化过程:发明、创新和模仿。发明是指一种新产品或者新的生产过程的发现,或者是改变现存产品或生产过程。熊彼特假设发明或多或少总是不断地出现,但是它们并不一定同时在经济上得到应用。创新被定义为:一种新发明的首次应用,或者是改进了现有产品和工艺过程,使其适应不同的市场需求。在熊彼特看来,企业家之所以进行创新活动,是因为创新能给他带来盈利的机会。假设某个企业家决定生产一种新产品,他愿意冒风险并对所需的厂房和设备进行投资。如果他的决策正确,他将会获得超额利润。应用前面的心理理论,投资之初在经济的其他领域也会开始增加。然而更为重要的是,他的成功带来了一大批模仿者,他们都想分享超额利润。发明、创新和模仿过程的最终结果是对厂房设备的投资支出的不断累积的增加、较高的收入、更大的消费支出等。随着这个过程的继续,经济又一次变得过度扩张了,由于产量的不断增加,最终产品的价格开始下降,劳动力、设备、原材料和利率的成本开始增加。最后出现的是削减投资支出、解雇工人、收入和消费支出减少,经济开始进入周期的收缩阶段。随之而来的是对变化了的经济环境进行调整的过程,在这期间,使经济进入下一个复苏的物质力量渐渐形成,企业家又开始创新,于是开始了下一轮周期。

(三) 经济周期的主要类型

西方经济学家把经济周期波动按周期长度分为4类:

1. 基钦周期

美国经济学家基钦(Joseph Kitchin)经研究发现,在经济活动中有一种有规律的短期波动,其持续期间约为40个月,这种波动同商业库存的变化有关。基钦在1923年的论文"经济因素中的周期与倾向"中,分析论证了这种短周期的存在,所以将短期波动称为"基钦周期"。

一般认为,基钦周期主要是由于企业的库存投资的循环而产生的。因此,又可以称之为库存循环。当经济摆脱萧条期开始复苏时,订购开始增加,企业的销售量开始上升。但由于商品的生产需要时间,所以企业面临的问题是清仓向外发货。如果库存依旧在不断减少,为恢复企业认为合适的库存量,就得扩大生产。当经济步入繁荣阶段时,一般收入会随之增加,企业认为合适的库存水平将不断上升。所以再度进行库存投资,只要销售量有所增加,经济扩大的压力就会不断存在。如果景气一旦达到顶峰,就将出现相反的现象。企业以经济繁荣时的销售量为基础继续进行库存投资,而实际发货已开始减少,故出现了预料之外的库存增加。如果库存增加一直持续到开始景气衰退之时,那么速度就会放慢,之后库存开始减少。这样,如果库存调整一结束,就开始再次库存投资,又进入下一轮库存循环。

2. 朱格拉周期

法国经济学家朱格拉(Clement Juglar)于1862年在《法国、英国、美国的商业恐慌及其周期的再现》一书中,基于银行贷款的数字、利率、物价的统计资料,研究了英、法、美等国家工业设备投资的变动情况,发现了9~10年的周期波动。这就是中周期,也称为"朱格拉周期"。一个朱格拉周期约含两个基钦周期。美国从1795—1937年的142年中,共经历了17个这种周期,其平均持续期间为8.35年。

经过西方众多的经济学家的研究,认为朱格拉周期的产生是由于失业、物价随设备投资的波动而发生变化,从而导致10年左右的周期波动,这种说法已成为主流,所以,也称朱格拉周期为设备投资循环。

人们试图从理论上解释投资设备周期产生的原因。有人认为构成设备投资的起因的技术革新的规律性及推广技术革新所需要的时间大约为

10年左右的周期。也有人认为一般机械设备使用寿命大约为10年左右,生产设备固定资产折旧率为10%~15%,这样由于机械设备的更新而产生的再投资循环也是设备投资循环产生的一个原因。更多的西方经济学家利用加速原理和投资乘数理论来解释设备投资循环产生的内生机制。

在所有的长波、中波、短波中,影响最大的要算朱格拉周期,由于它与市场经济中的工业活动、投资活动和商贸活动直接相关,在各种周期中,对人们商业活动影响最大,故称之为主周期(major cycle),人们对经济周期的考察,主要集中讨论这种周期。

3. 库兹涅茨周期

美国经济学家库兹涅茨(Simon Kuznets)在1930年出版的《生产和价格的长期运动》一书中,研究了美、英、德、法、比等国从19世纪初叶或中叶到20世纪初期60种工、农业主要产品的产量和35种工、农业主要产品的价格变动的时间序列资料。他剔除了其间短周期与中周期的变动,发现存在着15~25年周期的中长期循环。这种类型的经济周期称为"库兹涅茨周期"。基础设施固定资产折旧率一般定为5%,大概和此有关。

一般认为平均持续期间为20年的库兹涅茨周期是由于建筑活动的循环变动而引起的,所以又称为"建筑循环"。与建筑循环有关的因素有:① 住宅和工商业等建筑物的使用寿命及房租和建筑费用的变化;② 铁道、公路等交通网的形成;③ 人口的变动;④ 产业结构的变化;⑤ 金融、财政政策的变化;⑥ 技术革新(特别是建筑技术);⑦ 战争与地震等灾害的突发事件;⑧ 对将来的(乐观的或悲观的)预期等。对于建筑物的需求来说,供给要有相当长的时间延迟,并且建筑活动的扩张使得建筑材料的需求扩大,就业机会增加,对经济的各领域都会产生广泛的影响,从而产生这种较长周期的经济周期波动。一个库兹涅茨周期大约包含两个朱格拉周期。美国在1832—1933年的102年间,共经历了6个中长周期,平均持续期间为17年。

4. 康德拉季耶夫周期

俄罗斯经济学家康德拉季耶夫(Nikolai D. Kondratieff)在《经济生活中的长波》一书中根据美国、英国、法国100多年内的批发指数、利息率、工资率、对外贸易量、铁、煤炭、棉花等产量的动向推算出50~60年周期的长期波动。这种50年左右的长周期被称为"康德拉季耶夫周期",又称为"长周期"。他指出从18世纪末以后存在着3个长周期:

上升期间:1789—1814年　　下降期间:1814—1849年
　　　　　1849—1873年　　　　　　　　1873—1896年

作为引起上述长期景气循环的主要原因,可以列举出人口的增加、新资源的开发、资源的储备、地理上的新发现、战争等因素。认为技术进步和革新是康德拉季耶夫周期产生原因的说法被普遍接受。的确,康德拉季耶夫指出的第一次长期波动的1780年时期正逢产业革命;第二次长期波动的1850年时期正逢广泛进行铁路建设;第三次周期波动的1890年时期是电力普及、汽车工业发达的阶段。这3个周期各自与技术革新的浪潮相适应。康德拉季耶夫并未指出第三次长期波动于何时结束。但是人们认为第二次世界大战后的世界经济处于第四次长期波动的上升阶段。1973年10月发生了石油危机,于是战后长达30年的长期繁荣结束了。

5. 我国国民经济的周期性特点

农业生产受气候影响明显,我国是一个传统农业比较发达、目前农业生产对国民经济影响仍很深刻的发展中国家。长期以来,我国农业气候的变化特征基本上是以5年为周期,即气温三温二寒,降水一涝二旱二平。新中国建国后,我国的国民经济管理,沿用苏联模式,即五年计划制,基本上符合自然规律。但在具体执行过程中,常常强调有一个好的开端,所以每个五年计划的头一年,基本上是经济过热;而到最末一年,为了完成、超额完成计划,总要拼资金、拼设备、拼储备,常常也有较高的速度;而中间几年,难免要进行调整。这样说来,我国的经济周期变化,就表现为大致以5年为一个周期的波动。即每个五年计划的第一年和最后一年速度较快,其他年份速度变化较大,但总体平均低于两头年份(见表2-2和图2-1)。我国各地区经济发展速度的波动,也和该地区领导班子更替有关,特别是较小的区域。基本规律是:新官上任三把火——每届领导班子上任的前两年,经济发展速度较大。

表2-2 中国历届五年计划经济(GDP)发展指数的比较(上年为100)

年序	一五	二五	调整	三五	四五	五五	六五	七五	八五	九五	平均
1	115.6	121.3	110.2	110.7	107.0	98.4	105.2	108.5	109.1	109.8	109.51
2	104.2	108.8	118.3	94.3	103.8	107.6	109.3	111.5	114.1	108.6	106.91
3	106.8	99.7	117.0	95.9	107.9	111.7	111.1	111.3	113.1	107.8	107.26
4	115.0	72.7	—	116.9	102.3	107.6	115.3	104.2	112.6	107.2	105.98
5	105.1	94.4	—	119.4	108.7	107.6	113.2	104.2	109.0	108.3	107.79

资料来源:中国统计年鉴,2001。

第二节　区域经济动态过程分析

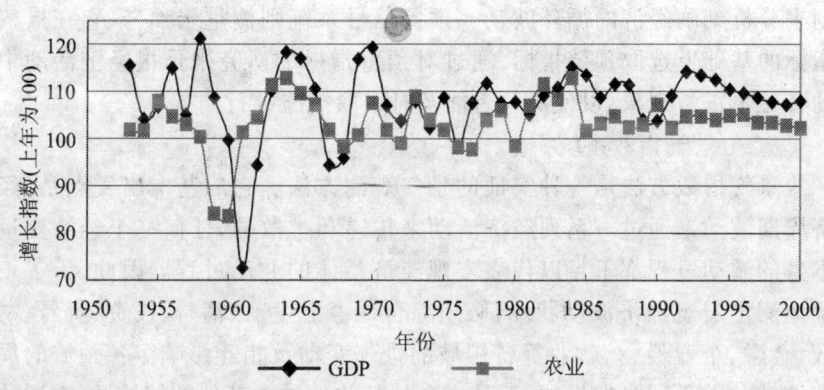

图 2-1　中国 1952—2000 年 GDP 和农业增加值发展指数的变化

三、区域经济发展的监测和预警

（一）宏观经济的监测与预警

周期性的波动现象在各国的经济增长过程中普遍存在，但起伏过大的经济波动与宏观经济管理所追求的目标——经济稳定增长是相背离的。但经济周期波动是一个客观存在，是无法彻底消除的，我们所能做的，只是力求准确地判断经济周期的状态，提出预警，采取相应的经济政策措施，力求减小波动幅度，减弱经济波动的危害程度。因此就要建立与经济运行机制相适应的宏观经济监测预警系统。

经济波动的监测和预警是指从宏观上对国民经济运行系统的各个主要方面进行过程性刻画、追踪分析和警情预报。它是以西方经济学的经济周期理论为基础，同时采用数学方法对一系列经济变量加以定量分析，以揭示和刻画经济波动的有关特征，为政府分析研究其经济运行状况提供比较有效和实用的方法体系。

宏观经济监测预警系统正是从宏观经济外部显现出的现象入手，分析经济活动的内在机理，从而找出影响经济波动的内在原因及其规律，进一步按这种规律预警未来可能出现的波动。具体说来，宏观经济监测预警系统的作用主要有：正确评价当前宏观经济运行的状态，即恰当地反映当前经济形势的冷热程度或正常与否，这是建立宏观经济监测预警系统的基本任务；准确预测未来宏观经济形势可能发展的趋势，在经济运行发生重大转折之前，及时发出信息，起到预警作用；及时反映宏观经济调控的结果。

宏观经济监测预警系统由景气指数系统和预警信号系统两部分组成。景气指数系统侧重于检测，它通过对景气指标的选取、景气指数的编制来分析刻画经济的循环波动。预警信号系统则侧重于预警,它在景气指标的基础上选取预警指标,通过对预警指标的研究来预报经济活动中的各种不正常现象,以使决策者能及时采取措施进行调节。

(二) 景气指数系统

景气指数方法是一种实证的景气观测方法。它的基本出发点是,经济周期波动是通过一系列经济活动来传递和扩散的,任何一个经济变量本身的波动过程都不足以代表宏观经济整体的波动过程。因此,为了正确地测定宏观经济波动状况,必须综合地考虑生产、消费、投资、贸易、财政、金融、企业经营、就业等各领域的景气变动及相互影响。各领域的周期波动并不是同时发生的,而是一个从某些领域向其他领域波及、渗透的极其复杂的过程。基于这种认识,从各领域中选择出一批对景气变动敏感,有代表性的经济指标,用数学方法合成为一组景气指数(先行、一致、滞后),以此来作为观测宏观经济波动的综合尺度。

目前国际上通用的景气指数方法有扩散指数(DI)方法和合成指数(CI)方法,也有利用主成分分析方法合成景气指数的。

1. 基准循环及先行、一致与滞后指标

(1) 基准循环。因为经济波动的复苏、扩张、收缩和萧条是通过许多经济变量在不同的经济过程中的不断演化而逐渐展开的,就需要确定出一个最基本的基准循环及其转折点,以此为基础,作为划分先行、一致、滞后三类指标的依据。

(2) 先行、一致、滞后指标。

a. 先行指标(leading indicators):先行指标是指在宏观经济波动达到高峰或低谷前,超前出现峰或谷的指标。该指标各个特殊循环的峰值比基准循环的峰值先行至少3个月以上,且这种先行关系比较稳定。先行指标是预警系统中最重要的部分,它们具有观测前景的性质和对宏观经济运行变化察觉的高度灵敏性。

b. 一致指标(coincident indicators):也称为同步指标,是指该指标达到高峰和低谷的时间和经济周期波动基准日期的时间大致相同。完全一致的指标是很少的,峰谷月位与基准月位的差别在一两个月内就认为是基本一致。一致指标主要用来进行监测宏观经济的运行状况,它反映当前的经济形势。

c. 滞后指标(lagging indicators):是指那些转折点滞后于经济周期波动的基准转折点的指标。指其峰谷月位比基准峰谷月位滞后3个月以上的指标。滞后指标主要是用来修正、确定先行指标和一致指标预告和反映的变化趋势。此外,滞后指标滞后性对分析宏观经济运行状况也具有重要作用。

(3) 数据预处理——时间序列分解。在建立宏观经济监测预警系统的过程中,要对所选的经济指标进行相应的加工,因为为了及时、准确地把握经济的波动变化,构成监测预警系统的经济指标大都采用月度或季度数据。而对于每个经济指标的月度或季度时间序列来说,一般都包含着4种变动要素:长期趋势性变动(T, trend)、季节性变动(S, seasonal)、周期性波动(C, cycle)和不规则变动(I, irregular)。

研究经济周期性波动或对国民经济进行监测预警主要是研究时间序列中的循环变动部分或带有长期趋势的循环波动,而把其中的季节影响因素及不规则影响因素消除掉,因此有必要将其从时间序列中分解出来。通常的分解方法有以下两种模型(假设以上4个要素相互独立):

加法模型: $$O = T + S + C + I$$

式中:T、S、C、I均表现为绝对量。

这一模型的优点是直观性好。它的局限性是各种经济变量之间缺乏可比性。

乘法模型: $$O = T \times S \times C \times I$$

式中:T为绝对量;C、S和I均为相对量。

与加法模型相比,这一模型的主要特点在于以相对数表现季节变动要素S和循环要素C。因而可以避免计量单位的影响,增强了不同经济变量间的可比性。但也带来了直观性差的问题。

目前国际上较通用的季节调整法是美国商务部普查局和经济分析局开发的调整时间序列数据的方法——X-11法。该方法较为精细,考虑到了经济数据一般受季节、日历天数、节假日、工作日、各月(季)星期数量的不同及其他偶然因素等诸多因素的影响,使用移动平均方法将季节因素(S)、趋势因素(T)和不规则因素(I)分离出来。

2. 经济指数 DI 和 CI

(1) 扩散指数 DI(diffusion index)。对景气指标按先行、一致和滞后特性分类后,就应采取适当手段把每类中各个指标的波动综合起来,用一个可以定量化的指标来表示,以考察宏观经济的波动过程,因此,就有了扩散指数。

扩散指数的基本思想是把保持上升(或下降)的指标占上风的动向,看作是景气波及、渗透的过程,将其综合,用来把握整个景气。

扩散指数又称扩张率,它是在对各个经济指标进行季节调整的基础上,通过计算上升的经济指标占全部选用的经济指标个数的百分比来判断预测未来经济增长趋势的方法。具体算法是:在某一类指标中,如果某指标当月数值与上一个月或上若干个月相比,当月数值为大时,则记"+"号;反之记"-"号;若二者相等,记 0.5 个"+"号。"+"号标志扩张状态,然后把这类指标中的"+"号个数相加,除以总指标数并乘以 100,可得该类指标当月的扩散指数值。用 DI_t 表示在 t 时间上存在的上升指标的比率,公式如下:

$$DI_t = \frac{在\ t\ 时刻扩张的变量个数}{变量总数} \times 100\%$$

从 DI 的定义中可知,DI 在 0~100 之间变化,它的循环波动的长度由相邻两次波动的谷底组成。和一般的波动相类似,每一次波动可分解为 4 个阶段:

第一阶段:当 $0 < DI_t < 50$ 时,上升的指标数小于下降的指标数,但是,扩张的因素在不断地生长,收缩的因素在逐渐消失,经济形势趋于扩张,这时,经济运行处于不景气空间的后期。

第二阶段:当 $50 < DI_t < 100$(或波动峰值)时,经济发生重大转折,上升的指标数超过半数,经济处于景气空间前期,随着 DI_t 向 100(或峰值)的不断趋进,经济运行中的热度越来越高。

第三阶段:当 $100 > DI_t > 50$ 时,上升指数仍过半数,但是,扩张率在不断下降,这时经济处于景气后期,正在走下坡路,整个经济处于降温阶段。

第四阶段:$50 > DI_t > 0$ 时,经济又一次发生重大转折,上升的指标数小于下降的指标数,经济系统正面临全面收缩的阶段,经济形势又进入一个新的不景气空间(前期)。由以上讨论可知,扩散指数是围绕 $DI_t = 50$ 这条直线上下运动的,称之为景气转折线。扩散指数向上穿越景气转折线且 $DI_t = 50$ 的时刻,称之为景气上转点,对应地向下穿越时是景气下转点。DI_t 向上运动达到其峰值的时刻称为景气分割点,而向下运动达到谷底的时刻称为萧条转折点。

扩散指数有 3 种:先行扩散指数(LDI)、一致扩散指数(CDI)和滞后扩散指数(LgDI)。LDI 可以预测宏观经济形势的动态趋势,LgDI 则可以判断经济景气或萧条是否开始(或结束),CDI 则用来评价当前的经济形势。

(2) 合成指数 CI(composite index)。合成指数 CI 是由一类指标以各自的波动幅度为权重加权平均计算的,因而它能定量地反映出经济的扩张或收缩程度,而且它的波动模式与对应的指标波动模式是一样的。合成指数也相应地分为先行合成指数(LCI)、一致合成指数(CCI)和滞后合成指数(LgCI)。

CI 的计算相对复杂,其大致步骤为:将各个变量经季节调整后变为无量纲的增长率;将各变量的增长率按一定基准进行调整;综合成一个定基指数。

3. 景气分析与预测

应用景气指数进行经济分析与预测的方法在国内外被广泛地应用,它分为扩散指数法和综合指数法。

(1) 扩散指数法(DI 法)。在景气分析中首先要做的是经济波动特性的分析。在计算 DI 并绘出波动曲线后,可以分别统计出先行、一致和滞后三类指数的周期性波动的有关特征数据,如峰和谷的位置、历史周期平均长度、峰和谷分别相对于基准日期的先行和滞后的平均时间等。我们还可以利用 DI 来进行现期景气分析。首先计算出现期扩散指数(分 3 类),如果现期一致扩散指数位于 50 景气转折线之上,可以说一致指标反映的经济景气处于扩张状态,即经济处于扩张期;如果现期指数位于转折线之下,可以说经济景气处于收缩状态,即处在经济周期中的收缩阶段;如果这一指数正位于转折线上或正越过这条线,那么可以说经济景气已经开始出现转折。利用 DI 进行预测主要有两种方法:一种是利用 DI 自身波动的统计规律来预测下一个月或几个月的经济景气状态和趋势,这类似时间序列外推法,它根据历史波动特性和当前波动特点,把这一波动曲线从图中延续下去;第二种方法是利用 LDI 具有先行波动的特征来预测,它根据先行时间关系,来预测一致指数的变化。

(2) 综合指数法(CI 法)。同 DI 法一样,利用 CI 法进行经济景气分析与预测时,先要对其历史波动特性进行统计分析,即先要确定各类 CI 的峰和谷、周期平均长度、平均先行期或平均滞后期等。另外,可以计算 CI 的环比指数(R)和基比指数(B):

$$R(i) = CI(i)/CI(i-1)$$
$$B(i) = CI(i)/CI(i-12)$$

式中:i 表示月份;$i-1$ 为上个月;$i-12$ 为上年同期。

对当前经济景气的分析,主要是根据 CI 变化率(由 CI 的环比指数和基比指数表示)。CI 的上升表明经济景气的扩张,而下降则表明收缩。CI 上升或下降的幅度可表明经济景气与基期比的扩张或收缩变化大小。CI 的转折表明经济景气的扩张或收缩的结束,同时表示下一周期收缩或扩张的开始。

利用 CI 进行监测,除了可以利用其周期特性外,CI 法还可以采用定量化预测方法,建立预测方程来对未来的经济景气变化进行预测。一是利用 CI 自身波动规律进行时间序列外推;二是利用 LCI 来进行预测。

(三) 预警信号系统

景气指数旨在研究经济周期波动的规律,进而分析和预测经济波动的过程和趋势,但这些指数本身也不能直接告诉我们应当在何时、何种条件下采用何种调控措施,而监测预警系统的另一大组成部分——预警信号系统则能对宏观经济状况作总体综合判断。它主要是通过分析经济波动的规律性,来建立反映宏观经济运行轨迹的监测预警系统。

在预警信号系统中,首先要选择一组反映经济发展状况的敏感性指标;然后,运用有关的数据处理方法,将多个指标合并成为一个综合性的指标,并通过类似于一组交通信号管制红、黄、绿灯的标志,对这组指标和综合指标的当时经济状况发出不同的信号;最后,通过观察分析信号的变动情况来判断未来经济增长的趋势,并明确提示经济决策部门应当针对当前经济运行的动态采取何种调控措施。临界点的选择是这一方法中的难点,它具有很大的人为性,而且不同时期对临界点的选择也会有所不同。所以,这种"灯号"法相对综合指数法来讲,应用的国家较少。

建立预警信号系统最首要的工作就是选择宏观经济预警指标。预警指标应能在不同的方面反映国民经济总体的发展规模、发展水平和发展速度。入选的指标应具备如下条件:

(1) 所选指标必须在经济上有重要性。所选指标合起来能代表经济活动的主要方面,并且所选指标在一段时期内是相对稳定的,即对该指标所确定的预警界线保持相对的稳定性。

(2) 先行性或一致性。即与经济循环变动大体一致或略有超前(或滞后),能敏感地反映景气动向。

(3) 统计上的迅速性和准确性。

表 2-3　日本"景气警告指标"的构成指标及预警界线　　(单位:%)

指 标 名 称	比较时点	红灯	黄灯	绿灯	蓝灯
1. 原材料批发物价	前 6 个月比	1.2 以上	0.2~1.2	-0.8~0.2	-0.8 以下
2. 工业制成品批发物价	前 6 个月比	0.7 以上	0.2~0.7	-0.3~0.2	-0.3 以下
3. 新招工人数	前 6 个月比	7.0 以上	3.0~7.0	-1.0~3.0	-1.0 以下
4. 规定外劳动时间	前 6 个月比	4.5 以上	0.5~4.5	-3.5~0.5	-3.5 以下
5. 日银券平均发行额	前 6 个月比	9.0 以上	8.0~9.0	7.0~8.0	7.0 以下
6. 存款通货余额	前 6 个月比	10.0 以上	9.0~10.0	8.0~9.0	8.0 以下

第二节 区域经济动态过程分析

续表

指标名称	比较时点	红灯	黄灯	绿灯	蓝灯
7. 全国银行贷款增加额	前年比	50以上	25.5~50.0	0.0~25	0以下
8. 矿工业生产指数	前6个月比	9.0以上	6.5~9.0	4.0~6.5	4.0以下
9. 工业制成品库存率指数		96以下			96以上
10. 工资费用比率	前6个月比	-1.0以下	-1.0~1.0	1.0~3.0	3.0以上
11. 机械订货	前年比	40以上	20~40	0~20	0以下
12. 民间建设订货	前年比	30以上	15~30	0~15	0以下
综合指数		40以上	30~39	21~29	20以下

表2-3是日本经济企划厅于1973年3月第二次调整后的"景气警告指标"的构成指标及相应的预警界线。

1968年,日本"景气警告指标"的大部分构成指标都是利用与上年同期比的增长率序列。1970年第一次调整时,为了能迅速地了解经济的变化,判断景气动向,对构成指标都改为对季节调整后的值采用与前6个月比的方法。而且,为了避免不规则变动对警告信号的影响,对构成指标的季节调整后序列进行3个月移动平均,然后再与前6个月比。

表2-4 我国预警信号系统的构成指标及预警界线(1996年)　(单位:%)

指标名称	红灯	黄灯	绿灯	浅蓝灯	蓝灯
	5分	4分	3分	2分	1分
1. 工业总产值	18.0以上	15.0~18.0	10.0~15.0	6.0~10.0	6.0以下
2. 轻工业产值	20.3以上	14.7~20.3	10.7~14.7	6.0~10.7	6.0以下
3. 预算内工业销售收入	23.2以上	17.4~23.2	10.4~17.4	7.2~10.4	7.2以下
4. 社会消费品零售额	28.0以上	22.0~28.0	13.5~22.0	8.6~13.5	8.6以下
5. 货币流通量(M_0)	32.0以上	24.8~32.0	16.2~24.8	12.0~16.2	12.0以下
6. 狭义货币供应量(M_1)	27.6以上	20.8~27.6	15.7~20.8	12.6~15.7	12.6以下
7. 企业存款	31.5以上	21.3~31.5	14.0~21.3	7.4~14.0	7.4以下
8. 基建投资额	31.2以上	18.4~1.2	11.4~18.4	6.9~11.4	6.9以下
9. 银行工资性现金支出	29.0以上	18.6~29.0	14.6~18.6	11.3~14.6	11.3以下
10. 商品零售价格指数	13.0以上	9.6~13.0	4.0~9.6	2.0~4.0	2.0以下
综合指数	43以上	37~43	25~37	18~25	18以下

表2-4是我国1996年选取的预警指标及预警界线。所有的预警指标都采用与前年同月比的增长率序列。再经过X-11季节调整取TC序列(即去掉了季节要素和不规则要素后的序列)构成预警系统。由于20世纪90年代以后,我国经济逐渐向市场经济转换,经济结构发生了相当大的变化,某些预警指标的性质发生了很大变化,为此,选取的预警指标包括了工业、商业、金融、投资、劳动工资及物价等多个领域。但使用总产值(工业总产值和轻工业总产值)指标与市场经济不符,应调整为增加值。

我国的预警界线是4个数值,称为"检查值(check point)"。以这4个检查值为界线,确定"红灯"、"黄灯"、"绿灯"、"浅蓝灯"、"蓝灯"5种信号。当指标的数值超过某一检查值时就亮出相应的信号,同时,每一种信号给以不同的分数。系统以景气信号图为输出结果。从图中可以研究综合判断的景气信号,分析全面的景气变动情况,又可以分析各指标当月的景气情况,从中观察出各项指标的变动是否稳定,是否发生异常现象。并以此为依据来判断宏观经济调控政策的取向。

各信号的含义如下:

"绿灯"表示当时的经济发展很稳定,政府可采取促进经济稳定增长的调控措施。"黄灯"表示景气尚稳,经济增长"稍热",在短期内有转热和趋稳的可能性。由"红灯"转变为"黄灯"时,不宜继续紧缩;由"绿灯"转变为"黄灯"时,在"绿灯"时期所采取的措施虽可继续维持,但不宜进一步采取促进经济增长的措施,并且应密切注意今后的景气变化,以便及时采取调控措施避免经济过热。

"红灯"表示景气过热,此时财政金融机构应采取紧缩措施,使经济逐渐恢复正常状况。"浅蓝灯"表示经济短期内有转稳和区域衰退的可能。由"浅蓝灯"转为"绿灯"时,表示经济发展速度趋稳,可继续采取促进经济增长的措施;由"绿灯"转为"浅蓝灯"时,表示经济增长率下降,此时应密切注意今后的景气动向,适当采取调控措施,以使经济趋稳。若信号由"浅蓝灯"转为"蓝灯"时,表示经济增长率开始跌入谷底,此时政府应采取强有力的措施来刺激经济增长。

由上述可知,预警信号系统的目的,就是通过发出信号来综合判断短期未来的经济走势是否将进入"过热"和"衰退",供决策机构制定宏观调控政策时参考,企业界也可根据信号的变化调整其投资计划和经营方针。

表2-5是《中国发展报告》中使用的宏观经济预警信号,与国家计委及信息中心采用的指标不完全一样,也算是一家之言,仅供参考。

第二节 区域经济动态过程分析

表 2-5 《中国发展报告》中使用的宏观经济预警信号

信号	红灯(过热)	黄灯(稍热)	绿灯(正常)	浅蓝灯(微冷)	蓝灯(冷)
赋值	5	4	3	2	1
工业总产值	>1.18	1.18~1.15	1.15~1.06	1.06~1.03	<1.03
预算内工业企业销售收入	>1.24	1.24~1.20	1.20~1.09	1.09~1.04	<1.04
基础产品按产量指数	>1.13	1.13~1.09	1.09~1.06	1.06~1.03	<1.03
商品流转次数	>0.23	0.23~0.21	0.21~0.19	0.19~0.18	<0.18
社会消费品零售总额	>1.26	1.26~1.18	1.18~1.09	1.09~1.03	<1.03
商业国内工业品纯购进	>1.26	1.26~1.18	1.18~1.09	1.09~1.03	<1.03
固定资产投资	>1.35	1.35~1.27	1.27~1.10	1.10~1.06	<1.06
狭义货币	>1.35	1.35~1.30	1.30~1.15	1.15~1.06	<1.06
企业存款	>1.41	1.41~1.34	1.34~1.16	1.16~1.08	<1.08
银行现金总支出	>1.43	1.43~1.35	1.35~1.18	1.18~1.10	<1.10
海关进口额	>1.30	1.30~1.25	1.25~1.10		
居民消费物价指数	>1.15	1.15~1.10	1.10~1.04	1.04~1.03	<1.03
总计	>48	48~42	42~30	30~24	<24

注：1. 基础产品指数——13种基础产品产量比上年同期增长的加权平均数；2. 商品流转次数＝社会商品零售额/商业总库存额；3. 其他临界点均是当月数据与上年同月的比值。

资料来源：中国发展报告,1995。

应该注意的是,在实践中：① 要将现价转换成不变价；② 小区域、小国家,指标体系应有所不同,临界值及其变化幅度也不同,幅度应该适当调大一些；③ 可以用预测数据作提前预警；④ 月度数据可以转换成年度数据。

四、大连市经济发展监测和社会预警研究

（一）经济发展监测

监测内容包括年度计划执行情况监测、五年计划执行情况监测、财政收入情况监测、财政支出情况监测等。监测内容及方式是：

1. 年度计划执行情况监测

实际完成情况监测是根据年底报上来的实际统计数据,计算实际数据与计划数据的比 P,并根据 $P>1.15$、$1.15>P>1.05$、$1.05>P>0.98$、$0.98>P>0.95$ 和 $P<0.95$ 分别用红、粉红、绿、浅蓝、蓝等灯号显示之,提示决策者经济计划完成状况是正常,还是过热或过冷。

预期完成情况监测则根据本年度前几个季度实际完成的情况,推算本年底预期达到的水平,计算预期值与年度计划值之间的关系,用灯号显示之,提示预期完成情况是正常,还是过度或不足。

2. 五年计划执行情况监测

实际完成情况监测是根据五年期末报上来的实际统计数据,计算实际数据与五年计划定额之间的关系,用灯号系统显示计划完成情况。

预期完成情况监测则根据本期前几年实际完成的情况,推算本期末预期达到的水平,计算预期值与五年计划值之间的关系,用灯号显示之。

(二) 社会经济预警

预警问题可包括两大类,即以经济周期波动分析为基础的宏观经济预警和以某些临界值为参照的社会预警。其中前者在国外已研究多年,在国内,国家计委也开发并推广了实用的预警系统。所以,本次研究我们没有另辟炉灶,只留出接口将其装入。

社会预警包括物资平衡(主要商业物资、农副产品供求关系等)预警、社会秩序(交通事故、失业、失学、离婚、恶性案件等)预警、生态环境(水、大气、土壤污染和水土流失等)预警及工业预警、农业预警等。有些临界值暂时未得到,此项工作待完善。

在实践中,大连市根据自己的情况,不断探索,逐渐建立和完善了独具特色的预警－保障系统。一是统计局系统坚持以为地方党政领导服务为重点,密切注视经济运行态势,在及时提供月、季度统计分析报告的同时,努力使统计分析研究由单纯的进度状态描述转向注重关联分析、横向对比和趋势预测,统计预警监测效能进一步提高。建立和完善了基本实现现代化、城市社会发展、副省级城市发展、省政府考核市政府重点工作评价指标、企业和企业家景气指数等5个宏观监测体系,定期形成统计监测报告。建立重点企业发展、北三市(瓦房店市、普兰店市、庄河市)发展等10多项统计监测制度。完成大连市妇女、儿童发展纲要监测报告。

二是执法部门加大执法力度,深入整顿和规范市场经济秩序。2003年大力整治教育、医药、住房等价格秩序,减轻群众负担。以农村药品市场为重点,定期开展大规模药品稽查专项行动。整顿和规范市场经济秩序,举报结案率达到80%以上。加强社会治安综合治理,切实保持社会稳定。完成全市"金盾工程"一期建设,实现人口管理、打击犯罪、治安防范等主要公安业务网络化管理;改造升级公安110指挥中心;完成城乡派出所改造;新建民警培训中心,2003年更新巡逻警车30台。中央、省、市交办的信访案件按期结案率达到95%以上。完成大连市监狱主体工程建设。

三是社会保障系统注重加强就业和社会保障,搞好社区建设。2003年全面落实再就业优惠政策,城镇就业和再就业11万人;各项社会保险费征缴率保持在96%以上,确保参保人员按规定享受各项待遇;医疗保险参保人数达到130万人,覆盖面达到94%。实行城乡一体的最低生活保障制度,城镇居民最低生活保障线以下人口基本生活保障率达到100%;开通"96100"社区服务呼叫热线。从多个方面建立了监测和保障体系,努力化解社会矛盾,避免出现社会混乱。

第三节 区域发展预测

一、概述

(一)预测的过程

预测就是根据历史资料和现实条件,根据主观的经验与教训,用特定的方法,推测事物的未来变化。现代预测研究一般包括如下几个基本环节:

(1)明确被预测的内容(即预测对象)及其变量指标,确定预测研究的目标。

(2)收集有关预测对象变化的原始资料。

(3)对原始资料进行整理、加工、分类,去伪存真,去粗取精,使之成为对预测有用的初级信息。

(4)通过建模、计算、模拟等信息处理方法和经验判断方法,分析客观事物的演化规律。

(5)对于得到的模型和结果进行可靠性检验和误差分析,并作适当的修改和完善。

(6)运用已经得到的关于事物发展规律的结论或模型,对未来进行预测。

(二)预测研究的特性

(1)着眼过去和现在,展望未来,具有动态性和历史性。

(2)从已知条件出发,从人们熟悉的现实情况来探索和研究事物的发展规律,预言未来,因而具有一定的现实性。

(3)通过定性分析到定量分析的建模、计算,来推测和判断事物未来发展趋势和可能性,因而具有可验证性(对过去)和风险性(对未来)。

(三)区域规划研究中的预测问题

在区域规划研究中,预测问题的种类是多种多样的。对于这些问题,我们可以从如下几个不同的角度来认识。

1. 预测问题的内容

区域规划中的预测问题包括资源预测、环境预测、人口预测、经济预测、社会预测、科技预测等。

资源预测的内容包括资源储量预测、开发利用前景预测及资源利用结构变化预测等。

环境预测的内容包括诸环境要素及其变化趋势预测,环境整体质量变化预测,环境灾害预测,环境治理预测等。

人口预测的内容包括人口数量预测,人口结构预测,人口素质预测,劳动力预测等。

经济预测的内容包括国民经济的总体规模、结构和发展速度预测,行业经济总体规模、结构和发展速度预测,消费和积累的总体规模、结构和发展速度,进出口规模、结构和发展速度预测,市场需求规模、结构和发展速度预测等。

社会预测的内容包括各种基础设施的数量变化、社会需求预测,社会基本形态结构的变化预测等。

科技预测的内容包括科技水平预测,科技进步速度及其变化对社会经济发展的贡献、重大科技发现预测,重大技术创造与发明预测等。

2. 预测方法

到目前为止,预测学已提供了200多种预测方法,但从总体上说,这些方法可以归结为结构化预测和非结构化预测两大类。

结构化预测指的是借助于物理原型或数学方法建立定量化模型进行预测。在区域规划研究中常见的结构化预测方法如确定性模型(数量经济学模型等)、回归预测法、马尔可夫预测法和灰色预测法等;

非结构预测主要是通过定性分析和经验判断给出预测结论。区域开发与规划中的许多预测问题,如社会形态及其结构、重大科技进步、市场结构等,因找不到适用的物理原型和数学方法,或得不到足够的数据信息,无法建立定量预测模型,只能用定性分析和经验判断方法进行预测。在非结构化预测中,通过恰当的设计可以把复杂的定性问题化为相对简单或有定量特征的问题,从而可以借助于现代方法,如统计分析、模糊数学和计算机模拟等进行预测。这方面比较常用的方法有专家会议法、德尔菲(Delphi)预测法、交叉影响分析法等。

二、结构化预测方法

(一) 确定性预测

第三节 区域发展预测

确定性预测就是通过建立反映要素之间的确定性关系的数学模型而进行的一种预测方法。其基本作法是：首先根据大量的实验数据，或借助于有关理论、法则或数学推理建立反映要素之间相互关系的确定性数学模型或明确的函数关系，然后利用这种模型或关系，通过一些可控、可测的要素对另外一些难控、难测的要素进行预测。譬如，要对某要素的未来发展趋势进行预测，可首先建立反映该要素与时间要素之间的动态关系，然后将时间延伸到未来某个时刻，就可以求得该要素在未来某时刻的预测值。下面介绍几种常用的确定性预测方法（模型）。

1. 费尔哈斯模型

费尔哈斯模型是由马尔萨斯模型演化而来的，而马尔萨斯模型最早是关于生物繁殖过程的描述模型。记生物繁殖量为 $P(t)$，生物繁殖量随时间 t 的变化率为 $dP(t)/dt$。马尔萨斯认为，生物繁殖量 $P(t)$ 随时间过程的变化动态符合以下关系，即：

$$dP(t)/dt = aP(t)$$

式中：a 是常数，它表示生物繁殖变化率与生物繁殖量的比例。显然，此模型所对应的是一条指数曲线。

1837年德国生物学家费尔哈斯将此模型做了修正，认为生物繁殖量或人口变化不可能完全按照指数曲线无限制地增长，要受到环境的约束。因此，生物繁殖量或人口增长量的形式如下：

$$dP(t)/dt = aP(t) - bP^2(t)$$

该式揭示的是，繁殖量越大，限制作用就越强。显然，这种变化机理更适合于诸如人口增长、植物生长、市场发育、商品销售、能源消耗和可再生资源更新等过程。

2. 宋健人口预测模型

$$X_0(t+1) = [1 - D_{0A}(t)]Y_0(t) + W_{0A}(t)$$

$$X_{a+1}(t+1) = [1 - D_a(t)]X_a(t) + W_a(t) \quad (a = 0, 1, \cdots, M - 1)$$

$$Y_0(t) = B_i(t)\sum_{i=p}^{q}H_i(t)K_i(t)X_i(t)$$

式中：$Y_0(t)$ 为第 t 年度内活产婴儿数；$X_a(t)$ 为第 t 年度初 a 岁年龄组的人口数；M 为人口的最高年龄；$W_{0A}(t)$ 为第 t 年度内在 0A 块中的迁移扰动人口数；$W_a(t)$ 为第 t 年度内 a 岁组Ⅱ类块中的迁移扰动人口数；$D_{0A}(t)$ 为第 t 年度内婴儿当年死亡率；$D_a(t)$ 为第 t 年度内 a 岁组的人口前向死亡率；$K_i(t)$ 为第 t 年度初 i 岁组人口中的妇女比例系数；$H_i(t)$ 为第 t 年度内的生育模式（规格化生育率）；$B_i(t)$ 为第 t 年度内的

总和生育率；$p \sim q$ 为妇女育龄期间。

各种变化率一旦给定（通过调查和规划得到），则各年龄组人口可测，人口总数也可测出。

3. 弹性分析预测法

弹性是借用力学中的一个术语。在西方经济学中，最初是从需求与供给的供求价格的角度引起来的。商品价格的变动会引起需求量（或供给量）的变动，而不同商品的需求量（或供给量）对价格变动的敏感程度是不同的，而且同一商品在不同价格区间和不同经济寿命阶段对价格变动的敏感程度也不同。因此，需求或供给弹性是需求量或供给量对某个影响因素变化的敏感程度的定量描述。

设 $y = f(x)$，当给 x 一个改变量 Δx 时，函数 y 就取得了一个改变量 Δy，显然，Δx 与 Δy 分别是自变量 x 与函数 y 的绝对改变量，则 $\Delta x/x$ 与 $\Delta y/y$ 分别是相对改变量。

当 $\Delta x \to 0$ 时，$(\Delta y/y)/(\Delta x/x)$ 之极限称为 y 在 x 处的弹性。在经济学中，为计算方便，常将此式改写成差分形式，即：

$$e_{yx} = [(y_1 - y_0)/y_0]/[(x_1 - x_0)/x_0]$$

式中：y_0, y_1 和 x_0, x_1 分别是函数与自变量的初值和终值。

e_{yx} 的经济学意义是：若其他影响因素不变，当自变量（如价格等）变动 1% 时，因变量（如需求量等）变动的百分比。

弹性分析在经济预测中占有很重要的地位，应用领域也很多，比较常见的是行业产品需求量（以价格或人均收入为自变量）预测、能源弹性需求量（以国民生产总值、国内生产总值或工农业总产值等为自变量）预测、社会商品零售总额（以国民生产总值、农民纯收入、城镇居民生活费收入等为自变量）预测等。

弹性分析预测法简便易行，只要根据历史数据确定出弹性系数（e_{yx}）就可以开展预测；成本低，需要的数据少（两个变量、两个时点的数据即可），应用广泛而且灵活。应该注意的，一是所选时点与预测期变化阶段的相似性，二是应结合其他方法加以验证，因弹性系数法本身并没有揭示自变量与因变量之间的内在机理，"假定其他因素不变"在现实中也并不总是合理的。

4. 时间序列预测法

所谓时间序列预测法，就是根据某个经济变量的时间序列的发展过程、趋势和速度，依据惯性原理，建立数学模型，趋势外推，得到经济变量未来时刻可能值（预测值）。时间并不是经济变量变化的原因，但任何经济变量随着时间的推移都有相应的观测值，而时间序列中的每个观测值

第三节 区域发展预测

都是诸多影响因素综合作用的反映,整个时间序列则反映了诸多因素作用下经济变量的变化过程、趋势和速度。因此,时间序列预测法是只考虑预测变量随时间推移而变化的方法,是对许多影响因素复杂作用的高度简化,而不必分辨各影响因素的作用大小。所以说,时间序列预测法也很简单易行。

比较常用的时间序列预测方法包括移动平均法、指数平滑法等。其中移动平均法是通过构造移动平均数序列进行预测,按平均数概念的不同,此法又可分为简单移动平均法、加权移动平均法等。

(1) 简单移动平均法(一次移动平均法)。依次取时间序列的 n 个观测值予以平均,并依次滑动,得到一个平均序列,且以 n 个观测值的平均值作为下期预测值,移动平均的目的在于消除随机因素造成的影响,使总体趋势更明显地显露出来。其计算公式为:

$$Y_t = M_t^{(1)} = (X_t + X_{t-1} + \cdots + X_{t-(n-1)})/n \tag{2-3}$$

式中:Y_t 为预测值;$M_t^{(1)}$ 为第 t 周期的平均值;t 是周期数;n 为分段内的数据点数,可根据经验或模拟结果加以确定;$X_t, X_{t-1}, \cdots, X_{t-(n-1)}$ 为序列第 t 期内的数据(观测值)。

式(2-3)可作如下的改进:

$$\begin{aligned} M_t^{(1)} &= (X_t + X_{t-1} + \cdots + X_{t-(n-1)})/n \\ &= [(X_t + X_{t-1} + \cdots + X_{t-(n-1)} + X_{t-n}) - X_{t-n}]/n \\ &= (X_{t-1} + X_{t-2} + \cdots + X_{t-(n-1)})/n + (X_t - X_{t-n})/n \\ &= M_{t-1}^{(1)} + (X_t - X_{t-n})/n \end{aligned} \tag{2-4}$$

从上述推导可以看出,若已知 $M_t^{(1)}$,只需计算 $(X_{t+1} - X_{t+1-n})/n$ 就可以求得下一时期的 $M_{t+1}^{(1)}$。可见这是一个迭代过程,计算非常方便,尤其是使用计算机,可很快给出预测。

简单移动平均法可方便地平滑掉随机因素干扰所造成的不规则变化,适合于趋势比较稳定的时间序列的短期预测。对于呈上升或下降趋势的预测,作短期预测要慎重,作中长期预测最好用其他方法。

(2) 加权移动平均法。简单移动平均法中对观测值修匀的程度取决于 n,但将各期观测值等同看待不尽合理,因为,近期观测值含有更多的时序变化趋势的信息。因此,在预测计算时应给予近期观测值以较大的权重,给予远期观测值以较小的权重。为此,引进加权平均法。计算公式为:

$$X_t^{(1)} = (a_t X_t + a_{t-1} X_{t-1} + \cdots + a_{t-n+1} X_{t-n+1})/(a_t + a_{t-1} + \cdots + a_{t-n+1})$$

式中:$a_t, a_{t-1}, \cdots, a_{t-n+1}$ 称为加权分量,$a_t \geqslant a_{t-1}$,可根据时间序列的具

体情况,凭经验或模拟按近期大、远期小而设计。为保证平均值的真实性,一套权值之和必须为1。

(3) 指数平滑法。移动平均法简单方便,但至少存在两个问题:计算一个移动平均的预测值必须存储最近 n 期的观测数据;分段移动平均时,简单移动平均法把近期与远期等同看待,加权移动平均法虽给近期以较大的权重,给远期以较小的权重,但不参加加权的远期值权重为零,也不甚合理,且加权计算工作量大。因此,人们设想,可否有简便方法,既能给近期观测值以较大的权,给远期观测值以较小的权,又不需存储最近 n 期的观测值。为此,1959年美国学者布朗提出了指数平滑法。其中包括一次指数平滑法、二次指数平滑法和三次指数平滑法等。

a. 一次指数平滑法的计算公式:

$$X_t^{(1)} = a^{(1)} X_t + (1 - a^{(1)}) X_{t-1}^{(1)}$$

式中:$X_t^{(1)}$ 为第 t 期的一次指数平滑值;X_t 为第 t 期的观测值;$a^{(1)}$ 为一次指数平滑系数($0 < a^{(1)} < 1$)。其含义是:把前一时段的滑动平均值作为下一时段的预测值。

使用一次指数平滑法要解决两个问题:首先是确定平滑系数 $a^{(1)}$,可用理论计算法——$a^{(1)} = 2/(n+1)$,其中 n 为样本个数;或经验判断法——$a^{(1)}$ 可在 0.05~0.20 之间取值,最好进行试算,以效果好者为准。其次是确定初始值 $X_0^{(1)}$,方法是:当样本容量 $n > 50$ 时,可选取第一个观测值为初始的 $X_0^{(1)}$,当 $10 < n < 50$ 时,可选取第一个观测值或最初几个观测值的均值为初始的 $X_0^{(1)}$,当 $n < 10$ 时,可选取最初几个观测值的均值为初始的 $X_0^{(1)}$。

一次指数平滑法只能用于短期预测,对趋势稳定的时间序列预测精度可满足要求,但欲进行中长期预测,特别是对有明显上升或下降趋势的时间序列,预测效果不甚理想。

b. 二次指数平滑法就是对一次指数平滑序列再进行一次指数平滑,计算公式:

$$X_t^{(2)} = a^{(2)} X_t^{(1)} + (1 - a^{(2)}) X_{t-1}^{(2)}$$

式中:$X_t^{(2)}$ 为第 t 期的二次指数平滑值;$a^{(2)}$ 为二次指数平滑系数;$X_t^{(1)}$ 为第 t 期的一次指数平滑值。一般情况下,有 $0 < a^{(2)} < 1$,且 $a^{(2)} \leq a^{(1)}$。

二次指数平滑预测同样重视近期数据,且只要有上期一次、二次指数平滑值,就可进行下期预测。这样逐期递推,随时调整趋势直线参数,当预测规律可延续下去时亦可用于中期预测。

c. 三次指数平滑法就是对二次指数平滑值序列再进行一次平滑,其计算公式：

$$X_t^{(3)} = a^{(3)} X_t^{(2)} + (1 - a^{(3)}) X_{t-1}^{(3)}$$

式中：$X_t^{(3)}$ 为第 t 期的三次指数平滑值；$a^{(3)}$ 为三次指数平滑系数；$X_t^{(2)}$ 为第 t 期的二次指数平滑值。一般情况下，有 $0 < a^{(3)} < 1$，且 $a^{(3)} \leqslant a^{(2)} \leqslant a^{(1)}$。

时间序列预测法只需要变量等间隔取值（如按年，月，季等）的数据，而这样的数据很容易得到（有统计制度作保证），因此，在经济预测中被广泛使用。但遇数据不齐时，除非进行插补，否则无法使用这些方法。此外，这些模型均是以平稳时间序列为基础的，当数据不平稳，特别是进行长期预测，把握性不大。

（二）回归分析预测

"回归"用于分析、研究一个变量（因变量）与一个或多个其他变量（解释变量，自变量）的依存关系，其目的就是根据一组已知的或固定的解释变量之值，来估计或预测因变量的总体均值。

在经济预测中，人们把预测对象（经济指标）作为因变量，把那些与预测对象密切相关的影响因素作为解释变量。根据二者的历史和现在的统计资料，建立回归模型，经过经济理论、数理统计和经济计量三级检验，然后进行预测。回归分析预测的数学描述是：

设因变量为 y，自变量为 $x(x = x_1, x_2, \cdots, x_m)$，则回归分析的目的就是利用已有观测数据建立 y 与 x 之间的统计相关模型，即确定 $y = f(x)$ 中的参数（x 的系数和指数）。所用方法有最小二乘法（使拟合误差平方和最小）等。

根据自变量性质的不同，回归分析包括普通回归和自回归，前者的自变量与因变量含义不同，后者的自变量就是因变量，只是相位不同（提前一个或若干个相位）；根据确定参数过程的不同，回归分析包括常规回归、微分回归和积分回归，它们分别是用原始数据、原始数据的微分和原始数据的积分确定回归参数的。

1. 一般回归

一般回归模型包括线性回归模型和非线性回归模型；二者又都可以进一步分为一元（一个自变量）模型和多元模型。对于线性模型来说，无论是一元还是多元，其预测过程都是一样的，故放在一起讨论。多元非线性模型非常复杂，这里只介绍一元非线性模型。

（1）线性回归。多元线性回归分析用于在随机变量 y 和 p 个自变量 $x_1, x_2, \cdots, x_{p-1}, x_p$ 之间建立线性回归方程，可广泛应用于数据处理、曲线拟合、建立经验公式以及各类预报问题。方法原理如下：

设随机变量 y 随 p 个自变量 $x_1, x_2, \cdots, x_p$ 变化,并有线性关系式:
$$y = \beta_0 + \beta_1 x_1 + \beta_2 x_2 + \cdots + \beta_p x_p + \varepsilon$$
将 $x_1, x_2, \cdots, x_p$ 和 y 的 n 组观测数据 $(x_{i1}, x_{i2}, \cdots, x_{ip}, y_i)(i=1,2,\cdots,n)$ 代入上式可得:
$$y_i = \beta_0 + \beta_1 x_1 + \beta_2 x_2 + \cdots + \beta_p x_p + \varepsilon_i \quad (i=1,2,\cdots,n)$$
式中:ε_i 表示各次观测值的误差,设这些误差相互独立地服从正态分布 $N(0, \sigma^2)$。

假设有某种方法可以得到各 β_i 的估值 b_i,则 y 的观测值可表为:
$$y_i = b_0 + b_1 x_{i1} + \cdots + b_p x_{ip} + e_i \quad (i=1,2,\cdots,n)$$
式中:e_i 是 ε_i 的估值,称为残差或剩余。

设 y'_i 为 y_i 的估值,有:
$$y' = b_0 + b_1 x_{i1} + \cdots + b_{ip}$$
而残差 $\quad e_i = y_i - y'_i \quad (i=1,2,\cdots,n)$

由最小二乘法,$b_0, b_1, \cdots, b_p$ 应使残差平方和
$$Q = \sum e_i^2 = \sum (y_i - y'_i)^2 = \sum [y_i - (b_0 + b_1 x_{i1} + \cdots + b_{ip})]$$
达到最小,则由极值原理可知,Q 对 $b_j (j=1,2,\cdots,p)$ 的偏导数为零。由此可以构建出关于 b_j 的 p 个方程组,b_j 可解。

求出 b_j 后,可根据平均值推得 b_0,即:
$$b_0 = y_{i0} - (b_1 x_{01} + \cdots + b_{0p} x_{0p})$$
式中:$y_{i0}, x_{01}, \cdots, x_{0p}$ 分别是因变量和自变量的平均值。

得到回归方程 $y = b_0 + b_1 x_1 + \cdots + b_p x_p$ 以后,还要对这个方程的精度进行检验。只有达到了一定精度要求的方程才能用于预测。

回归方程的精度检验有很多方法,常用的是 F 检验。即计算统计检验量 F,再与统计检验临界值 F_α 对比。当 $F \geqslant F_\alpha$ 时,说明所求模型在 F_α 水平上显著。α 可以是 0.05(可信度 95%)、0.01(可信度 99%)和 0.001(可信度 99.9%)。α 越小可信度越高,模型精度越好。F 的计算公式如下:
$$F = (U/p)/[Q/(n-p-1)]$$
$U = \sum (y'_i - y_0)^2$ (y'_i 是因变量的拟合值,y_0 是因变量的平均值)
$$Q = L_{yy} - U$$
$$L_{yy} = \sum (y_i - y_0)^2$$
式中:n, p 分别是样本容量和自变量个数。

获得满意的回归方程后,就可以根据新样品的 $x_1, x_2, \cdots, x_p$ 值来预

报其对应的 y 值了,只需将给定的新的 $x_1, x_2, \cdots, x_p$ 代入回归方程右端即可算得对应的 y 值。

(2) 非线性回归模型。在许多实际问题中,有时要素(或变量)之间的关系并不是线性关系,而是某种非线性(曲线)关系,这时我们选择适当的类型曲线比选配直线更符合实际情况。例如,大城市人口密度与距市中心距离之间的关系,玉米产量与耗水量之间的关系,玉米产量与$\geqslant 10℃$积温之间的关系,水稻从插秧到齐穗的天数与插秧至拔节期的平均气温之间的关系,树木的高度与材积量之间的关系,树龄与株数之间的关系,鸟类体质量增长率与日龄之间的关系,等等,都表现为某种形式的非线性关系。因此,我们需要进一步掌握曲线的选配,确定曲线的类型,然后再化曲线回归模型为直线回归模型来处理。多元非线性回归很复杂,这里只介绍一元(即只有一个自变量)非线性回归。

选配曲线的基本方法根据理论分析、过去的经验或观测数据的分布趋势与特点,来确定两个要素之间的曲线类型及其函数形式,从而求非线性回归模型的过程及其方法,叫做曲线选配。

当曲线的函数类型确定后,下一步就是求函数中的参数 a 和 b。确定未知参数最常用的方法仍是最小二乘法。而对许多函数类型来说都是先通过变量变换,把非线性的函数关系化为线性关系,然后再用求线性回归的办法来确定未知参数。这就是化曲线为直线的问题。

a. 非线性回归模型的建立方法与步骤:区域分析中常见的非线性回归模型的建立方法有幂函数型、指数函数型、对数函数型等。下面就来说明非线性回归模型的具体建立方法与步骤。

幂函数。两个要素(变量)之间的幂函数一般表达式为 $y = ax^b$,两边同时取对数得:
$$\ln y = \ln a + b \ln x$$

通过 $y' = \ln y, b_0 = \ln a, b_1 = b, x' = \ln x$ 代换,即将幂函数化成线性函数,可以用线性回归的方法进行预测。

指数函数。两个要素(变量)之间的指数函数一般表达式为 $y = ae^{bx}$,两边同时取对数得:
$$\ln y = \ln a + bx$$

通过 $y' = \ln y, b_0 = \ln a, b_1 = b, x' = x$ 代换,即将指数函数化成线性函数,可以用线性回归的方法进行预测。

双对数函数。两个要素(变量)之间的双对数函数一般表达式为 $\ln y = a + b \ln x$,通过 $y' = y, b_0 = a, b_1 = b, x' = \ln x$ 代换,即将对数函数化成线性函数,可以用线性回归的方法进行预测。

单对数函数。两个要素(变量)之间的单对数函数一般表达式为 $y = a + b\ln x$,通过 $y' = \ln y, b_0 = a, b_1 = b, x' = \ln x$ 代换,即将对数函数化成线性函数,可以用线性回归的方法进行预测。

通过上述几例可以看出,两变量之间的曲线关系大多可以通过适当的代换化作直线模型。所以说,通过线性回归可以建立起多种模型形式,在很大程度上可以满足预测的需要。正因为如此,回归预测成为区域系统预测的常用方法。

应该注意的是,时间也可以作为回归预测中的自变量,这倒不是因为时间本身与研究对象有着某种因果关系,而是因为研究对象(因变量)本身表现出一定的动态变化规律,包括趋势性、阶段性乃至周期性,因而与时间变量存在着某种对应的关系。这就是时间序列分析方法的有效性基础。

b. 非线性回归模型的检验:在一元非线性回归模型建模过程中,首先遇到的问题是曲线类型的选择,因为曲线类型选得恰当,不仅对揭示出要素间的内在规律性具有重要意义,而且对于减少剩余误差、提高回归模型的效果更具有实际意义。否则,其结果往往不能令人满意,甚至会歪曲要素间的内在规律性。那么,怎样衡量所配的曲线回归模型的好坏呢?参照线性回归模型的检验,定义:

回归误差平方和为 U,$U = \sum(y_i' - y_0)^2$;

总平方和为 L_{yy},$L_{yy} = \sum(y_i - y_0)^2$;

相关指数 R,即 $R^2 = 1 - U/L_{yy} = 1 - \sum(y_i' - y_0)^2 / \sum(y_i - y_0)^2$。

显然,R 越大,越接近 1,模型精度越高。

2. 自回归

系统要素在时间上的变化,有的具有当前变化受它的前期状况的影响的特殊性质。例如,在经济活动中,前期商品零售额对后继零售额有影响;前期生产量水平是后继时期生产量的重要影响因素。

假设 t 时期变量特征 y_t,则前期特征值为 y_{t-i} ($i = 1, 2, \cdots, n$)。

由于 t 时期的取值受 $t-1$ 时期的影响,如用数学模型描述 y_t 与 y_{t-1} 的关系,就可以根据 y_{t-1} 预测 y_t,进一步预测 y_{t+1}。

当 y_t 与 y_{t-1} 存在线性关系时,可以用

$$y_t = b_0 + b_1 y_{t-1}$$

描述它们的关系,这种模型称为自回归模型。b_0, b_1 是待定参数,可以参照多元线性回归的方法确定之。

当 y_t 仅受 y_{t-1} 影响,从而存在上述关系时,我们得到的是一阶自回归

模型；当 y_t 不仅受 y_{t-1} 影响，而且受 $y_{t-2},y_{t-3},\cdots,y_{t-i}$ 影响时，需要建立 y_t 与 y_{t-1},y_{t-2},y_{t-i} 之间的数量关系，常取其线性形式，这样就可以得到多阶自回归模型：

$$y_t = b_0 + b_1 y_{t-1} + b_2 y_{t-2} + \cdots + b_n y_{t-n}$$

b_0, b_1, b_2 等仍可用多元线性回归的方法求得。

自回归模型也要进行精度检验，通常是考察历史数据的拟合误差情况，如果拟合误差不太大，就可以用来预测。

使用自回归模型预测，历史数据必须是等间隔(年、月或日)取值，如果有间断或遗漏，必须用插补的方法补上，然后才能建模和预测。

前述的时间序列预测方法，实质也是一种自回归预测，而且在那里考虑了近期影响大、远期影响小的问题，只是参数选取采取的不是最小二乘估计。

3. 微分回归

微分回归分析也叫直接建模(与一般灰色预测方法对应，但使用原始数据而不是累加数据建模)或连续型系统建模(因可对任意间隔、包括不等间隔的数据进行建模)。建模过程是：先根据数学分析原理，在不大的区间内，用直线代替曲线、用直线的斜率代替曲线的斜率，由此可以将微分方程转化为代数方程；然后用参数辨识的方法(最小二乘法等)确定代数方程的参数，回代到微分方程中，求出对应的解析形式，并依据一定的标准确定积分常数，得到用于预测的数学模型。

下面以一阶微分方程为例，说明此法的具体过程。

一阶微分方程的一般形式是：

$$\mathrm{d}y/\mathrm{d}x = f(x,y) \qquad (2-5)$$

若已知 x 与 y 的 n 个采样点数据 $\{x_i, y_i : i=1,2,\cdots,n\}$，为讨论方便，假定 $x_i < x_j$ 对于任意的 $i<j$ 都成立，否则要将原始数据的次序重新排列，遇有 $x_i = x_j$ 时，需特殊处理(或舍弃其一，或以二者的均值为样本而舍弃原样本)。用这些数据微分建模的代换公式是：

$$\mathrm{d}y/\mathrm{d}x \approx \Delta y_i / \Delta x_i = (y_{i+1} - y_i)/(x_{i+1} - x_i) \qquad (i=1,2,\cdots,n-1)$$
$$(2-6)$$

$$f(x,y) \approx f\{(x_i + x_{i+1})/2, (y_i + y_{i+1})/2\} \qquad (i=1,2,\cdots,n-1)$$
$$(2-7)$$

把式(2-6)、式(2-7)代入式(2-5)，可得到 $n-1$ 个关于(2-5)式中参数的代数方程。对于每一 x 与 y 的具体形式，都可用最小二乘法等参数辨识的方法确定出这些参数的值，进而解出微分方程，得到 x 与 y 的解析形式(其中含有一个积分常数)。

积分常数的确定,可以依据不同的标准,如初值、终值、中位值或均值等,灰色预测中用的是初值。从统计学的角度讲,以"使拟和误差平方和最小"为标准更有意义。

表2-6给出了直线、指数曲线和幂函数曲线的微分建模结果。从几何意义上讲,根据历史数据建立预测模型的过程,就是由折线推断曲线的过程,而微分建模就是用折线中的每段直线的斜率代替该直线中点对应的曲线的导数。所以,从理论上说,采样点(自变量取值)越细密,越均匀,建模效果越好。

表2-6 常见3种模型的微分建模结果

项 目		直 线	指 数 曲 线	幂函数曲线
模型形式		$y = C_1 + C_2 x$	$y = C_1 \times e^{C_2 x} + C_3$	$y = C_1 x^{C_2} + C_3$
微分方程		$dy/dx = C_2$	$dy/dx = C_2 y - C_2 \times C_3$	$dy/dx = C_1 C_2 x^{(C_2-1)}$
回归求得		C_2	C_2, C_3	C_1, C_2
积分求得	初值为准	$C_1 = y_1 - C_2 x_1$	$C_1 = (y_1 - C_3)/e^{C_2 x_1}$	$C_3 = y_1 - C_1 x_1^{C_2}$
	均值为准	$C_1 = y' - C_2 x'$	$C_1 = (y' - C_3)/e^{C_2 x'}$	$C_3 = y' - C_1 x'^{C_2}$
	剩余平方和最小为准	$C_1 = y' - C_2 x'$	$C_1 = \sum(y_i - C_3)e^{C_2 x_i} / \sum(C_2 x_i)$	$C_3 = 1/n \times \sum(y_i - C_1 x_i^{C_2})$

注:x', y'为x和y的均值。

和一般回归相比,微分回归建模的意义在于能求出同时含有幂指数和常数的回归模型(一般回归方法只能解决含有其中一种常数的模型);和灰色预测模型相比,微分回归方法可解决不等间隔取值的建模问题,灰色建模则只适合于等间隔取值数据的建模(不允许间断)。

4. 灰色预测方法

由我国学者邓聚龙先生提出的灰色预测方法包括5种基本类型,即数列预测、灾变预测、季节灾变预测、拓扑预测和系统综合预测,其中数列预测是基础,且在实践中用途最广。因此,我们主要对此加以介绍。灰色数列预测中最常用的是GM(1,1)模型(一阶单变量灰色模型),该模型是微分回归分析的一个特例——以指数形式为基础,以一次累加数据作原始数据,以初始观测值为准确定积分常数。

设$x_{01}, x_{02}, \cdots, x_{0m}$是所要预测的某项指标的原始数据,一般而言,这是一个不平稳的随机数列。如果它的波动太大,其发展趋势无规律可循,无法直接对其进行预测。

第三节 区域发展预测

如果对它作一次累加生成,即令

$$x_k^1 = x_1^0 + x_2^0 + \cdots + x_k^0$$
$$k = 1, 2, \cdots, m$$

则数列$(x_k^1 : k = 1, 2, \cdots, m)$是一个单调递增序列,平稳程度大大增加。如表 2-7 和图 2-2 所示,$x^1(i)$比 $x^0(i)$的规律性明显增大。

表 2-7　灰色预测模拟数据

	1	2	3	4	5
原始数据 $x(i,0)$	2.874	3.278	3.00	3.39	3.678
一次累加数据 $x(i,1)$	2.874	6.152	9.43	12.43	15.82

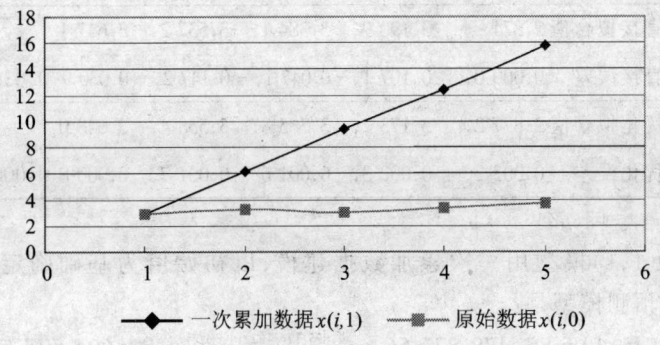

图 2-2　灰色预测模拟数据变化曲线图

数学上可以证明,当 $x > 0$ 时,x^1 的变化趋势可近似地用如下的微分方程描述:

$$\mathrm{d}x^1/\mathrm{d}t + ax^1 = u \tag{2-8}$$

在(2-8)式中,a 和 u 可以利用已有观测值和最小二乘法求得:

$$(a, u)^\mathrm{T} = (\boldsymbol{B}^\mathrm{T}\boldsymbol{B})^{-1}\boldsymbol{B}^\mathrm{T}\boldsymbol{Y}_m \tag{2-9}$$

式中:$\boldsymbol{Y}_m$ 是列向量,$\boldsymbol{Y}_m = (x_2^0, x_3^0, \cdots, x_m^0)^\mathrm{T}$;$\boldsymbol{B}$ 为 $m-1$ 行 2 列数据矩阵,其中第二列元素均为 1,第一列 k 行元素为:

$$b_{k1} = -(x_k^1 + x_{k+1}^1)/2 \quad (k = 1, 2, \cdots, m-1)$$

微分方程(2-8)所对应的时间响应函数为:

$$x_{t+1}'^1 = (x_1^0 - u/a)\mathrm{e}^{-at} + u/a \tag{2-10}$$

式(2-10)是对一次累加生成序列的拟合值(历史数据)和预测值(未来时刻),要求得原始数据的拟合值和预测值,可用如下公式:

$$x_{t+1}^0 = x_{t+1}^1 - x_t^1 \tag{2-11}$$

虽然这种方法在经济预测中用途较广,并被证明较为有效,但和一般的微分回归分析相比,对不等间隔取值的序列无法应用;而且在常数选取方面,以初始值为准也缺乏理论基础。下面对灰色系统 GM(1,1)模型经典例题进行计算结果比较。详见表 2-8。

表 2-8 不同模型精度的比较

原始值	2.874,	3.278,	3.337,	3.39,	3.678	误差平方和
GM(1,1)拟合值	2.874,	3.232 2,	3.359 9,	3.481 2,	3.612 9	
GM(1,1)误差	0.000 0,	0.005 7,	-0.017 9,	-0.091 3,	0.065 8	0.013 018 23
GM(1,1)优化拟合值	2.880,	3.231 0,	3.353 1,	3.479 9,	3.611 4	
GM(1,1)优化误差	0.006 0,	-0.001 2,	-0.006 7,	-0.001 3,	-0.001 5	0.000 086 551 7
GM(1,0)直接拟合值	2.874,	3.190 9,	3.384 1,	3.537 2,	3.647 1	
GM(1,0)直接误差	0.000 0,	0.107 1,	-0.047 1,	-0.147 2,	0.030 9	0.036 31
GM(1,0)优化拟合值	2.877 2,	3.173 2,	3.385 8,	3.538 4,	3.648 0	
GM(1,0)优化误差	0.003 2,	0.002 3,	0.001 6,	0.001 7,	0.000 8	0.000 000 7

注:原始模型 $dy/dt = ay + u$。

GM(1,1)模型用一次累加数据建模,以初始值为基础确定积分常数,所得预测模型是:

$$x(t+1) = 85.478\,577\,56 \times e^{0.037\,116\,122\,t(1-1/e)} - 82.604\,577\,56$$

GM(1,1)优化建模用一次累加数据建模,以剩余平方和最小为基础确定积分常数,所得预测模型是:

$$x(t+1) = 82.708\,092\,87 \times e^{0.037\,116\,122\,t} - 82.604\,577\,56$$

GM(1,0)直接建模是用原始数据建模,以初始值为基础确定积分常数,所得预测模型是:

$$x(t+1) = -1.052\,904 \times e^{-0.331\,322\,7\,t} + 3.926\,904$$

GM(1,0)优化建模用原始数据建模,以剩余平方和最小为基础确定积分常数,所得预测模型是:

$$x(t+1) = -1.462\,099 \times e^{-0.331\,322\,7\,t} + 3.926\,904$$

由表 2-8 可见,并不是以 GM(1,1)效果最好(拟合误差平方和最小),而是 GM(1,0)最好。

三、非结构化预测方法

非结构化预测方法是专门用于解决不能建立量化模型问题的预测的,主要是通过定性分析和经验判断给出预测答案的。包括类比预测、比例放缩等。这里着重介绍德尔菲法。

(一) 德尔菲法的基本思想

德尔菲(Delphi)预测法也叫专家统计推断法,是由美国兰德公司(Rand)于20世纪40年代提出来的一种利用众多专家知识、经验和智慧的非结构化预测方法。目前这一方法已被广泛应用于区域开发规划中。其基本做法是:就所要预测的项目向专家发出调查表,然后统计专家的意见,并将结果告知各专家。在此基础上请专家们再次作出判断。此后对专家们的新判断进行统计,作出推断(预测)结论。在征求专家意见时,要求专家之间不通气,以免相互干扰,使专家意见的独立性和客观性受到影响。

比较简单的做法是由预测部门提出被调查事件几种可能的情况、后果、意见、结论,然后由专家利用自己的知识、经验和理论作出推断和评定。评定办法可采取"打分"和"可能性的百分比"(主观概率)给出判断结论。一般而言,德尔菲法需要调查多个专家,然后在统计分析的基础上作出推断结论。

(二) 德尔菲法应注意的几个问题

(1) 专家意见本身应是不矛盾的,否则不用。

(2) 主观概率合理。

(3) 要对给定事件之间的关系进行分析,看专家的意见合理与否,不合理者不用。

(4) 反复调查。为了提高预测的准确性,一个事件的调查往往要反复调查多次。譬如,第一次,向专家提出调查意图,询问专家需要何种资料;第二次,向专家提供资料,请专家作出判断和评定;第三次,补充资料,修改调查提纲,再作调查。

(三) 专家意见的统计处理

专家的意见很重要,但由于不同专家的意见各不相同,有必要将它们综合起来。德尔菲法中,常用的统计综合方法是求平均数、中位数或众数。

四、预测中应该注意的问题

(一) 尺度对应原理

瞎子摸象的故事告诉我们,只有了解了一个事物的大部分,才能对这个事物的整体有所把握。预测也是一样,根据变量的历史变化来预测其未来趋势,样本容量 n 与预测时段 k 之间的关系应该满足:$k \leqslant n$,最好 $k \leqslant n/2$。这就是尺度对应原理。为此,要进行长期预测,就要考察变量的长期历史变化。

（二）过程相似原理

预测除了要遵循尺度对应原理外,还要注意变量所处的环境及其发展阶段的差别,只有当未来发展过程与所考察的历史阶段具有一定相似性时,才能根据历史数据推断未来变化。比如,我们不能用20世纪50—60年代居民收入与食品消费关系来推断未来粮食消费量,因为前者处在贫困阶段,后者处在小康阶段。

（三）定性定量结合

定量预测客观、推理严谨,应该大力提倡定量预测。但定量预测不能变成数字游戏,要注意定性定量结合,首先把握研究对象的本质特征,然后用恰当的指标描述这种特征,再选择合适的模型方法开展预测。

（四）多模型、多方法、多方案结合

社会经济系统中,由于要素间的作用十分复杂,作用机理难以把握,因而常常说不清用哪个模型、哪种方法预测更好。因此要多模型、多方法结合,哪个效果好(拟合误差较小),就以哪个为准;或把多模型的预测结果综合起来(取它们的算术平均值或几何平均值等)作为最后预测结论。由于事件的未来状态不一定是其历史过程的简单延续,所以后者(综合多模型结果)可能更实用。我们曾在实践中多次使用了这种做法,如吉林省人口和劳动力预测,内蒙古自治区GDP和工业总产值预测,河北省滦县人口、国内生产总值和粮食产量预测等。实践证明,和单模型、单方法相比,这种多模型综合的做法更有把握、更实用。当然,具体选择哪些模型,怎样综合,这需要具体问题具体分析。在做大连市"九五"经济预测时,对国内生产总值的预测我们曾使用了10个模型,结果发现,其中的一次指数平滑模型、自回归模型、自回归滑动平均模型和微分回归模型效果不好,有的只能预测一年后的数据(一次指数平滑),有的预测值明显偏高(自回归),有的明显偏低(自回归滑动平均和微分回归)。而其他6个模型的预测结果都不错,但又说不准哪个更好。所以,在结果综合时,我们舍弃了前4个模型的结果。对后6个模型的综合,我们采用了算术平均值综合法,并分高/中/低三种方案给出预测结论,其中中方案即6个模型预测值的平均值,高方案是6个值中去掉1个最低值后的平均值,低方案是去掉1个最高值后的平均值。表2-9列出了大连市2000年GDP的预测结果。大连市GDP指数实际值是:1996—1999年分别为413,456,511,568,与本预测的中方案几乎完全相同——误差不过1.59%。可见,用多模型、多方案结合的方法进行区域发展预测,是可行的,合理的。

表 2-9 大连市国内生产总值指数预测结果(1980 年为 100)

模型 \ 年代		1995	1996	1997	1998	1999	2000
1. 二次指数平滑		361.933	399.471	437.009	474.547	512.085	549.623
2. 二次滑动平均		387.938	445.813	503.688	561.563	619.438	677.313
3. 三次指数平滑		398.935	473.493	557.310	650.387	752.724	864.320
4. 二次回归		339.168	374.510	412.059	451.813	493.774	537.942
5. 平均增长率		374.737	413.084	455.355	501.952	553.317	609.938
6. 灰色预测		332.579	371.419	414.796	463.238	517.337	577.755
预测值	高方案	372.542	421.274	473.631	530.337	590.980	655.790
	中方案	365.882	412.965	463.369	517.250	574.779	636.147
	低方案	359.271	400.859	444.581	490.622	539.190	590.514

本章复习思考题

1. 解释概念:① 生产要素;② 乘数效应;③ 景气指数。
2. 简述区域经济发展的时间过程规律。
3. 简述区域发展预测的原理和注意事项。
4. 试根据下表给定的数据,对比分析 A、B、C 3 个地区工业经济增长过程中各因素的贡献率(假定 $\alpha=0.3, \beta=0.7$)。

地区	工业增加值		职工人数		资产合计	
	1998	2001	1998	2001	1998	2001
A	751.16	816.24	146.4	146.8	3 969.52	4 448.22
B	728.10	821.18	146.0	147.4	3 624.71	4 215.66
C	1 988.38	2 121.19	268.7	275.8	8 776.91	10 435.70

5. 请根据全国或你家乡 GDP 的历史数据,用实用的模型对其未来(2005 年、2010 年)趋势作出预测。

第三章 区域产业结构分析

第一节 区域产业结构优化分析

一、区域产业结构演变的一般规律

(一)罗斯托经济成长阶段理论

用以划分国民经济成长阶段的标准或依据大致有 5 种:① 生产力发展水平或生产社会化程度;② 经济结构的演变阶段;③ 国民经济内向性与外向性程度;④ 人均收入情况;⑤ 总需求与总供给的关系特征。

罗斯托(Rostow,1960)在其著作《经济增长的阶段》中提出了经济成长阶段论,他在分析中强调经济中投资的构成和特殊部门的增长,他认为长期经济变化的阶段理论有以下几个方面的含义:

是特殊的时间分段,由经济变化的不同形式和这种变化的原因来显示各个阶段的特征;这些分段有一种特殊的关联,即 b 不能产生在 a 之前,c 不能产生在 b 之前;它是一个普通的机体,由其产生的是在一个宽广的进程中依次递进的各个阶段——通常是发展的和增长的,而不是退化的、衰减的。

罗斯托试图从成长的一系列阶段中概括出"现代经济的历史范畴",他把一个完整的现代经济演化系列分为 6 个阶段:① 传统社会阶段;② 为起飞创造前提的阶段(准备起飞阶段);③ 起飞阶段;④ 向成熟推进阶段;⑤ 高消费阶段;⑥ 追求生活质量阶段。

罗斯托理论的核心是"起飞","起飞"被解释为"社会发展史上的一个决定性的过渡时期",这一时期中生产性经济的活跃程度达到了临界水平,并且产生了一些能导致社会和经济大规模进步的结构上的变革,这种变革不仅仅表现在程度上,而且是质的变化。"起飞"被认为"要求下列全部 3 个相关的条件":

(1) 生产性投资的提高,从占国民收入(国民生产总值)的 5% 以下增加到 10% 以上。

(2) 一个或更多的主要制造业部门的高速发展。

(3) 这样一种政治结构、社会结构和体制结构的存在或很快出现,即它能够开发现代部门扩展的冲力和在起飞中外来经济潜在的影响,并且能够赋予增长一种持续前进的特征。

罗斯托认为,一个国家,一个较大的地区,其经济发展都要经历这6个经济成长阶段。

罗斯托划分经济发展阶段的基本根据是资本积累水平和主导产业的变动。认为:在起飞前提阶段,积累水平(亦即投资率)在5%左右;起飞阶段提高到10%以上;成熟阶段在10%～20%。随着发展阶段的不同,经济的主导部门也相应转换。传统社会的主导部门是农业;起飞前提(准备)阶段的主导部门是食品、饮料、烟草、水泥等工业部门;起飞阶段是耐用消费品的生产部门(如纺织)和铁路运输业;成熟阶段是重化学工业,如钢铁、化学、机械等;高额群众消费阶段——耐用消费品工业部门(如小汽车、家用电器、高档家具等);追求生活质量——服务业部门(教育、卫生、住宅建设、文化娱乐、环保等)。

罗斯托理论在一定程度上解释了西方发达国家经济发展的历程,在分析和总结我国区域发展阶段方面也有一定意义。但不能将其绝对化。比如,我国积累率1952年以来,一直在10%以上,大多年份在20%以上,1984年以后,都在30%以上,但不能说我国经济已处于成熟阶段,而仍处在起飞阶段。这是东方人、特别是中国人的消费观念使然——注重储蓄,防老防灾为儿女(求学、结婚等)。

(二)配第－克拉克定理

配第－克拉克定理是研究经济发展中的产业结构演变规律的学说,所以,一般情况下常把配第－克拉克定理说成是产业结构演变定理。

1. 理论前提

其一,克拉克对产业结构演变规律的探讨,是以若干国家在时间的推移中发生的变化为依据的。这种时间系列意味着经济发展。也就是说,这种时间系列是和不断提高着的人均国民收入水平相对应的。

其二,克拉克在分析产业结构演化时,首先使用了劳动力这一指标,考察了伴随着经济发展,劳动力在各产业中的分布状况所发生的变化。当然,研究产业结构还可以使用其他指标。不过,劳动力这一指标是其中最方便的一种。后来,克拉克本人、美国经济学家库茨涅兹和其他人,又以国民收入在各产业的实现状况,对产业结构作了进一步的研究,发现了一些新的规律。

其三,克拉克产业结构的研究是以三次产业分类法,即将全部经济活动分为第一产业、第二产业和第三产业为基本框架的。其中:

第一产业:农业(指种植业)、畜牧业、林业、狩猎业等,即广义的农业

(大农业,取自于自然的产业)。

第二产业:采矿业、制造业、建筑业、煤气、电力、供水等工业部门——广义的工业(加工取自于自然的生产物)。

第三产业:商业、金融、保险业、运输业、服务业、公务、公益事业和其他各项事业——广义的服务业。

2. 结论(理论内容)

根据以上三点,克拉克搜集和整理了若干国家按照年代的推移,劳动力在第一、第二、第三产业之间移动的统计资料,得出了如下的结论:随着经济的发展,即随着人均国民收入水平的提高,劳动力首先由第一产业向第二产业移动。当人均国民收入水平进一步提高时,劳动力便向第三产业移动。劳动力在产业间的分布比重状况,第一产业将稳步减少,第二产业先增后降,第三产业将稳步增加。这就是所谓的"配第-克拉克定理",也叫产业演变定理。

产值比重的变化与此相似。

例1 日本、美国、英国、法国、德国的情况如表3-1所示,基本上符合配第-克拉克定理,只是英国早已实现工业化、日本20世纪70年代尚未进入后工业化阶段。

表3-1 典型发达国家劳动力在各产业中的变化 (单位:%)

国别	产业	19世纪70年代	80年代	90年代	20世纪初年	10年代	20年代	30年代	40年代	50年代	60年代	70年代
日本	年份	1872	1878	1897		1912	1920	1930	1936	1958	1963	1971
	第一产业	85	78	72		62	55	52	45	37	29	16
	第二产业	5	9	13		18	22	19	24	26	31	35
	第三产业	10	13	15		20	23	29	31	37	40	49
美国	年份	1870	1880	1890	1900	1910	1920	1930	1940	1950	1960	1971
	第一产业	50	50	42	37	31	27	22	17	12	7	7
	第二产业	25	25	28	30	31	34	31	31	35	34	31
	第三产业	25	25	30	33	38	39	47	52	53	59	65
英国	年份		1881	1891	1901	1911	1921	1931	1938	1951	1966	1971
	第一产业		13	11	9	8	7	6	5	5	3	2
	第二产业		50	49	47	47	50	47	46	47	45	40
	第三产业		37	40	44	45	43	47	48	48	52	58

第一节 区域产业结构优化分析

续表

国别	产业	19世纪70年代	80年代	90年代	20世纪初年	10年代	20年代	30年代	40年代	50年代	60年代	70年代
德国	年份		1882	1895	1907		1925	1933	1939	1950	1963	1971
	第一产业		42	36	34		30	29	27	23	12	8
	第二产业		36	39	40		42	41	41	44	48	48
	第三产业		22	25	26		28	30	32	33	40	44
法国	年份	1866			1901		1921	1931	1946		1962	1971
	第一产业	43			33		29	24	21		20	13
	第二产业	38			42		36	41	35		37	39
	第三产业	19			25		35	35	44		43	48

注:原引自安藤良雄编.近代日本经济史要览.第2版.第25页。

例2 新中国建国以来产业结构的变化。数据见表3-2和图3-1。除个别年份(1958大炼钢铁、1963—1965三年调整、1966—1976十年动乱、上山下乡、五七道路等)外,基本上符合配第-克拉克定理。中国还没有完全实现工业化,所以,二产比例减少的趋势没有出现。

表3-2 中国一、二、三产业劳动力和国内生产总值构成的变化

年份	劳动力就业/%			GDP/%		
	一产	二产	三产	一产	二产	三产
1952	83.5	7.4	9.1	50.5	20.9	28.6
1957	81.2	9.0	9.8	40.3	29.7	30.1
1962	82.1	7.9	9.9	39.4	31.3	29.3
1965	81.6	8.4	10.0	37.9	35.1	27.0
1970	80.8	10.2	9.0	35.2	40.5	24.3
1975	77.2	13.5	9.3	32.4	45.7	21.9
1978	70.5	17.3	12.2	28.1	48.2	23.7
1980	68.7	18.2	13.1	30.1	48.5	21.4
1985	62.4	20.8	16.8	28.4	43.1	28.5
1990	60.1	21.4	18.5	27.1	41.6	31.3
1995	52.2	23.0	24.8	20.5	48.8	30.7
2000	50.0	22.5	27.5	15.9	50.9	33.2

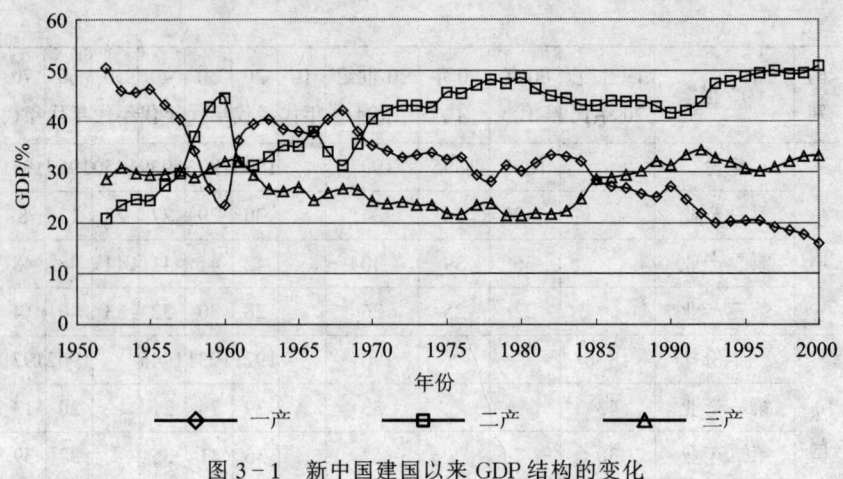

图 3-1 新中国建国以来 GDP 结构的变化

3. 说明

(1) 克拉克定理是针对较大国家或地区、较长时间过程而言的,对较小国家(如新加坡)、较小地区,或较大国家、较大地区的短期变化来说,未必如此。

(2) 克拉克现象产生的原因是:①人们需求层次的变化是农副产品的需求弹性有限,而工业品的需求以及服务的需求弹性很大;② 工业中体现的科技进步含量较高,易形成规模经济和垄断经济,所以,工农业产品的价格剪刀差的存在是长期的;③ 第三产业较易进入(不需太多资本、条件),且需求弹性较大。因而,不易产生垄断,故吸纳劳动力的能力较大。

(3) 克拉克定理给我们的启示是:无农不稳,无工不富,无商不活,无兵不安,无科教不强。

a. 无农不稳:农业劳动力相对比重的减少,农业实现的国民收入相对比重的相对减少,是任何国家或较大地区经济发展中的普遍现象。因此,只靠农业,是不能维持和促进大国、大地区经济持续高速增长的。

b. 无工不富:在一个国家或较大地区经济发展过程中,在国民收入特别是人均国民收入的增长上,第二产业有较大的贡献。工业是国民财富的主要源泉之一。

c. 当经济发展到一定水平时,第三产业将变成最大的行业,其所吸纳的劳动力和所创造的国民收入,都可以达到一半以上的比重。第三产业投入少,见效快,对发展中国家和地区而言,也应适当重视。发展第三产业是解决劳动力就业的最重要出路。

d. 要想使贫国变富国,贫困落后地区变成先进发达地区,应首先实现"农业革命",大力提高农业劳动生产率,解放农业劳动力,然后进行工业革命。

e. 就工业化而言,在工业化的不同阶段,工业主导产业也不一样。一般的规律是:由轻工业化起步,按如下过程发展:

轻工业化→重工业化→高加工业化→技术集约化。相应的主导产业是:轻纺、食品工业→电力工业、石油化学工业、钢铁工业、机械工业(汽车、家电等)→电子工业、航天工业、新材料、新能源、新技术产业、信息产业。

(三) 霍夫曼定理

霍夫曼定理是霍夫曼(W. G. Hoffmann)在1931年提出的,它揭示了一个国家或地区的工业化进程中工业结构演变的规律。霍夫曼使用了近20个国家的工业结构方面的时间序列资料,重点分析了制造业中消费资料工业和资本资料工业的比例关系,这个比例被称为"霍夫曼系数"。即

霍夫曼系数 = 消费资料工业的净产值/资本资料工业净产值

霍夫曼定理的核心思想就是在工业化的进程中,霍夫曼系数呈下降趋势:在工业的第一阶段,消费资料工业在制造业中占主导地位,资本资料工业的生产不发达,此时,霍夫曼系数 = $5(\pm 1)$;第二阶段,资本资料工业的发展速度比消费资料工业快,但在规模上仍比消费资料工业小得多,这时,霍夫曼系数为 $2.5(\pm 1)$;第三阶段,消费资料工业和资本资料工业的规模大体相当,霍夫曼系数是 $1(\pm 0.5)$;第四阶段,资本资料工业的规模超过了消费资料工业的规模[1]。

(四) 制造业部门在区域发展中地位的变化

在市场经济条件下,由于资源供给、技术进步和市场竞争等因素的作用,每种产品都有一个研制、开发、进入市场、大批量生产、市场饱和、利润下降、衰退的过程,而这个过程还未结束,某种类似功能的新产品又在研制、开发之中。与此类似,一种产业的出现到衰落,也有这样的过程,这就是产品和产业生命周期理论[2]。

根据这一理论可以知道,一种产业在区域发展过程中的地位是不断变化的,开始出现时,因规模小,对区域发展的带动作用小,地位低,我们叫它新兴产业,如果它能够进入下一阶段,即能够做大,则可称为先/潜导产业;随着规模逐渐变大,该产业对地区经济发展的影响上升,以至于成

---

[1] 李小健主编.经济地理学.北京:高等教育出版社,1999.171~172
[2] 陆大道.区域发展及其空间结构.北京:科学出版社,1994.52

为主导地区经济发展方向的关键力量,可以称为主导产业;当其规模大到一定程度时,因市场容量、其他产业产品竞争等原因,进一步扩展规模变得艰难,只能勉强维持其目前规模和地位,此时可命名为支柱产业;当新的替代产品迅速出现和发展时,这种产业的地位就开始下降,这时该产业已成为夕阳产业。

需要说明的是,不是所有的新兴产业都能成为主导产业,但所有的主导产业都是从先导产业发展而来的。新兴产业不同于先导产业,关键看它能否进一步扩大规模,成为主导产业。

从长远看,各制造业部门在区域发展过程中的作用,都要经历这样的过程。制定区域规划和产业政策的关键,就是识别和扶持好先导产业,建设好主导产业。详见图3-2和表3-3。

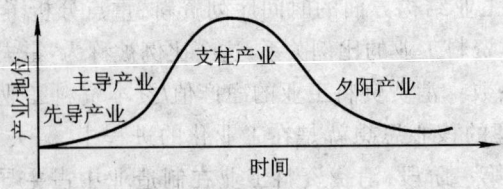

图3-2 制造业在区域经济发展过程中的地位变化

表3-3 各种产业的特点及其政策取向

规模	先/潜导产业	主导产业	支柱产业	夕阳产业
规模	小	较大	大	由大到小
速度	不明显地快于、甚至低于GDP	明显快于GDP	初期略快于GDP 后期略慢于GDP	明显慢于GDP
效益	不一定好	很好	可能很好,但也可能一般	差
当前地位	低	较高	高	由高到低
未来影响	逐渐增大	越来越大	大而稳,后来逐渐减小	减小
政策取向	政府大力扶持	引导社会力量建设	自我积累、自我发展,适当扶持以延长黄金时间	适当促退,处理好社会问题

(五)先/潜导产业、主导产业、支柱产业和夕阳产业的识别

以上级区域为背景,以区域GDP增长速度v_0、全区平均劳动生产率P_0为比较对象,考察先/潜导产业、主导产业、支柱产业和夕阳产业,可以得到如表3-4的结论。

表 3-4　先/潜导产业、主导产业、支柱产业和夕阳产业的识别

产业类型	区位商	占本区 GDP 的比例	生产率	速度	加速度
先/潜导产业	—	$<100/n$	$<P_0$	—	>0
主导产业	>1	$<100/n \rightarrow >100/n$	$<P_0 \rightarrow >P_0$	$>v_0$	$>0 \rightarrow 0 \rightarrow <0$
支柱产业	>1	$>100/n$	$>P_0$	$v_0 \rightarrow <v_0$	<0
夕阳产业	$>1 \rightarrow 1 \rightarrow <1$	$>100/n \rightarrow <100/n$	$>P_0 \rightarrow <P_0$	$<v_0 \rightarrow <0$	$\ll 0$

注：n 是产业部门数。

(六) 主导产业、相关产业和基础产业

1. 区域主导产业

是区域产业结构的核心和结构演化的主角,它立足于区域经济发展优势(包括自然优势和社会经济条件)之上,具有前向关联与后向拉动作用,具有广阔的市场前景和技术进步能力,且在未来一段时期内能保持高速增长和持续稳定发展,促进区域经济全面高涨和产业结构不断优化的产业或产业群。

与其他产业相比区域主导产业主要有以下特点:①发展潜力大,具有较高的增长率,具有大大超出国民经济总增长率的持续高增长的部门增长率,其高速增长率是由于创新获得的,而非受高利润等其他因素的影响;②市场扩张能力强,具有较大的市场潜力,即该产业的产品在社会发展的一定时期和阶段内,有较大的市场需求潜力,前景看好;③影响范围广,具有较强的前后关联性,即该产业在产业结构系统中,它的投入产出和区域经济的整体发展,其影响效果超出了该部门本身,对其他部门乃至整个经济的增长有重要的广泛的影响;④具有较强的产业相对优势,即该产业在一定的区域内能够充分地利用当地的资源优势,形成优势产业,在产业系统内比其他产业显示出较强的产业优势,较强的市场竞争力,能够较大程度地满足区域内外市场的需求。

区域主导产业在全国劳动地域分工体系中占有相当重要的地位,具有较大的关联效应,构成了整个地区经济发展的支柱和核心。它是全国同类产品的主要生产基地,担负着全国劳动地域分工的任务。同时它又是区域经济发展的核心,主导区域产业结构的发展方向。因此,区域主导产业在全国同类行业中应具有低成本、高效益、高生产率的特点,其产品除满足本地区的需求外,还要满足区外的需求。

区域主导产业还应该具有较大的关联效应和波及效果,并建立在区域优势资源或有利条件的基础上。不同区域,优势不同,因而主导产业也

不尽相同。

2. 关联产业

指围绕主导产业发展的协作配套产业。这些产业的作用主要是配合区域主导产业,维护区域经济的发展,并因主导产业的不同而不同,其中有些部门也可能成长为区域主导产业。关联产业可分为上游产业和下游产业。上游产业指为主导产业提供产前服务而形成的产业。下游产业指以主导产业的产品为原料或者对主导产业的产后剩余物进行加工或再加工的产业。关联产业在规模、速度上应与主导产业相协调。

3. 基础产业

基础产业是指满足前两种产业和当地居民生活基本需要的其他产业,包括交通运输、邮电通讯、公用动力、供水系统、科研、教育、卫生等,以及自给性消费资料产业。因其产品多以劳务的形式出现,难以或根本不可能以产品的形式进行储备,故其规模和速度只能满足前两部分产业和居民生活需要,并保留有一定的余力。

以上3类产业相互影响、相互制约,构成了区域产业结构的一般模式,是进行区域产业结构研究的基本参照系。这一区域产业结构发展模式还体现了区域经济发展的任务,即完成国民经济和全国劳动地域分工对本区域的要求,实现区域产业结构高级化;保证地区经济繁荣,人民生活水平不断提高,保证投资环境日益改善,维护生态环境的动态平衡与良性循环。

(七) 区域产业发展模式

在我国经济发展的过程中,区域产业发展曾采取过两种模式,其一是各产业同步发展的平推式发展模式;其二是突出强调重点的倾斜式发展模式。倾斜式发展模式的实质就是只强调重点发展主导产业的"重点论";平推式发展模式的实质就是只强调"均衡",绝对按比例发展的"协调论"。但区域产业结构的合理化演变过程是重点发展和协调发展相互交融不可分割的辩证发展过程,这两者无论忽视了哪一个,区域产业的发展都要受到影响。

相对于平推式发展模式而言,协调—倾斜式发展模式是比较理想的区域产业发展模式,这一发展模式能很好协调发展,但仍突出重点,使产业结构有一定的倾斜度,这种区域产业发展模式的大体思路就是:依靠支柱产业,发展主导产业,扶持先(潜)导产业,是区域开发的一般原则;大力发展主导产业,配套发展相关产业,优先发展基础产业,是各国政府在区域开发过程中的一般做法。

产业发展战略就是追求产业结构高度化和合理化。产业结构高度化是指产业结构从低度水准向高度水准发展,它以新技术的发明和应用为基础,意味着产业结构的发展越来越渗入技术因素;产业结构合理是指提高产业之间有机联系的聚合质量,即产业之间相互作用所产生的一种大于各产业能力之和的整体能力。它以资源在各产业部门的合理配置为基础,意味着产业之间的良好协调,因而产业结构合理化必将产生较大的结构效益。产业结构优化在区域发展不同的阶段其侧重点不同。当产业结构出现严重不合理,国民经济瓶颈制约严重,结构性矛盾加剧的时候,应重点解决合理化问题。通过协调产业关系增强产业结构的聚合能力,缓解结构性摩擦,提高结构效益;而当产业内部矛盾相对缓和,产业结构不适应收入正常提高而引起的需求结构变动时,产业结构高度化则上升为首要问题。应通过科学技术的不断创新提高产业结构的转换能力,促进产业结构适应需求结构的变动。在产业结构优化的全过程中,必须把合理化与高度化有机地结合起来,以合理化促进高度化,以高度化带动合理化,最终实现产业结构优化。

二、区域产业结构的高度化

(一) 产业结构的层次

一、二、三产业本身就蕴涵着从低到高的概念,这在配第-克拉克定理中已经揭示。当然不能绝对化。此外,三次产业的内部,也可以进一步分出层次,如第一产业的层次可以划分为(由低到高):林业→种植业→渔业→牧业→养殖业;工业的层次可以粗化为采掘工业→原材料工业→制造业→电力、热水供应业(国外很多国家将其列为第三产业)。第三产业可分成两大部门:一是流通部门;二是服务部门。具体可分4个层次:

第一层次,流通部门,包括交通运输业,邮电通讯业,饮食业,物资供销和仓储业。

第二层次,为生产和生活服务的部门,包括金融、保险业,综合技术服务业,农、林、牧、渔服务、水利、咨询服务业、公路、铁路、内河(湖)航道养护业、地质勘探、矿产普查、军民服务、公用事业以及房地产业等。

第三层次,为提高科学文化水平和居民素质服务的部门,包括教育、文化、广播电视、科学研究、卫生、体育和社会福利事业等。

第四层次,为社会公共需要服务的部门,包括国家与政党机关、社会团体以及军队和警察等。

层次越低,出现得越早,经济效益越直接。

(二) 产业结构高级化的标志

产业结构高级化是指产业结构随着需求结构的变化向更高一级演进

的过程。对于发展中的国家或地区,主要是工业化及其完善的过程。其主要表现是:① 高加工度化,即工业结构表现为以原材料工业为主向以加工、组装工业为主的发展趋势;② 高附加价值化,即产业结构选择朝着附加价值高的部门发展的趋势;③ 技术集约化,即工业资源结构趋向于以技术为主体的演进过程,随着工业结构高加工度化的发展,技术资本的质量和劳动力质量将成为工业资源结构中最重要的因素;④ 工业结构软化,即知识和技术日益渗透到工业生产活动中,从而产生使工业生产中知识和技术密集型产品的比重和地位提高的趋势①。

(三) 产业结构层次及其变动的描述

1. 产业结构层次系数

设某地区有 n 个产业,将这些产业由高到低地加以排列,所得的产值比例分别记为 $q(j)$。由此可以定义该地区的产业结构层次系数为:

$$w = \sum_{i=1}^{n} \sum_{j=1}^{i} q(j)$$

显然,w 越大,该地区的产业结构越高级。应该注意的是,这样求得的产业结构层次系数,理论上最小者是 100,最大者是 $100n$(只有最高层次的一个部门)。只有相对意义,只在进行区域之间的比较时才有价值(产业划分也必须一致)。

假如有两个区域(地区 1 和地区 2),各部门(按层次由高向低排列)在本地区产值中所占的比例如表 3-5 所示。显然,二者除了部门 1 和部门 2 外,其他比例都相同。因部门 1 的层次比部门 2 的层次高,所以,地区 2 的产业结构应该是比地区 1 的产业结构层次高。用上式计算的产业结构层次系数,地区 1 为 270,地区 2 为 280。说明上述公式定义的产业结构层次系数是合理的。

表 3-5 产业结构层次系数计算

产业结构层次		部门 1	部门 2	部门 3	部门 4	部门 5	累积
地区 1	原始比例	10	20	15	40	15	100
	累积比例	10	30	45	85	100	270
地区 2	原始比例	20	10	15	40	15	100
	累积比例	20	30	45	85	100	280

2. 结构变动系数

---

① 史忠良主编.产业经济学.北京:经济管理出版社,1998.45~46

设 $\theta = (1-\cos\alpha)$ 是结构变动系数，$s(t), s(t-1)$ 是不同时刻的产业结构(百分比)。可以构建下述结构变动系数[1]。这其实也是两个向量的夹角余弦($\cos\alpha$)或相似系数的变动。该系数越大，结构变动的程度越大。但是否是向高级化、合理化方向变动，则用此公式无法测定。

这里的 t 和 $t-1$ 分别表示目标时刻和基准时刻，间隔不一定是一年，而且可以说，研究一年时间内产业结构变动意义不大，因为对于一个较大地区而言，产业结构是比较稳定的。

$$\theta = 1 - \cos\alpha = 1 - \frac{\sum_{i=1}^{n} s_i(t) \times s_i(t-1)}{\sqrt{\sum_{i=1}^{n} s_i^2(t) \times \sum_{i=1}^{n} s_i^2(t-1)}}$$

假定一地区基期的结构如表 3-5 中的地区 1，目标期的产业结构如表 3-5 中地区 2，用此公式计算的产业结构变动系数是 0.04 或(4%)。

结构变动系数也可以采用简单的对应比例差之和，即：

$$\theta = \sum |s_i(t) - s_i(t-1)|/100$$

仍以表 3-5 中的数字为例，结构变动系数为 0.2。

三、大道定理：区域产业结构的合理化标志

区域产业结构的合理化是指"从宏观上合理配置物质生产的要素，协调各产业部门之间的比例关系，减少资源的浪费，促进各种生产要素的有效利用，从而为实现高质量的经济增长打下基础"[2]。产业结构变化是按照一定规律进行的，它不以人的意志为转移。产业结构向合理化方向发展，逐步趋向合理，一段时间后又变得相对不合理，经过调整重新变得相对合理，这样不断的循环发展使产业结构不断地向高级化发展，这就是产业结构运动规律的反映。合理的产业结构是有条件的，相对的。在评价区域产业结构是否合理时不能用现在的条件去衡量过去的结构，也不能用甲地条件去衡量乙地的结构，而只能因时、因地、因条件不同去研究产业结构的合理性。

（一）区域产业结构合理化的判断标准

区域产业结构合理化概念本身，一方面可以从静态角度把它作为研究的目标模式和实践的最终结果来把握，另一方面也可以从动态的角度

---

[1] 杨开忠.中国地区工业化结构变化与区际增长与分工.地理学报,1993,48(6):482(编者修改)

[2] 赵惠芳.优化产业结构,提高经济增长质量.河北师范大学学报,1997,20(1)

把它作为研究过程或实践过程去理解。作为研究的目标模式和实践的最终结果,区域产业结构合理化必然有其严格的衡量标准。合理的区域产业结构标准是由产业结构的特性决定的,而产业结构是一个相互制约,相互促进的有机整体。由于单一的合理化标准不能全面反映其合理化的程度,所以要采取相互联系的指标体系,进行综合性、系统性的分析,这样才能较为客观地反映产业结构的合理化程度。判断区域产业结构是否合理主要有以下标准:

1. 是否充分合理地利用了当地的自然资源

自然资源是产业的物质基础。产业的形成和发展都不可能脱离物质基础,只有充分合理地利用了当地的自然资源,才能取得最佳的经济效益。自然资源一般都具有多用性,合理的产业结构就能充分利用这一特点,生产多种产品。自然资源有两类,一类资源是可更新资源,另一类是不可更新资源。可更新资源利用的好,能保持其再生能力,做到循环使用,这是一种合理的利用。但是如果对可更新资源利用是毁灭性的,使其丧失了再生的能力和条件,那可更新资源也会枯竭。对于不可更新资源,应选择好时机,提高产出投入比,尽可能地高效利用,使地区优势充分发挥,从而取得最佳经济效益。

2. 各产业发展是否协调,是否存在"瓶颈"产业

合理的区域产业结构下各产业应该是协调发展的,具有结构的整体性。各产业在发展中能相互创造条件,形成良性的经济互补关系,推动各产业在生产、分配、交换、消费各个环间间的和谐运动。各产业部门之间,在质上相互依存,相互制约;在量上按一定的比例组成,形成产业有机整体。合理的产业结构还不能存在"瓶颈"产业与过剩产业。

3. 是否能及时提供社会所需要的产品和服务

合理的产业结构应能及时提供社会所需要的产品和服务,具有应变能力,能最大限度地满足社会需求。产业结构的应变能力是指各产业根据经济发展和市场变化具有的一种自我调节能力。合理的产业结构一定能适应社会需要,因为任何社会生产都要受社会消费需要的制约,社会需要不是静止的而是变动的,它随着劳动生产率的提高,人民收入水平的增长而不断变化。因而,合理的产业结构也需要随着社会需求的变化而调整,为了适应这一变化,要有多层次的反应灵敏的信息网络,及时预测市场需求的变化。

4. 是否取得了最佳的经济效益

合理的产业结构应能获得最佳的经济效益。我们调整产业结构目的就是为了提高经济效益。因此,取得最佳的经济效益是产业结构合理化

的重要标志。在一定的条件下,如果经济效益不好,产业结构肯定不合理。最佳经济效益就是要注重劳动耗费与有效成果的比较,争取用最少的劳动耗费,取得最大的有用成果。合理的产业结构与经济效益的提高是互为因果、互相影响的,即产业结构的合理化会促进经济效益的提高,经济效益的提高有助于产业结构的合理化,合理的产业结构能较好地发挥自然资源、经济资源的优势,做到人力、物力、财力、自然资源、科学技术等因素充分而合理地使用,避免由于失调而造成的巨大浪费和损失。而经济效益的提高节约了劳动时间,又为产业结构趋向合理创造了条件。经济效益应是宏观效益与微观效益的统一,长期效益与短期效益的统一,那种只顾微观效益和短期效益的做法,会危害产业结构的合理化。

5. 国内外的成熟技术是否得到了合理开发与利用

合理的区域产业结构应该能够充分开发和利用国内外的成熟技术,能够充分吸收当代最新科学技术成果,改善人类的劳动与生活环境和条件。人类的劳动最终目的是为了人类的生存,科学技术是人类利用自然,改造自然的强大力量,只有充分利用科学技术成果,才能使人类的生活环境与劳动条件获得最大的改善。如果人类已取得的科学技术成果没有得到充分利用,则说明这种产业结构是低级落后的,当然也是不合理的。

6. 能否充分利用区域间的分工合作

当今世界的经济正在向经济一体化方向发展,充分合理利用区域间的分工合作是提高劳动生产率,促进经济发展的一条捷径。因此,合理的产业结构应该与合理的外贸结构结合起来,充分发挥区内优势,充分利用区外市场,不断扩大输出、出口。

7. 生态环境是否得到保护

合理的产业结构应该是可持续发展的,对生态环境没有破坏作用或者对生态环境的保护有利。西方国家的工业化阶段对地球环境的恶化起了很大的作用,有些破坏甚至是毁灭性的。那种只顾经济效益,不顾生态环境的发展方式极大地恶化了人类的生存环境。人类社会要想延续下去,使子孙后代也得到发展的机会,产业结构就必须不能损害生态环境。

8. 产业结构是否具有弹性

合理的区域产业结构要具有弹性,即区域产业既有吸收或减轻经济波动和外界干扰的能力,又有促使主导产业沿着劳动→资金→技术和知识密集型产业的方向逐步更替的潜能。

(二) 区域产业结构合理化的评价指标体系[①]

[①] 本部分引用了研究生季晟同学的硕士论文成果。

1. 区域产业结构合理化评价指标体系的制定原则

区域产业结构合理化的标准是一个有机的整体,它们既是相互联系,又是相互制约的。在衡量产业结构的合理性时要综合考虑,权衡得失,才能得出符合实际的结论。制定区域产业结构合理化的评价指体系应遵循以下原则:① 计算方法简明;② 要有对产业结构整体效益的综合评价,尤其应突出资源的节约;③ 各级指标具有可比性;④ 能收集到有关数据。

2. 评价指标体系及说明

参考他人相关的研究成果,提出 7 类评价产业结构合理性指标:

第一类:需求结构指标

(1) 需求收入弹性。即:

$$S_i = \frac{\Delta M_i / M_i}{\Delta R / R}$$

式中:S_i 为 i 产业产品的需求收入弹性;ΔM_i 和 M_i 分别为社会对该产业产品需求增量和需求基数;$\Delta M_i / M_i$ 为社会对该产业产品的需求增长率;ΔR 和 R 分别为国民收入增量和国民收入基数,$\Delta R / R$ 为国民收入增长率。

(2) 消耗诱发系数。一个产业部门的消耗诱发系数是指总消费额增加一个单位所需要的该部门总产值的增量:

$$IN_{cj} = \left(\sum_{j=1}^{n} Y_{cj} q_{ij}\right) / Y_c$$

式中:q_{ij} 为投入产出逆矩阵 i 行 j 列元素;Y_{cj} 为 j 部门最终产品中用于消费的价值量;$Y_c = \sum_{j=1}^{n} Y_{cj}$ 为总消费额。

(3) 积累诱发系数。一个产业部门的积累诱发系数是指总积累额增加一个单位所需要的该部门总产值的增量:

$$IN_{sj} = \left(\sum_{j=1}^{n} Y_{sj} q_{ij}\right) / Y_s$$

式中:Y_{sj} 为 j 部门最终产品中用于积累的价值量;$Y_s = \sum_{j=1}^{n} Y_{sj}$ 为总积累额。

(4) 出口诱发系数。一个产业部门的出口诱发系数是指总出口额增加一个单位所需要的该部门总产值的增量:

$$IN_{ej} = \left(\sum_{j=1}^{n} Y_{ej} q_{ij}\right) / Y_e$$

式中：Y_{ej} 为 j 部门的年出口额；$Y_e = \sum_{j=1}^{n} Y_{ej}$ 为总出口额。

第二类：供给结构指标

(1) 技术进步率。见前述生产函数模型的应用部分，技术进步率是正指标。

(2) 劳动生产率。在我国现行统计制度中，劳动生产率用全员或职工劳动生产率表示：

$$I_j = Q_j / L_j$$

式中：Q_j 为某产业总产值或增加值；L_j 为某产业职工总人数。

(3) 劳动生产率变化率。见下式：

$$I'_j = \Delta I_j / I_j$$

(4) 比较劳动生产率。计算式如下：

$$产业的比较劳动生产率 = \frac{产业国民收入的相对比重(\%)}{产业劳动力的相对比重(\%)}$$

(5) 重工业化率。重工业化率可以反映重工业化水平，它指的是重工业实现的国民收入在工业所实现的国民收入中所占的比例。

(6) 霍夫曼比例。计算式如下：

$$霍夫曼比例 = \frac{消费资料工业净产值}{资本资料工业净产值} \approx \frac{轻工业产值}{重工业产值}$$

根据霍夫曼比例，可判断工业化发展水平。随着产业结构重工业化，霍夫曼比例呈下降趋势。

(7) 工业加工度。见下式：

$$工业加工度 = 加工工业的产值/原材料工业的产值$$

这一指标可以反映工业加工程度的深化。

(8) 固定资产积累系数。计算式为：

$$u_i = K_i / X_i = i \text{ 部门提供固定资产积累} / i \text{ 部门产值}$$

(9) 流动资金积累系数。计算式为：

$$q_i = E_i / X_i = i \text{ 部门提供流动资金积累} / i \text{ 部门产值}$$

(10) 直接固定资金占用系数。见下式：

$$A_{kj} = K_j / X_j = d_j / u_j X_j$$

式中：K_j 为 j 部门固定资金占用额；d_j 为 j 部门年固定资产折旧额；u_j 为部门固定资产综合折旧率；X_j 为部门总产值。

该指标反映各产业部门的资金密集程度。

(11) 完全固定资金占用系数。计算式为：

$$\overline{A_k} = A_k(I-A)^{-1}$$

式中:$\overline{A_k} = (\overline{A_{k1}}, \overline{A_{k2}}, \cdots, \overline{A_{kn}})$。

(12) 直接劳动消耗系数。见下式:
$$A_{vj} = V_j/X_j$$

式中:V_j 为 j 部门劳动者年工资及福利基金总额。该指标反映的是生产单位产值产品(或劳务)对活劳动的直接消耗。

(13) 完全劳动消耗系数。见下式:
$$\overline{A_v} = A_v(I-A)^{-1}$$

式中:$\overline{A_v} = (\overline{A_{v1}}, \overline{A_{v2}}, \cdots, \overline{A_{vn}})$。该指标反映的是生产单位产值产品对活劳动的直接消耗和间接消耗。

(14) 直接新增价值系数。直接新增价值系数指一个产业部门在某年份的总产出中新增价值所占的比例。它反映了该部门的发展对国民收入增长的直接影响。
$$A_{nj} = N_j/X_j$$

式中:N_j 为 j 部门年总产值中的新增价值部分,包括工资、福利基金、利润、税金等。

(15) 完全新增价值系数。完全新增价值系数指一个产业部门增加单位产值的最终产品所带来的各部门国民收入增量之和,它反映了该部门的发展对国民收入增长的直接影响与间接影响。
$$\overline{A_n} = A_n(I-A)^{-1}$$

式中:$\overline{A_n} = (\overline{A_{n1}}, \overline{A_{n2}}, \cdots, \overline{A_{nn}})$。

(16) 产业扩张弹性。见下式:
$$\delta_{jt} = (Q_{jt} + 1/Q_{jt})/(\sum_{j=1}^{n} Q_{jt} + 1)/(\sum_{j=1}^{n} Q_{jt})$$

式中:Q_{jt} 为在 t 时第 j 个产业的产出量;$\sum_{j=1}^{n} Q_{jt}$ 为在 t 时区域各产业的总产出量。该指标反映的是一个产业扩张或萎缩的程度。

(17) 直接出口系数。见下式:
$$A_{ej} = E_j/X_j$$

式中:E_j 为 j 部门产品的年出口额;X_j 为 j 部门年总产值。

(18) 直接消费系数。这项指标是该部门总产值中,用于消费的产品所占的比例:
$$A_{cj} = C_j/X_j$$

式中:C_j 为 j 部门产品用于消费部分的价值量。

第一节 区域产业结构优化分析

(19) 直接积累系数。这项指标是指该部门总产值中,用于积累的产品所占的比例:

$$A_{sj} = S_j / X_j$$

式中: S_j 为 j 部门产品用于积累部分的价值量。

(20) 进口依赖系数。这项指标反映区域内需的各产业部门产品目前对进口的依赖程度,是本地区使用的该部门产品中进口产品所占的比例:

$$A_{mj} = M_j / (X_j - E_j + M_j)$$

式中: M_j 为 j 部门产品的年进口额; E_j 为 j 部门产品的年出口额。

第三类:产业关联指标

(1) 中间产品率。这项指标从各产业部门生产活动技术特性的角度反映了它们对整个国民经济发展的促进作用。

$$MP_i = \left(\sum_{j=1}^{n} a_{ij} X_j \right) / X_i$$

式中: a_{ij} 为直接消耗系数矩阵 A 中 i 行 j 列元素。

(2) 中间投入率。这项指标从各产业部门生产活动技术特性的角度反映了它们对整个国民经济发展的诱导作用。

$$M_{ij} = \sum_{j=1}^{n} a_{ij}$$

(3) 产业感应度系数。这项指标从产业部门间相互联系的角度反映了各产业部门对整个国民经济发展的促进作用。

$$FW_i = \left(\frac{1}{n} \sum_{j=1}^{n} q_{ij} \right) / \left[\frac{1}{n} \sum_{i=1}^{n} \left(\frac{1}{n} \sum_{j=1}^{n} q_{ij} \right) \right] = \left(n \sum_{j=1}^{n} q_{ij} \right) / \left(\sum_{i=1}^{n} \sum_{j=1}^{n} q_{ij} \right)$$

式中: q_{ij} 为投入产出逆矩阵 Q 中 i 行 j 列元素, $Q = (I - A)^{-1}$; FW_i 实际上是 Q 矩阵 i 行元素合计的标准值。其经济含义是,当所有部门的最终品都增加一个单位产值时,产业部门总产值的增加量。

(4) 产业影响力系数。这项指标从产业部门间相互联系的角度,反映了各产业部门对整个国民经济发展的主导作用。

$$BW_j = n \sum_{i=1}^{n} q_{ij} / \left(\sum_{i=1}^{n} \sum_{j=1}^{n} q_{ij} \right)$$

式中: BW_j 实际上是 Q 矩阵中 j 列元素合计的标准值,其经济含义是,当 j 部门增加一个单位的最终产品时,所有产业部门总产值增加量之和。

第四类:地区间联系指标

(1) 地区工业在全国地位指标。地区工业在全国的地位指标包括地区工业产值、财政收入、外调产品、出口产品在全国的比重等,其中应用比较广泛的是产值指标。一个地区工业净产值占工业总产值的比例称净产值率。
$$E = (V+M)/(C+V+M)$$
式中：C 为固定资金；V 为流动资金；M 为利润；$(V+M)$ 为活劳动力增加的产值。

(2) 资金利税率。这项指标反映的是资金效益，综合性较强，基本上反映所付代价和国家所作贡献的对比关系，符合投入产出分析的要求。

$$资金利税率 = 利税总额/K$$

式中：K 为固定资产净值和流动资金之和。

(3) 工业发展速度指标。速度是研究工业特征的基本内容，从速度中可以看到一个地区的过去和演变过程，说明一个地区的活力，预测它的未来。

(4) 工业内部结构的比例指标。工业结构包括部门结构、规模结构、所有制结构、技术结构、产品结构等，它是区域经济特征的核心之一，轻重工业比例是工业结构最基本的比例关系。

(5) 专业化率。见下式：

$$\alpha = \beta/\gamma$$

式中：β 为该地区某工业部门占全国该部门净产值的比重；γ 为全部工业占全国工业净产值的比重，也就是区位商。

第五类：外贸结构指标

(1) 相对优势指数。这项指标反映产品的国际竞争能力。

$$CM_i = (E_{di}/E_d)/(E_{fi}/E_f)$$

式中：(E_{di}/E_d) 为某类出口商品占地区出口总额比重；(E_{fi}/E_f) 为该类商品出口量占世界出口量比重。

(2) 有效保护率。见下式：

$$EPR = (t_j - \sum a_{ij} t_i)/(1 - \sum a_{ij})$$

式中：t_j 为 j 产业或 j 产品进口关税；$\sum a_{ij} t_i$ 为中间投入产品进口关税；$\sum a_{ij}$ 为投入产出系数。

(3) 出口商品中工业制成品比重。这项指标反映一个地区的经济发展水平。

第六类：生态环境指标

(1) 大气污染指标。见下式：

$$G_气 = \sum M_d/单位空间$$

式中：M_d 表示每单位空间所含的第 i 种有毒有害气体或灰尘微粒的当量；$G_气$ 为每单位空间所含有毒有害物质的总量。

第一节 区域产业结构优化分析

一般来说,技术水平较低,靠大量消耗自然资源而维持的产业结构的 $G_{\text{气}}$ 值较大,对环境污染严重。

(2) 水质污染指标。即:

$$G_{\text{水}} = \sum M_d / \text{单位水资源}$$

式中:M_d 为每单位水资源中所含的第 j 种有毒有害成分的当量;$G_{\text{水}}$ 为每单位水资源中所含的各种有毒有害成分总量。

(3) 噪音污染指标。即:

$$G_{\text{噪}} = \sum Z_i / \text{测定时间}$$

式中:$\sum Z_i$ 为公共场所或居民居住室内在测定时间内出现的超过人体生理所能承受的噪音次数。

(4) 森林覆盖率及其下降率指标。即:

$$S_g = S_s / \sum S_g$$

式中:S_g 为森林覆盖率;S_s 为现有森林面积;$\sum S_g$ 为国土总面积。

$$\Delta S_g = \Delta S_s / S_g$$

式中:ΔS_g 为森林覆盖率下降率;ΔS_s 为森林下降比例;ΔS 为森林年减少面积。

(5) 稀缺资源保有量降低率。即:

$$X'_i = \Delta X_i / X_{i0}$$

式中:X'_i 是第 i 种稀缺资源保有量降低率;ΔX_i 是第 i 种稀缺资源年消耗量;X_{i0} 是第 i 种稀缺资源上一年总储量。

上述指标有的为正指标,该指标越大,表明产业结构越好;有的为逆指标,该指标越大,产业结构越差。应该注意的是,这些指标都是从不同角度反映产业结构合理性的,单纯地应用其中一个或几个是没有把握的,因为有些指标之间是相互矛盾的,如劳动生产率高,劳动力诱导系数就低。

(三) 大道定理

合理的产业结构要求社会产业结构与经济技术结构重合,其中的经济技术结构即投入产出表中直接消耗系数矩阵最大特征根所对应的特征向量。实际产业结构与经济技术特征有一定的偏离,其偏离程度可由该两向量的夹角(用弧度来表示)来衡量:

$$\alpha = \arccos \frac{(\boldsymbol{x}, \boldsymbol{u})}{\|\boldsymbol{x}\| \times \|\boldsymbol{u}\|}$$

式中:$\boldsymbol{x}$ 为现实产业结构;$\boldsymbol{u}$ 为投入产出表中直接消耗系数矩阵最大特征根所对应的特征向量。

在偏离度的基础上定义产业结构合理化水平如下:

$$K = 1 - \frac{2}{\pi} \times \alpha$$

K 介于 1~0 之间。当社会生产结构与技术经济结构重合时,K 取最大值 1,反之,K 取值小于 1,且二者偏离越大,K 值越小①。

投入产出表全面客观地反映产业部门之间的技术经济联系,在一定时期内具有相对稳定性,利用投入产出表提供的信息及其他统计数据可进行投入产出分析。将投入产出分析与运筹学中的规划论相结合可以建立一个评价产业结构合理化的线性规划模型②。

第二节 主导产业的选择和确定

一、区域主导产业的选择原则

(一) 比较优势原则

比较优势集中体现了区位优势所产生的相对优势大小。主导产业应能充分体现劳动地域分工的特点,充分发挥地区优势。遵循比较优势原则有利于防止区域间的产业结构趋同化。

(二) 综合效益原则

区域经济活动的目的是为了取得一定的经济效益,最佳的经济效益是选择主导产业的最终目标,而区域作为一个社会－经济－自然复合生态系统,单纯强调经济效益而忽视社会和生态效益是不符合区域可持续发展要求的。因此主导产业必须具有良好的经济效益、社会效益和生态效益。主导产业应该是具有较高的劳动生产率,合理利用资源,有利于区域生态经济协调发展与良性循环的产业。

(三) 市场需求原则

市场需求是促进经济发展的根本动力,也是主导产业迅速发展的出发点和前提条件。只有存在广阔的市场,才有必要也才有可能进行大批量生产,而大批量生产有利于生产技术的进步和生产成本的下降,从而进一步有利于开拓市场,扩大社会需求,刺激有关部门的发展。市场需求是有层次的,它随着人均国民收入水平的提高而不断变化。在选择主导产业时,不仅要注意有巨大的现实的市场需求的产业部门,还应注意有着巨

---

① 潘文卿,陈水源.产业结构高度化与合理化水平的定量测算.开发研究,1994(1)
② 蔡希贤,王韬.产业结构评价与调整的数量方法初深.数量经济技术经济研究,1988(5)

第二节 主导产业的选择和确定

大的潜在需求的产业部门。

(四) 技术进步原则

科学技术是第一生产力,主导产业应能够较多地吸收先进技术,将先进技术转变为生产力,为国民经济服务。

(五) 产业关联原则

主导产业部门应该与其他产业部门具有广泛而密切的关联,通过这种关联带动或推动周围一系列产业部门进一步发展,并且使这些部门派生出对其他部门的促进作用,产生广泛而深入的连锁反应,一层一层地推动经济的发展。这是主导产业在整个产业结构中处于核心地位,发挥巨大作用的原因。如果产业部门的关联很小,其发展便难以带动其他产业部门的发展,就不可能发挥主导作用。

(六) 资源有效配置原则

一个地区选择什么样的产业作为主导产业,必须考虑该地区的资源条件。地区的资源优势往往是形成主导产业的基础。资源有效配置原则就是确定选择何种产业最有利于发挥本地区的资源优势,实现资源的有效组合,避免资源劣势和资源浪费。

(七) 外贸原则

区域的主导产业如果在国际竞争中具有很大的优势,就能够充分利用国际分工,参与国际经济大循环,为地区经济发展提供更多的外汇支持。

二、区域主导产业的选择方法

(一) 简单量化法

主导产业特征包括规模较大,需求弹性较高,增长速度较快,效益较好,技术水平较高,和区内其他产业联系紧密,对区域的带动作用大。这些特征都可以用定量的指标加以描述,具体指标如下:区位商,相对增长速度(各产业的增长速度/GDP 增长速度),每百元流动资金所创造的利税、每百元固定资产创造的利税、全员劳动生产率(即柯布-道格拉斯生产函数中的 A),产业感应度系数(投入产出表完全消耗系数矩阵各行元素之和/该矩阵所有元素之和),产业影响力系数(投入产出表完全消耗系数矩阵各列之和/该矩阵所有元素之和)等。根据各指标的计算结果,进行综合,可以直接确定区域的主导产业。

(二) 主成分分析法

用多指标从不同侧面描述主导产业的特征,然后用主成分分析的方法将这些指标概括成一个综合的指标(第一主成分得分),根据各产业的综合得分来确定主导产业——综合得分较高者即为主导产业。

(三) AHP决策分析法

层次分析法(the analyti hierarchy process,简称AHP),是美国运筹学家Satry于20世纪70年代提出来的。它是一种无结构的多准则决策方法,它将定性分析和定量分析相结合,把人们的思维过程层次化和数量化,在目标因素结构复杂且缺乏必要的数据情况下尤为实用。在进行区域产业结构分析时可用它来进行区域主导产业选择的决策分析。具体原理见后面有关部分。

第三节 份额转移分析

一、理论模型

份额转移分析是一种产业区位或结构分析方法,主要用来分析产业结构变动对区域经济增长的影响[①]。

按照经济学理论,在竞争均衡的条件下,部门间、地区间要素将出现均等化趋势,所有部门、所有地区的要素收益相等,部门间、地区间没有资源的转移,各部门、各地区均以同一增长率(总体经济增长率)为权数分享总体经济增长。然而,在现实经济中,各部门、地区的要素存在着较大的差异,资源从生产率较低的部门或地区向生产率较高的部门、地区转移,部门间、地区间增长是非均衡的。因此,若以均衡增长为比较基础,任何区域的经济增长均可分为分享增长和转移增长两部分。分享增长是指一个区域在某一时期以全国(背景区域)平均增长速度增长所获得的增长量,它是测定各地区经济增长偏差的标准参数。转移增长是指因部门间、地区间资源转移而获得的增长量,它是区域经济增长量与分享量的差额。如果区域实际增长率高于全国(背景区域)平均水平,那么区域总转移增长量为正,否则为负。

任何区域的总转移增长又可分为比例性转移增长和差异性转移增长两部分。比例性转移增长也叫结构性或"产业混合"转移增长,它是指由于区域产业结构偏离全国产业结构而引起的区域转移增长。如果区域专业化部门是全国(背景区域)经济中的高速增长部门,则比例性增长为正,否则为负。

差异性转移增长也叫区位或区域性转移增长,它是由于生产要素禀

---

① 陈栋生主编.区域经济学.郑州:河南人民出版社,1993.55~60

第三节 份额转移分析

赋等区位因子而引起的区域转移增长,它是区域某特定产业部门的实际增长量与该产业若以全国(背景区域)相应部门的平均增长所获得的增长量之差额。一个具有区位优势的区域,其差异性转移一般为正,否则为负。

如果以 E_{j0} 和 E_{jt} 分别表示 j 区域在 0 时和 t 时的总产值,E_0 和 E_t 分别表示背景区域对应时段的总产值,E_{ij0} 和 E_{ijt} 分别表示 i 区域 j 产业在 0 时和 t 时的总产值,E_{j0} 和 E_{jt} 是背景区域对应时段的总产值,G_j、N_j、S_j、P_j、D_j 分别表示区域总产值增长量、分享增长量、总转移增长量、比例性(结构性)增长量、区位(差异性)转移增长量,那么有:

$$G_j = E_{jt} - E_{j0} = N_j + S_j$$

总增长量 = 分享增长量 + 转移性增长量

$$N_j = E_{j0} \times (E_t/E_0) - E_{j0} = [(E_t - E_0)/E_0] \times E_{j0}$$

分享性增长量 = 本区域基数 × 背景区域增长比率 − 本区域基数

$$S_j = E_{jt} - (E_t/E_0) \times E_{j0} = P_j + D_j$$

转移性增长量 = 结构性增长量 + 区位性增长量

$$P_j = \sum [(E_{it}/E_{i0}) - (E_t/E_0)] \times E_{ij0}$$
$$= \sum [(E_{it} - E_{i0})/E_{i0} - (E_t - E_0)/E_0] \times E_{ij0}$$

结构性增长量 = 本区各产业基数 × (背景区该产业的超出速度)

$$D_j = \sum [E_{ijt} - (E_{it}/E_{i0}) \times E_{ij0}]$$

区位性增长量 = 各产业目标值 − 该产业按背景区域平均比率增长之间差额的总和

由此我们可以计算出分享增长、结构(比例性)增长和区位(差异性)增长转移对区域经济增长的贡献,即:

分享增长贡献率: $H_n = N_j/G_j \times 100\%$

结构性增长贡献率: $H_p = P_j/G_j \times 100\%$

区位性增长贡献率: $H_d = D_j/G_j \times 100\%$

二、案例:京、津、沪、渝经济增长的对比分析

这里以 1997 年为基期年、2000 年为目标年,对京、津、沪、渝 4 直辖市的国内生产总值分一、二、三次产业做份额转移对比分析[①]。

"九五"期间,我国国民经济一直保持快速增长。各省区由于总体经济增长的影响和部门间、地区间资源的转移,区域经济都有了不同程度的增长。京、津、沪、渝 4 个直辖市同属省级行政单位,档次相同,又分别位

---

① 本部分计算分析由 2001 级硕士研究生苏娅同学完成。

于我国北部、东部和西部,在地域上较典型,因此选择这四地的国内生产总值为研究对象。重庆1997年建直辖市,所以本书以1997年为基期,以2000年为目标年进行份额转移分析(全国及4直辖市1997年和2000年的国内生产总值见表3-6)。

表3-6 全国及四直辖市国内生产总值(GDP)表 (单位:亿元)

地区\产值	总产值		第一产业产值		第二产业产值		第三产业产值	
	1997	2000	1997	2000	1997	2000	1997	2000
全国	74 772.40	89 403.60	13 968.80	14 212.00	36 770.30	45 487.80	24 033.30	29 703.80
北京	1 810.09	2 478.76	84.85	89.97	738.56	943.51	986.68	1 445.28
天津	1 240.40	1 639.36	74.55	73.54	643.88	820.17	521.97	745.65
上海	3 360.21	4 551.15	75.80	83.20	1 754.39	2 163.68	1 530.02	2 304.27
重庆	1 350.10	1 589.34	304.51	283.00	563.40	657.51	482.19	648.83

资料来源:中国统计年鉴,1998、2001。

由表3-7可以看出,四地的分享增长量都较大,即京、津、沪、渝的经济增长以全国平均增长速度获得了较大增长。

表3-7 四直辖市各类增长量 (单位:亿元)

增长\地区		北京	天津	上海	重庆
分享增长量		354.192 04	242.717 11	657.514 06	264.182 82
结构增长量	第一产业	-15.126 21	-13.290 03	-13.512 87	-54.285
	第二产业	30.579 28	26.659 21	72.638 76	23.327 01
	第三产业	39.731 1	21.018 17	61.609 32	19.416 34
	合计	55.184 17	34.387 35	120.735 2	-11.541 6
区位增长量	第一产业	3.642 742 1	-2.307 915	6.080 322	-26.811 52
	第二产业	29.852 25	23.638 93	-6.640 78	-39.460 9
	第三产业	225.799 3	100.524 8	413.252 5	52.870 64
	合计	259.294 3	121.855 8	412.692	-13.401 7
总转移增长量		314.478	156.242 9	533.425 9	-24.942 8
总产值增长量		668.67	398.96	1 190.94	239.24

再看总转移增长量,按由大到小排序为上海、北京、天津、重庆。因为转移增长是由资源转移引起,这说明上海和北京存在更多的资源转移,经

第三节 份额转移分析

济流动更加活跃。而重庆的总转移增长量为负,这说明重庆的实际增长率低于全国平均水平。

在结构增长量中,四地的第一产业增长量均为负值,这说明农业在四直辖市都不是高速增长的部门。重庆市的结构增长量小于零,说明该地的区域专业化部门都不是全国经济中的高速增长部门。

在区位增长量中,天津与重庆的第一产业增长量都是负数,说明这两地在农业方面不具有区位优势。上海和重庆的第二产业增长量小于零,说明这两地在工业方面不具有区位优势。

由表3-8可以看出,京、津、沪、渝的分享增长贡献率均超过了50%,说明这4地都在很大程度上享受了全国经济增长带来的好处。尤其是重庆市,其分享增长贡献率甚至超过了100%,说明该地的经济增长其实是由全国经济推动的。

在结构增长贡献率中,贡献率最大的是上海市,达到了10%,说明该地具有较多全国经济中高速增长的专业化部门。贡献率最小的是重庆市,为-4.8%,说明该市这样的部门很少。4个直辖市的第一产业结构增长贡献率都小于零,说明农业结构性增长在四地的经济增长中做的都是负贡献。除北京市外,天津、上海和重庆市的结构增长贡献率中第二产业结构增长贡献率都高于其他产业,说明三地的工业增长比其他产业快,而北京市则是第三产业增长最快。

表3-8 各地各类增长贡献率

增长 \ 地区		北京	天津	上海	重庆
分享增长贡献率/%		52.969 6	60.837 5	55.209 7	110.425 9
结构增长贡献率/%	第一产业	-2.262	-3.331	-1.135	-22.691
	第二产业	4.573 2	6.682 2	6.099 3	9.750 5
	第三产业	5.941 8	5.268 2	5.173 2	8.115 8
	合计	8.252 8	8.619 2	10.137 8	-4.824
区位增长贡献率/%	第一产业	0.544 8	-0.578	0.510 5	-11.207
	第二产业	4.464 4	5.925 1	-0.558	-16.494
	第三产业	33.768 4	25.196 7	34.699 7	22.099 4
	合计	38.777 6	30.543 4	34.652 6	-5.602
总转移增长贡献率/%		47.030 4	39.162 5	44.790 3	-10.426

在区位增长贡献率中,按贡献率大小排序依次是北京 38.77%、上海 30.54%、天津 34.65%、重庆－5.60%,说明区位优势在京、津、沪三地的经济增长中做出了较大贡献,而重庆则几乎不具有什么区位优势。在区位增长贡献率中,四地都是第三产业的贡献率最大,说明四地的第三产业相对于其他产业更有区位优势,更能推动经济增长。

4 个直辖市中,由于北京、天津、上海位于我国东部,具有较大的区位优势和良好的地理环境条件,它们的经济增长均高于全国平均经济增长速度,而重庆市由于地处西部,经济发展受到众多限制,经济增长更多地依赖于全国的经济增长来推动。但是随着西部大开发战略的实施,重庆的经济增长一定会逐步加快,最终达到、甚至超过全国平均增长速度。

在结构增长贡献率中,除北京外,其余三地是第二产业＞第三产业＞第一产业,与我国现在的国民经济产值第二产业＞第三产业＞第一产业的结构相符合。而北京则已出现了第三产业＞第二产业＞第一产业的现象。在区位增长贡献率中,四直辖市都是第三产业＞第二产业＞第一产业的结构。这充分说明了我国产业结构正在向第三产业＞第二产业＞第一产业的结构优化。可以预见,随着经济的发展,4 地都会出现在各种贡献率中第三产业＞第二产业＞第一产业的情形。

第四节　投入产出分析

一、引言

投入产出分析(input-output analysis)又称部门联系平衡分析、产业关联分析,是美国著名经济学家、诺贝尔经济学奖获得者列昂节夫(W. Leontief)首先提出来的一种数量分析方法。其中的"投入"指的是产品生产所消耗的原料、能源、固定资产和活劳动;"产出"是指产品生产出来后的分配流向,包括生产的中间消耗、生活消费和积累。简要地说,投入产出分析最初就是根据国民经济各部门相互之间产品交流的数量编制的一个棋盘式投入产出表。表中的各横行反映产品的流向,各纵列反映生产过程中从其他部门得到的产品投入。根据投入产出表计算投入系数(也称技术系数),编制投入系数表。利用这些系数可以建立一个线性方程组,通过求解线性方程组,可计算出最终需求的变动对各部门生产的影响。可见,投入产出分析既注重各部门在系统中的数量关系,也考虑了系统内各部门之间的联系,是系统结构分析的更深入的研究。现在,投入产出方法已推广到区域人口系统、区域环境系统等区域系统结构分析当中。

二、投入产出表

投入产出分析技术的应用依赖于一个反映国民经济结构和部门联系模型体系框架,构造出一整套数据精确、逻辑严谨的实证经济模型。而其中极为重要的一步是编制出一张反映在一定时期内,货物和服务在国民经济所有部门之间流量的投入产出表。表 3-9 是一张根据马克思主义再生产过程构造的国民经济两大部类的投入产出表。

表 3-9 中的横行和纵列相交的数字有着特定的经济意义。从纵向看,代表对应部门的投入结构。为了生产 1 000 亿元第一部类的产品,要投入 500 亿元第一部类的产品,100 亿元第二部类的产品,投入 400 亿元的活劳动,通常以净产值来表示,包括为劳动者个人和社会各创造的 200 亿元收入。第二部类在生产 500 亿元总产值中,消耗了第一部类和第二部类各投入的 100 亿元产品,投入 300 亿元活劳动,体现为劳动者个人收入和社会所得各为 150 亿元。显然,一、二部类共消耗活劳动 700 亿元。从横向看表 3-9 中数据,代表对应部门的产出结构。第一部类 1 000 亿元总产品,被第一、二部类分别消耗了 500 亿元和 100 亿元,提供的最终产品,用于积累 200 亿元,消费 100 亿元。一、二部类提供的社会最终产品,包括积累 250 亿元,消费 300 亿元,净输出 150 亿元。综合观察,全社会活劳动新创造价值和实现的社会最终产品正相等,都是 700 亿元。

表 3-9 简化的投入产出表

		中间产品		最终产品			总产品
		第一部类	第二部类	积累	消费	净输出	
物质消耗	第一部类	$500(x_{11})$	$100(x_{12})$	$200(W_1)$	$100(K_1)$	$100(y_{13})$	$1\,000(X_1)$
	第二部类	$100(x_{21})$	$100(x_{22})$	$50(W_2)$	$200(K_2)$	$50(y_{23})$	$500(X_2)$
初始投入	劳动报酬	$200(V_1)$	$150(V_2)$				
	利税和折旧	$200(M_1)$	$150(M_2)$				
总产值		$1\,000(X_1')$	$500(X_2')$				

一般地,可以将国民经济划分为工业、农业、建筑业、运输业、商业等这样一些大类经济部门,其中的农业又可以进一步划分成种植业、牧业、林业、渔业等,工业又可以进一步划分成冶金工业、电力工业、机械工业、化学工业等。所以,投入产出表的部门数可以根据研究的需要来确定。研究的深度越大,部门数越多;某一方面研究得精细,该方面部门划分就

要细致。当然,部门越多,划分得越精细,获取数据的难度就越大。

投入产出表实际上包括 3 个部分:左上角为第一部分,是各生产部门之间的生产和分配关系,可用 x_{ij} 表示第 i 部门产品流向第 j 部门的数量(价值),也是第 j 部门在生产过程中消耗第 i 部门产品的数量(价值);右上角为第二部分,是各种产品的最终需求,包括消费、出口、积累、投资等,可用 y_{ij} 表示第 i 部门的第 j 项最终需求数;第三部分为左下角,是各部门的新创造价值,包括劳动者报酬和社会纯收入。

三、投入产出模型

作为一张平衡表,投入产出表中的各项数字横行之和为 X_i,纵列之和 X_i',一般情况下,从价值的角度说,$X_i = X_i'$。据此,我们有:

横行方程式:

$$\sum_{j=1}^{n} x_{ij} + \sum_{j=1}^{m} y_{ij} = X_i \qquad (i = 1, 2, \cdots, n)$$

纵列方程式:

$$\sum_{i=1}^{n} x_{ij} + \sum_{i=1}^{k} V_{ij} = X_j \qquad (j = 1, 2, \cdots, n)$$

对于一个较大的区域而言,投入产出表中的数字对比关系在短时间内是不会有太大变化的,也就是说,区域内各部门之间的技术经济联系在短时间内是比较稳定的。因此,有了投入产出表,我们就可以对区域进行技术经济分析。

定义 1 直接消耗系数:

$$a_{ij} = x_{ij}/X_j$$

由此可以得到直接消耗系数矩阵 A。

$$A = (a_{ij} : i, j = 1, 2, \cdots, n)$$

a_{ij} 的大小,反映了 j 部门在生产一单位产品的过程中直接消耗 i 部门产品的数量。

$$\sum_{j=1}^{n} a_{ij} X_j + \sum_{j=1}^{m} Y_j = X_i$$

$$AX + Y = X \rightarrow (I - A)X = Y \rightarrow X = (I - A)^{-1} Y$$

式中:I 是单位矩阵。

定义 2 完全消耗系数:

生产过程中各部门的联系是复杂的,除了直接联系,还有复杂的间接联系。例如,钢的生产直接消耗电,还要消耗铁、煤、设备等,而生产铁、煤、设备也需要电,对钢的生产而言,这部分电的需要是一次间接消耗。

此外还有二次间接消耗、三次间接消耗等。我们将直接消耗与所有间接消耗之和称之为完全消耗,把第 j 部门每生产单位数量产品最终消耗 i 部门产品的数量称为完全消耗系数,记为 b_{ij},$B=\{b_{ij}\}$ 为完全消耗系数矩阵。可以证明:

$$B=(I-A)^{-1}-I=(I-A)^{-1}A$$

对于一个较大国家、较大地区来说,国民经济各部门之间的联系是相对稳定的,只要我们每隔一定时期(如 5 年)对 A 作适当修正,我们便可以利用投入产出模型进行一定时期的经济循环流程分析。如果把最终产品 Y 的确定与投资系数、投资效果联系起来,则可以进一步研究动态性经济循环流程问题。

四、投入产出方法的应用

经济系统分析就是要把握经济的来龙去脉;用数学原理和模型把握经济运动中的深层次关系;任何经济关系都以直接关系为基础,但直接关系仅是完全关系中的一部分;经济分析要善于由粗到细,由文字图表到模型,由变量到向量、到矩阵。

(一) 经济依存关系分析①

1. 直接经济依存关系分析

(1) 直接消耗系数。将 a_{ij} 从小到大排列,反映部门之间的两两依存关系的强弱;还可以计算在同一部门消耗中,其他各部门直接消耗所占的百分比,以说明在该部门消耗中,其他各部门的相对重要程度。

(2) 综合消耗系数。$A_{cj}=\sum A_{ij}$ 反映任一部门(j)与所有部门的直接依存关系,即 j 产品的生产与所有产品生产之间的求与供的关系。A_{cj} 越大,说明某一部门与所有其他部门之间的关系越紧密,也可以说资金的密集度越高。将 A_{cj} 从小到大排列起来,可以反映某一部门对社会所有部门的依存关系的强弱。

(3) 混合消耗系数。$A_{ei}=\sum A_{ij}$ 反映的是所有部门生产与某一部门生产之间的供与求关系。A_{ei} 越小,说明某一部门对全社会各部门的感应程度越大。一般来说,这样的部门就是国民经济的瓶颈部门。混合消耗系数与综合消耗系数具有某种对称性。

(4) 固定资产折旧系数。固定资产折旧系数 A_{dj} 反映任一部门(j)各种固定资产的消耗关系,将 A_{dj} 从小到大排列出来,可以反映出各种产品

---

① 顾海兵.经济系统分析.北京:北京出版社,1998.159~188

的生产对固定资产的依赖程度。一般说来,除农业外,各部门对固定资产的依赖与对流动资金的依赖成反向关系。

（5）直接劳动报酬消耗系数。A_{vj} 反映了产品 j 对劳动力的依赖程度。虽然 A_{vj} 一般以价值形式表示,即单位产值的工资报酬,但它反映各部门对于劳动力的需求,可以用实物形式表示,即人力资源的耗用。A_{vj} 越大,说明某一部门对劳动力的依赖程度越强,劳动力的密集程度越高。一般说来,农业对劳动力的依赖程度最强,商业餐饮业次之,工业对劳动力的依赖程度最低。

2. 全经济依存关系分析

完全消耗在本质上仍是由直接消耗决定,但完全消耗关系与直接消耗关系在数量上可以差异很大。

（1）完全消耗系数。B_{ij} 反映了任意两个部门之间的完全依存关系。它不仅包括直接消耗系数 A_{ij},也包括间接消耗系数 C_{ij}。$B_{ij} = A_{ij} + C_{ij}$。

B_{ij} 实质上是生产单位 j 产品（中间产品/最终产品等）所完全消耗 i 种中间投入的数量,所以 A_{ij} 绝对小于 1,但 B_{ij} 可以大于或等于 1。这里 A_{ij} 与 B_{ij} 不再从成本意义上理解,而只从产出和投入比例关系上理解。对 B_{ij} 也可以从大到小地加以排列,以说明哪些部门是国民经济的基础产业（B_{ij} 较大）。

（2）综合完全消耗系数（影响力系数）。设 $B_{cj} = \sum B_{ij}$,则 B_{cj} 反映了 j 部门增加一个单位的最终产品时,对各个部门产品的需求波及程度。影响力系数越大,表示该部门对国民经济各部门生产的需求拉动作用越大。

为便于比较,影响力系数都要作标准化处理,即都用 $\sum\sum B_{ij}$ 去除 B_{cj}。一般说来,建筑业对国民经济的拉动作用最大,工业次之,农业最弱。

（3）混合完全消耗系数（感应度系数）。设 $B_{ci} = \sum B_{ij}$,则 B_{ci} 反映了各部门均增加一个单位最终产品时,i 部门由此而受到的需求感应程度,即 i 部门对各部门生产的供应推动程度。感应度系数越小,表示该部门供给推动力越大,瓶颈地位越突出。一般情况下,货运邮电业是感应度最强的部门,是瓶颈产业。而工业的感应度最弱。

（4）完全劳动报酬系数。如同物质资料的完全消耗系数一样,也存在劳动的完全消耗系数。完全劳动（消耗）报酬系数的计算公式如下：

$$B_v = A_v(I + B)$$

一般情况下,劳动密集程度较高的是农业,次高的是商业饮食业,最低的是货运邮电业,次低的是工业。

(二) 经济结构分析

1. 生产结构分析

(1) 产品部门结构分析。利用各类产品总量占总产品的份额比重 $X_i/\sum X_i$ 可以反映社会产品的结构。

(2) 产品部类结构分析。根据马克思的再生产理论,社会产品可以分为生产资料与消费资料两类。这两类资料自然应该保持合适的比例。

$$\text{生产资料总量} = \text{中间产品总量} + \text{总积累} + \text{净出口}$$
$$\text{消费资料总量} = \text{总消费} + \text{其他}$$

对比这两项的大小,并结合历史变化和现实情况,可以判断消费资料与生产资料的相对盈余。

(3) 产品去向结构分析。社会产品分为中间产品和最终产品。最终产品是产品的直接去向,中间产品是为最终产品服务的。因此,中间产品的去向由最终产品的去向及其完全消耗系数所决定。社会总产品的去向由某类最终产品加上为该类最终产品服务的中间产品构成。

产品的最终去向不能利用积累率或各部门积累率对总产品直接类推。

由 $AX + Y = X$ 可得 $Y = (I - A)X$,因此,利用投入产出模型可以反推出每增加一个单位的消费或积累,社会各个部门需要提供的产品。

2. 分配结构分析

(1) 总产品的分配结构分析。社会总产品的分配有两个方面:一是中间使用,二是最终使用。中间使用是社会生产的手段,最终使用是社会生产的目的。因此,从理论上说,当社会总产品一定时,中间使用所占的比重(中间产品率)越小越好,中间产品率的下降,意味着经济效益的提高。

与中间产品率对应的是净产值率。净产值率越高,经济效益越好。

(2) 最终产品的分配结构分析。最终产品的分配有三个基本途径:一是消费,二是积累,三是净出口。在消费中可以进一步分为居民消费和社会消费;在积累中又可以进一步分为固定资产积累和流动资产积累。

积累在最终产品中所占的比例(积累率)的大小反映了社会再生产能力的大小。要加速发展经济,就必须保证必要的积累率。经济起飞过程中,积累率不能低于10%。但从长远的角度看,积累率过大,不利于社会需求的增长,也与提高人们的物质文化生活这一生产的根本目的相矛盾。

(3) 中间产品的分配结构分析。利用中间产品流量 X_{ij} 与中间产品总量 $\sum\sum X_{ij}$ 的比重可以了解各部门产品在社会生产中的地位与作用。

该比重越大,地位就越重要。$X_j/\sum\sum X_{ij}$ 从需求的角度反映了 j 部门的重要程度,$X_i/\sum\sum X_{ij}$ 则从供给的角度反映了 i 部门的重要程度。

(三) 经济效益分析

1. 成本效益分析

(1) 物耗产值率 $X_j/\sum X_{ij}$。

(2) 折旧产值率 X_j/D_j 其中 D_j 表示 j 部门折旧额(基本折旧 + 大修理折旧)。

(3) 工资产值率 X_j/V_j。

(4) 物耗利税率 $M_j/\sum X_{ij}$,其中 M_j 为部门利税总额,包括福利基金、利税及其他。

(5) 工资利税率 M_j/V_j。

(6) 物耗净产值率 $(V_j + M_j)/\sum X_{ij}$。

(7) 成本产值率 $X_j/(\sum X_{ij} + D_j + V_j)$。

(8) 成本利税率 $M_j/(\sum X_{ij} + D_j + V_j)$。

此外,还有折旧净产值率、工资净产值率等。

2. 技术效益分析

社会生产的增长越来越依靠科技进步。通过不同年份投入产出表的对比,可以分析由于科技进步所带来的节约情况。这种节约可以是物质消耗的节约,也可以是劳动消耗的节约。这可以从各种消耗系数中得到说明。

3. 资源效益分析

资源效益反映出生产过程中资源的消耗和占用。资源包括能源、土地、水源等。随着国民经济的发展,这些资源的有限性愈益突出,逐步成为社会进步的瓶颈因素。因此,提高各种资源的利用率,是一项具有战略性的任务。利用投入产出模型可以分析各部门对这些资源的耗用占用情况,但需在原始投入产出表中包括有关数据。

(四) 对已有计划方案进行评价

已知现有计划方案中的最终产品为:

$$Y' = (y_1', y_2', \cdots, y_n')^T$$

各部门的总产量为:

$$X' = (x_1', x_2', \cdots, x_n')^T$$

要检查此方案是否可行,首先计算:

$$X^* = (I - A)^{-1} Y'$$

记 $X^* = (x_1^*, x_2^*, \cdots, x_n^*)$,然后计算各部门的不平衡系数:

第四节 投入产出分析

$$K_i = (x_i' - x_i^*)/x_i^* \qquad i=1,2,\cdots,n$$

K_i 越大，i 部门的不平衡性越大。

（五）最优产业结构的确定

美国多夫曼、萨缪尔森和索洛等人发现，在一定经济发展水平下，当资源配置最优时，存在着最优经济均衡增长途径，即大道定理，并可以证明均衡增长率由结构关联技术水平矩阵（即直接消耗系数阵）A 所决定，均衡增长的增长率和均衡增长产出结构分别等于非负矩阵 A 的弗罗比尼斯特征根（即最大特征根）和相对应的弗罗比尼斯向量（最大特征根所对应的特征向量）。据此，可以构造产业结构偏离度：

$$K_i = 1 - \min(x_i, u_i)/\max(x_i, u_i)$$

式中：x_i 是实际的生产结构；u_i 为最优的生产结构（弗罗比尼斯向量）。K_i 越大，i 部门偏差越大。

产业结构的总体协调情况可以用实际的生产结构向量与最优的生产结构向量之间夹角余弦来表示，即：

$$k = \cos\alpha = \frac{\sum_{i=1}^{n} x_i \times u_i}{\sqrt{\sum_{i=1}^{n} x_i^2 \times \sum_{i=1}^{n} u_i^2}}$$

k 越大，结构优化协调性越好。

（六）经济最大可能发展速度的确定

经济发展速度取决于很多因素，在资源供应有保障的前提下，投资强度越大，发展速度越快。当产业结构协调时，投资的作用可以得到充分发挥，此时的经济发展速度为：

$$v = t/\lambda$$

式中：v 是经济发展速度；t、λ 分别为投资率和直接消耗系数矩阵 A 的弗罗比尼斯特征根（最大特征根）。此式说明，经济最大可能发展速度是由投资率和直接消耗系数矩阵 A 决定的——与投资率成正比，与直接消耗系数矩阵 A 的最大特征根成反比。

与投资率成正比好理解，投资越多，发展越快。但为什么与 A 的最大特征根成反比呢？从数学含义上看，矩阵特征根反映的是矩阵的结构，即最大特征根越大，矩阵的集中性越强，多样性越差，结构越单一；反之，矩阵特征根越小，矩阵的多样性越强，结构越复杂。对于经济结构矩阵 A 来说，前者（最大特征根大）的乘数效应差，后者（最大特征根小）的乘数效应强。这说明上述公式是合理的。用此公式计算，我们发现陕西省、大连市和全国整体经济的发展速度都应该在 20% 以上。

五、关于投入产出模型的讨论

投入产出方法自 20 世纪 30 年代创立以来,经过 40 年代逐渐成熟起来,到了 50 年代得到大发展。随后,投入产出方法得到扩展,一是从静态走向动态,二是向其他系统如人口系统、环境系统等领域渗透[①]。

(一) 动态投入产出方法[②]

静态投入产出方法只考察一个时点,不包括劳动对象和生产性服务方面的技术联系。实际上,经济过程本来就是一个动态过程,不断进行的投资活动是扩大再生产的动力,其结果是社会总产品不断增加。要研究扩大再生产的全过程,就必须考察生产和投资之间的内在联系。在静态模型中,投资被看作为特定的部门(积累),其活动以积累的名目包含在最终需求内,看作是外生变量,即在投入产出模型外部,与生产过程无关地独立确定投资额与投资结构,然后再代入静态模型。因此,模型不能反映出生产性投资与下一期生产活动的内在关系。

动态投入产出模型则引入一个资本系数矩阵或称投资系数矩阵,使之内生化,通过模型本身的运行,对生产和投资进行同步经济定量计算,并随之引入时间变化的动态观念。这样就把投资需求同经济发展、现在和将来联系在一起,动态考察一个时间序列上的生产性积累与扩大再生产的关系。动态投入产出分析模型的产生是研究经济活动的客观需要,也是投入产出分析技术自身向高级阶段发展的必然。

(二) 人口系统的投入产出分析

区域人口系统是一个相对独立的投入产出系统,其中的投入是新出生人口,净投入为外界迁入人口,产出包括死亡人口和迁出人口,各部门(子系统)可以看作是不同年龄段人口。直接消耗就是各年龄段的死亡。当然,在人口系统中,当 $j \neq i+1$ 时,$A_{ij}=0$。

对于一个较大地区来说,各年龄段的死亡率也是比较稳定的;迁入率和迁出率虽然不稳定,但一般都较小。因此,人口系统也可以用投入产出模型进行分析。宋健的人口预测模型[③],实质也是人口系统的投入产出模型。

(三) 环境系统的投入产出分析

区域环境系统也可以看成是一个投入产出系统,各个子区域或部门

---

① 吴殿廷.系统投入产出模型初探.地理新论,2 卷 1 期,59~67
② 赵新良等.动态投入产出.沈阳:辽宁人民出版社,1988.18
③ 吴殿廷.区域分析与规划.北京:北京师范大学出版社,1999.203

看作是中间部门。其中的投入为区内产生的各类污染物,净投入为外界流入的污染物;产出包括积累在区内的污染物和流出到区外的污染物。中间消耗就是自然降解和处理掉的污染物。

(四) 线性规划方法与投入产出方法的结合

将线性规划与投入产出结合,可以对一个地区经济发展目标计划做出评价,也可以对当前产业结构合理性做出评价。下面以大连市为例,进行产业结构合理化线性规划分析[①]。

根据投入产出线性规划法,设目标函数为社会总产值最大,即:

$$\sum_{i=1}^{19} X_i \rightarrow 最大$$

式中:$X_1, X_2, \cdots, X_{19}$分别代表农业、能源工业、…、服务业的总产出(详见投入产出表)。

1. 投入产出约束

$0.087\,165X_1 - 0.000\,03X_2 - 0 \times X_3 - 0 \times X_4 - 0.305\,14X_5 - 0.050\,7X_6 - 0 \times X_7 - 0.008\,97X_8 - 0.007\,03X_9 - 0.000\,07X_{10} - 0.000\,12X_{11} - 0.000\,17X_{12} - 0.000\,2X_{13} - 0.000\,04X_{14} - 0.061\,96X_{15} - 0.000\,03X_{16} - 0.000\,07X_{17} - 0.004\,98X_{18} - 0.003\,73X_{19} \geqslant 2\,789\,109.4$

$0.009\,22X_1 + 0.637\,36X_2 - 0.239\,84X_3 - 0.561\,61X_4 - 0.048\,63X_5 - 0.036\,17X_6 - 0.012\,03X_7 - 0.043\,86X_8 - 0.335\,58X_9 - 0.155\,06X_{10} - 0.056\,53X_{11} - 0.035\,06X_{12} - 0.023\,05X_{13} - 0.017\,41X_{14} - 0.043\,1X_{15} - 0.010\,93X_{16} - 0.025\,29X_{17} - 0.040\,5X_{18} - 0.049\,82X_{19} \geqslant -5\,159\,849.2$

$0 \times X_1 - 0 \times X_2 + X_3 - 0.000\,69X_4 - 0.000\,03X_5 - 0.000\,01X_6 - 0 \times X_7 - 0 \times X_8 - 0.004\,52X_9 - 0.028\,87X_{10} - 0.008\,74X_{11} - 0.000\,38X_{12} - 0.000\,02X_{13} - 0.000\,01X_{14} - 0.001\,39X_{15} - 0 \times X_{16} - 0 \times X_{17} - 0 \times X_{18} - 0.000\,3X_{19} \geqslant -166\,003.3$

$-0.003\,87X_1 - 0.002\,53X_2 - 0.023\,53X_3 + 0.888\,88X_4 - 0.014\,74X_5 - 0.002\,24X_6 - 0.055\,87X_7 - 0.033\,19X_8 - 0.009\,9X_9 - 0.031\,83X_{10} - 0.002\,77X_{11} - 0.005\,26X_{12} - 0.002\,63X_{13} - 0.000\,95X_{14} - 0.007\,57X_{15} - 0.038\,62X_{16} - 0.001\,6X_{17} - 0.002\,91X_{18} - 0.006\,08X_{19} \geqslant 159\,009.2$

$-0.073\,74X_1 - 0.000\,77X_2 - 0 \times X_3 - 0.004\,63X_4 + 0.653\,15X_5 - 0.002\,35X_6 - 0.001\,44X_7 - 0.006\,3X_8 - 0.009\,08X_9 - 0.008\,59X_{10} -$

---

① 本部分由研究生季晟完成。

$$0.001\,37X_{11} - 0.001\,61X_{12} - 0.008\,6X_{13} - 0.001\,92X_{14} - 0.003\,93X_{15} -$$
$$0.002\,23X_{16} - 0.001\,21X_{17} - 0.122\,83X_{18} - 0.003\,5X_{19} \geqslant 3\,123\,665.6$$

$$-0.002\,79X_1 - 0.001\,5X_2 - 0.001\,12X_3 - 0.005\,22X_4 - 0.003\,72X_5 +$$
$$0.732\,56X_6 - 0.008\,53X_7 - 0.050\,31X_8 - 0.005\,53X_9 - 0.006\,82X_{10} -$$
$$0.003\,41X_{11} - 0.004\,75X_{12} - 0.006\,92X_{13} - 0.002\,89X_{14} - 0.005\,48X_{15} -$$
$$0.003\,85X_{16} - 0.003\,02X_{17} - 0.004\,04X_{18} - 0.014\,84X_{19} \geqslant 3\,288\,278.9$$

$$-0.001\,36X_1 - 0.000\,4X_2 - 0.023\,13X_3 - 0.004\,47X_4 - 0.000\,74X_5 -$$
$$0.002\,23X_6 + 0.566\,56X_7 - 0.001\,15X_8 - 0.000\,62X_9 - 0.006\,77X_{10} -$$
$$0.001\,01X_{11} - 0.006\,02X_{12} - 0.007\,21X_{13} - 0.003\,41X_{14} - 0.021\,75X_{15} -$$
$$0.019\,92X_{16} - 0.002\,04X_{17} - 0.003\,69X_{18} - 0.016\,82X_{19} \geqslant -142\,644.4$$

$$-0.000\,9X_1 - 0.001\,62X_2 - 0.001\,22X_3 - 0.004\,05X_4 - 0.009\,77X_5 -$$
$$0.015\,92X_6 - 0.003\,57X_7 + 0.755\,5X_8 - 0.006\,71X_9 - 0.070\,8X_{10} -$$
$$0.002\,78X_{11} - 0.004\,76X_{12} - 0.005\,61X_{13} - 0.010\,11X_{14} - 0.005\,25X_{15} -$$
$$0.003\,98X_{16} - 0.001\,76X_{17} - 0.016X_{18} - 0.029\,34X_{19} \geqslant -131\,265.7$$

$$0.135\,34X_1 - 0.046\,5X_2 - 0.074\,48X_3 - 0.075\,6X_4 - 0.012\,99X_5 -$$
$$0.140\,05X_6 - 0.033\,04X_7 - 0.112\,36X_8 + 0.794\,05X_9 - 0.091\,12X_{10} -$$
$$0.061\,15X_{11} - 0.047\,47X_{12} - 0.045\,92X_{13} - 0.062\,39X_{14} - 0.055\,4X_{15} -$$
$$0.036\,86X_{16} - 0.104\,76X_{17} - 0.016\,71X_{18} - 0.105\,58X_{19} \geqslant 2\,500\,188.3$$

$$-0.006\,23X_1 - 0.000\,93X_2 - 0.001\,43X_3 - 0.010\,47X_4 - 0.009\,6X_5 -$$
$$0.000\,79X_6 - 0.005\,11X_7 - 0.001\,71X_8 - 0.007\,29X_9 + 0.901\,45X_{10} -$$
$$0.007\,53X_{11} - 0.015\,54X_{12} - 0.014\,84X_{13} - 0.033X_{14} - 0.009\,09X_{15} -$$
$$0.163\,42X_{16} - 0.002\,02X_{17} - 0.004\,57X_{18} - 0.011\,13X_{19} \geqslant 1\,497\,909.4$$

$$-0.004\,58X_1 - 0.005\,29X_2 - 0X_3 - 0.037\,31X_4 - 0.018\,14X_5 -$$
$$0.032\,34X_6 - 0.026\,1X_7 - 0.021\,5X_8 - 0.024\,31X_9 - 0.055\,04X_{10} +$$
$$0.516\,41X_{11} - 0.286\,49X_{12} - 0.229\,15X_{13} - 0.235\,32X_{14} - 0.199\,98X_{15} -$$
$$0.244\,97X_{16} - 0.009\,22X_{17} - 0.002\,91X_{18} - 0.012\,95X_{19} \geqslant -3\,404\,841.3$$

$$-0.015\,16X_1 - 0.006\,18X_2 - 0.001\,7X_3 - 0.048\,7X_4 - 0.005\,61X_5 -$$
$$0.016\,4X_6 - 0.000\,14X_7 - 0.005\,03X_8 - 0.007\,57X_9 - 0.043\,16X_{10} -$$
$$0.017\,58X_{11} + 0.865\,85X_{12} - 0.165\,84X_{13} - 0.049\,3X_{14} - 0.064X_{15} -$$
$$0.028\,04X_{16} - 0.028\,41X_{17} - 0.011\,44X_{18} - 0.019\,52X_{19} \geqslant 5\,522\,008.4$$

$$-0.001\,55X_1 - 0.001\,36X_2 - 0.000\,27X_3 - 0.012\,04X_4 -$$
$$0.000\,49X_5 - 0.000\,4X_6 - 0.000\,08X_7 - 0.001\,55X_8 - 0.000\,92X_9 -$$

第四节 投入产出分析

$0.003\,59X_{10} - 0.002\,X_{11} - 0.018\,59X_{12} + 0.947\,56X_{13} - 0.001\,18X_{14} - 0.002\,84X_{15} - 0.006\,98X_{16} - 0.076\,42X_{17} - 0.001\,02X_{18} - 0.005\,58X_{19} \geqslant 1\,686\,580.4$

$-0.000\,38X_1 - 0.003\,75X_2 - 0.001\,36X_3 - 0.022X_4 - 0.001\,92X_5 - 0.003\,55X_6 - 0.004\,85X_7 - 0.002\,36X_8 - 0.004\,3X_9 - 0.008\,22X_{10} - 0.006\,08X_{11} - 0.056\,8X_{12} - 0.133\,36X_{13} + 0.757\,63X_{14} - 0.022\,21X_{15} - 0.032\,26X_{16} - 0.028\,49X_{17} - 0.003\,64X_{18} - 0.013\,28X_{19} \geqslant 1\,122\,355.8$

$-0.001\,32X_1 - 0.000\,32X_2 - 0.000\,04X_3 - 0.001\,25X_4 - 0.036\,19X_5 - 0.007\,07X_6 - 0.000\,03X_7 - 0.000\,35X_8 - 0.000\,19X_9 - 0.001\,96X_{10} - 0.006\,89X_{11} - 0.004\,73X_{12} - 0.004\,36X_{13} - 0.003\,56X_{14} + 0.860\,95X_{15} - 0.003\,13X_{16} - 0.002\,89X_{17} - 0.000\,18X_{18} - 0.001\,96X_{19} \geqslant -875\,99$

$-0.000\,04X_1 - 0.000\,85X_2 - 0.003\,23X_3 - 0.000\,61X_4 - 0.000\,16X_5 - 0.000\,06X_6 - 0 \times X_7 - 0.001\,59X_8 - 0.000\,35X_9 - 0.000\,24X_{10} - 0.000\,45X_{11} - 0.002\,7X_{12} - 0.000\,15X_{13} - 0.000\,86X_{14} - 0.000\,19X_{15} + 0.996\,67X_{16} - 0.001\,02X_{17} - 0.013\,96X_{18} - 0.034\,15X_{19} \geqslant 4\,768\,138$

$-0.007\,44X_1 - 0.053\,87X_2 - 0.013\,87X_3 - 0.015\,54X_4 - 0.011\,13X_5 - 0.021\,45X_6 - 0.052\,76X_7 - 0.020\,34X_8 - 0.044\,48X_9 - 0.034\,87X_{10} - 0.020\,48X_{11} - 0.022\,26X_{12} - 0.015\,54X_{13} - 0.017\,54X_{14} - 0.035\,89X_{15} - 0.048\,14X_{16} + 0.971\,28X_{17} - 0.036\,66X_{18} - 0.044\,29X_{19} \geqslant 1\,858\,376.4$

$-0.016\,53X_1 + 0.016\,72X_2 - 0.006\,06X_3 - 0.014\,53X_4 - 0.017\,44X_5 - 0.030\,18X_6 - 0.077\,07X_7 - 0.050\,93X_8 - 0.021\,61X_9 - 0.028\,13X_{10} - 0.032\,12X_{11} - 0.035\,19X_{12} - 0.045\,4X_{13} - 0.031\,94X_{14} - 0.026\,42X_{15} - 0.032\,48X_{16} - 0.009\,91X_{17} + 0.953\,1X_{18} - 0.024\,3X_{19} \geqslant 1\,334\,573.4$

$-0.045\,12X_1 - 0.055\,89X_2 - 0.128\,61X_3 - 0.065\,52X_4 - 0.022\,72X_5 - 0.063\,76X_6 - 0.030\,96X_7 - 0.04X_8 - 0.035\,57X_9 - 0.035\,03X_{10} - 0.038\,23X_{11} - 0.056\,76X_{12} - 0.030\,62X_{13} - 0.049\,34X_{14} - 0.044\,53X_{15} - 0.031\,56X_{16} - 0.055\,15X_{17} - 0.187\,37X_{18} + 0.899\,75X_{19} \geqslant 3\,316\,083.9$

2．上限约束

假设各生产部门的增长幅度不超过10%,即:

$X_1 \leqslant 6\ 475\ 084.55$; $X_2 \leqslant 1\ 416\ 780.86$; $X_3 \leqslant 19\ 178.5$; $X_4 \leqslant 1\ 070\ 402.08$; $X_5 \leqslant 7\ 009\ 388.1$; $X_6 \leqslant 5\ 547\ 132.8$; $X_7 \leqslant 487\ 441.57$; $X_8 \leqslant 1\ 031\ 321.39$; $X_9 \leqslant 9\ 808\ 182.89$; $X_{10} \leqslant 3\ 576\ 677.28$; $X_{11} \leqslant 5\ 343\ 165.63$; $X_{12} \leqslant 9\ 021\ 769.79$; $X_{13} \leqslant 2\ 648\ 234.05$; $X_{14} \leqslant 3\ 572\ 422.37$; $X_{15} \leqslant 425\ 523.67$; $X_{16} \leqslant 5\ 631\ 824$; $X_{17} \leqslant 4\ 300\ 637.44$; $X_{18} \leqslant 3\ 582\ 684.05$; $X_{19} \leqslant 8\ 017\ 704.64$。

3. 线性规划结果

当产业结构水平与最优化水平大致相当时,表明各产业的生产能力在理想的系统运行环境中能够完全实现,分配在各产业的社会资源都能得到充分有效的利用,因而产业结构基本合理。计算结果表明,在现有的产业结构中,一方面有些产业生产能力短缺,限制了其他产业生产能力的充分发挥;另一方面又有某些产业生产能力闲置,浪费了大量的社会资源,致使其他产业生产能力不足,这样的产业结构是不合理的。

因此,我们认为大连市在今后的经济工作中应该注意以下几点:一是不断优化产业结构,借助必要的产业政策,扶持和开发战略产业,促进产业结构升级,从结构优化中求效益;二是要优化投资结构,提高投资效益,走内涵型扩大再生产道路;三是要加快技术进步速度,以技术进步推动产业结构优化和经济增长;四是要正确制定节能战略与节能政策措施,依靠技术进步节能、结构节能和管理节能,做到低耗能、高产出;五是要注意生态环境保护,加强污染治理,保持良好的生态环境,这也是经济持续、稳定增长的重要前提条件之一(见表3-10)。

表3-10 大连市投入产出与优化计算结果表 (单位:千元)

生产部门	投入产出表水平	最优化水平	差额
农业	5 886 440.5	6 152 065	265 624.5
能源工业	1 287 982.6	1 416 781	128 798.4
金属矿采选业	17 435.0	19 178.5	1 743.5
其他非金属矿采选业	973 092.8	984 504.2	11 411.4
食品制造业	6 372 171.0	6 466 692	94 521
纺织服装业	5 042 848.0	5 053 148	10 300
木材加工及家具制造业	443 128.7	487 441.6	44 312.9
造纸及文教用品制造业	937 564.9	954 915.3	17 350.4
石油化学工业	8 916 529.9	9 023 163	106 633.1
建材工业	3 251 524.8	3 264 023	12 498.2
冶金工业	4 857 423.3	4 949 824	92 400.7

续表

生产部门	投入产出表水平	最优化水平	差额
机械工业	8 201 608.9	8 236 409	34 800.1
交通运输机械制造业	2 407 485.5	2 479 753	72 267.5
电子电器工业	3 247 656.7	3 272 059	24 402.3
其他工业	386 839.7	393 251.5	6 411.8
建筑业	5 119 840.0	5 128 683	8 843
货运邮电业	3 909 670.4	3 951 018	41 347.6
商饮业	3 256 985.5	3 582 684	325 698.5
服务业	7 288 822.4	7 402 253	113 430.6
总产值	71 805 050.6	73 217 846.1	1 412 795.5

本章复习思考题

1. 解释概念：① 霍夫曼系数；② 大道定理；③ 主导产业；④ 直接消耗系数。
2. 简要分析区域经济起飞所必备的条件。
3. 简述配第－克拉克定理内容及其给我们的启示。
4. 试结合实际简述某一制造业部门在区域经济发展过程中地位的变化。
5. 试结合你家乡的实际情况，以全国为背景，计算分析其份额转移状况。

第四章 区域系统的空间结构分析

第一节 空间结构分析

区域几何要素及其组合关系如图 4-1 所示。

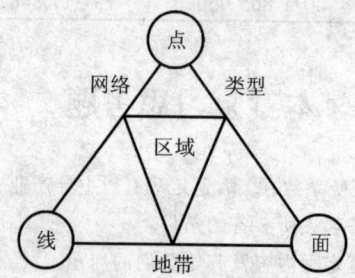

图 4-1 区域几何要素及其组合关系

一、区域形状分析

区域是自然、经济、社会诸要素发展的空间表现形式,其形状又反过来对区域的发展和内部地理事物的空间格局产生相当的影响,诸如影响到区域内经济联系的便捷程度、交通通讯网和城镇居民点的配置等[①]。

区域形状的定量描述可以通过其面积(A)、周长(P)、长轴长度(L)、短轴长度(B)、以及相应的最大外接圆半径(R_0)和最小内切圆半径(R_1)等,与同样面积的圆进行比较,得出各种形状指标,揭示区域的形状特点。

（一）形状率

$$形状率(\text{form ratio}) = A/L^2$$

这是 1932 年由 Horton 提出来的,优点是计算比较方便,缺点是只考虑了长轴方向,还有很多区域的不规则特性没有反映出来。

根据该公式计算的圆形区域的形状率为 $\pi r^2/(2r)^2 = \pi/4$（r 为半

---

① 韩渊丰,张治勋,赵汝植主编.区域地理理论与方法.西安:陕西师范大学出版社,1993.

第一节 空间结构分析

径)。

一般认为,圆形区域是最紧凑的区域,其形状率最大。因此,一般区域的形状率介于 $0\sim\pi/4$ 之间。数值越小,区域的带状特征越明显。事实上,将上述形状率除以 $\pi/4$,所得到的新的形状率则处在 $0\sim1$ 之间,越接近 1,则越紧凑,越接近 0 越狭长。

(二) 圆形率

$$圆形率(\text{circlularity ratio}) = 4A/P^2$$

Miller(1953)提出,与形状率计算公式相比,综合了不规则形状的要素,基本能确切地反映出区域的紧凑与离散程度。缺点是量算区域的周长比较麻烦。

根据圆形率计算的圆的圆形率是 $4\pi r^2/(2\pi r)^2 = 1/\pi$,其他区域的圆形率介于 $0\sim1/\pi$ 之间。如果将上述的圆形率除以 $1/\pi$,所得到的新的形状率则处在 $0\sim1$ 之间,越接近 1,则越紧凑,越接近 0 越狭长。

(三) 紧凑度

$$紧凑度(\text{compactness ratio}) = A/A'(A' 为最小外接圆面积)$$

Gole(1964)提出。用最小外接圆面积衡量区域形状要素,避免了计算区域周长,简便易行。按此公式计算,圆的紧凑度指标为 1,其他形状的区域紧凑度介于 $0\sim1$ 之间。

(四) 伸延率

$$伸延率(\text{elongation ratio}) = L/B$$

由 Werrity(1969)提出。这一指标适合于带状延伸区域的延伸程度比较。圆形区域的延伸率为 1,其余区域的延伸率大于 1。数值越大,带状特征越明显。

(五) 形状系数

$$I = \sum |(r_i/\sum r_i \times 100) - 100/n|/100$$

式中: I 是形状系数; n 是样本数(观测点数); r_i 是面积中心向周围中心所作的半径长; I 值越小,区域形状越紧凑,反之,越狭长。$0 \leqslant I \leqslant 1$。

除了上面介绍的 5 个简便易行的计算区域形状公式外,还有一些这方面的公式,但大多计算复杂,应用价值不大。

需要指出的是,区域形状的研究,如果不与具体事物的空间分布格局联系起来将毫无意义。应在区域形状分析的基础上,进一步研究区域形状对区域内部经济联系的便捷程度、交通通讯网络和居民点配置等的影响,才能对区域开发、整治与规划等提出建设性的建议和对策。

二、点模式分析

点是区域中的基本要素,有时甚至把不大的面状要素也看成是点状要素,如城镇、集镇、农村居民点等,在更大的范围内,可以看作是一个点。

点状要素分析中,我们最关心的是它们之间的相互位置、相互联系的方向、分布类型、等级关系等。前两个问题可以在地图上直接看出,后两个问题则需要借助于数学模型才能分析清楚。

(一)点的空间分布类型

地球表层上的一系列点,究竟是随机分布,还是均匀分布,抑或是集中分布,可用下列公式测算之:

$$R = R_0/R_e$$

式中:R_0 是最近点间的平均距离;R_e 的计算如下:

$$R_e = 1/a^{1/2}$$

a 是点状物(如城市)分布密度。$R=1$ 为随机分布,$R>1$ 为均匀分布,$R<1$ 为集中分布。

上述公式略显复杂,参照植物学家的研究成果,还可用最临近点指数描述之:

$$R = D_{obs}/D_{ran}$$

式中:D_{obs} 为每一点与其最临近点之间距离的平均值;D_{ran} 为这些点随机分布在这个区域里的平均距离,可用公式 $D_{ran} = 0.5 \times \sqrt{n/A}$ 计算,其中 n 为点数,A 为面积。

最临近点指数的取值范围在 $0 \sim 2.15$ 之间。值越大,点分布得越分散;值越小,点分布越集中;值接近1,是随机分布。如将 R 除以 2.15 得到新的最临近点指数,则新最临近点指数的取值就在 $0 \sim 1$ 之间,R 越大,点分布越分散。

不同的分布模式,都是区域内各种自然、人文要素长期作用的产物,所以说求出 R 只是点分布模式分析的第一步,还要在 R 的基础上进行解释和评价,并提出改造的措施和途径。

(二)等级规模

1. 人口集中法则

1919 年德国学者奥尔巴赫在《人口的集中法则》一文中,提出了一个设想,认为一个国家或区域范围内城市的规模(人口数)与它的等级之间存在着一种固定的关系,即著名的人口集中法则。后经多位学者的研究,得出如下结论:

第一节 空间结构分析

$$R_i = B_1/b_i$$

即一定范围(不小于最大城市的影响范围)任何城市的等级,等于最大城市的人口数除以该城市的人口数。如黑龙江省哈尔滨市的人口是259万,齐齐哈尔市的人口数为112万,则齐齐哈尔市在黑龙江省所处的等级为 $259/116 = 2.2 \approx 2$,即齐齐哈尔市在黑龙江省是属于二级城市。

上述公式还可以变成 $B_i = B_1/R_i$。其含义是:一定范围内(不小于最大城市的吸引范围)任何等级上的城市的人口数,等于最大城市的人口数除以该城市所处的等级数。仍以黑龙江省为例,其第四级城市的人口数大约为 $259/4 = 68$ 万。

应该说,这样计算的结果,只具有统计意义,与实际情况不尽相符。比如,黑龙江省的牡丹江(人口64万),应处在第四级,但实际是第二级,至少是第三级。

2. 等级-规模法则

1949年美国社会物理学者吉夫(G. K. Zipf)在其著名论著《人类行为和最小努力的原则》一书中提出了城市体系研究中的等级-规模法则。按照他的模式,城市的人口规模,是其所处级别的函数,即:

$$P_r = P_1/r^q$$

式中:P_r 为第 r 级城市的人口;P_1 为首位(第一级)城市人口;r 为城市的级别;q 为指数,视具体情况而定。q 越小,体系越完整、均匀;否则,首位度越高。

吉夫的模式来源于中心地理论的城市聚落等级序列原则,把城市规模作为级别的函数,参数和计算均较简单,对分析较大区域内的城市群体和城市体系,会取得概括性的成果。

3. 城镇等级、数目和规模的对应关系

杨吾扬等在研究我国中心城市经济区城镇体系的过程中,提出了城镇体系级别、数目和规模的对应模式。其基本观点是:在一个城市体系内,随着城市等级按算术级数(自然数序)由上到下排列,城市数按几何级数增多,城市的人口数按指数级数减少。

设城市级别为 $i(i = 1, 2, \cdots, n)$,城市数 r_i,单个城市人口数为 P_{ri}。如果选用 $r = 2$,其对应数值如下:

i:	0	1	2	3	$\cdots$	$n-1$	n
r_i:	$2^0 = 1$	$2^1 = 2$	$2^2 = 4$	$2^3 = 8$	$\cdots$	2^{n-1}	2^n
P_{ri}:	P_0^1	$P_0^{1/2}$	$P_0^{1/3}$	$P_0^{1/4}$	$\cdots$	$P_0^{1/(n-1)}$	$P_0^{1/n}$

对于不同城市体系,可根据经济发展水平、地理和人口条件,选用不同的 r 值。从我国目前的情况看,该值在 2.0~2.5 为宜。

三、网络分析

对于区域内由各种点、线状物体之间组成的网络,可以从长度、宽度、密度等方面着手,但更深入的分析,则要从它们之间的相互关系进行。

(一) 线路弯曲度

可以用绕曲指数(detour index,简记 DI)来表示。其含义是两点之间的交通距离与直线距离之比(%)。即:

$$DI = W/L \times 100\%$$

式中:W、L 分别表示了两点之间的交通距离和直线距离。

DI 越大,两点之间交通联系越不方便。在区域规划中,应尽量减少新交通线路的绕曲指数。

如果把各点之间的线路绕曲指数都计算出来,则可以计算一点到其他各点的平均绕曲指数以及运输网络的平均绕曲指数。

在区域系统研究中,点的平均绕曲指数可以用于点与点之间道路通达度的比较。路网平均绕曲指数可以用于区域内部不同小区域之间或区域与区域之间路网通达度的比较。绕曲指数同样也适合于研究河流、河网、排灌渠网、通讯、供电、供排水等网状物体的规划研究。

(二) 网络密度

$$空间密度 = 线路总长度/区域面积$$
$$人口密度 = 线路总长度/总人口$$
$$经济密度 = 线路总长度/GDP$$
$$客货密度 = 线路总长度/客货总量$$

上述 4 个指标综合运用,才能反映出一个地区交通的整体情况。

(三) 网络联结度

1. 网络表示法

网络可以用直观的图来表示,如图 4-2 所示;也可以用邻接矩阵表示[1],该矩阵为布尔矩阵,当两点直接相连,则 $a_{ij} = 1$,否则 $a_{ij} = 0$。图 4-2 也可以用表 4-1 表示。矩阵表示的最大优点是可以用计算机运算。

---

[1] 林炳耀.计量地理学概论.北京:高等教育出版社,1985.56

第一节 空间结构分析

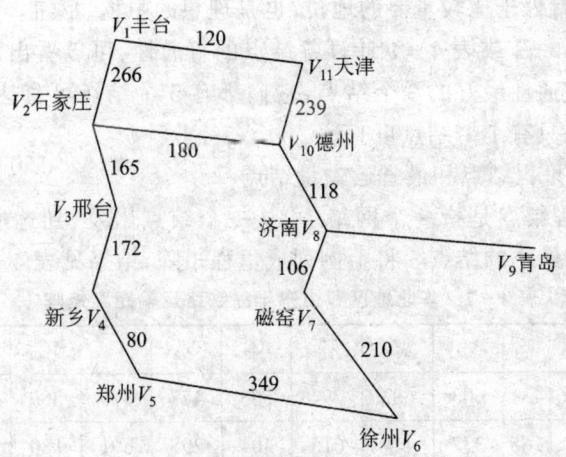

图 4-2 华北地区和山东半岛铁路网络示意图(部分)

表 4-1 华北地区和山东半岛铁路网络矩阵

	V_1	V_2	V_3	V_4	V_5	V_6	V_7	V_8	V_9	V_{10}	V_{11}	$\sum a_{ij}-1$
V_1	1	1	0	0	0	0	0	0	0	0	1	2
V_2	1	1	1	0	0	0	0	0	0	1	0	2
V_3	0	1	1	1	0	0	0	0	0	0	0	2
V_4	0	0	1	1	1	0	0	0	0	0	0	2
V_5	0	0	0	1	1	1	0	0	0	0	0	2
V_6	0	0	0	0	1	1	1	0	0	0	0	2
V_7	0	0	0	0	0	1	1	1	0	0	0	2
V_8	0	0	0	0	0	0	1	1	1	1	0	3
V_9	0	0	0	0	0	0	0	1	1	0	0	1
V_{10}	0	1	0	0	0	0	0	1	0	1	1	3
V_{11}	1	0	0	0	0	0	0	0	0	1	1	2

2. 结点的直通性

结点直通性是指一个结点可以不经中转直接到达另一个结点的网络便捷性测度。中转和直通是网络的重要特征,尽量减少中转,增加直达程度是现代交通、通讯的客观要求,这在区域运输、通讯和城市基础设施规划中都十分重要。如果一个结点可以直达于其他结点的程度比较高,它在该网络中就处于比较重要的地位,也是理想的中枢、枢纽。

利用图 4-2 或表 4-1 计算各结点的直通性,可以看出,石家庄、济南、德州是直通性最好的 3 个结点,它们都有 3 个结点可直达;而青岛的直通性最差,只有 1 个结点可直达。

3. 最短里程结点和最省运输量结点

最短里程结点是指一个网络中,从一个结点出发,到达所有其他结点,里程之和最小的结点。将上例列成里程矩阵,结果见表 4-2。

表 4-2 华北地区和山东半岛铁路运输距离矩阵

	V_1	V_2	V_3	V_4	V_5	V_6	V_7	V_8	V_9	V_{10}	V_{11}	$\sum V_{ij}$
V_1	0	266	431	603	683	794	583	477	870	359	120	5 186
V_2	266	0	165	337	417	615	404	298	691	180	386	3 759
V_3	431	165	0	172	252	601	569	463	856	345	551	4 405
V_4	603	337	182	0	80	429	640	635	1 028	517	723	5 164
V_5	683	417	252	80	0	349	560	666	1 059	597	803	5 466
V_6	794	615	601	429	349	0	211	317	710	435	674	5 135
V_7	583	404	569	640	560	211	0	106	499	224	463	4 259
V_8	477	298	463	635	666	317	106	0	393	118	357	3 830
V_9	870	691	856	1 028	1 059	710	499	393	0	511	750	7 361
V_{10}	359	180	345	517	597	435	224	118	511	0	239	3 525
V_{11}	120	386	551	723	803	674	463	357	750	239	0	5 066

求各行的总和记于最后一列,可以看出,V_{10}(德州)到各结点的运输距离最小(3 525 km),其次为石家庄(3 759 km)和济南(3 830 km)。这些结点正是我们所定义的交通最便捷的城市,即枢纽城市。

最短距离不是惟一的经济因素,还要考虑由于不同结点运出的旅客、货物的数量多寡。运输工作量最小是我们的追求。运输工作量等于运量与运输距离的乘积。这样,把运量作为结点的"权"数,距离矩阵经过加权得出运输工作量矩阵,行和表示由各结点运往其他结点的运输量之和,其总和最小的结点就是最节省运输工作量的结点。最节省运输工作量的结点比最小运输距离结点更有经济意义。

4. 网络联结度

在区域系统分析中,我们更应该关心线网内部联系的便捷程度。一般情况下,线路越多,各点之间的联系越方便。度量各点之间联系的便捷

第一节 空间结构分析

程度的指标包括以下几个：

(1) 联结度指数，即网络中实际边数与最大可能边数的比值。记为：

$$C = E/C_n^2$$

式中：E 为实际联系的边数；C_n^2 是 n 个点最多可能联系的边数。

联结度指数越高，网络连接度越好，交通联系越方便。联结度指数可以用于比较不同交通线网的便捷程度。

(2) 联结度(connectivity)表示网络的发达程度，有多种表示方法，其中通常用贝塔指数(Beta index)来计算与比较。贝塔指数为边的数量与顶点数量之比。计算公式如下：

$$\beta = E/V$$

式中：β 表示网络中的联结度；E 表示网络中的边的数量；V 表示网络中顶点的数量。

在图 4-3 中，第一列的联结度 β 为 0.8，第二列的联结度 β 为 1.0，第三列的联结度 β 为 1.4，说明第三个交通网络比第二个交通网络发达，第二个交通网络比第一个交通网络发达。

(3) 通达度(accessibility)。通达度是衡量网络中点之间移动的难易程度，可以用通达指数和分散指数来衡量。

(4) 通达指数(accessibility index)。通达指数是网络中从一个顶点到其他所有顶点的最短路径，由下式计算：

$$A_i = \sum_{i=1}^{n} D_{ij} \quad (i=1,2,3,\cdots,n)$$

式中：A_i 为顶点 i 在网络中的通达度；D_{ij} 为顶点 i 到顶点 j 的最短距离（可以用边即区间来简单表述）；$\sum_{i=1}^{n} D_{ij}$ 为顶点 i 到所有其他顶点的距离（或区间数）[1]。

在图 4-3 中，以第一列中 A 和 C 为例，从 A 到 B 为 2（两个区间）、到 C 为 1、到 D 为 2、到 E 为 3，即 A 的通达指数为 8；从 C 到 A 为 1、到 B 为 1、到 D 为 1、到 E 为 2，即 C 的通达指数为 5。明显地 C 比 A 有较好的通达性。

(5) 分散指数(dispersion index)。分散指数是用来衡量网络系统中的总的通达程度与联系水平，用 D 来表示。计算公式如下：

$$D = \sum_{i=1}^{n} \sum_{j=1}^{n} D_{ij} \quad (D_{ij} \text{同上式})$$

---

[1] 李小建主编.经济地理学.北京:高等教育出版社,1999.47~48

分散指数越小,说明网络内部联系水平越高,通达性越好。在图4-3中,第一列的分散指数 D 为36,第二列的分散指数 D 为30,第三列的分散指数 D 为26,说明(c)比(b),(b)比(a)的交通网络通达性好。

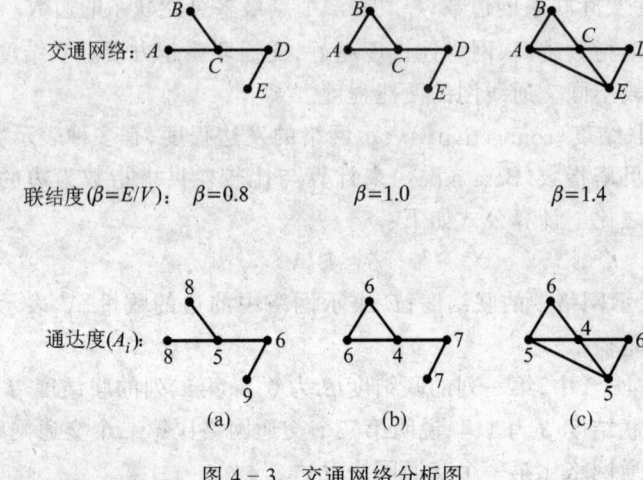

图4-3 交通网络分析图

四、域面分析

点、线要素的影响在地球表面的扩展即形成域面,它是区域空间分布的一种广延形式。域面分析主要通过以下途径和指标。

（一）等值线法

对呈连续分布的各种地表事物,按它们分布的强度和密度,把特征值相等的点用线连接起来,形成等值线。然后分析其随空间的变化规律,如地形等高线、等降水线、等温线、人口密度线等。

（二）趋势面法

趋势面法是根据各样点的具体数据,用数学模型逼近其分布模式,然后根据所得到的数学模型分析区域特征值的空间变化规律。

趋势面方程的一般形式是：

$$y = f(x_1, x_2, x_3)$$

式中：x_1, x_2, x_3 是地理纬度、地理经度和海拔高程。

一般情况下,高程不计,此时,有：

一次趋势面方程：

$$y = b_0 + b_1 x_1 + b_2 x_2$$

其变化趋势呈平面,向某个方向一致递增或递减。

二次趋势面方程：

$$y = b_0 + b_1 x_1 + b_2 x_2 + b_3 x_1^2 + b_4 x_1 x_2 + b_5 x_2^2$$

其变化趋势呈二次曲面,即以某一地点为最大或最小值,向周边递减或递增。

三次趋势面方程:
$$y = b_0 + b_1 x_1 + b_2 x_2 + b_3 x_1^2 + b_4 x_1 x_2 + b_5 x_2^2 + b_6 x_1^3 + b_7 x_1^2 x_2 + b_8 x_1 x_2^2 + b_9 x_2^3$$

其变化趋势呈三次曲面,更为复杂。

各趋势面方程可以根据采样点数据,用回归的方法求出。

(三) 区划法

对呈离散分布的各种地表事物,按照它们之间的关联性、相似性和差异性,把对象区域划分成大小不等、形状各异的较小区域,探讨它们之间的组合规律,可以更清楚、深入地认识研究区域的空间分异特点。这样得到的区域包括类型区域和功能区域,前者是根据相似性原理,用聚类分析的方法,划分出的均质区域系列,后者是根据距离衰减原理、用空间相互作用模型划分出的结节区域系列。

离散区域研究还可以用空间洛伦兹曲线和差异性指数。

1. 空间洛伦兹曲线

空间洛伦兹曲线是洛伦兹曲线在研究空间分布中的扩展,用以对比分析空间分布的集散状态。计算过程与前述的基尼系数相似,以各较小区域为样本,按照特征值由高到低顺序排列,特征值的累积曲线即是空间洛伦兹曲线,该曲线越向上拱,集聚性越强,反之越弱。

空间洛伦兹曲线法的优点是直观,缺点是没有给出数值描述,因而不便于应用。

2. 差异性指数

差异性指数是以一个数值序列为对照标准,计算其他数值序列与对照序列的差异特征。简单差异指数计算公式如下:

$$I_d = \sum_{i=1}^{n} |p_i - q_i|$$

式中: p_i, q_i 分别是参照指标和对象指标(百分比); i 是样本。

对于区域空间结构的更深入研究请见下节的区域差异分析。

3. 分离系数 (index of segregation, 简记 IS)

$$IS = \sum |x_i / \sum x_i - N_i / \sum N_i| / 2 \times 100\%$$

式中: x_i 是子序列的取值; N_i 是母序列的取值。

此值越大,子体与母体的分离越大,分离的时间或距离越大。这种方法在物质迁移和生物进化等方面研究中用得较多。

第二节 区域差异分析

一、差异的产生和表现

（一）区域差异的内涵和表现

所谓区域差异是指经济区域之间在自然条件、经济发展现有水平以及经济发展可预期的前景等方面的差别和在一定条件下的相互转化。区际差异的存在是绝对的，任何时候都不可能完全克服区际差异。宏观经济管理的重要任务之一是防止、避免区域差异的扩大化，促使各区域经济协调发展。我们不仅要研究区域内的经济运动，而且还要研究区域之间的经济关系。

区域差异可以有多方面的表现，人们通常考察和研究的对象可以归纳为3个层面上的差异：

1. 自然条件的差异

自然环境和区位条件是区域经济发展的基础，并在很大程度上影响着区域经济的发展方向。自然条件的差异可以分为两个方面：一是自然要素禀赋的差异；二是区位的差异。前者表现为各区域之间在气候、水文、地质、地形、生物、土壤等方面的差异，这种自然条件提供了人们生产和生活的资源与环境，是人们从事生产经营活动的自然基础。而后者在交换活动出现之后主要表现为交通的难易程度，即连通状况的差异。自然条件是在地球漫长的演变过程中逐步形成的，一旦形成便具有某种稳定性。而自然条件又是人们进行社会经济活动的基础，因此，自然条件的差异也是造成区域差异的原因之一。

2. 经济发展现有水平的差异

它主要表现为区域之间当前在工农业、商业、运输业发展水平，科技水平，人口与劳动力条件的差异以及市场发育程度的差异等。就目前的情况而言，区域间的这类差异相当悬殊。承认并认真分析这些差异，应该是经济落后区域摆脱困境、经济发达区域保持和加快发展速度的现实基础。

3. 经济发展可预期前景的差异

经济现有水平的差异具有一定的稳定性，但是，它也是随着经济的发展、政策的变化、所在区域资源的开发、所在位置交通状况的变化以及生态环境、社会政治等其他因素的变化而变化的，并由此而出现新的差异。在目前的科技水平条件下，这些未来的差异多数是可以通过预测模型和

第二节 区域差异分析

规划模型得到预期的。

在我国,目前最主要的也是人们最为关注的就是巨大的东西差异。这是一个历史遗留问题,并在后来的发展中被政策等因素一步步地强化。关注东西差异,不仅仅是为了追求社会的公平,而更重要的是因为西部地区是敏感的民族地区,这种差异足以影响到社会的稳定和国家的统一。我们在改革开放的初期为了经济利益牺牲掉的社会公平要求我们付出更大的代价来弥补,西部大开发的提出正是体现了国家解决东西差异的坚强决心。

民族上的特殊性和政治上的敏感性使得东西差异被赋予了很多经济之外的意义,在这种背景下,同样客观存在着的巨大的南北差异就显得比较的单纯而且不那么重要了,而一个国家如果在地理上同时存在多个方向的巨大差异,那将是一件非常棘手的事情,也许正是基于这种理由,南北差异被刻意地回避和忽略了,它始终没有得到决策层的高度重视,解决这一问题虽然也有相应的政策出台,但无法像解决东西差异那样被提升到战略性的高度。

在自然环境和区位条件不可变更的条件下,改善区域的经济基础条件,提高人口素质,转变思想观念是最终解决区域差距的根本出路,但这些都不是一朝一夕就能做到的。

(二)区域产生差异的原因

差异的形成和扩展是历史、自然、社会等综合因素长期演化的结果。也就是说,差距不是短期的、偶然出现的,而是历史累积、沉淀的产物;差距不是单一因素造成的,而是综合因素造成的结果;差距不是偏离历史发展轨迹的奇特现象,而是符合历史发展规律的产物。任何事物的发生都有其内因和外因,下面我们将从内在因素和外在因素两个方面来分析区域差异产生的原因。区域自身的内在因素是导致区域差距的根本性原因,国家政策、资金和外商投资等外部条件的地区倾斜在客观上扩大了区域差距。

1. 导致区域发展差距的自生性因素

(1)区域自然资源差异。由于地球构造的非均质性,区域自然资源差异可能是人类最先接触到,并且对人类社会生产活动影响最广的因素。自然资源是社会生产的物质基础。首先,自然条件影响劳动生产率,撇开社会生产不同发展程度不说,劳动生产率是同自然条件相联系的。例如,在其他条件相似的情况下,某区域金属矿的品位对该区域金属制品业的劳动生产率、成本、产值有着决定性的影响。其次,自然条件影响生产地理分工。很多产品的生产都受自然资源的影响,地理分工不仅影响着某一部门的经济活动,还间接地对与该部门相关的一些经济部门产生连锁影响,从而影响地区的分工格局。第三,自然条件影响区域产业结构。区域产业的最初选择总是建立在自然基础之上。这里需要指出,自然条件对产业的影响存在着差异,即不同的产业受自然条件的影响是不一样的。一般认为,自然条件对农业和矿业的影响最大,其次是运输业、建筑业、旅游业、加工工业等。

区域自然资源的差异是影响区域经济发展、导致区域差异最初始的原因。自然资源差异对于区际差异的形成有着影响作用,但这种作用不应过分地夸大。影响人与自然的联系最根本的是生产力发展水平。生产力水平越低,人们对自然的依赖就越大,自然资源差异对区际经济发展差异影响就越大;生产力水平越高,人们对自然的依赖越小,人们利用自然的程度就越高,自然资源差异对区际经济发展差异影响就越小。翻开经济史,不难发现自然条件优越的地区并非就是经济繁荣的地区,而自然条件较差的地区成为经济上强大的区域的实例却很多。

我国是一个自然资源分布极不平衡的国家,自然资源富集的中西部与生产要素相对富集的东部形成强烈的反差,构成了我国的基本国情之一。这种强烈的反差将在很长的一段时间里影响着中国经济发展的进程。

(2) 区域生产要素禀赋差异。各区域不仅存在着自然资源的差异,生产要素的禀赋也存在着差异,生产要素的丰缺度影响区域的分工水平和结构水平,进而影响该区域的经济发展水平。区域生产要素禀赋差异是导致区际差异的又一原因。

瑞典著名经济学家赫克歇尔(Elif Heckscher)和俄林(Bertil Cotthard Ohlin)曾对区域生产要素禀赋差异作过较全面的研究,提出了在经济学说史上有重要影响的"要素禀赋论",又称为"H-O模型"。虽然他们研究的直接目的是用生产要素的丰缺程度解释国际贸易和区际贸易发生的原因及商品流向,但从他们的方法和结论中不难看出区际差异形成的基本原因在于各区域生产要素禀赋的差异。

生产要素禀赋差异影响各国生产要素价格的相对比例,从而进一步影响该国是选择劳动密集型产品的生产,还是资本密集型产品的生产。如果将这一理论推广到多个国家,由于国家之间要素禀赋的差异,假定在这里不考虑需求因素,就会引起各国所能生产的商品供给的相对差异。

一般看来,生产要素相对丰裕的地区比生产要素相对贫瘠的地区更有利于经济发展,生产要素的地区禀赋差异会导致区域经济发展的差异。当然,随着贸易的扩展,生产要素会在各区域间自由流动,在一定程度上改变生产要素的禀赋差异,但在生产要素流动要受到流动成本与流动效益的比较、流动时间等多种因素的影响。无论如何,区域生产要素禀赋是第一位的,而生产要素流动则是第二位的,差异是流动的前提。

自然资源是没有流动性的。人们可以通过技术进步改变自然因素在生产中的地位和作用,但却无法改变自然资源禀赋本身。

(3) 自然地理环境。自从19世纪以来,"地理环境决定论"就开始流行。20世纪以来,这个理论曾受到社会上和学术界一些人的批判。现在看来,如果从由于高山、地形、特殊不利的气候等妨碍社会经济的迅速发展进而导致与平原沃土气候温和地区发展水平的差距角度看,这个理论当然是正确的。但如果认为自然条件的差异就一定导致社会经济发展水平的差异,这种笼统的提法就不对了。

在自然地理环境方面,自然系统(最主要的是矿产资源、能源、水源、土地等)的地区差异曾给工业化初期的地区发展以巨大的影响。随着地区间贸易的发展,多数矿产资源可以从其他地区运入或进口,已基本不成为地区间繁荣差异的原因了。但是,在其他条件相同的情况,有丰富矿产资源的地区,仍会可能促进社会经济的更快发展和实力的增强。

(4) 地理位置。地理位置,既可算作自然条件,也可认作为后天的地缘政治、地缘经济条件。它的主要内涵包括:

a. 海陆关系:濒临海洋或靠近海洋,可以较易于参与大范围的社会经济活动,可以更易于进入大范围的经济核心区。

b. 与经济核心区、大城市的相对位置:一般而论,靠近大范围的经济核心区或大城市的区域,发展机会较多(投资、商业活动、信息获得等)。因此,较远离核心区的边缘地区发展得快些。但是,在工业化的初期发展阶段,经济资源、人力等以集聚为主要倾向,位于核心区附近区域的资源被吸引到核心区,反而可能使该区域得不到应有的发展。

c. 地缘政治方面的联合与冲突:由于国际间政治与军事斗争,位于两个乃至多个集团争夺的"破碎地区"和"冲突地带",政治经济的长期不稳定,会阻碍社会经济的发展。区位对感受现代世界工业化进程的差异是导致发展差距的根源。世界历史发展表明,在各个历史发展阶段,都有一批领先于世界一般发展水平的发达区出现,这些区域的基本特征是其自然环境条件、社会结构、社会思潮、经济体制和经济政策等适合于当时的生产方式和生产水平,较之其他区域,其生产力(包括资源、劳动力等)得到较充分发挥。而与这些发达区接近、毗邻或易受其影响、联系密切的区域,往往也得到较好的发展。我国东中西部经济发展的差异,无疑与这种世界工业化发展进程的影响有密切联系。

从目前世界经济发展的地域差异上看,我国东中西部的经济发展梯度变化,是太平洋经济圈发展梯度变化的延续。在过去和未来相当长的时间内,大陆经济(西部周边国家)对我国的影响无法与海洋经济(太平洋经济圈)相比。可以说,从沿海(下游)向西部(上游)的经济差异是一种世界性的经济影响的产物,是受国际经济总格局所左右的。

在当代科学技术条件下,地理环境对经济发展仍然起着重要作用。除了区位条件外,其他自然地理条件的差异,也影响着开发的难易,进而影响着投资效益的大小、高低,久而久之又影响着区域整体开发水平及开发条件的差异。

(5) 社会文化特征。区域经济的发展有着较深层次的社会文化原因。东部地区的区位条件和环境特征使其文化具有更多的开放性。东部地区对西方文化等外来文化采取"取其精华,去其糟粕"的态度,不断更新人们的思想观念,也造就了新一代的勇于开拓进取的东部人,使东部地区经济成为全国经济发展的火车头。中西部地区,特别是西部地区,由于地形对区域的分割严重,交通闭塞,现代传播媒介落后,信息更新慢,使文化凸现出更多的内向性;由于民族众多,语言文字、风俗习惯和宗教信仰的区域差异大,彼此之间的交流也就较为困难,使文化长期在一种较为封闭的环境中自我循环,自我发展,形成了若干个封闭性的、独立性较强的文化单元体,很难及时和轻易接受外界的新生事物和信息。

文化的封闭和凝固,严重阻碍了人们观念更新。观念的落后限制着个人的素质。个人素质不能提高,社会经济自然难以快速发展。在人口素质上,中西部地区远远落后于东部地区。在思想观念上,中西部地区甚至还有不少县的领导以争当贫困县为荣。

(6) 历史与经济基础因素。区域经济发展水平的历史差异,是构成经济发展水平现实差异的重要因素之一。著名发展经济学家托达罗(Michael P. Todovro)曾经指出:"各种经济增长理论的阶段及其有关迅速实现工业化的各种模式,对今日的发展中国家在经济、社会和政治方面的最初条件强调的太少。事实是,这些国家今日的增长状况同当代发达国家着手现代化经济增长的时代相比,在许多重要方面都有值得注意的差异。"历史发展基础是个内涵十分丰富的概念,它包括经济、政治、技术、文化与人等方面,这里仅就经济方面进行分析。

严格地说,历史因素亦是自然环境因素和社会经济淀积的结果,由于惯性,仍对今后的发展产生影响。大致可有以下几个方面:历史上形成的社会经济基础的地域差异;在历史时期形成的民族心理特征、对发展的价值观与进取精神等。

第二节 区域差异分析

与自然资源形成的天赋过程不同,劳动力、资金、技术这些生产要素是随着社会发展而逐步累积起来的,累积过程不尽相同。劳动力增长在达到一定程度后缓慢呈下降趋势;资金的增长一直是上升趋势;技术要素的累积呈加速增长趋势。这反映了在经济发展的初期,劳动力是重要的生产要素;中期,资本替代劳动成为最重要的生产要素;而到了后期,技术成为最重要的生产要素。如果有A、B、C三类区域,其主要产业分别为劳动力、资金、技术密集型部门,这三类区域在经济结构上就存在着明显的差异。

(7) 区域历史发展基础差异。中华人民共和国成立以前,中国是一个典型的半殖民地半封建社会。旧中国的工业分布,明显地带有半殖民地社会的色彩。旧中国 3/4 以上的工业集中在东部沿海地区,广大的内地,特别是边疆少数民族地区,基本上没有工业。旧中国半殖民地半封建的性质,使具有地利之便的我国东部沿海地区首先建立起中国近代工业。中国近代工业的产生和发展促进了这些区域生产的发展,为这些区域后来的经济腾飞奠定了一定的物质基础。建国以后,党和政府为改变旧中国遗留下来的严重的区际差异,付出了巨大的努力。但这一时期是我国传统的计划经济体制形成并逐渐趋于稳固的时期,因而生产力的区域布局和国家的宏观区域政策明显地带有传统计划经济体制的特征。

2. 影响区域经济发展的外生性因素

(1) 宏观政策的差异。制度及其他导致恶性循环的经济因素是当今世界上许多不发达国家和地区经济发展落后的极为重要的原因。

国家宏观政策的倾斜。改革开放后,为促进全国经济的更快增长,充分发挥沿海地区优势,国家在宏观投资和政策上采取了向东部地区倾斜的非均衡发展模式。

国家投资由改革开放前的向中西部地区倾斜转为向东部地区倾斜。同时,随着中央给予地方政府更多的自主权,导致了投资主体的多元化。在 1993 年的基本建设投资中,中央项目资金为 1 409.72 亿元;地方项目资金为 2 760.62 亿元,是中央项目资金的 1.96 倍;另一方面,国家预算内资金仅占总投资额的 9.38%,其他来源的资金占了 90.62%。投资主体的多元化进一步加剧了投资的不均衡。由于东部地区享有较多的优惠政策和自身较强的经济实力,东部地区的地方投资远远超过中西部地区;另一方面,由于东部地区有着较为完善的金融服务机构和较高的投资回报率,大批内地资金通过银行拆借等方式进入东部地区,从而使得资金的分布更为不均。1994 年,全国总投资额为 15 567.9 亿元,东部地区占到了 61.98%,整个中西部地区所占的比重还不足 40%。投资的倾斜,使中西部地区无力兴建经济发展所必需的基础设施,也无力加大对本地区丰富的自然资源开发的力度,从而拉大了业已存在的差距[①]。

我国的对外开放是从东部沿海地区逐步向中西部地区推进的,国家对更具开放度的东部地区在利用外资建设项目的审批权限、税收、外贸外汇和财政留成等方面给予了政策上的优惠。同时,又率先在东部地区建立经济特区、保税区、高新技术开发区和沿海经济开发区,并给予更优惠的政策。政策的倾斜,使东部地区在吸引国外资金、技术和其他经济资源的同时,又使得大量的中西部地区的各种各样的经济资源"孔雀东南飞"。这一涨一消,差距尽在眼前。

在价格政策上,国家放开了加工工业产品的价格,而原材料产品和初级产品的价格大部分控制在国家手中,从而产生上游产品和下游产品的价格剪刀差。以生产原材料和初级产品为主的中西部地区为此蒙受了巨额的价值流失量。如甘肃在1965—1989年间,其原材料工业的价值流失量平均每年约为18亿元,远远超过了同期国家对甘肃省原材料工业的投入。不合理的价格体系,不仅使得能源、原材料产品供不应求,强化了地方保护主义,也使得中西部地区的资源优势难以转化为经济优势。

外资的投资倾斜。外资的地区流向常取决于3个因素,即当地的外资政策,当地同国际社会的联系以及当地原有经济基础和社会文化条件。

改革开放后,三项条件俱佳的东部地区吸引了涌入我国的外资中的绝大部分。1979—1991年,外商直接投资于东部地区的协议金额为425.96亿美元,占全国总额的81.45%;1993年和1994年,东部地区实际利用外资为165.66亿美元和311.49亿美元,占全国各省区市总额的86.9%和87.35%,同期中西部地区实际利用外资金额仅为东部地区的13.84%和14.48%。十几年来,外商投资的倾斜分布和国内投资的倾斜所形成的巨额差额足以带动东部地区以快于中西部地区的速度来发展。从另一个角度来说,外商投资办厂不仅仅只是一种资金的投入,它还包括带来先进的技术、设备和管理经验,使东部地区的技术和管理得到了长足的进步,设备得到及时的更新。此外,外商投资办厂还能为地方增加财政收入,提高经济效益,扩大社会消费等,有利于促进区域经济的更快发展。因此,外资偏集于东部地区强化了我国区域经济发展的不平衡。

(2) 区域经济发展的政策体制环境差异。党的十一届三中全会以后,中国经济发生了深刻的历史性的变化。从宏观区域政策的角度来看,这种变化主要表现在3个方面。

---

① 刘再兴主编.中国生产力总体布局研究.北京:中国物价出版社,1995.821

第二节 区域差异分析

第一，以建立社会主义市场经济体制为最高目标的经济体制改革，使宏观经济管理发生了巨大的变化，由以往的直接控制向间接控制方向转变。这种转变，带来了相应的两个结果，一是指令性计划范围越来越小，市场机制在资源配置中的作用则越来越大；二是中央专业部门的权力受到限制，地方的地位和作用明显增强。

第二，市场经济的理论冲击了传统的经济发展战略模式，提高经济效益被确定为一切经济工作的中心。以此为契机，中国的经济发展开始抛弃传统的追求产值增长速度和区域间分配均等的旧模式，效益成为衡量经济工作好与坏、得与失的首要标准。效益原则的提出，改变了各个区域在"全国一盘棋"中的地位，经济效益较高的区域成为国家重点发展的区域。

第三，对外开放战略的实施。为了有效地吸引国外的先进技术、资金，加快我国经济发展的步伐，国家选择部分经济技术基础较好、历史上与国外联系密切的地区率先对外开放，从政策体制上给予特殊的待遇。上述3方面的变化结果集中反映在不同的区域处于不同的政策体制的环境之中。

(3) 政策体制环境差异对区域经济发展的影响。从总体上说，上述经济体制改革的一系列重大举措对于调动、发挥地方政府因地制宜地发展区域经济的积极性，打破长期以来大统一的高度中央集权格局，对于我国宏观经济调控体系的初步建立，摸索建立社会主义市场经济体制的新路子起到了不可低估的积极作用。但是不容否认，由于政策体制环境差异的存在给各区域的经济发展也带来了一些消极的后果，同时在一定程度上加速扩大了原已存在的区际差异。

从财政体制上看，采用不同的包干形式表明各区域与中央政府间实行不同的财政分配关系。在各种财政分配关系中，最有利的是实行定额上交和定额补贴方法，这样随经济发展而增收部分完全留给了地方。对于实行同一种财政分配关系的区域来说，主要看财政基数的大小，而财政基数则是反映区域经济发展基础好坏的一个重要标志。

从投资体制上看，投资决策权和投资能力的差异对区际差异的影响十分明显：一方面，由于沿海地区自主权大，投资能力强，投资规模能以较快的速度扩大。另一方面，投资决策权大的区域在投资项目选择和产业发展方向上有较大的回旋余地；相反，内地一些本来经济基础就较为落后的地区，在投资方面与沿海地区的差距进一步拉开。

从对外开放政策上看，首先，政策环境差异使各区域进出口贸易、利用外资、引进技术的规模相差悬殊；其次，政策环境差异进一步影响各区域经济增长能力、规模、速度和产业结构高度化进程;最后,政策环境差异使各区域在区际贸易中的地位相差悬殊。对外经营权的差异使得沿海地区一些企业,利用国家赋予的优惠政策成为这些企业内贸地位的工具。还有外汇留成比例差异使得外汇留成比例高的区域,用外汇调剂价收入进行补偿,在外贸货源的竞争中地位十分有利。

从价格管理体制上看,市场机制作用程度的差异使沿海开放地区成为各区域中的价格水平高的地区,从而引导社会资源的空间配置向沿海开放地区聚集。

二、差异的识别与描述

(一) 个体差异和总体差异

区域经济差异的分析方法,通常采用的是以时间为横坐标,以各种能表示区域差异的指标和参数为纵坐标,看其变化趋势。在指标参数的选择上分为:单要素(如人均国内生产总值等)和综合指标(如标准差、变差系数等);绝对差值(如不同区域人均GDP值与区域整体平均值的差值或最大值与最小值之差等)和相对值(即静态不平衡差=(1-最小值/最大值)×100%);还有划分出要素指标的较高组与较低组看其分布变化过程,并进行最高值与最低值之比;或根据不同区域(如东西部,南北部;沿铁路、沿海或内陆等)进行单指标或多指标的比较等。至于采取哪种要素指标,取决于说明问题的针对性和重要性,获取资料的完整性及方法的通用性。

考察或衡量区域经济差异一般有两种方法:一是看收入差异或生产力的差异,即通过生产总额与国民收入来衡量差异;二是看综合经济发展指标,威尔逊(Williamson)的区域差异变动理论探讨的正是这方面的问题。为了衡量区域之间收入差异变动,他建立了一种计算方法,简称威尔逊差异变动系数(Williamson's Coefficients)。其计算公式的意义在于:如果所有地区的平均收入等于一国的平均收入,则威尔逊差异系数为零,即无差异。差异系数值越高,区域间的经济差异就越大。威尔逊对一系列的富国和穷国进行了分析,发现穷国的威尔逊差异变动系数值高于富国。同时,对美国1950—1960年的数据分析表明,随着人均国民收入的增加,差异变动系数逐渐下降。威尔逊于是认为,在一定阶段的经济增长将导致区域差异的扩大,只有经济发展到一定水平,进一步的增长才伴随着差异的缩小。换言之,区域经济增长极化的现象,在经济发展过程中是阶段性的现象,是被发达国家的经验和发展中国家经济发展的实践所证明的。

地域差异是地区间经济水平的差别,不同的研究目的需要采取不同

第二节 区域差异分析

的指标计算方法,就我国情况来看,有两类地区差异问题需要研究。一是各类地区间的差异,如东部与中西部差异,南部与北部差异,主要省份间的差异等,用于反映个别差异现象;另一类是全国不同行政地区间的总体差异,用于反映总体差异状况。相应地有两类地域差异计算方法:

第一类,地区间差异(个体差异)。对此种地区差异分析有下列指标可以选择:绝对离差法、相对比率法、静态不平衡法和极差。这些方法均可用于对比两个地区间的差异,其中绝对离差法以绝对值为依据,不考虑收入水平的影响,常常造成不同时期的指标不能进行对比,所以它只能作为参考指标;相对比率法计算简单,但却不包括差异跨度的大小;静态不平衡差是两类地区相同时的水平差值与其中的较低水平的对比,计算结果反映了地区差异的绝对值为低水平地区的倍数。

静态不平衡差 = (高水平地区水平指标 − 低水平地区水平指标)/低水平地区水平指标×100%

第二类,总体差异。在我国,地域广阔、地区多、情况复杂,只对比两个地区间的差异或极差有时并不能完全说明总体差异情况,还可能被一些现象所迷惑。所以需要计算总体上的地区差异。总体差异的计算方法主要有标准差法、离均比率法或变异系数法以及加权变异度系数法、基尼系数法、威尔逊系数法等。这些方法的特点是将多个对象的差异包括在一个指标之中,可以全面反映地区差异。其中基尼系数法用得最广泛,0.4是临界线,即当一个国家或地区差异的基尼系数达到0.4时,其区域差异就算过大了,应通过政策倾斜、产业扶持或财政转移支付等办法缩小区域间的差异。总体差异的计算方法详见下述。

(二)描述区域总体差异的常用指标

1. 基尼系数

基尼系数见第一章系统结构分析部分。该系数不仅可以用来分析一般结构,也可以用来分析空间结构,即区域差异。

2. 库兹涅茨比率

设$q(i)$,$p(i)$分别是人口比重和收入分配比重,K为库兹涅茨比率,K越大,收入分配不平衡性也越大。K的大小与样本容量关系更密切。

$$K = \sum_{i=1}^{n} |q(i) - p(i)|$$

这个公式也可以用来度量人口的地域分布不平衡,此时,$q(i)$、$p(i)$分别是人口比重和国土面积比重。此式与地理联系率公式类似。

3. 威尔逊系数

$$V_u = \frac{1}{x'} \times \sqrt{\sum_{i=1}^{n}(x_i - x')\times p_i/p}$$

式中：x_i, x', p_i, p 分别是 i 地区人均 GDP、背景区域人均 GDP、i 地区人口和背景区域总人口。

V_u 越大，不平衡性就越大。

4. 地理联系度

这一指标反映两个地理要素在区域配置上的接近程度。地理联系度大，表示两个地理要素配置比较一致；地理联系度小，表示两个地理要素配置有较大的差异。

$$G = 100 - \frac{1}{2}\sum_{i=1}^{n}|F_i - S_i|$$

式中：F 为各地区工业总产值占全国的百分比；S 为各地区人口占全国的百分比，这里选择工业总产值与人口作为两个要素。差额小，说明工业配置比较均衡；差额大，说明工业配置不均衡。

5. 人口分布不平衡系数

$$u = \sqrt{\frac{\sum_{i=1}^{n}[y(i)-x(i)]^2/2}{n}}$$

式中：$x(i), y(i)$ 分别为人口数和资源(国土面积)数。

u 越大不平衡性越突出。

6. 差异系数

设 x、y 分别为对象数据和标准数据，则

$$k = \sqrt{\frac{\sum_{i=1}^{n}[x(i)-y(i)]^2}{\sum_{i=1}^{n}y^2(i)}}$$

为对象数据与标准数据的相对差异系数。

7. 相似系数

$$\theta = \cos\alpha = \frac{\sum_{i=1}^{n}s_i(j)\times s_i(k)}{\sqrt{\left[\sum_{i=1}^{n}s_i(j)\right]^2 \times \left[\sum_{i=1}^{n}s_i(k)\right]^2}}$$

式中：θ 是相似系数；$s(j), s(k)$ 是不同样本的向量(或结构百分比)。

该系数越大，两样本的相似程度就越大。

8. 模糊贴近度

设 A、B 是两个模糊集合,为判定 A、B 之间的相似性,可以定义多种模糊贴近度计算公式[①],如:

$$(A,B)=(A\cap B+A\cup B)/2$$

式中:$\cap$、$\cup$ 分别表示集合 A、B 的交集和并集。

$$(A,B)=\sum\min[A(x_i),B(x_i)]/\sum\max[A(x_i),B(x_i)]$$

模糊贴近度在判定生物种群和社会群体相似性方面应用广阔,如可以用此方法计算一系列群体之间的模糊贴近度,从而将模糊贴近度较大的群体合并成同一类(择近原则),从而实现对观测对象的分区划类。

9. 集中指数

表示集中某地理要素一半的地域人口在总人口中的比重,反映该地理要素在区域上的集中程度,指数高说明集中该要素一半的地区人口少,配置不平衡;指数低说明在较大的范围内才能集中该要素的一半,配置比较平衡:

$$C=100-100H/T$$

式中:T 为全国背景区域人口;H 为集中该要素一半的区域人口。

10. 灰色关联分析

主要用于分析各因素之间随时间变化的动态关系极其特征;分析哪些因素之间关系密切,哪些因素之间关系不够密切[②]。

设有 n 个(时间或空间)序列 $X_i(t)(i=1,2,\cdots,n,t=1,2,\cdots,m)$,记数据列 X_j 对数据列 X_i 的联系系数 $L_{ij}(t)$,t 表示数列比较其关联性的采样时刻(点),L_{ij} 是时间 t 的函数,则

$$L_{ij}(t)=(\Delta\min+k\cdot\Delta\max)/(\Delta ij(t)+k\cdot\Delta\max)$$

式中:k 为常数,$0\leqslant k\leqslant 1$;$\Delta\min$ 为各因素间最小绝对差,一般可选为 0;$\Delta\max$ 为各因素间最大绝对差;$\Delta ij(t)$ 为比较因素的绝对差。

记数据列 X_j 对数据列 X_i 的关联度为 R_{ij},从几何图形计算,则

$$R_{ij}=S_{ij}/S_{ii}$$

式中:S_{ij} 为 X_i 与 X_j 的关联曲线与坐标曲线的几何面积;S_{ii} 为 X_i 的自身关联系数围成的面积。

用代数式计算,则

$$R_{ij}=\sum L_{ij}(t)/M$$

将某数列 X_j 与各个数列的关联度由大到小排成一行,称为各数列对

---

① 冯得益,楼世博等.模糊数学方法与应用.北京:地震出版社,1985.57
② 王学萌,罗建军编著.灰色系统预测,决策,建模程序集.北京:科学普及出版社,1986

X_i 的关联序。

若依次分别取各数列作母线,计算与其他数列的关联度,并排列为矩阵,则称为关联矩阵。

三、库兹涅茨比率的分解及其在我国地区差异分析中的应用

区域差异及其变化是任何国家和较大区域政府必须注意的问题,下面结合区域差异的描述指标和研究方法,指出基尼系数等的局限性以及库兹涅茨比率分解的方法和意义。

(一) 描述区域差异的指标和指数

1. 区域差别的类别

不同的研究目的需要采取不同的指标和方法,就我国目前情况来看,有两类地区差异问题需要研究:一是地区间的差异,如东部与中西部差异,南部与北部差异,主要省份间的差异等,用于反映个别差异现象;另一类是全国不同地区的总体差异,用于反映总体差异状况。相应地有两类地区差异计算方法。

2. 基尼系数和加权基尼系数

基尼系数是描述区域发展不平衡性的常用指标,但用简单的基尼系数忽视了各子区域的相对大小;用加权基尼系数,虽然可以考虑到子区域大小的差别,但无法揭示导致区域不平衡性变化的原因。

3. 威尔逊不平衡性系数和人口不平衡性系数

不平衡是相对的,除了基尼系数(包括加权基尼系数)外,威尔逊不平衡性系数和人口不平衡性系数等,则从两要素的相对比例关系角度,考察了区域不平衡性问题。威尔逊正是用这种方法发现了倒"U"字形理论。

人口分布不平衡系数,亦即相对不平衡系数考虑了区域系统内各子区域之间人口和资源(国土面积)的相对数量关系,也可以考察 GDP 和人口的相对比重,得到经济发展相对不平衡特征的描述。

4. 库兹涅茨比率和加权库兹涅茨比率

库兹涅茨比率也是用来描述区域不平衡性的,它不仅计算方便,还可以通过适当分解,发现导致不平衡性变化的原因。库兹涅茨比率计算如下:

$$K = \sum_{i=1}^{n} |p_i - q_i| \qquad (4-1)$$

式中:K 为不平衡系数;p_i,q_i 分别为各地区人口和 GDP 所占的比重。

和基尼系数一样,库兹涅茨比率也应该考虑子区域的大小问题,即进行加权计算。加权库兹涅茨比率计算如下:

第二节 区域差异分析

$$K = \sum_{i=1}^{n} |p_i - q_i| \times p_i / \sum_{i=1}^{n} p_i \qquad (4-2)$$

（二）不同模型（指标）对我国改革开放以来经济发展不平衡性特征的描述结果

计算结果如表4-3和图4-4、图4-5所示。从图4-4、图4-5和表4-3中基尼系数、加权基尼系数、威尔逊不平衡系数和相对不平衡系数计算结果可以发现，以全国各省区为基本地域单元，考察改革开放以来我国区域发展的不平衡性特征，用这些指数计算的结果差不多；这20年来，中国整体上来说，不平衡性变化不大，1978—1990年有一些下降；1990年以后，略有上升，但仍没有达到改革开放初的程度。

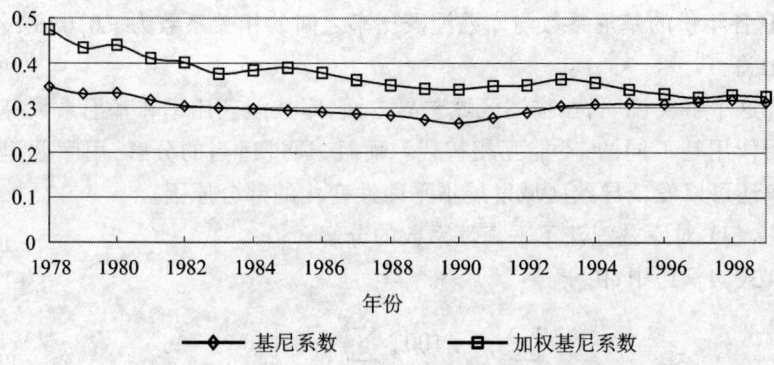

图4-4　改革开放以来中国GDP基尼系数和加权基尼系数的变化

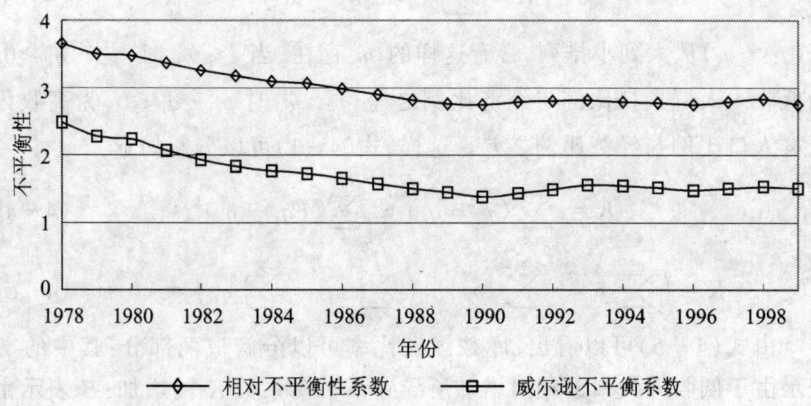

图4-5　改革开放以来中国区域发展相对不平衡系数和威尔逊系数的变化

库兹涅茨比率(包括加权库兹涅茨比率)的计算结果则与此不同。各系数之间的关系见表4-4。基尼系数、威尔逊不平衡系数和相对不平衡系数之间的相关系数都超过了99.9%的可信度,说明这3个不平衡系数在描述中国改革开放以来区域发展不平衡性方面,有着共同的作用;加权基尼系数与这3个系数之间的相关性也很高,表明用加权基尼系数描述中国区域发展不平衡的动态变化也没有特别的必要。

库兹涅茨比率与基尼系数、加权基尼系数没有显著的相关关系,与威尔逊不平衡系数和相对不平衡系数虽有一定的相关关系,但可信度不高(仅为95%);加权库兹涅茨比率与威尔逊不平衡系数的相关关系也未达显著水平。进一步用1952—1978年数据计算,结果仍是如此,其中人均GDP各年份的基尼系数与库兹涅茨比率之间的相关系数为-0.0861,完全无关。

这个事实说明,在描述区域差异方面,库兹涅茨比率和基尼系数等模型的作用是不同的,不能互相替代。而且,通过适当的分解,用库兹涅茨比率还可以发现导致区域发展不平衡性变化的部分原因。

(三) 对库兹涅茨不平衡性系数的分解

式(4-1)中,由于

$$\sum_{i=1}^{n} p_i = 100, \quad \sum_{i=1}^{n} q_i = 100$$

所以

$$K = \sum_{i=1}^{n} (p_i - q_i) = 0 \tag{4-3}$$

将$(p_i - q_i)$从大到小排列,必有这样的m存在,当$i \leqslant m$时,$p_i - q_i \geqslant 0$,为低收入人群人口比例与经济比例之差;$i \geqslant m$时$p_i - q_i \leqslant 0$,为高收入人群人口比例与经济比例之差。这样,式(4-1)可以分解如下:

$$K = \sum_{i=1}^{m} (p_i - q_i) + \sum_{i=m+1}^{n} (q_i - p_i) \tag{4-4}$$

$$K = \left(\sum_{i=1}^{m} p_i - \sum_{i=m+1}^{n} p_i\right) + \left(\sum_{i=m+1}^{n} q_i - \sum_{i=1}^{m} q_i\right) = A + B \tag{4-5}$$

由式(4-5)可以看出,库兹涅茨比率可以分解成两部分:其中的A表示由于低收入人口的相对增加所导致不平衡系数K的增加;B表示由于高收入人群收入的相对增加而导致的不平衡性的增加。这为我们提供了解释区域发展不平衡性动态变化的原因,也为减小区域发展不平衡提供了途径。

(四) 中国改革开放以来区域发展不平衡性的历史考察

第二节 区域差异分析

中国改革开放以来区域发展不平衡性的历史考察见表 4-3 和表 4-4。

表 4-3 中国改革开放以来区域发展不平衡性的历史考察

年份	基尼系数	威尔逊不平衡系数	相对不平衡性系数	加权基尼系数	库兹涅茨系数	加权库兹涅茨系数	A	B
1978	0.347 6	2.48	3.66	0.474 3	33.74	39.42	50.29	-16.55
1979	0.331 6	2.27	3.50	0.433 9	31.97	37.49	49.83	-17.86
1980	0.334 1	2.23	3.48	0.440 1	32.68	37.16	47.61	-14.93
1981	0.317 6	2.07	3.36	0.411 1	31.11	35.25	43.80	-12.69
1982	0.305 2	1.93	3.25	0.400 6	30.50	34.77	38.65	-8.16
1983	0.300 5	1.83	3.17	0.375 3	30.17	33.63	23.86	6.31
1984	0.298 5	1.76	3.09	0.383 7	31.57	36.36	24.06	7.51
1985	0.295 2	1.72	3.06	0.389 3	31.27	36.13	28.94	2.33
1986	0.290 6	1.65	2.98	0.378 4	31.89	36.80	26.81	5.08
1987	0.286 7	1.57	2.89	0.362 7	32.94	38.25	29.58	3.36
1988	0.282 0	1.51	2.82	0.351 1	33.10	38.98	21.68	11.42
1989	0.274 1	1.45	2.76	0.342 9	32.51	38.21	24.40	8.12
1990	0.264 7	1.38	2.74	0.341 0	31.36	35.95	21.70	9.66
1991	0.277 5	1.44	2.78	0.348 4	33.48	38.23	21.77	11.71
1992	0.288 6	1.49	2.80	0.350 5	35.89	41.04	25.05	10.84
1993	0.304 4	1.56	2.81	0.364 1	38.41	43.43	25.10	13.31
1994	0.308 7	1.54	2.78	0.356 9	39.56	44.38	25.19	14.37
1995	0.310 7	1.52	2.77	0.341 6	39.03	43.14	25.30	13.73
1996	0.308 8	1.48	2.75	0.331 0	37.82	41.02	29.40	8.42
1997	0.314 0	1.5	2.79	0.322 9	38.02	40.47	29.43	8.59
1998	0.317 4	1.53	2.83	0.329 7	38.51	40.57	29.48	9.03
1999	0.311 9	1.51	2.74	0.326 3	39.47	41.41	29.32	10.15

资料来源：各省统计年鉴，中国统计出版社，2000。以下各表亦如此。

表 4-4 各系数之间的相关分析

系数项	基尼系数	威尔逊不平衡系数	相对不平衡性系数	库兹涅茨比率	加权基尼系数	加权库兹涅茨比率
基尼系数	1.000 0					
威尔逊不平衡系数	0.751 7[③]	1.000 0				
相对不平衡系数	0.672 8[③]	0.989 8[③]	1.000 0			
库兹涅茨比率	0.234 2	-0.428 5[①]	-0.541 5[①]	1.000 0		
加权基尼系数	0.594 2[②]	0.958 3[③]	0.962 5[③]	-0.532 2[①]	1.000 0	
加权库兹涅茨比率	0.171 1	-0.385 8	-0.504 2[①]	0.939 6[③]	-0.417 2	1.000 0

注：相关系数检验值：$P_{0.05}^{22\sim1} = 0.422\ 7$；$P_{0.01}^{22\sim1} = 0.548\ 7$；$P_{0.001}^{22\sim1} = 0.652\ 4$。① 在 0.05 水平上显著(95%可信度)；② 在 0.01 水平上显著(99%可信度)；③ 在 0.001 水平上显著(99.9%可信度)。

1. 不平衡性变化的原因分析

根据表 4-3 的后两列可以看出，改革开放以来，我国地区间经济发展的不平衡性在缓慢上升。这种上升过程可以分成 3 个阶段，即从 1978 年到 1987 年为第一阶段，1987 年到 1995 年为第二阶段，1995 年以后为第三阶段。

在第一阶段中，低收入省份的人口所占的比重在逐渐下降，低收入人口的收入在增加；主要是南方原先水平较低的省份，如福建等的快速发展所致。从而导致总的不平衡略有下降。

在第二阶段，低收入省份人口和低收入人口的收入均略有上升，总体不平衡明显增加，这和前一阶段截然不同。

第三阶段，1995 年以后，低收入人口的比重明显增加，低收入人口的收入比重明显下降，导致总体不平衡性略有增加。

由此可见，对库兹涅茨不平衡系数分解，比简单地应用库兹涅茨系数要深入得多，可以发现不平衡性的变化原因，进而为找到缓解不平衡性途径提供依据。

2. 我国各省份经济发展水平-速度类型划分

对应上述不平衡性变化的 3 个阶段，我们以人均 GDP 相对距平值

第二节 区域差异分析

±0.2(即超过或低于平均值的20%,下同)、人均GDP发展速度相对距平±0.15为标准,将全国各省、直辖市、自治区(港、澳、台除外,)划分成9种不同类型,如表4-5至表4-8所示。

表4-5 1978年人均GDP,1978—1983年人均GDP增长速度

速度\水平	高	中	低
快		晋、吉、苏、浙、鄂、鲁、粤、新	内蒙古、皖、闽、豫、湘、琼、川、黔
中	京、辽、黑	冀	赣、桂、滇、陕
慢	津、沪	藏、甘、青、宁	

缺失两头(高水平、高速度;低水平、低速度),高水平的地区发展不快,低水平地区发展不慢,有利于不平衡性的减小;从图4-6中看,A在大幅度减小(减少26.43个百分点),B在大幅度增加(增加22.86个百分点),不平衡性略有下降(下降了3.57个百分点)。

表4-6 1983年人均GDP,1983—1990年人均GDP增长速度

速度\水平	高	中	低
快		浙、闽、粤	滇
中	辽、苏	冀、晋、内蒙古、吉、鲁、鄂、湘、琼、青、宁、新	皖、赣、豫、桂、川、黔、藏、陕、甘
慢	京、津、黑、沪		

仍然是高水平地区发展不快,低水平地区发展不慢,不平衡性相互抵消;但因低水平地区发展得也不快,大多中等水平的地区发展速度适中,导致不平衡性变化不大。从图4-6中可见,A、B在波动中此消彼长,A总减少2.16个百分点,B总增加3.35个百分点,库兹涅茨比率没有发生明显的变化(仅增加1个百分点多一点)。

表4-7 1990年人均GDP,1990—1995年人均GDP增长速度

速度\水平	高	中	低
快	浙	闽	
中	京、津、黑、沪、苏、粤	冀、鲁、鄂、琼、新、宁	皖、赣、豫、湘、桂、川
慢	辽	晋、内蒙古、吉、青	黔、滇、藏、陕、甘

浦东开发、国家扶持大中型企业等举措,使高水平地区发展不慢;但低水平地区发展仍然不快,导致不平衡性明显增加。从图 4-6 可见,A 先上升后持平,总增加 3.6 个百分点;B 先下降,后上升,总上升 4.07 个百分点;库兹涅茨比率明显上升,A 的贡献率为 47%,B 的贡献率为 53%。

表 4-8　1995 年人均 GDP,1995—1999 年人均 GDP 增长速度分类

速度\水平	高	中	低
快	浙、闽	冀、鲁、鄂	赣、藏、甘
中	京、津、辽、沪、苏、粤	吉、黑	内蒙古、皖、豫、湘、川、黔、滇、陕、青
慢		琼、新	晋、桂、宁

高水平的地区发展不慢,低水平的地区大多发展不快,不平衡性稳定在较高的水平;从图 4-6 看,B 先上升后持平,总增加 4.02 个百分点;A 先下降后略升,总体减少 3.58 个百分点;库兹涅茨比率基本持平,4 年中只上升了 0.44 个百分点。

由上述分析可以看出,表 4-5 至表 4-8 与图 4-6 基本上呈一一对应关系,说明用库兹涅茨比率分解的方法解释我国区域发展不平衡性的变化是可行的,也是可靠的。

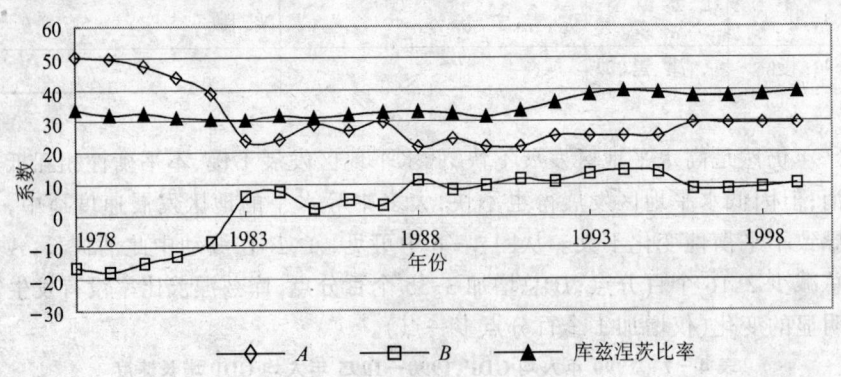

图 4-6　改革开放以来全国区域发展不平衡性的变化及其分解

(五) 结论和讨论

(1) 描述区域发展不平衡特征及其变化,可以、而且也应该用多种系数(模型)。从中国最近 20 年的情况看,基尼系数与威尔逊系数、相对不平衡系数等有很强相关性,可以相互替代;库兹涅茨比率的作用比较独

特，不能用其他指标代替。

（2）对库兹涅茨比率进行分解，可以在一定程度上揭示不平衡性变化的原因，从中国的实际情况看，这种分解的方法是可行的，也是可靠的。

（3）以上分解，如能结合各个时期特定政策的变化和重大工程项目建设分析，可以将区域发展不平衡性分析得很深入，也可以为寻求抑制这种不平衡性趋势的途径，制定宏观政策提供直接的科学依据。

第三节 空间相互作用分析

牛顿万有引力定律在区域间、城市间，以及其他地理实体之间也有表现。只是质量概念有所不同，距离形式也多种多样。

一、区域间的投入产出分析

空间相互作用经常表现在区域与区域之间的物质流、能量流、信息流、资金流和人员流的流动，可以用区域之间的投入产出表概括地加以表述（见表4-9）：

表4-9 两区域、三部门之间的投入产出表

		区域 A				区域 B				其他 E	合计
		部门1	部门2	部门3	小计	部门1	部门2	部门3	小计		
区域 A	部门1	AA_{11}	AA_{12}	AA_{13}	AA_1	AB_{11}	AB_{12}	AB_{13}	AB_1	EA_1	A_1
	部门2	AA_{21}	AA_{22}	AA_{23}	AA_2	AB_{21}	AB_{22}	AB_{23}	AB_2	EA_2	A_2
	部门3	AA_{31}	AA_{32}	AA_{33}	AA_3	AB_{31}	AB_{32}	AB_{33}	AB_3	EA_3	A_3
区域 B	部门1	BA_{11}	BA_{12}	BA_{13}	BA_1	BB_{11}	BB_{12}	BB_{13}	BB_1	EB_1	B_1
	部门2	BA_{21}	BA_{22}	BA_{23}	BA_2	BB_{21}	BB_{22}	BB_{23}	BB_2	EB_2	B_2
	部门3	BA_{31}	BA_{32}	BA_{33}	BA_3	BB_{31}	BB_{32}	BB_{33}	BB_3	EB_3	B_3
其他		DA_1	DA_2	DA_3	DA	DB_1	DB_2	DB_3	DB		
合计		A'_1	A'_2	A'_3	AA	B_1	B_2	B_3	BB		

表4-9中数字如果是价值形式，可以加和，便可以建立关于横行或纵列的线性方程式，深入分析两地区的相互作用关系。

二、空间相互作用分析

（一）地理扩散方式

（1）近域扩散（邻域扩散）。一般零售商品扩散、信息传播，首先向周

边地区推进。扩散速度与梯度成正比。梯度推移实例如东亚雁形系列：日本→四小龙→东四盟→中国东部→其他。

(2) 等级扩散。技术扩散、商品批发、行政指令扩散等，多采取这种由高级中心地向次级中心地依次推进的方式。

(3) 随机扩散。在扩散方向上没有什么明显的规律。地理事物的微观运动和短时间的变化，多以此种方式为主。但从宏观、整体上看，多以近域扩散或等级扩散为主。

(二) 距离衰减原理(近域扩散)

社会经济客体在地理空间中的影响力随距离(空间距离、时间距离、运费距离等)的扩大而减少。即距离函数：

$$F \propto p/d^b, F \propto p \qquad (4-6)$$

式中：d 是距研究对象的距离；p 是研究对象的质量(作用力)；F 是研究对象所受到的影响力；b 是待定常数。

这些公式的含义是：影响力与距离成反比，与本身质量成正比。这在实践中是常见的。

例1 城市综合影响力(对周围地区)具有递减性。其衰减原因是：① 运费随运距的增加而递增，运距越大，城市要付出的代价越高，城市作用力越小；② 距离越大，便捷程度相对降低，需要增加的其他费用增加，社会经济效益降低，影响力减小；③ 时间效益损失。

例2 杜能农业环，土地收益递减。

(三) 引力模式和潜能模式

1. 引力模式

根据距离衰减原理和牛顿万有引力方程形式，可以构造出两个区域(点区域)之间的引力模式：

$$I_{ij} = k \frac{M_i M_j}{d_{ij}^b} \qquad (4-7)$$

式中：I_{ij} 为 i 地与 j 地之间的相互作用力(引力)；M_i，M_j 分别是 i 地、j 地的质量(如人口、产值等，可根据实际情况定义之)；d_{ij}^b 为 i、j 两地之间的距离；k、b 是常数，可根据实际情况，用回归的方法求出，$b=2$ 则与牛顿万有引力定理形式相同。

2. 潜能模式

物理学中，潜能表示一个物体对另一个物体产生的能。一般而言，j 物体对 i 物体所产生的能与 j 的质量成正比，与 i 距 j 的距离成反比，即：

$$V_{ij} = f M_j / d_{ij} \qquad (4-8)$$

n 个物体对物体 i 的共同潜能为各个物体对 i 物体的潜能之和，即：

第三节 空间相互作用分析

$$V_i = \sum f M_j / d_{ij} \qquad (4-9)$$

这种规律在区域间、城市间也有体现,若 V 很大,说明 i 地区位很好,是商店、车站、医院等布局的重要参考地点。因此,空间相互作用的潜能研究对生产布局和区域规划有重要意义。

3. 断裂点理论

设 A、B 为两个相邻的商店或市场,二者相距 d_{AB},如果两个商店(市场)的腹地分界点为 X,则 X 点满足:

$$d_{AX} = d_{AB}/(1+\sqrt{S_B/S_A}) \qquad (4-10)$$

式中:d_{AX} 为 X 点距 A 的距离;S_A、S_B 分别是商店(市场)A、B 的质量(规模、营业额)。

取引力方程中 $b=2$,利用分界点上 A、B 两地引力相等即可证明。证明略。

说明:

(1) A、B 连线上的分界点 X_0 叫断裂点。

(2) 此方法、模型可推广到一般中心地理论应用中。

(3) 断裂点理论与城市经济区理论相矛盾之处,见后面定量区划内容。

(四) 点与点之间相互作用模型体系

一般来说,空间相互作用模型依约束条件的多少分为以下 4 类。

1. 无约束的空间相互作用模型(completely unconstrained model)

该模型是最原始的引力模型。它的一般形式如下:

$$I_{ij} = k \frac{Q_i^{\alpha} Q_j^{\beta}}{d_{ij}^b} \qquad (4-11)$$

式中:I_{ij} 表示 i 区与 j 区之间的相互作用,根据具体情况可以是各种"流";Q_i,Q_j 采用了更一般的质量概念,而不只是人口;d_{ij} 为距离;b、α、β、k 为经验系数。

2. 产出约束的空间相互作用模型(production constructioned model)

上述公式在对产生"流"与吸收"流"的两个端点都没有任何限制的情况下得出的,实际情况并不常是这样。例如,购物活动,居住于 i 区的居民要去 j 中心购物,则从 i 区流出到各个中心 $j(j=1,2,\cdots,n)$ 的货币总量应与 i 区居民用于购物的总开支相等。若以 e_i 表示 i 区居民的人均购物支出,p_i 表示 i 区总人口,S_{ij} 表示相互作用,即由 i 区流向 j 区之货币量,那么,上述约束条件可以用下式表示:

$$\sum_{j=1}^{n} S_{ij} = e_i p_i \qquad (4-12)$$

对于每一小区 i,式(4-11)可以写成:

$$I_{ij} = k_i \frac{Q_i^a Q_j^\beta}{d_{ij}^b} \qquad (4-13)$$

若令 $Q_i^a = e_i p_i$,将 Q_i^a 和约束条件(4-12)代入式(4-13),可得:

$$k_i = 1 \Big/ \sum_{j=1}^{n}(Q_j^\beta/d_{ij}^b) \qquad (4-14)$$

于是有:

$$S_{ij} = e_i p_i \frac{Q_j^\beta d_{ij}^{-b}}{\sum_{j=1}^{n}(Q_j^\beta d_{ij}^{-b})} \qquad (4-15)$$

i 地与 j 地之间的相互作用,是 i 地受到总作用的一部分。这部分与 j 地的质量成正比,与至 j 地距离 b 次方成反比。

上式是在对产生流进行了某些量上的限制后得出的,由此称为产出约束模型。

3. 吸引约束的空间相互作用模型(attraction constrained model)

与前一种情形相反,有时对流的产生区没有限制,而对流的吸收却有一定的限制。例如,规划者已经确定了某一区域 j 为未来的工业区,工业区的工人将来自别的区域 $i(i=1,2,\cdots,n)$。这就是一个吸引约束的问题,因为不管劳动力来自何方,区域 j 的吸引能力是由工人定额所限制的。此时,约束条件为:

$$\sum_{i=1}^{n} S_{ij} = Q_j^\beta \,(Q_j^\beta \text{表示} j \text{区所需工人数})$$

对于每个区 j,式(4-11)可写成:

$$S_{ij} = k_j \frac{Q_i^a Q_j^\beta}{d_{ij}^b}$$

将约束条件代入,得:

$$S_{ij} = Q_j^\beta \frac{Q_i^a d_{ij}^{-b}}{\sum_{i=1}^{n} Q_i^a d_{ij}^{-b}} \qquad (4-16)$$

可以看出,这是一个与式(4-14)刚好相反的模型,它考虑的是对流的吸引点的约束,所以叫做吸引约束模型。

4. 双重约束的空间相互作用模型(double constrzined model)

这是最一般的情况,即对流的产生点与吸收点(源和汇)都有限制。最明显的例子是通勤的问题。在这种情况下,从职工居住区 $i(i=1,2,\cdots,n)$ 到就业区 $j(j=1,2,\cdots,n)$(注意:i,j 区往往是混杂的,兼具居住与就业的功能)上班的人口数应和就业区所能吸收的职工数相等,同时也

要和居住区所能提供的就业者人数相平衡,这样就有了双重约束,即:

$$\sum_{i=1}^{n} T_{ij} = D_j, \qquad \sum_{j=1}^{n} T_{ij} = O_i$$

式中:T_{ij}是由i区往j区的通勤人数;O_i表示由区域i发出的通勤人流总数;D_j表示到达区域j的通勤人流总数。

把这些约束条件及 $Q_i^\alpha = O_i$,$Q_j^\beta = D_j$ 代入式(4-11),可得:

$$T_{ij} = A_i B_j O_i D_j d_{ij}^{-b} \qquad (4-17)$$

在更一般的意义上,T_{ij}表示由区域i向区域j的流,O_i是产生于区域i的流,D_j是到达区域j的流动。参数 A_i、B_j 分别被定义为:

$$A_i = 1 \Big/ \sum_{j=1}^{n} B_j D_j d_{ij}^{-b}, \quad B_j = 1 \Big/ \sum_{i=1}^{n} A_i O_i d_{ij}^{-b}$$

参数 A_i、B_j 是为了满足各种附加条件的平衡因素,这两个未知的参数一般是通过大量实际经验估算出来的。

很明显,式(4-17)是最一般的形式,上述(4-11)、(4-14)(4-15)各式都可以通过去掉某些约束条件由式(4-17)推算出来。

除了按约束条件分类以外,还有其他分类方法,如依应用特点分为购物行为模型、迁移模型、通勤模型等。

总结上述,不管哪种形式,都可以归结为一种形式,即

相互作用量 = 常数 × 质量1的函数 × 质量2的函数 × 距离函数

5. 对空间相互作用模型的讨论

(1) 质量的定义要根据研究内容决定。一般来说,城市中心性可以用非农人口、非农产业、非农就业人员、社会商品零售额、交通运输量、邮电业务量、大学在校生人数、医院床位数等指标描述;商业中心性可以用就业人数、营业面积、营业额等描述;交通中心性可以用就业人数、客货周转量、营业额等描述。指标综合方法可以用几何加权、模糊综合评判和主成分得分等方法综合。

(2) 模型是静态模型,进行动态预测要慎重。

(3) 模型只是对范围内小区域宏观群体行为的综合分析,不适合于对微观个体行为进行解释。

(4) 对空间相互作用的进一步推广。上述模型实质适合于大范围内小区之间,各小区被当作点来处理了。事实上点、线、面之间可分别加以研究,从而得到关于点—点、点—线、点—面、线—线、线—面、面—面相互作用模型体系,这可以用线积分、面积分的方法实现。

三、区域城市体系的定量分析[①]

城市体系研究是异常复杂的,这里仅以东北地区城市体系研究为例,探讨区域城市体系中的功能类型体系、规模等级体系和空间地域体系等的定量方法。这里的东北地区包括辽宁、吉林、黑龙江三省和内蒙古自治区东部三盟一市。基本思路是:首先根据研究内容的特点和研究目的的需要选取基本的统计指标,建立基本指标体系,然后用特定的方法进行指标综合,将基本指标换算成一个综合指标,最后对综合指标进行分析,得出有关结论。

(一) 功能类型分析

城市区别于其腹地的功能主要表现在工业生产、交通通讯服务、金融保险服务、科研、中高等教育服务、卫生医疗保健服务和对外联系(对外经贸)窗口等方面。为了研究东北地区城市功能类型的特点,我们构建了城市功能测度指标体系:

工业功能:第二产业就业人数。

交通通讯功能:邮电业务量、年末电话机数、客运总量、货运总量。

金融保险功能:资金总额、固定资产原值、固定资产投资额、银行贷款额、保险承保额。

商饮服务功能:商饮服务人员数、社会商品零售额、城乡集市贸易额、国营与合作社商业流通费。

外经外贸功能:外贸收购额、实际利用外资额、旅游外汇收入。

科教卫生服务功能:科技人员、高校、中专在校生人数、公共图书馆藏书量、卫生机构床位数、卫生机构科技人员、教育研究经费。

指标综合一般可采取加权综合(算术加权或几何加权)和因子分析综合。由于加权综合人为性很大,所以我们采用了因子分析综合的方法。具体地说是用 R 型因子分析方法将基本指标综合成工业生产、交通通讯、金融保险、商饮服务、外经外贸和科教卫生功能得分。指标综合过程是:先求出各功能指标对应的相关关系矩阵 R,计算 R 的特征根,用威弗组合指数考察特征根贡献率,看看各功能的信息到底隐含在哪几个主要因子之中;又用最优分割的方法对特征根序列进行分割,舍去骤减之后的特征根,以便确定主因子个数。这两种方法得到的各功能对应的特征根都是 1 个。因此,我们选定的各功能的主因子个数都为 1。然后,计算各城市不同功能的因子得分,并依相似性原理将这些得分投影到数轴 1~

[①] 本文曾以吴殿廷,封玉璞的名义在《人文地理》1995 年第 2 期上发表。

第三节 空间相互作用分析

1 000上,即使各功能的最小得分者为1,最大得分者为1 000。此得分即为各城市的功能评价结果。未直接用因子得分作为功能评价结果的原因是,中小城市的因子得分一般都小于零,若以因子得分为准则无法进行城市间功能的倍比分析。

为了扣除人口规模的影响,揭示相对功能的差别,我们又计算了各城市不同功能的区位商 $Q(i,j)$(i 城市 j 功能的区位商)。一般说来,$Q(i,j)>1$,则 i 城市 j 功能相对较强;$Q(i,j)<1$,则 i 城市 j 功能较弱。我们取 1.4 为临界值,即若 $Q(i,j)>1.4$,则认为 i 城市具有明显的功能 j;$Q(i,j)\leqslant 1.4$,则认为 i 城市 j 功能不明显。结合城市功能得分值和区位商的计算结果,我们划分东北地区城市功能类型如表 4-10 所示,其中 G 即工业功能,T 为交通通讯功能,B 为金融保险功能,S 为商业饮食业服务功能,W 为外经外贸功能,K 为科研、中高等教育和卫生医疗功能,Z 指单项功能不明显、只具一般功能者。脚注"1"表示功能得分值较高,脚注"2"表示功能得分值较低。这样得到的功能类型既反映了总体情况,也反映了人均的相对情况。如大连市的功能类型是 W_1+T_2,即大连市的外经外贸功能、交通通讯功能无论从总体上看,还是相对于东北地区的人均情况来说,都是较强的;吉林省龙井市的功能类型是 T_2,即从城市总体上讲,龙井市的交通通讯功能与东北地区其他城市相比并不强,但其人均提供的交通通讯服务却比整个东北地区城市人均提供的要多。从表 4-10 中可以看出,辽宁省的城市功能较强,且分工明确;吉林省各城市却功能较弱,分工很不明显;黑龙江省更是如此,内蒙古城市功能特点是:有一定的分工特色,但总体水平较低。总之,从功能类型上讲,东北地区城市还应加强特定功能的发展,注意分工,强化特色,逐步把东北地区建设成分工明确、特色突出、内部联系紧密的城市地域系统。

(二) 等级规模分析

用城市非农业人口数来描述城市规模,这在一般情况下是可以的,但如果要深入地探讨城市之间的相互作用和城市与其腹地之间的联系,就必须具体考察城市作为区别于农村客体所具有的特定功能及其表现方式。为此,在东北地区城市规模等级研究中,我们从城市基本情况、基本经济活动(不包括第一产业活动)、金融保险服务、交通通讯服务等产业、第三产业劳动者人数、扣除农业后的国民收入、扣除第一产业后的国内生产总值、固定资产原值、固定资产净值、产品销售收入、资金总额、利税总额、全部职工工资总额和行政级别等,构成城市等级规模指标体系。这样得到的城市规模,不仅包含着人口数量因素,也包含着行政职能、空间范围等因素,包含着社会经济活动强度等成分,因而是广义的、有实际意义的规模。其中行政级别的量化是依据克里斯泰勒城市体系研究中的行政原则进行的,即分别给省级行政中心、地区级行政中心和县级行政中心赋值 49、7、1。指标综合与前同,即用 R 型因子分析、威弗组合指数法与最优分割法相结合确定主因子数,将因子得分转换成 1~1 000 等。各城市的规模得分见表 4-10 第 3 栏。

在求出规模得分的基础上进行规模等级划分,实质上就是数学中的有序分类问题;对于单序列有序样品分类来说,可用最优分割的方法进行。考虑到城市规模分级的特殊性,并探讨将地理分级原理与数学分类方法结合的途径,我们又用齐夫法则分级法对 75 个城市的规模得分进行了分级。以上述两种分级结果为基础,结合各城市在地域分工中的作用,我们将 75 个城市进行了规模得分的综合分级,结果见表 4-10 最后一栏。

分析规模得分数据和分级结果可以得出以下几点结论:

(1) 各城市规模得分的大小与其对应的行政级别基本上呈正相关关系,即对大多数城市而言,行政级别越高,规模得分也越高,反之亦然。说明行政因素对城市发展的影响是很大的。

(2) 辽宁省的城市规模得分较大,级别亦较高,所以在综合分级时,我们尽量把辽宁省的城市往下压,其他省的往上提,以使各城市的规模等级与其实际作用的地域范围相对应。

(3) 大城市之间规模得分差别较大,中小城市之间规模得分差别较小,用齐夫城市规模等级公式反推参数 q 可以发现,东北地区城市的 q 有随规模得分的减少而递增的趋势,说明整个东北地区中小城市发展较快,数量较多,相比之下,大中城市的发展速度不快,功能作用的发挥还很不够,市管县、市带县在很多地区管不了,带不动。但辽宁的情况恰好相反,辽宁省大中城市较多,规模较大,中小城市却数量不足。所以,就整个东北地区而言,应注意发展大中城市,特别是在边远地区,应努力培植中等城市或大城市,以带动地区经济的发展,辽宁省则应注意发展中小城市。

本书所用数据截至 1990 年末,1990 年后,辽宁省又新设了凌原、普兰店、庄河、盖州和大石桥 5 个县级市,说明我们上述定量分析结果是正确的。

为了探讨城市规模与大农业人口、与工业生产等之间的关系,我们进行了相关分析和回归分析,所得结果见表 4-11。从表 4-11 中可以看出,城市规模与工业总产值关系最密切($R=0.9673$,最大),说明东北地区的城市发展与工业生产是紧密相连的,有很多城市如大庆、鞍山、抚顺、本溪、双鸭山、佳木斯等,完全是在工业生产的基础上形成和发展起来的。但新近设立的城市,则有一部分是与工业生产关系不大的,如珲春、绥汾河和同江等,它们位居边境地区,是为加强边疆地区建设,促进对外贸易的发展而设立的。

表 4-10 东北地区城市功能类型、规模等级划分表

序号	城市名	功能类型	规模得分	综合分级	序号	城市名	功能类型	规模得分	综合分级
1	沈阳	Z_1	1 000	A	39	扶余	S_1	43.1	C_3
2	大连	W_1+T_1	720.9	B_1	40	敦化	Z_2	41.7	C_3
3	哈尔滨	Z_1	673.9	B_1	41	绥化	Z_2	41.2	C_3
4	长春	K_1	475.6	B_1	42	阿城	Z_2	41.0	D_1
5	大庆	$W_1+B_1+C_1$	404.8	C_1	43	榆树	S_2	38.7	D_1
6	鞍山	B_1	373.1	C_1	44	九台	S_2	37.4	D_1
7	吉林	Z_1	311.0	B_2	45	梅河口	Z_2	36.5	D_1
8	抚顺	W_1	308.0	C_1	46	海拉尔	Z_2	36.1	D_1
9	齐齐哈尔	Z_1	222.7	B_2	47	尚志	Z_2	35.4	D_1
10	本溪	Z_1	220.7	C_1	48	桦甸	K_2+S_2	33.8	D_1
11	锦州	$G_1+B_1+W_1$	164.4	C_1	49	兴城	S_2	33.5	D_1
12	盘锦	W_1	150.2	C_1	50	开原	Z_2	32.9	D_1
13	丹东	Z_1	142.8	C_1	51	北票	Z_2	32.0	D_2
14	辽阳	Z_1	141.1	C_1	52	肇东	Z_2	31.4	D_2
15	牡丹江	W_1	140.6	C_1	53	北安	Z_2	31.3	D_2
16	营口	Z_1	128.1	C_1	54	龙井	T_2	30.8	D_2
17	佳木斯	Z_1	127.9	C_1	55	密山	Z_2	30.6	D_2
18	阜新	Z_1	118.0	C_1	56	乌兰浩特	Z_2	29.0	D_2
19	伊春	G_1	113.5	C_1	57	铁法	B_2	28.5	D_2
20	锦西	Z_1	112.0	C_1	58	扎兰屯	W_2	27.9	D_2
21	鸡西	Z_1	111.5	C_1	59	蛟河	Z_2	27.7	D_2
22	赤峰	Z_1	99.4	C_1	60	铁力	Z_2	26.9	D_2
23	鹤岗	Z_1	88.3	C_2	61	双城	S_2	26.5	D_2
24	海城	$S_1+T_1+G_1$	87.4	C_2	62	安达	Z_2	25.9	D_3
25	浑江	Z_1	85.6	C_2	63	海伦	Z_2	25.8	D_3
26	四平	Z_1	81.3	C_2	64	富锦	Z	25.8	D_3
27	通辽	S_1	74.2	C_2	65	洮南	Z_2	25.6	D_3
28	双鸭山	Z_1	70.3	C_2	66	满洲里	Z_2	22.6	D_3
29	通化	Z_1	68.8	C_2	67	大安	Z_2	21.6	E
30	朝阳	S_1	67.9	C_2	68	图们	Z_2	19.9	E
31	延吉	Z_1	67.6	C_2	69	珲春	Z_2	19.8	E
32	瓦房店	Z_1	66.6	C_2	70	黑河	Z_2	18.8	E
33	铁岭	Z_1	66.4	C_2	71	集安	Z_2	16.8	E
34	辽源	Z_1	64.4	C_2	72	霍林郭勒		9.7	E
35	七台河	Z_1	51.9	C_3	73	同江		6.8	E
36	牙克石	Z_1	50.0	C_3	74	绥芬河		2.6	E
37	公主岭	S_2	48.0	C_3	75	五大连池	Z_2	1.0	E
38	白城	Z_2	43.5	C_3					

表 4-11　城市规模及其影响因素的相关分析和回归分析结果

影响因素	相关系数 R	回归参数 B_0	回归参数 B_1	显著水平
非农业人口	0.963 9	-12.689 4	2.935 9	0.001
工业总产值	0.967 3	14.807 5	2.732 8	0.001
国民收入	0.930 3	11.778 9	6.115 9	0.001
国内生产总值	0.946 7	11.257 9	4.965 4	0.001

应该注意的是,相关分析的结果表明,城市规模与非农业人口等因素之间的相关程度达到极显著水平,说明影响东北地区城市形成和发展的因素远不止工业生产一项,只是与工业生产的关系最密切罢了。

从影响强度上讲,由回归分析参数计算结果 B_1 可以知道,以国民收入最大,国内生产总值次之,说明要提高城市的总体功能,加强城市建设,应首先在经济方面,其中包括产值和利润两个方面下工夫,尤应以后者为主。

(三) 城市经济区地域系统分析

城市经济区是以大中城市为核心,以与其毗连的广大地域共同组成的、在劳动地域分工中形成相对稳定联系的结节地域。城市经济区的形成和发展依赖于城市与其腹地之间的相互作用,又反过来强化了城(市)腹(地)之间的相互作用。城市经济区实乃城市和腹地异质共生的产物。因此,在进行城市经济区划分时,就要考虑城腹之间的联系,就必须注意它们之间的差别,因为差别是联系的基础。有鉴于此,在进行东北地区城市经济区划时,我们虽仍用规模等级分析中的指标体系,但在指标综合时首先扣除了与腹地无关的城市内部自我服务部分。扣除方法是:

假定东北地区是一个相对完整的地域系统,其交通通讯、商饮服务等职能均由城市承担。这样,所有城市的某项功能之和就是整个东北地区的该项功能,各城市的内部自我服务部分定义为:东北地区的人(包括城市人口和非城市人口)均享受到的服务乘以该城市的总人口(城市非农业人口)。这样定义的内部服务虽与实际情况不尽相符,但在进行城市间的比较是必要的、合理的。

扣除内部自我服务部分之后的功能,实质就是城市的对外作用力,亦即城市经济区划分的依据。笔者认为,划分城市经济区不应以笼统的城市规模指数或城市综合实力为依据,因只有城市的对外作用部分才与腹地有关、内部自我服务部分与腹地无关,因此,不能将既包含外部作用成分、又包含内部自我服务成分的城市规模指数或城市综合实力指数作为划分城市经济区的依据,这与克里斯泰勒定义城市中心性的原理和方法是一致的。当然,作为区别于腹地的客体,城市的基本活动、基本经济活动是与腹地相关的,只是其对外作用的方式不那么直观罢了。因此,描述这些活动的指标必须纳入进来。前述指标体系中需扣除内部自我服务的有年末电话机数、社会商品零售额、城市集市贸易成交额、国营商业企业流通费、公共图书馆藏书量、科研教育经费支出、卫生机构床位数、卫生机构技术人员等。

指标综合的方法与前同,指标综合得到的就是各城市的对外作用力。以此为基础,利用断裂点理论即可对75个城市进行城市经济区划(区划图略)。

由计算结果和区划图可以知道,外在作用力较强的城市基本上都在哈大铁路和滨绥铁路沿线,说明铁路运输条件在东北地区城市发展中的作用是非常突出的。此外,各城市的作用范围不仅受制于其本身外在作用力的大小,而且与其所处的地理位置有关。一般情况下,位居偏远地区的城市,因无其他城市的竞争挤压,作用范围较大(如吉林、齐齐哈尔),而位居城市密布的地区(如鞍山、抚顺、本溪),城市的作用范围较小。正因为如此,我们才将齐齐哈尔市和吉林市视作副省级城市,而将大庆、鞍山和抚顺等视为地级城市。

从区划图还可以看出,高级经济区的界线并不都以低级经济区的界线为基础,处在两个上级经济区交界附近的下级经济区,如四平经济区,其地域范围往往被两个上级经济区(沈阳经济区和长春经济区)瓜分,说明不同经济区之间是相互交叉、相互渗透的。这从实践上证明了克里斯泰勒蜂窝状城市体系是存在的,也说明克里斯泰勒中心地理论在我国也是适用的。对比区划图和东北地区行政区图可以发现,相邻城市经济区之间的界线与其所在地区之间的行政界线完全一致者不多,但相差太大者也不多,说明行政因素对城市经济区的形成和发展影响也很大。

总之,东北地区是一个相对完整的地理单元,和全国其他大区相比,虽已基本形成了规模不等、职能各异、地域上有一定分工的城市体系,但规模等级尚不健全,职能分工尚不明确,地域间的协作还有待加强。今后应更好地加强城市之间的联系,强化特殊职能,在哈大和滨绥线以外,特别是周边地区注意培植大中城市,尤其是大城市,在辽宁注意发展中小城市。

对比其他学者的研究结果可以知道,上述结论基本上是正确的,说明用定量分析为主的方法研究区域城市体系是可行的,也是可靠的。应该注意的是：

（1）指标选取应力争充分、恰当。现代定量分析有计算机支持，不怕指标多，就怕不全；但也不能为了全就不顾是否有关，如果那样，计算出来的就不一定是城市的中心性指标。

（2）指标综合最好多用几种方法，以便相互校核和验证。为稳妥起见，可以多种方法的综合结果为准。

（3）用因子分析法进行指标综合，较少人为性，值得提倡，但不应把因子得分直接作为城市中心度指标，因中小城市的因子得分常为负数，用其作为中心度指标无法进行倍比分析和城市间的地域划分。

（4）划分城市经济区时应注意扣除城市内部自我服务部门的作用，因城市综合指数（规模指数、综合实力指数等）不同于城市外在作用力；真正对腹地有作用的是城市的外在作用力。

（5）定量分析要与定性分析结合，这种结合既体现在对同一问题的分析上，也体现在研究过程中不同阶段的衔接配合上；由定性分析入手（如指标选择），经过定量分析（指标间的相互关系分析和综合），再回到定性分析（定性结论），这是现代区域分析的一个完整过程，也是区域城市体系研究的完整过程。

（四）用断裂点模型进行区划的尝试

计算公式如下：

$$I_{ij} = k \frac{Q_i^\alpha Q_j^\beta}{d_{ij}^b} \qquad (4-18)$$

式中：I_{ij} 表示 i 区与 j 区之间的相互作用，根据具体情况可以是各种"流"；Q_i、Q_j 采用了更一般的质量概念，而不只是人口；d_{ij} 为距离；b、α、β、k 为经验系数，如为方便，可以取 $b=2$，$\alpha=\beta=k=1$。

这与牛顿万有引力模型的形式差不多。

根据上述模型和假定条件，设 i、j 为两个相邻的中心地（结节点，如商店或市场），二者相距 d_{ij}，该二结节点的腹地分界点为 X，则 X 点满足：

$$d_{ix} = d_{ij} / [1 + (S_j/S_i)^{1/2}] \qquad (4-19)$$

式中：d_{ix} 为 X 点距 i 的距离；S_i、S_j 分别是结节点 i、j 的质量（需根据具体情况定义）。

式（4-19）中的 X 运行轨迹有两种：一是当两个中心地的中心度相等时，X 的运行轨迹是二者之间的垂直平分线；否则，X 的运行轨迹是个圆。见如下推导：

根据式（4-19）和图 4-7 得：

第三节 空间相互作用分析

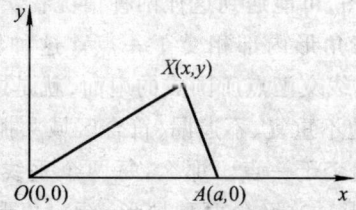

图 4-7 断裂点运动轨迹示意图

$$\sqrt{x^2+y^2}/\sqrt{(x-a)^2+y^2}=(Q_i/Q_j)=1/b \quad (4-20)$$

$$(b^2-1)x^2+2ax+(b^2-1)y^2=a^2 \quad (4-21)$$

式(4-21)中若 $b=1$，即 $Q_i=Q_j$（两中心地的中心性相等），X 的运行轨迹是直线 OA 的垂直平分线；

若 $b\neq 1$，将各项都除以 (b^2-1)，得：

$$[x+a/(b^2-1)]^2+y^2=a^2/(b^2-1)+[a/(b^2-1)]^2 \quad (4-22)$$

由(4-22)可以看出，X 的运行轨迹是圆，其圆心在 $O'[-a/(b^2-1),0]$，半径是（见图 4-8）：

$$r=\sqrt{a^2/(b^2-1)+[a^2/(b^2-1)]^2} \quad (4-23)$$

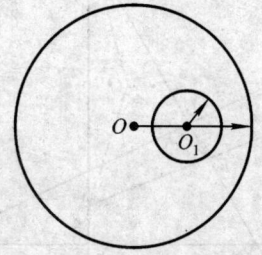

图 4-8 中心度不同的两个中心地腹地划分图

一个中心地的腹地，应该是一个相对封闭的区域。因此，求出断裂点之后，还不能直接得到这个区域，需要根据式(4-19)，用作图的方法确定两中心地腹地分界线。

如果 X 位于 i、j 之间的连线上，则 X 称为断裂点，亦即中心地 i、j 之间腹地的分界点。这就是断裂点理论。

讨论1：

中心性如何定义更科学、合理，有待探讨。

作图中遇到的问题：

根据计算结果画图,可能遇到这样两种情况:

(1) 3 条垂线在三角形内部相交于一点。这种情况很简单,原结节点、两个垂足和这个垂线交汇点所围成的扇面,就是这个结节点的腹地范围。3 个结节点的腹地不重复、不遗漏,符合区域共扼区划原则。

(2) 3 条垂线不相交于一点。那么,每两个垂线有一个交点,3 个交点构成一个新的三角形。这又分两种情形:新三角形完全在原三角形内部,如图 4-9 所示;新三角形不完全在原三角形内,如图 4-10 所示。

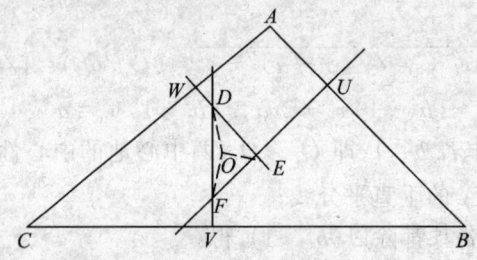

图 4-9　新三角形完全在原三角形内

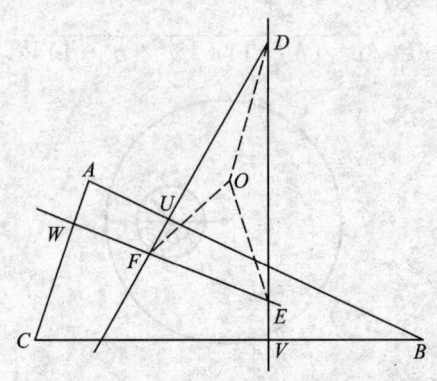

图 4-10　新三角形不完全在原三角形内

对于图 4-10 这种情形来说,如果区划要求严格,应该利用公式(4-18)对新三角形 $\triangle DEF$ 再作一次断裂点-垂线分割,此时 D、E、F 的位置坐标以前述计算结果为准,它们的质量可以定义为:

$$Q_D = (Q_A \times Q_C) \times (Q_C \times Q_B)/(Q_A \times Q_B \times Q_C) = Q_C$$

$$Q_E = (Q_A \times Q_C) \times (Q_A \times Q_B)/(Q_A \times Q_B \times Q_C) = Q_A$$

$$Q_F = (Q_B \times Q_C) \times (Q_A \times Q_B)/(Q_A \times Q_B \times Q_C) = Q_B$$

因作图中有意义的是相对质量,这样作不影响作图结果。

重复上述过程,直至新三角形的面积很小,再作下去对于作图没有意义为止。如果区划要求不太严格,那么,用新三角形几何中心与 D、E、F 分别连成直线,则以 A 为中心,W、D、O、U 围成的扇面为 A 的腹地,以 B 为中心,U、E、O、F、V 围成的扇面为 B 的腹地;以 C 为中心,W、D、O、F、V 围成的扇面为 C 的腹地。

对于图 4-10 的情形,如仍用前述方法,将导致 A、B 腹地之间不相邻。这个问题如何解决,目前尚无定论。

讨论 2:

(1) 区域层次性与结节点的层次性问题处理:先分好等级,同一等级结节点之间,进行同等级相邻腹地之间的划分。

(2) 等级划分关键是要定义好中心度(质量),这方面应该注意的问题,一是最好用多指标综合,避免片面性;二是要扣除内部自我服务部分。

(3) 分界线的确定,还要考虑到自然地理界限,如山脊线、河流等,以及行政区划范围、交通线路的走向等。

第四节 区域协调发展的定量分析模型

研究可持续发展问题,要从时间和空间两个方面进行,即在时间上应遵守理性分配的原则,不能在"赤字"的状况下运行;在空间上应遵守互惠互利的原则,不能以邻为壑。关于时间方面,已经有很多学者作过讨论,这里仅从经济发展的空间优化和时空耦合的角度,以投资及其回报为基础,探讨可持续发展的模型表达。

一、区域发展决策分析

区域发展过程是异常复杂的,为便于用数学模型描述,我们将其简单地看成是投入产出的过程。没有投入就没有产出,任何区域的发展,都依赖于资金、技术、劳动等的投入。为了简化问题,我们把投入归结为资金的投入(即投资),因为其他投入也都可以直接、间接地通过资金投入的增加反映出来。同样原因,我们也把区域发展简化为产出的增加。

如果资金使用得当,亦即在不考虑产业结构变化的情况下,对同一地区来说,地区获得的资金投入越多,发展越快,即地区的发展速度是资金投入的函数,地区某一时刻的发展水平取决于基期水平和基期与目标期之间的投入;对不同地区来说,可以用投资回报率来描述各地区的差别。

区域发展决策就是在总投资额一定的情况下,在保证地区间的发展水平、发展速度差异不至于太大的基础上,使区域可持续发展能力不降低,总投资回报额尽可能地大。

二、空间优化模型

(一) 基本思路

单纯地讲区域内某一特定地区的可持续发展是不全面的,区域发展空间优化过程,实质是协调效率和公平的过程,这可以转化为以地区间发展水平或发展速度差异不超过某一特定限度为约束条件,以经济效益最优为目标的规划问题。假定区域内各地区构成独立客体,一个地区的投资对其他地区投资没有影响;不考虑跨地区的投资项目。为计算地区差异方便,假定各地区人口相等,并将以同样的过程发展下去。由此我们可以构建出若干模型(体系)(图4-11)。

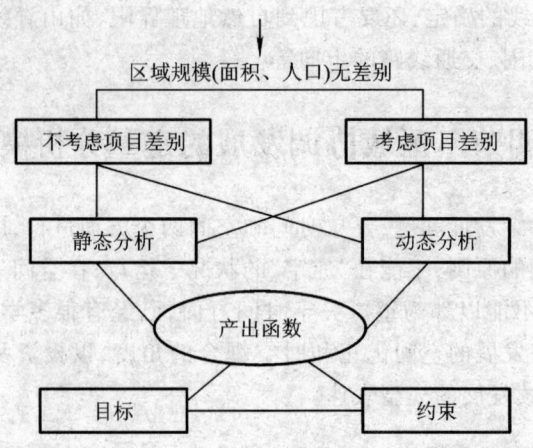

图 4-11 区域可持续发展的空间优化模型体系

(二) 不考虑项目差别的空间优化模型

1. 区域发展优化的静态分析模型

这里的静态分析,就是只考虑一次性投入和产出,既不做多次投入决策,也不考虑产出的延迟。将投入分成两部分,即公共投入和地方投入。

设有地区 n 个,依次记为 $1,2,\cdots,i,i+1,\cdots,n$。

假定1:各地区的静态投资回报率不变,分别记为 $H(1),H(2),\cdots,H(i),H(i+1),\cdots,H(n)$。

标记1:各地区目前的经济水平为 $y(1,0),y(2,0),\cdots,y(i,0),y(i+1,0),\cdots,y(n,0)$。

标记2:$y(i,t)$ 为 t 时刻的经济发展水平,其中最大、最小者分别记

第四节 区域协调发展的定量分析模型

为 $\max[y(i,t)], \min[y(i,t)]$。

标记3：各地区的投资额，记为 $T(1), T(2), \cdots, T(i), T(i+1), \cdots, T(n)$。并且 $T(i) = \mathrm{PT}(i) + \mathrm{AT}(i)$，其中 $\mathrm{PT}(i)$ 是全区域公共投入，为决策变量；$\mathrm{AT}(i)$ 是地方投入，为已知。

标记4：各地区可获得的最大公共投资额记为 $\mathrm{TX}(1), \mathrm{TX}(2), \cdots, \mathrm{TX}(i), \mathrm{TX}(i+1), \cdots, \mathrm{TX}(n)$ 为已知。

标记5：各地区目标期的经济水平记为 $y(1,t), y(2,t), \cdots, y(i,t), y(i+1,t), \cdots, y(n,t)$。那么，$y(i,t)$ 是初始水平和投资及其回报率的函数，即

$$y(i,t) = y(i,t-1) + T(i) \times H(i)$$

模型1：静态分析模型

目标函数：总投资回报额最大。即

$$\sum_{i=1}^{n} [\mathrm{PT}(i) + \mathrm{AT}(i)] \times H(i) \Rightarrow \max \qquad (4-24)$$

约束条件包括：

条件1：总公共投资额不超过一定规模。即

$$\sum_{i=1}^{n} \mathrm{PT}(i) \leqslant \mathrm{TT} \qquad (4-25)$$

条件2：地区发展水平之间的差别不超过一定的限度。即

$$\max[y(i,t)] - (或/)\min[y(i,t)] \leqslant \delta \qquad (4-26)$$

也可用各地区发展水平的变差系数或基尼系数作为限定条件，下同。

条件3：地区发展速度（相对发展速度）之间的差别不超过一定的限度。即

$$\max\{[y(i,t)-y(i,0)]/y(i,0)\} - (或/)\min\{[y(i,t)-y(i,0)]/y(i,0)\} \leqslant \varepsilon \qquad (4-27)$$

条件4：各地区投资额不超过可获得的贷（筹）款总额。即

$$\mathrm{AT}(i) \leqslant \mathrm{TX}(i) \quad (i=1,2,\cdots,n) \qquad (4-28)$$

以上分析是以贷（筹）款（投资）额与贷款利率之间关系不变为前提的。事实上，贷款利率不变只是在一定限度内成立，而当贷款额超过这个限度后，为减少风险，也为控制贷款规模，贷款利率总要调整，此时，就要把贷款利率纳入模型内。

这里考虑的是一次投资、一次收回的情况。如果各地区的贷款利率相同的话，这个模型对于逐渐收回情况也是适用的。当然，如果利率不同，则要作适当调整，此时，目标函数将变为式(4-29)：

$$\sum_{i=1}^{n} [\mathrm{PT}(i) + \mathrm{AT}(i)][1 - u(i)] \times H(i) \Rightarrow \max \qquad (4-29)$$

式中:$u(i)$是i地区贷款利率。

由上述的模型可以推得:帕累托最优不是理想的最优,因为地区间利益是可以互相弥补或替代的,当一个地区因为发展而获得的利益,远远地大于另一个地区因此而造成的损失的时候,这种发展是有意义的;同样的道理,如果某一时段的发展远远大于另一时段因此而造成的损失的话,这样的发展也是有价值的,因为我们所追求的是动态的整体的利益极大化。

2. 区域发展优化的动态分析模型

这里的动态分析就是研究连续的、多次的投资。

标记6:各区域不同阶段的公共投资额分别是$PT(1,j),PT(2,j)$,$\cdots,PT(i,j),\cdots,PT(n,j)$,为决策变量;$AT(1,j),AT(2,j),\cdots,AT(i,j),\cdots,AT(n,j)$为各地区不同时段自筹资金(投资),假定是已知的。

如果各区域的投资回报在回报期内是均匀分布的,此时可分两种情况构造模型:

(1) 产出只考虑总产出。即把投资回报只作一次性计算,即不考虑各区域贷款利率和存款利率的差别。为使计算简单,假定投资回收期L为常数,回收期内各时段均分投资收益。若用$H(i,j)$表示i地区j时段的投资总回报率,其对应的各时期的回报率是:

$$H(i,j,k)=H(i,j)/L \quad (4-30)$$

各区域、各时段发展水平$y(i,j)$为:

$$y(i,j)=y(i,0)+\sum_{k\leqslant j}[PT(i,k)+AT(i,k)]\times H(i,j,k)(j-k+1)$$
$$(4-31)$$

模型2:动态分析模型(1)

目标函数不变,约束条件如下:

条件1:各时段公共投资总额不超过一定规模:

$$\sum_{i=1}^{n}PT(i,j)\leqslant TT(j) \quad (4-32)$$

条件2:各时段各区域发展水平之间的差别不超过一定的限度:

$$\max[y(i,j)]-(或/)\min[y(i,j)]\leqslant\delta(j)\quad j=1,2,\cdots,m,m\text{ 为总时段数}$$
$$(4-33)$$

条件3:各时段各区域发展速度(相对发展速度)之间的差别不超过一定的限度:

$$\max[y(i,j)-y(i,j-1)]-(或/)\min[y(i,j-1)-y(i,j-1)]\leqslant\varepsilon(j)$$
$$(4-34)$$

式中:$j=1,2,\cdots,m$,m 为总时段数。

(2) 产出考虑时间延迟。即把投资回报看成是逐渐获得的,这就要考虑投资回报期和纯收益的利率。此时,决策变量为 $H(i,t)$(不同区域、不同时段的投资)。有:

模型3:动态分析模型(2)

约束条件表达方式只需作简单修正即可,目标函数如下:

$$\sum_{i=1}^{n}\sum_{j=1}^{m} T(i,t) \times H(i,t) \times [1+v(i,t)]^{m-j+1} \Rightarrow \max \qquad (4-35)$$

式中:$v(i,t)$ 为 i 地区 t 时段存款利率,假定是常数。

如果投资回报在回报期内不是均匀分布的,那就需要根据具体情况调整模型。

以上也是以各地区贷款利率、存款利率不变为前提的,若要考虑它们的变化,也要把贷款利率、存款利率纳入模型之中。因要进行复利计算,故模型将变得很复杂。

对上述模型进行分析,特别是通过计算机模拟可以知道:

(1) 在区域发展的早期阶段,发展是决策的主要目标,因此,必须有效地集中资金,并将其主要投到基础较好、条件优越的地方。这样,在区域发展中,各地方的投入不仅很有限,而且在总投入中所占比例也很小,相反,公共投入虽然总量不大,但其所占比例却可以很大。当区域发展到一定水平后,可持续发展,即区域内各地之间的协调发展成为决策的主要目标,所以,此时的公共投入主要用来发展落后地区,以缩小区域差异。这就是倒"U"字形规律的根本原因。

(2) 当一个地区自筹资金 $AT(i)$ 很大时,公共投资 $PT(i)$ 可以适当减少,因为这个地区已经进入自我积累、自我发展阶段,或者是因为区位、政策等因素好,不需要给予特别的扶持。

3. 考虑多种项目的静态模型

如果考虑的是多种项目在不同地区建设,不同项目在不同地区适应性不同。此时,可以用线性规划模型,也可以用适应性系数修正上述模型。

设适应性系数为 $w(i,j)$,显然有 $0 \leq w(i,j) \leq 1$。$w(i,j)=1$ 表示 j 项目在 i 地区可以获得最理想回报,$w(i,j)=0$ 表示 j 项目在 i 地区回报率为 0(最不适应)。此时其他公式不变,产出函数变为:

$$Y(i,t) = Y(i,t-1) + \sum_{j=1}^{m} T(i,j,t-1) \times w(i,j) \times H(i,j,t-1)$$

$$(4-36)$$

式中：$T(i,j,t-1)$、$H(i,j,t-1)$ 分别是 i 地区、j 项目、$t-1$ 时段的投资额及其回报率。

三、区域经济发展的时空偶合分析

（一）不考虑项目内容差别的简化模型

仍以投资（项目建设）模型为例，在不考虑项目差别的情况下，设 $X(i,t)$ 表示 i 区域 t 时段的投资额，为决策变量。

各地区的投资回报率 $H(i)$ 不变，投资回报额为：
$$P(i,t) = T(i,t) \times H(t) \qquad (4-37)$$
各地区的经济发展水平仍然是：
$$Y(i,t) = Y(i,t-1) \times T(i,t) \times H(t) \qquad (4-38)$$
目标函数和约束条件不变。

（二）考虑项目内容差别的复杂模型

仍用适应系数来描述不同项目在不同地区的适应性，如果各地区对于某种项目的适应性不随时间而变化，适应性系数仍然用 $w(i,j)$ 表示，此时，产出函数、目标函数和约束条件可以直接参照上述进行修正；若各地区对于某种项目的适应性随时间而变化，此时适应性系数可用 $w(i,j,t)$ 表示，$w(i,j,t)$ 仍然介于 $0\sim1$ 之间，含义不变。当然，如果时间跨度很大，要确定最适应和最不适应是不容易的。

本章复习思考题

1. 解释概念：① 等级规模法则；② 基尼系数；③ 距离衰减原理。
2. 试结合某一具体的问题，分析说明潜力模式的含义和用途。
3. 简要分析区域发展不平衡性变化的一般规律。
4. 试以省（区、市）为考察对象，分析我国当前区域差异的特征（数据到统计年鉴上查）。
5. 我国大区级中心城市分别为沈阳（东北）、北京（华北）、上海（华东）、武汉（华中）、广州（华南）、重庆（西南）、西安（西北），它们的数据如下：

本章复习思考题

附表1 大区级中心城市数据表

年份	指标	北京	沈阳	上海	武汉	广州	重庆	西安
1993	非农业人口/万人	577.0	360.4	749.0	328.4	291.4	226.7	195.9
	铁路货运量/万 t	3 051	549	1 257	1 233	934	360	269
	社会商品零售额/亿元	259.7	102.9	265.8	83.8	124.3	62.2	61.3
	国内生产总值/亿元	447.7	185.0	511.7	122.6	258.6	97.4	78.9
1998	非农业人口/万人	663	388	894	391	331	355	240
	铁路货运量/万 t	4 468	2 825	2 760	2 106	2 453	734	1 979
	社会商品零售额/亿元	1 106	447	1 186	492	755	283	240
	国内生产总值/亿元	1 781	791	2 973	877	1 298	706	465

各城市之间的交通距离(铁路及长江航运距离)如下图所示。试用断裂点理论,并结合图上作业结果,分析我国各大城市影响的区域范围及其变化。

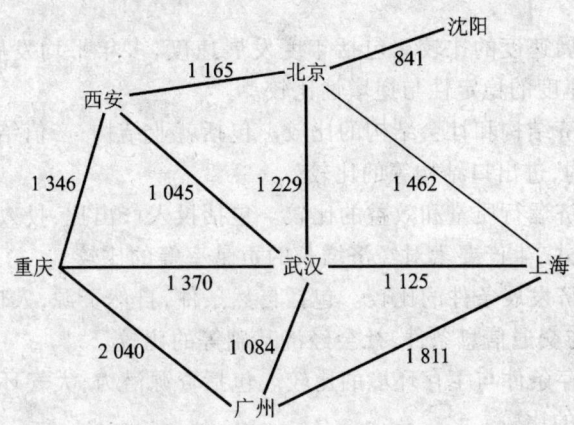

附图1 中国大区级中心相对位置关系(单位:km)

第五章 区域系统的功能效益分析

第一节 区域的比较与评价

一、区域经济的比较

(一) 比较的内容

(1) 综合实力与总体规模的比较。包括经济实力,科技实力,竞争力的比较。

(2) 发展水平的比较。包括生活水平,生活质量,科技水平等的比较。

(3) 发展速度的比较。包括年度发展速度,多年平均发展速度等的比较,发展速度的稳定性与递增性比较。

(4) 经济结构和社会结构的比较。包括就业结构,产值结构,技术结构,投资结构,进出口结构等的比较。

(5) 经济运行质量和效益的比较。包括投入产出比,投入弹性系数,经济增长方式,生产要素对经济增长的贡献率等的比较。

(6) 经济发展条件的比较。包括自然条件,自然资源,人口与劳动力条件,位置与交通信息条件,社会经济基础等的比较。

(7) 生存条件与生存环境的比较。包括资源潜力,大气环境质量,水环境质量等的比较。

(8) 社会秩序的比较。包括失业率,犯罪率,离婚率,火灾发生率,交通肇事率等。

(二) 比较对象的选择

(1) 横向比较对象。相邻地区,同级行政区的相似(相关)地区,上级行政区的平均状况,全国的平均状况等。

(2) 纵向比较对象。本区上一年度,上一发展阶段状况;上级区或全国上一年度/上一发展阶段及其平均状况;相关/相似地区历史阶段的状况等。

(三) 常用区域比较和评价指标与指数

1. 生活质量指数(the physical quality of life index,PQLI)

该指数是由美国海外发展委员会于 1975 年提出来的,用以综合评价社会福利、民众教育及生活水平。计算公式为:

PQLI =(识字率指数 + 婴儿死亡率指数 + 一岁期望寿命指数)/3

其中

识字率指数 = 实际识字率/识字率标准值(全国或全世界平均识字率)

一岁期望寿命指数 =(一岁期望寿命实际值 - 38)/0.39

婴儿死亡率指数 =(229 - 每千个婴儿死亡数)/2.22

2. ASHA(美国社会卫生协会,American Social Health Association)指标

$$ASHA 指标 = \frac{就业率 \times 识字率 \times 人均 GDP 增长率 \times 平均预期寿命/70}{人口出生率 \times 婴儿死亡率}$$

3. 经济业绩指数 EPI

EPI = 实际 GDP 增长率/(通货膨胀率 + 失业率)

4. 综合经济效益指数

综合经济效益指数 = 纯收入总额/(年均占用资金 × 折算费率 + 成本总额)

5. 全要素生产率 A

$$A = Y/(K^\alpha L^\beta)$$

式中:Y 为产出(产值或产量);K 为资金投入量;L 为劳动投入量;α 和 β 为参数。

6. 评测技术进步对经济增长贡献的指标体系

分宏观和微观两个层次。第一层次:总量宏观指标体系,对全社会、工业和农业及各行业三方面的技术进步进行分析和预测。第二层次:企业微观指标体系,对企业技术进步进行分析。目前所使用的指标体系有:

(1) 技术进步对总产值(净产值或国民收入)增长速度的贡献(%),即科技进步贡献率 P。一般情况下,$P > 50\%$,可以认为经济增长方式是集约的;$P < 50\%$,可以认为经济增长方式是粗放的。据国家计委产业经济和技术经济研究所测算,我国 1979—1994 年技术进步对 GDP 增长速度的贡献是 33%。

(2) 年技术进步速度。在经济增长速度中,减去加权的资金年增长速度和劳动力年增长速度后,经济增长速度的余值。

(3) 技术水平。假定基年的技术水平为 1,T 年技术水平反映的是该年与基年相比,技术水平的高低。

(4) 全部劳动效率。测定活劳动和物化劳动的全部劳动效率,不同于全员劳动生产率和资金产值率,是对二者的综合。

(5) 劳动-资金产值率(元/人)。它是劳动生产率和资金产值率相

乘的指标,也具有全部劳动效率的特点。

(6) 投入弹性系数。
$$K = [(I_t - I_0)/I_0]/[(O_t - O_0)/O_0]$$
即投入增长速度/产出增长速度。其中投入要素有5种:物力、财力、人力、运力、自然(资源)力。也可以进一步分成更多类型的投入。投入弹性系数与经济增长方式关系如下:

投入弹性系数	经济增长方式
≥1	完全粗放型
≤0	完全集约型
0~1	粗放集约结合型
>0.5	粗放型为主
<0.5	集约型为主

对具体区域来说,各种投入要素的投入弹性系数是不同的,有时甚至是相互矛盾的,比如,节省劳动力可以通过扩大资本投入等来获得,反之亦然。因此,单纯地研究一种投入要素的投入弹性系数有时还不够,最好把各种投入弹性系数综合起来,才能对区域经济增长质量作出全面评价。综合方法见后面的有关评价方法等方面的内容。

(7) 投入经济效率或投入系数。计算式如下:
$$投入经济效率 = GNP/GDP \text{ 或增加值}/投入要素量$$
$$投入系数 = 投入要素量/GDP \text{ 增加值等}$$

7. 现代化国家(地区)的量化指标

现代化表现在很多方面,目前比较流行的现代化水平测量方法是用10个最能反映现代化特征的指标对一个国家或地区进行综合测定(见表5-1)。世界1999年平均现代化指数是101%,中国为82%,在120个人口在百万以上的国家中居第66位。中国的差距主要是收入水平和大学生入学率较低,城市化和第三产业也较落后。美国现代化水平最高,指数达278%。

表5-1 现代化指标及我国达标情况

项目	现代化标准	我国目前情况
人均 GDP/美元	>3 000	772
非农产业占 GDP 比重/%	>85	82
第三产业占 GDP 比重/%	>45	33

第一节 区域的比较与评价

续表

项 目	现代化标准	我国目前情况
城市人口占总人口比重/%	>50	30
非农业就业人口占就业人口比重/%	>70	47.8
大学生占20~24岁年龄人口比重/%	>12.5	4
人口净增长率(1990—1998年平均)/%	<1	1.1(负指标)
人口平均预期寿命/岁	>70	71
平均多少人拥有一个医生/人	<1 000	620(负指标)
成人识字率/%	>80	83

资料来源:数字中国——我国现代化水平居世界第66位.北京青年报,2000-05-11(33)。

对于上述指标,采用罗马尼亚转换公式:

$$X_i = 99 \times C_i/A + 1$$

式中:X_i为i区该项指标的得分;A为现代化标准;C_i为i区该项指标的值(逆指标将C_i和A的位置颠倒),并用简单加和的办法即可求出对象区域的现代化得分。

当该得分达到100分时,该区域即进入初步现代化;当得分达到160分时,该区域为基本实现现代化。我国总体上没有进入初步现代化,上海、北京、天津等已经进入初步现代化阶段,前二者甚至进入到基本现代化阶段,因为它们的2000年现代化得分已经超过160分。

8. 我国小康建设指标

(1) 城镇居民(表5-2)。

表5-2 城镇居民小康建设指标

一级指标及权重	二级指标	单位	1980年	小康值	权重
经济发展水平(21)	1. 人均国内生产总值	元	1 750	5 000	12
	2. 第三产业增加值比重	%	20.6	40	9
物质生活水平(37)	3. 恩格尔系数	%	62	50	7
	4. 蛋白质日摄入量	g	60	75	5
	5. 人均可支配收入	元	974	2 400	15
	6. 人均住房面积	m²	5.5	12	10

续表

一级指标及权重	二级指标	单位	1980年	小康值	权重
精神生活(12)	7. 电视机普及率	台/百户	58	100	5
	8. 文教娱乐支出比重	%	6	16	7
人口素质(12)	9. 人口平均预期寿命	岁	67	70	5
	10. 中学入学率	%	70	90	7
生活环境与社会保障(18)	11. 人均绿地面积	m²	3	9	9
	12. 万人刑事案件立案数	件		20	9

资料来源：本书编写组.全面建设小康社会学习读本.北京：中共中央党校出版社,2002.下同。

(2) 农村居民(表5-3)。

表5-3 农村居民小康指标

一级指标及权重	二级指标	单位	权重	温饱值	小康值
收入分配(35)	1. 人均纯收入	元	30	300	1 200
	2. 基尼系数	—	5	0.2	0.3~0.4
物质生活(25)	3. 恩格尔系数	%	6	60	≤50
	4. 蛋白质日摄入量	g	9	47	75
	5. 衣着消费支出	元	3	27	70
	6. 钢木结构住房	%	7	43	80
精神生活(12)	7. 电视机普及率	台/百户	6	1	70
	8. 文化服务支出比重	%	6	2	10
人口素质(9)	9. 人口平均预期寿命	岁	4	68	70
	10. 劳动力平均受教育程度	年	5	6	8
生活环境(11)	11. 已通公路的行政村比重	%	3	50	85
	12. 安全卫生普及率	%	3	50	90
	13. 用电户比重	%	3	50	95
	14. 已通电话的行政村比重	%	2	50	70
社会保障与社会安全(8)	15. 享受社会五保人口的比重	%	4	50	90
	16. 万人刑事案件立案数	件	4	5	≤20

二、区域经济的综合评价

（一）评价的基本范畴

评价对象，即对谁、对哪些客体进行评价。

评价目标，即评价目的是为了什么，是评价对象的好坏，还是大小等。

评价对象因素，即从哪些方面、用哪些指标进行评价。

评语，即评价结论，如好、较好、一般等，或1分、3分、5分等所构成的集合。

评价准则，即在什么情况下，给评价指标什么值，是一种映射关系。

评价结果，即对评价对象的评语最终评价。

（二）区域发展规划中的评价问题

(1) 项目评价。对所建项目或技改项目的技术可行性、经济合理性及客观必要性等进行全面考察，目的是为决策者作"项目建设与否"决策提供建议。

(2) 方案评价。对采取什么路线和办法来实现确定的目标，进行全面的、细致的技术经济分析，目的是为选择最优方案提供科学依据。

(3) 政策评价。对政府将要采取的某项政策进行前瞻性评价，或对已实施的政策进行后验性评价。包括该项政策对区域经济发展的影响（直接影响和间接影响），对社会进步的影响，对产业结构和科技进步的影响等，目的是为决策部门制定和实施/修改政策提供依据。

（三）评价方法

1. 直观判断法

以评价人员（常常是有一定资历的专家）的直观判断为基础，对评价对象进行评价。具体又分两种做法，即直接打分法和对比赋值法。前者只考虑评价对象本身和评价标准，直接给出评语，模糊数学中的模糊综合评判即是如此；后者不直接对评价对象进行评价，而是把多个评价对象两两进行比较，给出该评价对象相对于其他评价对象而言的好坏优劣得分，如层次分析法中的做法。两相比较，前者简单易行，但人为性较大；后者客观性较强，但评价过程工作量增加，当评价对象很多，评价准则也很多时，赋值次数相当大，易引起评价者（专家）的反感。

2. 尺度对应法

直观判断法适合于那些难于量化或不易得到量化数据问题的评价，人为性（主观性）较大。当评价对象的特征指标有数据基础时，应尽量不用这种方法，而用尺度对应方法，即以特征指标数据为基础，通过适当的变换得到对评价对象的评语，这也是数据变换中常用的无量纲化方法。

变换方法有直线对应法、曲线对应法和折线对应法等。

（1）直线对应法。假定特征值与评价值之间呈线性关系，这在实践中是较为常见的，如特征值越大越好或越小越好。包括3个具体变换：

极值法：

正线性相关变换：
$$Y_i = (X_i - \min X_i)/(\max X_i - \min X_i)$$

式中：Y_i 为评价值；X_i 为原始数据（特征值），下同。

负线性相关变换：
$$Y_i = (\max X_i - X_i)/(\max X_i - \min X_i)$$

Z-score 法：
$$Y_i = (X_i - X')/s$$

式中：X' 为 X 的均值；s 是 X 的方差，下同。

罗马尼亚变换法：
$$Y_i = 99 \times X_i/A + 1$$

式中：Y_i、X_i 与前同；A 是标准值。

此公式也可以作如下变换，以改变极值之间的对比关系：
$$Y_i = 50 + 100 \times (X_i - X')/10s$$

比重法：
$$Y_i = X_i/\sum X_i$$

或
$$Y_i = X_i/(\sum X_i^2)^{1/2}$$

（2）折线对应法（也叫分阶段直线对应法）。假定特征值与评价值之间的关系在不同的域值范围内是不同的，而在同一域值范围内是呈线性相关的。变换公式与直线对应法相似，如用极值法作变换，可以有如下形式：

$$Y = \begin{cases} 0 & X = 0 \\ (X_i/X_m) \times Y_m & 0 < X_i < X_m \\ Y_m + (X_i - X_m)/(\max X_i - X_m) \times (1 - Y_m) & X > X_m \end{cases}$$

或

$$Y = \begin{cases} 0 & X_i < X_a \\ (X_i - X_a)/(X_b - X_a) & X_a < X_i < X_b \\ 1 & X_i > X_b \end{cases}$$

（3）曲线对应法。假定评价对象的实际值对评价值的影响不是等比例的。指标值 X_i 的等量变化，在某一区间对评价事物作用较大，从而体现在综合评价中，是评价值 Y_i 的较大变化；而在另一区间，情形可能恰恰

第一节 区域的比较与评价

相反。同时,X_i的变化又不像折线对应中那样,仅存在一个折点。曲线变换公式较多,常见形式如下:

$$y = \begin{cases} 0 & 0 \leq x \leq a \\ 1 - e^{-k(x-a)} & x > a \end{cases}$$

$$y = \begin{cases} 0 & 0 \leq x \leq a \\ 1 - e^{-k(x-a)^2} & x > a \end{cases}$$

$$y = \begin{cases} 0 & 0 \leq x \leq a \\ a(x-a)^k & a \leq x \leq (a+1/a)^k \\ 1 & x \geq (a+1/a)^k \end{cases}$$

3. 多指标综合评价法

(1) 原理。把多个描述被评价事物不同方面且量纲不同的统计指标,转化成无量纲的相对评价值,然后将这些评价值换算成一个综合值,实现对该事物的整体评价。

(2) 步骤。① 选取评价指标,建立评价指标体系;② 根据被评价事物的实际情况,选定所用的尺度对应方法(无量纲化)和合成方法(算术加权或几何加权等);③ 确定指标的有关阈值、参数,如适度值、不允许值、满意值等,确定哪些阈值、参数要随无量纲化方法的不同而不同;④ 确定每个指标在评价指标体系中的权重;⑤ 将指标实际值(特征值)转化为评价值,即进行无量纲化;⑥ 将各指标评价值合成,即加权,得出综合评价值;⑦ 以综合评价值的大小,对各评价对象排序,给出评价结论。

(3) 指标权重的确定。可仿照直观判断法进行。

(4) 合成方法的选择。参见实例中"上海港选址评价"有关部分。

4. 层次分析法

适合于多层次、多指标、多准则的综合评价,具体方法见"决策与对策方法"中的有关部分。

三、区域评价案例

(一) 我国各省区工业经济效益的综合评价

衡量工业经济效益的指标包括产品销售率,工业资金利税率,工业成本利润率,工业净产值率,全员劳动生产率和流动资金周转次数等。国家统计局评价各省(区/市)工业经济效益采取的是多指标加权综合的方法,计算公式如下:

工业经济效益综合指数 = 累加和[权重×(某项经济效益指标报告期数值/全国该项指标标准值)]

总权数为100。所用指标及其权重如表5-4所示。

表5-4 工业经济效益综合评价指标及权重

项　目	权重	全国标准值 ("七五"平均值)	权重/标准值
产品销售率	15	97.48%	15.387 77
工业资金利税率	30	13.55%	221.402 2
工业成本利润率	15	8.41%	178.359 1
工业净产值率	10	29.00%	34.482 76
全员劳动生产率	10	6 205元	0.000 166
流动资金周转次数	20	1.83次	10.928 96

用这些数值和公式即可对全国各省(区/市)"七五"期间工业经济效益进行综合评价。若要对"八五"或其他时段的工业经济效益进行综合，各指标的权重不变，只需求(找)出全国对应时期的标准值，再用上述公式计算即可。

(二) 中国县(市)社会经济综合实力评价的基本思路

1. 评价对象

县(市)范围内的社会活动和县属的经济活动。

2. 评价的指导思想

以正确反映县(市)的综合实力为目标；以建立评价指标体系为基础；以综合评价为手段；充分考虑农村经济在县(市)社会经济发展中的作用。

3. 指标体系

(1) 人均耕地面积。

(2) 有效灌溉面积占耕地面积比重。

(3) 耕地面积变动度。

(4) 人均农林牧渔业增加值。

(5) 人均贷款额。

(6) 农村人均用电量。

(7) 国内生产总值(GDP)。

(8) 地方财政收入。

(9) 各项税收。

(10) 人均国内生产总值。

(11) 人均财政收入。

(12) 人均向国家提交税金。

(13) 社会劳动生产率。

(14) 农产品商品率。
(15) 农业劳动力占全社会劳动力资源的比重逆指标。
(16) 第二、三产业增加值与 GDP 的百分比。
(17) 支援农业支出占财政支出的比重。
(18) 人口自然增长率(逆指标)。
(19) 每百万人中中学生的比重。
(20) 每个教师负担的学生数(逆指标)。
(21) 人均财政文教科卫事业费支出。
(22) 每万人拥有的医院、卫生床位数。
(23) 农业技术人员占农业劳动力的比重。
(24) 乡镇企业固定资产新度系数。
(25) 人均储蓄余额。
(26) 农民人均纯收入。
(27) 职工平均工资。
(28) 人均占有食品折合能量。
(29) 谷物折合能量占全部食品折合能量的比重。
(30) 人均社会消费品零售额。

4. 综合方法

(1) 原始数据标准化。包括两个方面,即数据同趋化和无量纲化处理。其中前者是通过取倒数或倒扣等方法把逆指标化为与评价结论一致的指标,后者是通过下式把各原始指标标准化:

$$z = (x - x')/s$$

式中: z 为某指标的标准分值; x 为该指标的原始值; x' 为 x 的平均值; s 为该指标的标准差。

(2) 指标权重的确定。德尔菲法主观赋权和主成分分析定权重相结合。

(3) 指标综合方法。线性加权。

(三) 用综合评价方法进行上海新港选址的试验

1. 基本思路

港口选址是多目标决策问题,主要是哪些备选地址作港口最可能,哪些备选地址作港口最满意。而影响可行或满意的因素很多,譬如政治、经济、地理条件、技术、交通、城市总体规划等,它们相互交织在一起,直观判断和简单定量计算,都不能解决这个问题[1]。

---

[1] 中国系统工程学汇编. 系统工程案例. 北京:科学出版社,1988.135~142

把一个决策先分成可能与需要两个方面,进行单因素分析,然后再将二者综合起来,有可能将使问题变得简单一些。这里就先从"可行"和"满意"两个方面进行单因素分析。

设可能度为 $p(r)$,满意度为 $q(s)$,可能-满意度为 $W,W \in [0,1]$。当 $W=1$ 时表示百分之百地既可能又满意;当 $W=0$ 表示或者完全不可能,或者完全不满意,或者既不可能又不满意。这种并合可用下式表示:

$$W(a) = \langle p(r) o q(s) \rangle$$

式中:o 表示并合的运算过程。

从定量的角度看,既有可能,又要满意,因此一般关系式:

$$W(a) \leq \max, \min \langle p(r) o q(s) \rangle$$
$$r(或 s), p, q$$
$$\text{s.t.} f(r,s,a) = 0, r \in R, s \in S, a \in A$$

式中:s.t. 表示并合过程的限制条件。

要把各分项可能-满意度合并成总的可能满意度,可以采用多目标决策中的多维价值组合规则,诸如代换、加法、乘法和混合运算等,使用的原则用俗语来说就是:

缺一不可——乘法法则;好坏搭配——加权加法;不可偏废——加权乘法;一好遮百丑——代换法则;模棱两可——混合法则。

2. 评级指标体系

通过查阅大量资料,现场考察,走访各有关新港区的可行性研究分项咨询单位,多次与上海港务局有关领导、设计人员讨论,并通过两轮特尔斐(Dephi)法咨询,经过反复研究、推敲,设计出与国家政策一致性 3 条、技术 20 条、经济 13 条、与城市和地区发展规划的关系 7 条、与全国交通网联系 8 条、资源 11 条、环境保护 4 条、受国内其他项目影响 2 条、军事 2 条,共 9 大类 70 条评价指标。并对 9 大类和 70 条指标的重要程度区分为不同等级,即极重要 A、很重要 B、重要 C、应考虑 D、意义不大 E 和不必考虑 F。

3. 评价指标的量化

从量化特征的角度,可以将上述 70 项指标分成 3 大类:

第一类,能够直接量化的,如投资额,可以用单位泊位的总投资来衡量。

第二类,可以间接地量化的指标,如气候条件,包括港址的风力、风速、港区波浪高度等,这些因素的优劣很难直接定量。这类指标可根据经验、技术指标,用尺度对应法给出评价结果。

第三类,定性指标的量化。这类指标有的太复杂,无法用数据描述其特征,如对国家安全的影响;有的虽然可以用数据描述之,但因太复杂,获取数据特征成本太高,技术难度太大,如岸滩的稳定性。对于这类指标,可以用专家打分的方法,获取量化信息。

4. 合成模型

分层逐级合成。即用单因素综合的方法,先将70项基层指标合并成9大类综合指标,再将9大类综合指标合并成一个可能-满意度指标。合并成9大类指标时,根据各指标之间的关系,采取不同的合成方法,有的是加权乘法,有的是加权加法,也有的是代换法则。权重的分配都是根据专家意见综合的。由9大类综合指标合并成可能-满意度时,采用的是如下的合成模型:

$$H = \langle U_1(\cdot) \langle U_2(+) U_3 \rangle \langle U_4(+) U_5(+) U_6(+) U_7(+) U_8(+) U_9 \rangle \rangle$$

式中:$(\cdot)$是加权乘法;$(+)$是加权加法。

5. 结果分析

经过多次仿真运算和参数调整,得到各备选地点的可能-满意度值,其中前4位按由大到小的顺序排列如下:

$H_{金山嘴} = 0.78767$,$H_{外高桥} = 0.782403$,$H_{七丫口} = 0.73931$,$H_{罗泾} = 0.672654$。

根据评价结果可以得出以下几点结论:

(1) 金山嘴、外高桥、七丫口、罗泾等均可以作为上海新港的选址点,因为它们的可能-满意度评价值都超过0.6,及格。

(2) 按H值的大小来说,金山嘴最好,其他以此类推,但它们的H值都未超过0.8,都不十分理想。金山嘴与外高桥的H值差别不大,建议做进一步研究。

(3) 经过灵敏度分析,上述结论比较稳定,说明上述结果的可信程度很高。

第二节　模糊综合评价方法

模糊综合评价(评判),是一种运用模糊数学原理分析和评价具有"模糊性"的事物的系统分析方法,是以模糊推理为主的定性与定量相结合、精确与非精确相统一的分析评价方法。由于这种方法在处理各种难以用精确数学方法描述的复杂系统问题方面所表现出的独特的优越性,越来越被人们所认识和应用。

一、模糊综合评价模型

(一) 单层次模糊综合评价模型

给定两个有限论域:

$$U = \{u_1, u_2, \cdots, u_m\} \quad (5-1)$$

$$V = \{v_1, v_2, \cdots, v_n\} \quad (5-2)$$

式(5-1)中,U代表所有的评判因素所组成的集合;式(5-2)中,V代表所有的评语等级所组成的集合。

如果着眼于第$i(i=1,2,\cdots,m)$个评价因素u_i,其单因素评价结果为$\boldsymbol{R}_i = (r_{i1}, r_{i2}, \cdots, r_{in})$,则这$m$个评价因素的评价决策矩阵为:

$$\boldsymbol{R} = (\boldsymbol{R}_1, \boldsymbol{R}_2, \cdots, \boldsymbol{R}_m)^{\mathrm{T}} = (r_{ij})_{m \times n} \quad (5-3)$$

就是U到V上的一个模糊关系。

如果对各评判因素的权重分配为$A' = \{a_1, a_2, \cdots, a_m\}$,显然$A'$是论域$U$上的一个模糊子集,且$0 \leqslant a_i \leqslant 1$,$\sum a_i = 1$,则应用模糊变换的合成运算,可以得到论域$V$上的一个模糊子集,即综合评价结果为:

$$B = A' \circ R = \{b_1, b_2, \cdots, b_n\} \quad (5-4)$$

(二) 多层次模糊综合评价模型

在复杂大系统中,需要考虑的因素是很多的,而且因素之间还存在着不同的层次。这时,就需要将综合评价因素集合按照某种属性分成几类,先对每一类进综合评价,然后再对各类综合评价结果进行类间的高层次评价。这就是多层次综合评价的思路。

多层次模糊综合评价模型的建立,可以按以下步骤进行:

(1) 对评价因素集合进行分类。
(2) 对于各类因素,分别用单层次评价方法进行评价。
(3) 对各类评价结果进行合成。合成方法有多种,如普通矩阵算法合成,这适用于多因素排序;极大/极小合成,这适合于单因素最优的选择;主成分得分合成,这是最综合、客观的评价。

二、模糊综合评价实例

模糊综合评价似乎很抽象,其实很简单,下面结合实例说明这种方法的一些具体问题。橡胶是一种对温度和风速比较敏感的植物,这里用模糊综合评价的方法对南宁、广州、景洪、海口、万宁、龙州6个地区种植橡

第二节 模糊综合评价方法

胶的气候适宜性进行评价[①]。

取评价集为:
$$V = \{很适宜,较适宜,适宜,不适宜\}$$

由种植经验知道,橡胶的生产是否适宜取决于以下几个因素:年平均气温,T;年极端最低气温,T_n;风速,u。且认为 T 最重要,T_n 次之,u 更次之。取它们的权重分配为:$A' = (0.80, 0.19, 0.01)$。

根据种橡胶的经验,认为 $T \geqslant 23℃$,$T_n \geqslant 8℃$,$u \leqslant 1$ m/s 为种植橡胶最适宜的气候条件,于是在给定 T, T_n, u 的条件下适宜于橡胶种植的从属函数(尺度对应关系)如下:

$$\mu(T) = \begin{cases} 1 & T \geqslant 23℃ \\ 1/[1 + \alpha_T(T-23)^2] & \alpha_T = 0.062\,5 \end{cases}$$

$$\mu(T_n) = \begin{cases} 1 & T_n \geqslant 8℃ \\ 1/[1 + \alpha_{T_n}(8-T_n)^2] & (-4℃ \leqslant T_n < 8℃, \alpha_{T_n} = 0.083\,3) \\ 0 & (T_n < -4℃) \end{cases}$$

$$\mu(F) = \begin{cases} 1 & (F \leqslant 1 \text{ m/s}) \\ 1/[1 + \alpha_u(u-1)^2] & (u > 1 \text{ m/s}, \alpha_u = 0.818\,2) \end{cases}$$

式中:α_T、α_{T_n}、α_u 为经验参数。

我们根据隶属程度的大小规定:

$\mu \geqslant 0.90$ 为很适宜,$0.90 > \mu > 0.80$ 为较适宜,$0.80 > \mu > 0.70$ 为适宜,$\mu < 0.70$ 为不适宜。

以 6 个地区多年气象资料为依据,并取各要素不同年份出现的频率作为该指标的隶属度评语,即可算出各地区不同方面(要素)种植橡胶的适宜性。如南宁地区在 1960—1978 年的 19 年中,有 8 年的平均温度是很适合种植橡胶的($\mu(T) \geqslant 0.90$),即 $r_{11} = 8/19 = 0.42$。以此类推,可分别建立 6 个地区的单因素综合评价矩阵。假定南宁和万宁地区的单因素评价结果见表 5-5 和表 5-6。

于是不难求得综合评价结果(假定用普通矩阵相乘方法):

$$B_{南宁} = (0.30, 0.42, 0.14, 0.14)$$

$$B_{万宁} = (0.98, 0.01, 0, 0.01)$$

[①] 冯德益,楼世博等编著.模糊数学方法与应用.北京:地震出版社,1985.143~145

表 5-5 南宁地区橡胶适宜性单因素评价结果表

评价结果	很适宜	较适宜	适宜	不适宜
年平均温度/℃	0.42	0.58	0	0
年极端最低温度/℃	0	0	0.26	0.74
年平均风速/(m·s^{-1})	0	0.11	0.26	0.63

表 5-6 万宁地区橡胶适宜性单因素评价结果表

评价结果	很适宜	较适宜	适宜	不适宜
年平均温度/℃	1	0	0	0
年极端最低温度/℃	0.95	0.05	0	0
年平均风速/(m·s^{-1})	0	0	0	1

同样可得:

$$B_{景洪} = (0.53, 0.31, 0.16, 0)$$
$$B_{广州} = (0.47, 0.27, 0.10, 0.14)$$
$$B_{海口} = (0.80, 0.19, 0.01, 0)$$
$$B_{龙州} = (0.62, 0.09, 0.15, 0.14)$$

上述结果表明,万宁、海口最适合种植橡胶;景洪、龙州较适宜;广州、南宁最差。

若改变气象因子权重的分配,评价结果也将改变。因为上述结果与实际有一定误差,为此,我们调整各因子的权重分配: $A' = (0.19, 0.80, 0.01)$。由此计算,得到的各地区评价结果为:

$$B_{南宁} = (0.14, 0.14, 0.19, 0.54)$$
$$B_{万宁} = (0.95, 0.04, 0, 0.01)$$
$$B_{景洪} = (0.32, 0.37, 0.26, 0.05)$$
$$B_{广州} = (0.14, 0.14, 0.12, 0.60)$$
$$B_{海口} = (0.63, 0.21, 0.16, 0.01)$$
$$B_{龙州} = (0.19, 0.11, 0.21, 0.74)$$

上述评价结果与实际情况基本吻合,万宁是我国最主要的橡胶产区,基本无冻害;海口也是橡胶产区之一,但有不同程度的冻害;景洪是西双版纳产胶地区之一,但条件不如万宁好,有冻害;南宁、广州根本不能种植橡胶,冻害严重;龙州虽然有部分橡胶林,但冻害严重,对橡胶生长十分不利。

由上述实例可以看出,因子权重的分配很重要,应根据实际情况确定和调整权重分配,使评价结果尽可能与实际相符。当然,映射关系(尺度对应)的确定同样重要,但它的确定,一般要根据实际经验,而不是简单的数学运算过程。

第三节 层次分析法

美国运筹学家萨德(A. L. Saaty)于 20 世纪 70 年代提出来的层次分析法(analytical hierarrchy process,简称 AHP 方法),是一种定性与定量相结合的决策分析方法。对各种类型问题的决策分析具有较广泛的实用性。

一、基本原理

层次分析法的基本原理可用以下简单事例加以说明。假设有 m 个物体 $A_1, A_2, \cdots, A_m$,它们的质量分别记为 $W_1, W_2, \cdots, W_m$。现将物体的质量两两进行比较,见表 5-7。

表 5-7 层次分析表式(1):数据含义表

物体	A_1	A_2	$\cdots$	A_m
A_1	W_1/W_1	W_1/W_2	$\cdots$	W_1/W_m
A_2	W_2/W_1	W_2/W_2	$\cdots$	W_2/W_m
$\cdots$	$\cdots$	$\cdots$	$\cdots$	$\cdots$
A_m	W_m/W_1	W_m/W_2	$\cdots$	W_m/W_m

若以矩阵表示这种相对质量关系,即:

$$A = (W_{ij})_{m \times m} \tag{5-5}$$

式中:$W_{ij} = W_j/W_i, i, j = 1, 2, \cdots, m$;$A$ 称为判断矩阵。若取质量向量 $W = (W_1, W_2, \cdots, W_m)^T$,则有:

$$AW = mW \tag{5-6}$$

这就是说,W 是判断矩阵 A 的特征向量,m 是 A 的一个特征值。事实上,根据线性代数知识不难证明,m 是 A 的惟一非零的、也是最大的特征值,而 W 为其所对应的特征向量。

上述事实提示我们,如果一组物体,需要知道它们的质量,而又没有衡器,我们就可以通过两两比较它们的相互质量,得出每对物体质量比的判断,从而构成判断矩阵;然后通过求解判断矩阵的最大特征值 λ_{max} 和它所对应的特征向量,就可以得出这一组物体的相对重量。根据这一思路,在区域开发研究或区域规划当中,对于一些无法测量的因素,只要引入合理的标度,就可以用这种方法来度量各因素的相对重要性,从而为区域开发决策提供依据。

二、基本步骤

(1) 明确问题。即弄清问题的范围、所包含的因素、各因素之间的关系等。

(2) 建立层次结构。将问题所包含的因素进一步分组,把每一组作为一个层次,按照最高层(目标层)、若干中间层(策略层)以及最低层(措施层)的形式排列出来。这种层次结构常用表5-8来表示。表5-8中要注明上下层元素之间的关系。如果某一元素与下层的所有元素均有联系,则称这个元素与下一层存在完全层次关系;如果某一元素只与下一层的部分元素有联系,则称这个元素与下一层次存在不完全层次关系。

(3) 构造判断矩阵。针对上一层次中某一元素而言,评定本层次中各有关元素的相对重要性。其形式如下:

表5-8 层次分析表式(2):层次单排序

A_k	B_1	B_2	...	B_n
B_1	b_{11}	b_{12}	...	b_{1n}
B_2	b_{21}	b_{22}	...	b_{2n}
...	...	...	...	...
B_n	b_{n1}	b_{n2}	...	b_{nn}

其中 b_{ij} 表示对于 A_k 而言,元素 B_i 对 B_j 的相对重要性的判断值。b_{ij} 一般取1,3,5,7,9等5个等级表度,其意义为:1 表示 B_i 于 B_j 同等重要;3 表示 B_i 比 B_j 重要一点;5 表示 B_i 比 B_j 重要得多;7 表示 B_i 比 B_j 很重要;9 表示 B_i 比 B_j 极端重要。而2,4,6,8 表示相邻判断的中值,当5等级不够用时,可以使用这些数值。

一般说来,应该有 $b_{ii}=1, b_{ij}=1/b_{ji}(i,j=1,2,\cdots,n)$,因此,在构造判断矩阵时,只需写出上三角或下三角即可。

判断矩阵的数值是根据数据资料、专家意见和分析者的认识加以综合给出的。衡量判断矩阵质量的标准是矩阵中的判断是否具有一致性。

第三节 层次分析法

如果存在 $b_{ij} = b_{ik}/b_{jk}$，$i,j,k=1,2,\cdots,n$，称它具有完全一致性。因客观事物的复杂性和人们对事物认识的多样性，要求每一判断矩阵都有完全一致性很难做到，特别是因素多、规模大的问题，更是如此。为了考察层次分析法得到的结果是否基本合理，需要对判断矩阵进行一致性检验。

(4) 层次单排序。层次单排序的目的是对于上层次中的某元素而言，确定本层次与之有联系的元素重要性次序的权重值。它是本层次所有元素对上一层次而言的重要性的基础。

层次单排序的任务可以归结为计算判断矩阵的特征根和特征向量问题，即对于判断矩阵 B，计算满足式(5-7)的特征根和特征向量：

$$BW = \lambda_{\max} W \quad (5-7)$$

式中：$\lambda_{\max}$ 为 B 的最大特征根；W 为对应于 $\lambda_{\max}$ 的正规化特征向量；W 的分量 W_i 就是对应元素单排序的权重值。

根据前述可以知道，当判断矩阵具有完全一致性时，$\lambda_{\max} = n$。但在一般情况下很难做到判断矩阵的完全一致性。为了检验判断矩阵的一致性，需要计算一致性指标：

$$CI = (\lambda_{\max} - n)/(n-1) \quad (5-8)$$

式(5-8)中，当 $CI = 0$ 时，判断矩阵具有完全的一致性；反之，CI 越大，判断矩阵的一致性越差。

为了检验判断矩阵是否具有令人满意的一致性，需将 CI 与平均随机一致性指标 RI 进行比较。一般而言，1 或 2 阶判断矩阵总是具有一致性的，对于 2 阶以上的判断矩阵，其一致性指标 CI 与同阶的平均随机一致性指标 RI 之比，称为判断矩阵的平均一致性比例，记为 CR。一般地，当 $CR = CI/RI < 0.10$ 时，判断矩阵具有满意的一致性；否则，就需要对判断矩阵进行调整，直到满意为止（表 5-9）。

表 5-9 随机一致性检验值

阶数	1	2	3	4	5	6	7	8	9	10	11	12	13	14	15
RI	0	0	0.58	0.90	1.12	1.24	1.32	1.41	1.45	1.49	1.52	1.54	1.56	1.58	1.59

(5) 层次总排序。利用同一层次中所有层次单排序的结果，用线性加权模型就可以计算针对上一层次而言的本层次所有元素的重要性权重值，这就称层次总排序。

若上一层次所有元素 $A_1, A_2, \cdots, A_m$ 的层次总排序已经完成，得到的权重值分别为 $a_1, a_2, \cdots, a_m$，与 a_j 对应的本层次元素 $B_1, B_2, \cdots, B_n$ 的层次单排序结果为：$(b_{1j}, b_{2j}, \cdots, b_{nj})^T$（这里，当 B_i 与 A_j 无关时，$b_{ij} = 0$），那

么,得到的层次总排序如表 5-10 所示。

表 5-10 层次分析表式(3):层次总排序表

层次 A 层次 B	A_1	A_2	…	A_m	B 层次 总排序
	a_1	a_2	…	a_m	
B_1	b_{11}	b_{12}	…	b_{1m}	$\sum a_j \times b_{1j}$
B_2	b_{21}	b_{22}	…	b_{2m}	$\sum a_j \times b_{2j}$
…	…	…	…	…	…
B_n	b_{n1}	b_{n2}	…	b_{nm}	$\sum a_j \times b_{nj}$

显然,有:

$$\sum_{i=1}^{m} \sum_{j=1}^{n} a_j b_{ij} = 1 \qquad (5-9)$$

即层次总排序为归一化的正规向量。

(6) 一致性检验。为了评价层次总排序计算结果的一致性,类似于层次单排序,也要进行一致性检验。为此,需计算下列指标:

$$CI = \sum a_j \times CI_j \qquad (5-10)$$

$$RI = \sum a_j \times RI_j \qquad (5-11)$$

$$CR = CI/RI \qquad (5-12)$$

式(5-10)中:CI 为层次总排序的一致性指标,CI_j 为与 a_j 对应的 B 层次中的判断矩阵一致性指标;式(5-11)中,RI 为层次总排序的随机一致性指标,RI_j 为与 a_j 对应的 B 层次中判断矩阵的随机一致性指标;式(5-12)中,CR 为层次总排序的随机一致性比例。

同样,当 CR<0.10 时,就认为层次总排序的计算结果具有令人满意的一致性;否则,就需对本层次的各判断矩阵进行调整,从而使层次总排序具有令人满意的一致性。

三、层次分析法的计算问题

在层次分析法中,最根本的计算任务是求判断矩阵的最大特征根及其所对应的特征向量。这可以用线性代数的方法求出高精度的结果,只是计算工作量很大。由于在层次分析法中不需要追求太高的精度(因判断矩阵本身就是将定性问题定量化的结果,允许存在一定的误差),因此,可用以下简便算法求最大特征根及其对应的特征向量。

1. 方根法

步骤如下:

第三节 层次分析法

(1) 计算判断矩阵的每一行元素的乘积,得 $M_i(i=1,2,\cdots,n)$。

(2) 计算 M_i 的 n 次方根,得 $w'_i(i=1,2,\cdots,n)$。

(3) 将向量 $\boldsymbol{W}'=(w'_1,w'_2,\cdots,w'_n)$ 归一化:

$$w_i = w'_i \Big/ \sum w'_i \quad (i=1,2,\cdots,n)$$

则 $\boldsymbol{W}=(w_1,w_2,\cdots,w_n)^T$ 即为所求的最大特征根对应的特征向量。

(4) 计算最大特征根:

$$\lambda_{\max} = \sum (\boldsymbol{AW})_i / (nw_i)$$

式中:$(\boldsymbol{AW})_i$ 表示向量 $\boldsymbol{AW}$ 的第 i 个分量。

2. 和积法

步骤如下:

(1) 将判断矩阵的每一列归一化,得矩阵 $\boldsymbol{P}=(p_{ij}:i,j=1,2,\cdots,n)$

$$p_{ij} = b_{ij} \Big/ \sum_{k=1}^{n} b_{kj} \quad (i,j=1,2,\cdots,n)$$

(2) 计算矩阵 $\boldsymbol{P}$ 的各行之和,得向量 $\boldsymbol{W}'=(w'_1,w'_2,\cdots,w'_n)$。

(3) 将向量 $\boldsymbol{W}'=(w'_1,w'_2,\cdots,w'_n)$ 归一化:

$$w_i = w'_i \Big/ \sum w'_i \quad (i=1,2,\cdots,n)$$

则 $\boldsymbol{W}=(w_1,w_2,\cdots,w_n)^T$ 即为所求的最大特征根对应的特征向量。

(4) 计算最大特征根:

$$\lambda_{\max} = \sum (\boldsymbol{AW})_i / (nw_i)$$

式中:$(\boldsymbol{AW})_i$ 表示向量 $\boldsymbol{AW}$ 的第 i 个分量。

四、应用实例

在延边地区产业结构调整决策中,我们用层次分析法选定决策措施,取得了较好的效果。具体过程如下:

(1) 构造层次结构如表 5-11 所示。

(2) 请专家分别就 B_1,B_2,B_3 对 A 的相对重要性进行打分,得判断矩阵 $\boldsymbol{W}$;C_1,C_2,$\cdots$,C_9 对 B_1,B_2,B_3 的相对重要性打分,得判断矩阵 $\boldsymbol{P}_1$,$\boldsymbol{P}_2$,$\boldsymbol{P}_3$(具体数据略)。

(3) 分别计算 $\boldsymbol{W}$ 中的 B_1,B_2,B_3 和 $\boldsymbol{P}_1$,$\boldsymbol{P}_2$,$\boldsymbol{P}_3$ 中 C_1,C_2,$\cdots$,C_9 的层次单排序权重(结果略),并对各判断矩阵进行随机一致性检验。

(4) 通过 $\boldsymbol{P}_1$,$\boldsymbol{P}_2$,$\boldsymbol{P}_3$ 和 $\boldsymbol{W}$ 计算 C_1,C_2,$\cdots$,C_9 相对于 A 的层次总排序权重,并进行随机一致性检验(过程及中间结果略)。

表 5-11　延边地区产业结构优化层次分析表

第一层：目标层	A 优化产业结构								
第二层：策略层	B_1 提高经济效益			B_2 提高竞争能力			B_3 促进社会经济稳定发展		
第三层：措施层	C_1 引进资金技术人才	C_2 合理配置现有资源	C_3 加强技术改造	C_4 推广先进实用技术	C_5 培植新兴产业	C_6 面向东北亚发展轻化工业	C_7 开发名优特产品	C_8 加强能源交通通讯基础设施建设	C_9 加速体制改革

(5) 计算结果分析。根据以上计算,得到相对于"优化产业结构"这一目标,各方面的相对权重及其次序见表 5-12。由此可以得出结论:延边地区产业结构优化应从提高经济效益、增强竞争能力和促进社会经济持续发展三方面入手,近期尤应注重提高经济效益和增强竞争能力;所需采用的措施依次是面向东北亚市场大力发展轻化工业,注意培植新兴产业,加速体制改革,加强基本建设优先发展能源、交通、邮电业,推广先进实用技术,加强技术改造等。

表 5-12　延边地区产业结构调整层次分析结果

第一层：目标层	A 优化产业结构								
第二层：策略层	B_1 提高经济效益			B_2 提高竞争能力			B_3 促进社会经济稳定发展		
权重	0.51			0.43			0.06		
第三层：措施层	C_1 引进资金技术人才	C_2 合理配置现有资源	C_3 加强技术改造	C_4 推广先进实用技术	C_5 培植新兴产业	C_6 面向东北亚发展轻化工业	C_7 开发名优特产品	C_8 加强能源交通通讯基础设施建设	C_9 加速体制改革
权重	0.044 8	0.056 8	0.077 2	0.078 4	0.192 6	0.234 4	0.075 0	0.107 2	0.134 0

五、关于层次分析法的讨论

AHP 法的主要贡献在于:① 提供了层次思维框架,便于整理思路,做到结构严谨,思路清晰;② 通过对比进行标度,增加了判断的客观性;③ 把定性判断与定量推断结合,增强科学性和实用性。但也存在明显的不足。这里对此作深入探讨。

1. AHP 需要改进的地方

(1) 和一般的评价过程、特别是模糊综合评价相比,AHP 的客观性提高,但当因素较多(超过 9 个)时,标度工作量太大,易引起标度专家反感和判断混乱。

(2) 对标度可能取负值的情况考虑不够——标度确实需要负数,因为有的措施的实施,会对某些特定目标造成危害,如实现机械化,就对解决就业不利。虽然有关于 -1~1 标度的讨论[1],但对于这种标度下权重计算问题讨论不足。

(3) 对判断矩阵的一致性讨论较多,而判断矩阵的合理性考虑不够,因对标度专家的数量和质量探讨得不多。

(4) 没有充分利用已有定量信息。AHP 都是研究专门的定性指标评价问题,对于既有定性指标、也有定量指标的问题(这种问题更普遍)讨论得不够。事实上,为使评价客观,评价过程中应尽量使用定量指标,实在没有定量指标才用定性判断。

2. 对 AHP 法的若干改进建议

(1) 为减小工作量,可以采取如下 3 种方法构造判断矩阵:

a. 只对下三角或上三角进行标度。一般标度需要标度 $m = n \times (n-1)$ 个(n 是评价因子个数);只对下三角标度,只需标度 $m/2$ 个,工作量减少一半,并且可以大大提高判断矩阵的一致性。这已经为大多数人所采用。

b. 只以一个因子为准进行标度(只获取 1 列或 1 行判断值),然后用以下的递推方法推算判断矩阵中其他位置的数据。这可以大大减小工作量(只获取 1 列或 1 行判断值)——只需标度 $(n-1)$ 个值,且可以使判断矩阵具有完全的一致性。

$$p_{ii} = 1 \quad (i = 1, 2, \cdots, n)$$
$$p_{ij} = 1/p_{ji} \quad (i, j = 1, 2, \cdots, n)$$

c. 只对下三角标度,在获得第一列判断值(对其他列标度也可以,只要将其调换成第一列即可)后,根据递推公式[2]有:

---

[1] 徐泽水.层次分析新标度法.系统工程理论与实践,1998,18(1):74~77
[2] 金菊良,魏一鸣,付强,丁晶.改进的层次分析法及其在自然灾害风险识别中的应用.自然灾害学报,2002,11(2):20~24

$$p_{ij} = p_{i,j-1}/p_{i-1,j-1} \quad (i=2,3,\cdots,n; j=i+1,\cdots,n)$$

如果对上三角标度,在获得第一行标度(对其他列或行标度也可以,只要将其调换成第一行或列即可)后,有递推公式:

$$p_{ij} = p_{i-1,j}/p_{i-1,j-1} \quad (j=2,3,\cdots,n; i=j+1,\cdots,n)$$

应该注意的是,此方法中,基础标度(标度行或列)的影响大,一旦不合理,根据累积放大原理,将导致整个判断矩阵的更不合理。为此,提高第一行或列的标度质量成为本方法的关键。

提高第一行标度质量的途径:先进行简单的考察,找出可能的最佳因子、最差因子或中间因子,然后就以它(极佳、极差或中间因子)为基础进行标度;或者分别以极佳、极差或中间因子为基础进行标度。后者的工作量虽然比前者提高了 2~3 倍,但比起一般的标度来说,要小得多。

以极佳、极差或中间因子为基础进行标度能提高判断矩阵质量的原因是:极端状态(极佳或极差)因子的价值取向明显,要么最好,要么最差,其他因子的价值介于这二者之间,因此其标度领域应该介于 1~9 或 1/9~1 之间(假如标度区间是 1/9~9 的话),便于比较;以中间状态因子为基础进行标度能提高判断矩阵质量的原因在于平均数(状态)原理,即人们进行评价判断时,总是自觉不自觉地以某种平均状态为基础来考察评价对象是好于平均状态,还是劣于平均状态——接近于平均状态的标度 1,好于平均状态的标度大于 1,劣于平均状态的标度小于 1。因为以平均状态为基准,所获得的最大标度不会是 9,最小标度不应是 1/9,因此标度区间应该是 1/5~5。

(2) 提高判断矩阵标度质量的途径。判断矩阵一致性差肯定是不合理的,这是把握判断矩阵质量的首要标准。但判断矩阵一致性好也并非就合理。一致性好,说明标度者逻辑思维清晰,前后统一协调。但是,合理性不仅要考虑逻辑思维是否清晰,还要注意价值取向的正确,否则,我们请数学家、逻辑专家来标度好了,而不必请有关领域的专家。当然,有些因素的价值取向是仁者见仁,智者见智,因此要请多位专家而不是一两位专家来标度。中国有句古语,"三个臭皮匠能顶一个诸葛亮",说的就是这个道理。所以,请专家、请多个专家来标度是改进判断矩阵的第一要务。

在请多个专家进行评价时,最好采取独立的方式,相互之间不能互相干扰,否则,容易受"大专家"意见的主导,使多专家失去意义。这也是"背靠背"、特尔斐法所提倡的。

至于多个专家评价结果的综合,可以在两个环节上进行:一是对判断矩阵中的指标进行综合;二是对最终结果进行加和和归一化处理。两者各有利弊——前者工作量不大,只进行简单的矩阵加和即可,不增加矩阵特征根计算,但很难保持判断矩阵的一致性;后者计算工作量大,要计算多个矩阵的特征根,但容易保证各矩阵的一致性。

(3) 与模糊综合评价结合解决标度工作量大的问题。AHP与模糊综合评价各有优缺点——模糊综合评价节省工作量,但主观性大;AHP方法工作量大,但主观性减少了。为此建议,当评价对象很多、评价精度要求不高时,直接用模糊综合评价的方法给各个对象评分;而对于各因子的权重确定,要用层次分析法[1]。

3. 结论与讨论

(1) 结论。层次分析法是一种功效评价的很好的方法,但不是万能的方法;在功效评价方面其他方法也有价值,并且与层次分析法形成互补;将层次分析法与其他方法结合起来应用,可以将评价问题做得更好。

定性标度是必要的,努力提高定性标度的质量也是重要的,但首先应尽可能地挖掘定量信息的价值;定性标度与定量信息的结合才是客观、公正、全面评价的努力方向。但在具体做法上尚没有成熟、有效的方法。那种将定量指标转换成定性标度以便层次分析法的应用是本末倒置,也抹杀了定量信息的差异,不宜提倡;将定性标度指标与定量指标结合是努力的方向,但很难直接应用层次分析法。

定性标度本身也需要改革,需要多个专家来标度、独立地标度。

模糊评价结果较粗略,层次分析法结果较深入,但都只有相对意义;要深入把握评价对象的优劣特征,并且评价对象、评价因素不是很多时,应使用层次分析法;当评价对象很多、评价结果可以粗略时,应该用模糊综合评价法。

模糊综合评价中,尺度对应法和模糊贴近度的计算,是定量信息充分应用的表现;权系数的确定,最好采用层次分析法。

(2) 讨论。请多位专家参与评价时,各专家的意见如何综合?可用一致性检验的办法剔除自相矛盾的;其他多位专家的意见如何综合?是对判断矩阵各要素进行综合,还是对最终结果进行综合?前者计算工作量相对小一些,只需计算一个矩阵的最大特征根对应的特征向量,但不能保证一致性;后者计算工作量大一些,需计算多个矩阵的最大特征根对应的特征向量,不涉及一致性问题;还有什么办法、准则?

专家质量是否考虑,或采取不同权重处理之?

---

[1] 张勇慧,林焰,纪卓尚.基于AHP的运输船舶多目标模糊综合评判.系统工程理论与实践,2002,11:129~133

从正、反两个方面分别标度,或许更能保证判断的准确性。

本节所提出的问题及其解决的思路,不仅适合于多层次评价,在一般的功能、价值或效益评价中也可以应用。比如,我们在进行长白山区特产资源和非金属矿产资源开发规划中,在确定重点开发资源或矿种时,就使用了这种方法[①,②],效果很好。

第四节 我国各地区现代化进程分析

实现现代化一直是国人心中历久不灭的梦想。早在1964年中国还一穷二白的时候,周总理就在人大会议上提出了建设现代化社会主义强国的目标;1979年邓小平同志提出"三步走"的战略部署,要在21世纪中叶使中国达到中等发达国家的水平,基本实现现代化;2000年中国共产党十五届五中全会上,江泽民在"中共中央关于制定国民经济和社会发展第十个五年计划的建议"的讲话中谈到"十五"期间中国经济和社会发展问题时宣布:"中国已胜利实现了现代化建设的第一步、第二步战略目标。从现在起,要开始实施第三步战略部署。"这就意味着从21世纪开始,中国将进入全面建设小康社会并加快推进现代化的新的发展阶段。

中国离现代化还有多远?我们到底该做些什么?这些问题已经引起重视,并在一定程度上达成共识[③]。中国是一个地域大国、人口大国,各地区的现代化进程是不平衡的,这里仅对我国大陆各个省区(不包括港、澳、台地区)的现代化水平作一分析。

一、现代化指标

现代化表现在很多方面,目前比较流行的现代化水平测量方法是用10个最能反映现代化特征的指标对一个国家或地区进行综合测定。

根据这些数据和罗马尼亚公式:

$$X_i = 99 \times C_i / A + 1$$

式中:X_i 为 i 省(区)该项指标的得分;A 为现代化标准;C_i 为 i 省(区)该项指标的值,逆指标需作相应处理。

评价各省(区)的现代化进程。所得结果如表5-13所示。

[①] 吴殿廷.长白山区特产资源开发研究.自然资源,1992,6
[②] 吴殿廷等.吉林省非金属矿产资源开发中的几个问题.系统工程理论与实践,1997,5
[③] 参见田杰,吴殿廷等发表在《中国软科学》2002年第4期上的文章。

第四节 我国各地区现代化进程分析　　　　　　　　　　　　　　191

表 5-13　我国各地区现代化进程评价

项目地区	人均GDP得分	非农产值得分	第三产业比重得分	非农就业比重得分	基础教育状况得分	高等教育状况得分	城市化水平得分	预期寿命得分	医师数得分	人口自然增长率得分	总分
权重	0.22	0.05	0.12	0.09	0.12	0.13	0.10	0.05	0.08	0.04	1.00
上海	123.71	115.16	110.20	123.14	114.15	110.55	145.98	109.66	291.72	1354.79	181.82
北京	79.70	112.79	127.41	125.86	116.94	191.30	134.10	107.26	373.91	420.30	153.02
天津	64.16	111.76	102.24	114.86	114.96	79.03	115.06	107.40	281.54	246.15	114.46
辽宁	40.51	102.94	87.86	89.14	116.03	57.38	91.10	103.93	194.20	228.58	91.83
吉林	25.47	87.93	76.45	72.43	116.49	49.27	86.26	101.00	176.82	168.45	79.47
黑龙江	30.76	102.31	71.51	73.86	112.79	37.06	90.50	99.38	163.50	172.52	78.34
江苏	42.83	102.28	80.09	82.14	104.01	40.17	53.76	104.70	127.55	219.12	77.78
新疆	25.98	90.71	83.55	60.71	112.79	73.31	70.56	94.36	180.38	88.15	77.41
广东	47.10	103.41	83.45	84.00	113.46	36.84	62.38	105.33	112.79	102.09	74.99
浙江	48.34	103.75	75.81	84.86	105.38	24.76	40.80	105.26	118.44	193.66	73.93
山西	18.98	105.10	86.44	77.14	113.58	38.16	51.86	101.97	184.14	102.61	73.32
内蒙古	21.49	85.98	71.81	64.86	104.45	37.99	67.62	97.92	173.58	131.76	70.72
湖北	26.16	97.73	75.81	73.00	106.28	31.38	55.04	99.39	138.09	169.16	70.36
福建	43.36	96.84	88.51	73.57	101.93	22.59	39.70	100.78	96.50	168.92	69.26
山东	34.83	98.91	79.34	67.29	99.81	16.68	51.76	103.82	124.96	178.86	68.85
河北	27.84	96.93	73.91	73.43	110.73	28.22	37.25	103.58	119.44	139.47	66.34
陕西	16.47	96.53	86.37	61.43	102.14	33.04	43.62	100.41	132.67	149.78	65.86
青海	18.72	97.66	93.19	55.86	86.85	39.87	56.72	90.60	156.86	76.48	65.76
海南	25.63	73.86	94.25	55.71	106.78	36.59	50.76	101.40	118.11	86.70	65.22
宁夏	17.96	94.32	83.56	59.14	95.85	32.41	56.74	100.01	147.33	84.94	64.63
湖南	20.50	90.23	83.55	56.57	111.09	27.45	38.40	99.25	99.51	184.56	64.07
重庆	19.38	95.10	88.76	59.29	106.56	22.76	40.14	100.71	104.07	175.00	64.06
江西	18.72	89.91	83.82	64.00	108.56	24.39	43.62	98.49	101.63	105.92	61.20
四川	17.88	87.95	72.68	55.29	104.04	19.45	35.12	98.76	105.26	138.68	58.42

续表

项目 地区	人均 GDP 得分	非农产 值得分	第三产 业比重 得分	非农就 业比重 得分	基础教 育状况 得分	高等教 育状况 得分	城市化 水平 得分	预期寿 命得分	医师数 得分	人口自 然增长 率得分	总分
甘肃	14.73	93.57	75.58	58.71	92.95	26.18	37.32	100.58	110.11	108.96	57.83
河南	19.65	88.89	67.12	52.00	104.61	18.96	35.08	102.86	90.55	125.24	56.38
广西	16.66	84.40	79.98	49.43	109.56	8.59	34.90	101.74	95.48	121.37	56.17
安徽	18.90	87.79	67.89	56.29	99.65	16.18	37.46	102.56	83.37	114.83	54.96
云南	17.88	91.60	74.06	37.43	94.58	11.95	29.24	94.58	104.56	89.06	52.34
贵州	9.94	83.30	72.06	39.29	94.43	22.58	28.50	95.90	86.25	74.87	49.40
西藏	17.12	79.77	99.78	34.43	42.28	0.91	27.70	88.26	117.19	68.29	46.88

注：预期寿命是根据1995年各省区数据和全国1999年平均预期寿命推得的，重庆此数据是间接推算的；人均GDP折算美元的汇率按8.3算。各指标的权重是根据专家判断确定的。

资料来源：① 中国科学院可持续发展研究组．中国可持续发展报告(1999)．北京：科学出版社，1999；② 国家统计局．中国改革开放17年，1996；中国统计年鉴，1999、2000。

二、数据分析

在上面计算中我们采用的10个指标，都从不同的角度反映了一个地区现代化的程度。但是，表5-14的相关矩阵显示，在这10个指标中的大多数指标之间，都存在着非常密切的相关关系。那么，简单地对10个指标得分进行线性加权的结果显然是与实际情况存在偏差的。为此，我们用主成分分析的方法对指标进行综合，以找出影响各地区现代化水平的主导因素。

第一主成分解释了变量方差的67.6%，与各原始变量的载荷系数都大于0.5，因此，认为第一主成分基本可以反映10个原始变量的信息，其中载荷系数较大的有非农就业比重、城市化水平、人均GDP、医师数、高等教育状况。事实上，我国各省区之间社会经济发展中差异最大的也正是这些方面。载荷系数最小的、也就是对分级影响最小的是基础教育状况，可见，我国各省(区)的基础教育水平还是比较平衡的。

第一主成分的累计贡献率已达到67.6%，根据数学原理，对其进行排序能够在很大程度上说明现代化水平的地域差异。为了进行区域间的对比，我们有必要将第一主成分得分换算成标准现代化水平得分(0~100)。考虑到最好的地区上海的现代化水平已经达到国际上公认的现代化水平的底线，我们将其定义为100分，而最差的西藏地区现代化水平虽

然很低,但也有了一定的发展基础,我们将其定义为 20 分。然后利用线性变换公式:

$$Y(i) = 80 \times [X(i) - \min X(i)] / [\max X(i) - \min X(i)] + 20$$

式中:$Y(i)$、$X(i)$ 分别为第一主成分得分和现代化标准得分,显然有 $20 \leqslant Y(i) \leqslant 100$。

在此基础上可以进行现代化进程的分级。

表 5-14 现代化指标的相关矩阵

项　目	人均GDP	非农产值	第三产业比重	非农就业比重	基础教育状况	高等教育状况	城市化水平	预期寿命	医师数	人口自然增长率
人均 GDP	1.000 0	0.737 2	0.653 8	0.879 1	0.356 6	0.733 4	0.818 3	0.667 6	0.741 5	0.873 7
非农产值	0.737 2	1.000 0	0.452 3	0.855 3	0.441 1	0.610 3	0.675 7	0.622 3	0.669 2	0.555 4
第三产业比重	0.653 8	0.452 3	1.000 0	0.603 9	0.006 2	0.753 6	0.643 4	0.225 3	0.756 4	0.510 7
非农就业比重	0.879 1	0.855 3	0.603 9	1.000 0	0.573 8	0.801 8	0.860 6	0.771 9	0.824 9	0.658 7
基础教育状况	0.356 6	0.441 1	0.006 2	0.573 8	1.000 0	0.435 3	0.473 1	0.687 9	0.350 7	0.266 1
高等教育状况	0.733 4	0.610 3	0.753 6	0.801 8	0.435 3	1.000 0	0.863 6	0.458 1	0.928 8	0.567 5
城市化水平	0.818 3	0.675 7	0.643 4	0.860 6	0.473 1	0.863 6	1.000 0	0.516 3	0.927 0	0.696 1
预期寿命	0.667 6	0.622 3	0.225 3	0.771 9	0.687 9	0.458 1	0.516 3	1.000 0	0.417 5	0.522 2
医师数	0.741 5	0.669 2	0.756 4	0.824 9	0.350 7	0.928 8	0.927 0	0.417 5	1.000 0	0.590 3
人口自然增长率	0.873 7	0.555 4	0.510 7	0.658 7	0.266 1	0.567 5	0.696 1	0.522 2	0.590 3	1.000 0

三、我国各区域现代化水平的整体特点分析

下面结合原始变量的得分来分析我国各省(区)现代化水平的特点。

从整体来看,各省(区)的得分都比较高的指标是人口自然增长率、人均拥有的医师数及受过基础教育的人口比重。除少数西部省区外,人口自然增长率都低于现代化标准的 1%,反映了我国计划生育工作卓有成效;另外,大多数地区千人拥有的医师数都高于 1 名医师服务 1 000 人的现代化标准,这主要是中国"医生"的含义和国外不完全相同,用中国的概念指标实际上是高估了现代化进程;受过基础教育的人口比重这项指标,除西藏特别低之外,其他省(区)都接近或超过 80% 的现代化标准,充分体现了九年制义务教育普及的成果。其余的 5 项指标则是大多数省(区)都低于现代化标准,其中大多数省(区)得分很低的指标项,即影响现代化水平的主要方面是人均 GDP、受过高等教育的人口比重及城市化率。由于统计口径的原因,现有的统计资料中市镇人口并未包括在城市长期定居、并且从事非农产业、但没有城镇户口的那部分人,导致城市化水平比

实际值偏低,按照通常的估计,如果把这部分人口计入,会使城镇化率上升 7~10 个百分点。但是,即使如此,很多省(区)的城市化水平距标准 50% 仍有很大差距。

表 5-15 各省(区)的第一主成分得分及其对应的等级

地 区	第一主成分得分	现代化进程评价标准分	等级	地 区	第一主成分得分	现代化进程评价标准分	等级
上 海	3.22	100.00	1	内蒙古	-0.29	39.50	4
北 京	2.98	95.93	1	宁 夏	-0.30	39.38	4
天 津	1.80	75.54	2	重 庆	-0.31	39.12	4
辽 宁	0.81	58.47	3	青 海	-0.42	37.31	4
广 东	0.36	50.74	3	海 南	-0.42	37.19	4
江 苏	0.27	49.25	3	湖 南	-0.43	37.08	4
山 西	0.22	48.31	3	江 西	-0.45	36.75	4
黑龙江	0.21	48.23	3	甘 肃	-0.58	34.59	4
浙 江	0.18	47.64	3	河 南	-0.67	32.99	4
吉 林	0.14	46.93	3	四 川	-0.68	32.75	4
新 疆	-0.03	44.00	4	广 西	-0.68	32.72	4
山 东	-0.09	43.00	4	安 徽	-0.71	32.31	4
福 建	-0.10	42.77	4	云 南	-0.97	27.72	5
湖 北	-0.12	42.48	4	贵 州	-1.11	25.35	5
河 北	-0.16	41.82	4	西 藏	-1.42	20.00	5
陕 西	-0.25	40.21	4				

当我们将各省(区)的现代化指标第一主成分对应的标准分反映在地图上,就可以看出非常明显的地域分异的特点(见表 5-15)。按照现代化水平同样可以非常清晰地划分出"三大地带",东部各省(区)除了山东、福建和发展水平一向较低的河北、海南之外,都是现代化水平相对较高的,而中西部广大地区的各省(区),除了黑龙江、吉林和山西水平相对较高外,都属于中低等水平,特别是,水平最低的 3 个省(区)西藏、云南和贵州都集中在西南一隅,无疑西南将是我国未来发展任务最为艰巨的地区。现代化水平的地域差异与我国经济发展的三大地带的传统划分表现出了如此高度的一致性,这绝非偶然,它充分证明了现代化与经济发展之间的高度相关性。事实上,我们只要对衡量现代化的各个指标稍作分析,就不难看出它们与经济发展水平都有着直接或间接的密切关系,人均 GDP 自身就是经济指标;而非农产值比重、第三产业产值比重、城市化水平和非农就业比重的水平都是与经济发展的不同阶段相对应的,在我国目前的

情况下,还是会随着经济的发展而提高的;其余的诸如教育、特别是高等教育状况、预期寿命和医师数,虽然影响它们的因素比较复杂,经济并非是决定性的因素,但是一定的经济基础作为保障却是必需的,而人口自然增长率通常也是随着经济和受教育水平的提高而自然降低的。由此,我们就可以明确,为了实现现代化,我国在未来发展中的主要任务就是在发展经济的基础上,大力推进城市化进程,提高高等教育水平,致力于高素质人才的培养。

四、各省(区)现代化程度分类

根据等级划分及聚类分析,并结合原始变量的得分情况,将中国各省(区)按其现代化程度可分为 4 个等级类别:

第一等级:上海、北京和天津,为基本实现现代化地区。

这 3 个老直辖市无疑是目前中国发展水平最高的地区。上海的现代化进程,在全国最快。上海的各项指标都已超过现代化的标准,已经跨入了现代化的门槛。而北京人均 GDP 为 2 391 美元,虽然在国内属于发展程度较好的,但仍低于现代化标准的人均 3 000 美元。值得一提的是北京受过高等教育的人口比重为 19%,为全国最高,也远远高于现代化标准的 10%。天津虽然发展程度略逊于上海和北京,但从整体水平的综合来看,已经初步达到了现代化的最低标准。天津有两项指标未达到现代化标准:人均 GDP 仅为 1 924 美元,与标准还有较大差距;而受过高等教育的人口比重仅为 7.9%,这也是它与上海和北京最大的差距所在。

第二等级:辽宁、广东、江苏、山西、黑龙江、浙江、吉林 7 个省(区),得分明显低于前一个等级,只有受过基础教育的人口比例、每千人拥有的医师数及人口自然增长率 3 项指标达到或超过现代化标准。与现代化标准差距最大的两项指标则是人均 GDP 及高等教育水平,而这两项指标也是影响我国实现现代化的主要的限制因素。这一等级中的吉林和黑龙江两省得分比较高的指标项是受过高等教育的人口比重、城市化水平及人均拥有的医师数。广东、浙江人均 GDP 很高,但社会结构和教育方面得分不高。除吉林、黑龙江和新疆外,这一等级的区域如能迅速提高社会结构,8~10 年可望实现现代化。

第三等级:新疆、内蒙古、湖北、福建、山东、河北、海南、陕西、青海、湖南、宁夏、重庆、江西、四川、甘肃、广西、河南、安徽。这一等级包含的省(区)最多,因而内部差异也比较大。这一等级的区域大多数省(区)仅有受过基础教育的人口比重、人均拥有的医师数和人口自然增长率三项指标达到或略超过现代化标准,新疆的人口自然增长率为 11.8%,超过标准 1.8%，这是由于民族地区的人口政策所致。第三产业占 GDP 的比重得分多在 70~80 左右，非农就业比重得分多在 55~70 分，即使非农就业人口比重为 40%~50%，与现代化标准还有很大的差距。这些地区发展的最薄弱环节，也就是影响现代化水平的最关键因素是人均 GDP、高等教育水平及城市化率，这几项得分多在 50 分以下，甚至在 30 分左右，表明这些地区要实现现代化，还有很长的路要走，至少需要 15 年。特别是四川、甘肃、广西、河南、安徽等中西部省（区），各方面发展水平都很低，除个别省（区）的基础教育，人均医师数和人口自然增长率等项指标初步达到现代化标准外，其他各项指标得分都非常低，人均 GDP 都在 600 美元以下，受过高等教育的人口比重都在 2.5% 以下，城市化率均低于 20%，与现代化的标准相去甚远。重庆，作为我国最新的直辖市，还处在这一等级中是极不正常的，由此我们也可以看出中西部发展水平与东部的巨大差距，作为整个中西部地区最大城市的重庆市，其发展水平也不过如此，其他地区就可想而知了。同时重庆要使得自身与直辖市的地位相符，真正在中西部的经济发展中起到巨大的带动作用还需付出很大的努力。

第四等级：云南、贵州、西藏。这 3 个西南部的省（区），不仅经济落后，社会也很落后，基本上还没有脱离温饱水平，离工业文明还相差很远，实现现代化至少还需 30 年。

五、结论

通过上述分析，可以得出以下结论：

（1）我国各省（区）在现代化进程中发展比较好的方面是人口自然增长率的控制、基础教育和医疗水平（仅就医师数而言），而主要影响因素是人均 GDP、城市化水平及高等教育水平，由此可以确定我国各省（区）未来的工作重点就是：以经济建设为基础，以提高人的素质为重点，加速社会结构的调整和社会进步的步伐。

（2）我国各省（区）的现代化表现出明显的地域差异性，由东到西可以划分为三大地带，体现了现代化水平与经济发展水平的高度一致性。

（3）我国各省（区）的现代化水平还比较低，除 3 个直辖市外，大多数省（区）的水平都与现代化指标的标准存在较大的差异，要实现现代化还有很长的路要走。

（4）各省（区）之间的现代化水平的差距，在高低两极表现十分明显，最高与最低两个等级的少数省（区）与大多数中间水平的省（区）差异很大，而大部分省（区）的发展水平相对比较均衡。

（5）评价指标体系还有待于进一步完善，生态环境指标并未包含在其中,而生态环境对人们生活的巨大影响也受到越来越多的重视,它也是刻画现代化水平的一个非常重要的方面,但是对这一指标的量化还存在极大的困难。

第五节　我国各地区工业化、城市化、知识化、现代化与经济发展关系研究

工业化、城市化、知识化和现代化是一个地区经济、社会发展的必然过程。本书以各省(区)为对象,以统计数据为基础,用多种统计分析方法,从不同的角度探讨了我国各地区现代化与工业化、城市化、知识化及经济发展之间的关系。东、中、西3大地带各项指标都是由东到西逐渐降低,但南北方之间却不协调:北方社会指标较高,南方经济指标相对超前;城市化、知识化、现代化随着经济的发展而呈生长曲线提高,但它们与工业化之间的关系并不显著。

伴随着经济的发展和社会的进步,任何较大国家、较大地区都会先后经历工业化、城市化、知识化和现代化过程。从全国整体的角度探讨这四化之间的关系,特别是工业化、城市化与经济发展之间的关系,已经有过很多成果。这里仅以各省(区)为对象,以近年统计数据为基础,用定量的方法,探讨这四化及其与经济发展的协调问题。

一、现代化、工业化、城市化、知识化及经济发展水平的定义和测算

经济发展水平可以用人均 GDP 来反映。为了与工业化、城市化等指标可比,我们用相对人均 GDP,即:

各省(区)的经济发展水平 = 该省(区)实际人均 GDP/各省(区)人均 GDP 最大值 × 100　　(5-13)

描述工业化进程的指标是工业化率,这里采用国际通用做法,即用工业增加值占 GDP 的百分比描述。

城市化率国际上一般采用城市人口占总人口的百分比描述。我国的城市不仅是聚落形态,更主要的是行政管理单位,因此城市人口统计数字不能真实反映城市化状况。为此,我们用城市非农业人口占总人口的百分比描述。

现代化率虽然有比较通用的指标体系和测算办法,但用简单的线性加和方法合成现代化率,没有扣除各指标之间的重合部分,因为各指标体系之间存在着高度的相关关系。为此,我们用前述的 10 个现代化指标的主成分得分换算成现代化率。

知识经济的测算,目前国内外都没有公认的指标体系和测算模型。为了尽可能地反映出各省(区)知识经济的发展情况,我们从科技、教育、文化等5个方面选取了30多个指标进行主成分分析,采用与现代化率相同的测算方法,得到了各省(区)知识经济发展水平指标(简称知识化率)。

上述5项内容的测算结果见图5-1和表5-16。

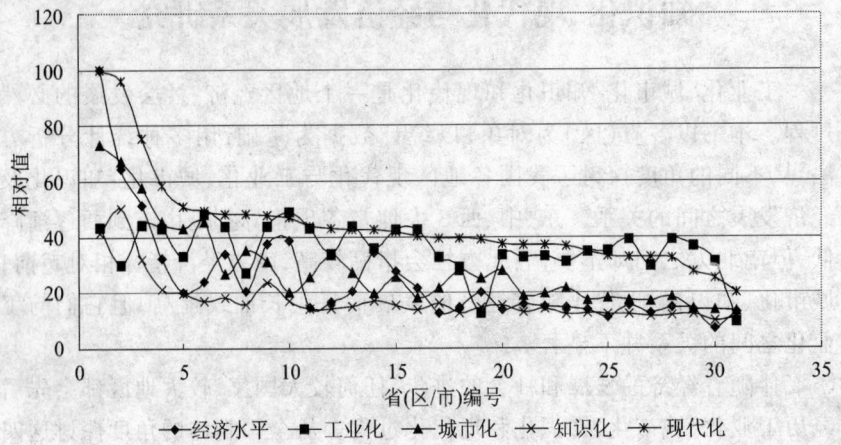

图5-1 各省(区/市)工业化、城市化、知识化、现代化和经济发展曲线图

表5-16 各种发展指标的计算结果

顺序	地区	经济水平	工业化	城市化	知识化	现代化
1	上海	100	43.59	73.22	41.50	100.00
2	北京	64.15	29.86	67.22	50.00	95.93
3	天津	51.48	44.15	57.61	32.08	75.54
4	辽宁	32.19	43.05	45.51	21.15	58.47
5	吉林	19.96	33.08	43.06	19.63	50.74
6	黑龙江	24.26	48.31	45.20	16.79	49.25
7	江苏	34.10	44.01	26.65	18.17	48.31
8	新疆	20.36	27.21	35.13	15.94	48.23
9	广东	37.57	43.78	31.00	23.61	47.64
10	浙江	38.60	49.02	20.10	16.88	46.93
11	山西	14.66	43.18	25.69	14.34	44.00
12	内蒙古	16.70	33.77	33.65	14.17	43.00

第五节 我国各地区工业化、城市化、知识化、现代化与经济发展关系研究 199

续表

顺序	地区	经济水平	工业化	城市化	知识化	现代化
13	湖 北	20.49	43.87	27.29	15.04	42.77
14	福 建	34.53	35.74	19.55	17.08	42.48
15	山 东	27.57	42.44	25.64	15.25	41.82
16	河 北	21.87	42.68	18.31	13.94	40.21
17	陕 西	12.61	32.75	21.53	16.24	39.50
18	青 海	14.44	29.35	28.14	12.72	39.38
19	海 南	20.06	12.61	25.13	14.78	39.12
20	宁 夏	13.82	33.42	28.15	15.41	37.31
21	湖 南	15.90	32.96	18.89	13.17	37.19
22	重 庆	14.98	33.28	19.77	14.15	37.08
23	江 西	14.44	31.23	21.53	12.25	36.75
24	四 川	13.77	34.85	17.23	12.52	34.59
25	甘 肃	11.19	35.16	18.34	12.43	32.99
26	河 南	15.20	39.09	17.21	12.31	32.75
27	广 西	12.78	29.66	17.12	11.64	32.72
28	安 徽	14.58	39.06	18.41	11.86	32.31
29	云 南	13.77	36.64	14.26	12.11	27.72
30	贵 州	7.29	31.16	13.89	10.00	25.35
31	西 藏	13.13	9.44	13.48	10.92	20.00
简单平均	东部	39.58	38.38	35.59	23.01	55.76
	中部	17.35	38.28	27.88	14.40	40.97
	西部	13.54	30.33	20.99	13.24	34.22
	北方	24.03	37.17	34.03	18.83	48.61
	南方	25.37	34.43	23.60	15.98	40.69

数据来源：中国统计年鉴(1996—2000)，中国教育年鉴、科技年鉴、人口年鉴等。

通过简单平均数计算可以知道，东、中、西三大地带的差异是明显的，各项指标都是东部最高，中部次之，西部最差。南北方经济和社会发展则是不对称的：北方社会发展水平较高，南方经济收入较高。5个指标中，只有人均GDP相对值南方高于北方，其他都是北方高于南方。各项指标的排序也是如此：南方的省份，经济发展水平排序较其他指标排序靠前；北方的省份普遍工业化、城市化排序靠前，如工业化最后5个省份有南方

4个(藏、琼、青、黔),城市化最后几位都是南方省份(藏、黔、滇、桂);东北三省不但工业化、城市化靠前,知识化、现代化等也较经济发展水平靠前很多。现代化排名最后5个都是南方省份(藏、黔、滇、皖、桂)。原因在于北方原先的基础较好,改革开放后南方经济发展较快。这启示我们:北方应加快经济发展,南方应注意社会建设。

二、现代化、工业化、城市化、知识化及经济发展水平之间的相关分析和回归分析

(一)相关分析

计算结果见表5-17。

工业化与城市化、知识化相关不明显,与现代化和经济发展水平呈正相关,但可信度不高(不到99%);经济发展水平、城市化、知识化、现代化之间存在着明显的正相关。

这是正常的吗?难道中国已经完成了工业化?否!此乃国有大中型企业经营困难、老工业基地普遍不景气的反映。

表5-17 各种发展指标之间的相关系数

指标	经济水平	工业化	城市化	知识化	现代化
经济水平	1.00				
工业化	0.3932	1.00			
城市化	0.8266	0.2293	1.00		
知识化	0.8957	0.3326	0.9035	1.00	
现代化	0.9116	0.4389	0.9490	0.9641	1.00

注:检验临界值 $R_{0.01}=0.4487$;$R_{0.02}=0.4093$;$R_{0.05}=0.3494$。

(二)回归分析

为进一步研究现代化与这些指标之间的定量关系,我们以经济发展水平、工业化、城市化、知识化、现代化指数为变量,用常用的数学模型去模拟它们每两个之间的定量关系。这种定量关系具有自反性,即自变量与因变量之间互换,其定量关系可以用这些式子直接推得。这样,5个变量每两个之间的关系,只需 $C_5^2=10$ 个方程式。各模型的 F 检验临界值为 $F_{0.01}^{31\sim1}=7.56$,$F_{0.05}^{31\sim1}=4.17$,$F_{0.1}^{31\sim1}=2.8$。

1. 以经济发展水平为自变量

(1)以工业化为因变量,二者的最优关系是:

$$Y=12.55+0.6629X \qquad F=6 \qquad (5-14)$$

工业化与经济发展水平呈正的线性关系,经济发展水平每提高1%,

工业化率可提高 0.66 个百分点。模型可信度为 95%。

(2) 以城市化为因变量,二者的最优关系是:
$$Y = 83.22/(1 + 5.1101e^{-0.0382X}) \quad F = 61 \quad (5-15)$$

城市化随经济发展而呈生长曲线模式增长,即在经济发展水平很低时,城市化过程很慢;经济发展水平达到一定程度后,城市化过程减慢;在这两种情况之间,城市化过程很快。这符合城市化过程一般规律。就全国平均来看,经济发展水平每提高 1%,城市化率可提高 0.07 个百分点。模型可信度为 99.9%。

(3) 以知识化为因变量,二者的最优关系是:
$$Y = 60/(1 + 5.6319e^{-0.0318X}) \quad F = 131 \quad (5-16)$$

知识化随经济发展而提高的过程与城市化过程类似。经济发展水平每提高 1%,知识化程度可提高 0.54 个百分点。模型可信度也是 99.9%。

(4) 现代化也是如此。以现代化为因变量,二者的最优关系是:
$$Y = 110/(1 + 3.7525e^{-0.0384X}) \quad F = 167 \quad (5-17)$$

经济发展水平每提高 1%,现代化程度可提高 0.55 个百分点。模型精度为 99.9%。

经济发展水平与城市化、知识化、现代化之间的数学模型形式相似,说明城市化、知识化和现代化与经济发展之间的关系具有一定的共性规律。

2. 以工业化为自变量

(1) 以城市化为因变量,二者的最优关系是:
$$Y = 19.1171 + 0.007X^2 \quad F = 2.08 \quad (5-18)$$

模型精度未达显著水平。

一般说来,在经济发展的早期阶段,工业化与城市化是相互促进、关系密切的,我国城市化与工业化关系不密切,说明我国的城市化过程是不正常的,即户籍制度严重地限制了城市化的发展,城市化不仅落后于国民经济,更落后于工业化。

(2) 以知识化为因变量,二者的最优关系是:
$$Y = 13.0091 + 0.0032X^2 \quad F = 1.28 \quad (5-19)$$

模型精度未达显著水平,即知识化过程与工业化过程并不对应,这也是不正常的。

(3) 以现代化为因变量,二者的最优关系是:
$$Y = 30.6818 + 0.0102X^2 \quad F = 3.48 \quad (5-20)$$

模型精度为 90%,显著性也很差,这也不正常。

3. 以城市化为自变量

(1) 以知识化为因变量,二者的最优关系是:
$$Y = 10.5554 + 0.065X^2 \qquad F = 183 \qquad (5-21)$$

知识经济随着城市化的发展呈幂函数快速提高,城市化每提高1%,知识经济将提高7%。模型可信度99.99%。

(2) 以现代化为因变量,二者的最优关系是:
$$Y = 23.5832 + 1.0203^X \qquad F = 348 \qquad (5-22)$$

现代化水平随着城市化的提高而呈指数函数形式提高,就全国平均而言,城市化每提高1%,现代化水平将提高0.16%。模型可信度99.99%。

4. 以知识化为自变量

以现代化为因变量,二者的最优关系是:
$$Y = 2.9609X \times e^{0.0201X} \qquad F = 392 \qquad (5-23)$$

现代化水平随着知识经济的发展而提高,但二者的关系非常复杂,指数函数夹杂着线性函数。就全国目前情况而言,知识经济每提高1%,现代化水平提高1.36%。模型可信度99.99%。

小结:①只有工业化作自变量时,各模型精度较差,进一步说明我国的工业化与社会、经济发展不协调,城市化、知识化、现代化和经济发展水平之间存在着密切的相关关系。②各指标之间基本上不是简单的线性关系,说明工业化、城市化、知识化和现代化等,它们之间的关系很复杂,特别是知识化与现代化之间。

三、工业化、城市化、知识化、现代化及经济发展水平的逐步回归分析

逐步回归分析模型的一般形式为:
$$Y = B_0 + B_1X_1 + B_2X_2 + B_3X_3 + B_4X_4 \qquad (5-24)$$

式中:Y为因变量;X为自变量。

(一) 现代化与经济发展及工业化、城市化、知识化之间的关系

以现代化指数为因变量,以其他4个变量为自变量,逐步回归分析结果:

$B_0 = 12.6856, B_1 = 0.1907, B_2 = 0, B_3 = 0.47181, B_4 = 0.7838, F = 271$

各自变量每增加1%,现代化程度可提高0.71%。模型可信度达到99.9%的程度。可见,从综合的角度上说,我国各地区的现代化与工业化并不存在不可替代的关系,对现代化影响较大的是知识化。

以式(5-24)为基础,根据各自变量的实测值反推各地区的现代化水

平,并将其与实测值进行比较,可以发现,大部分地区预测值与实测值基本差不多。但有的地区预测值明显高出实测值,现代化滞后于其他知识化、城市化和(或)经济发展水平。这样的地区包括山西、河北、浙江、湖南和新疆等。还有的地区预测值明显低于实测值,知识化、城市化或经济发展相对不足。这样的地区包括西藏、云南、贵州、宁夏和广东,其中前四位是知识化、城市化和经济发展都严重不足,广东则知识化、城市化相对不足。

(二)知识化与经济发展及工业化、城市化、现代化之间的关系

以知识化指数为因变量,以其他4个变量为自变量,逐步回归分析结果:

$$B_0 = -0.5690, B_1 = 0, B_2 = -0.1211, B_3 = 0, B_4 = 0.4992, F = 185$$

各自变量每增加1%,知识化程度可提高1.03%。模型可信度达到99.9%的程度。知识化与工业化也不存在不可替代的关系,对知识化影响较大的是现代化。

$B_2 = -0.1211 < 0$,并不是说城市化与知识化成负相关,恰恰相反,二者是呈正相关的,只是因为经济发展和现代化指标中都隐含了大量的城市化信息,需扣除重复计算部分。

以此为基础,根据各自变量的实测值反推各地区的知识化水平,并将其与实测值进行比较,可以发现,预测值明显高于实测值和明显低于实测值的地区各占 1/3,其他地区占 1/3,说明我国的知识经济发展是极不平衡的,也是与现代化等很不协调的。

预测值明显高出实测值的地区,知识化滞后于现代化、城市化或经济发展水平。这样的地区包括新疆、青海、内蒙古、海南、江西、山西、辽宁、黑龙江、湖南、上海和吉林 11 个省(区)。其中上海、辽宁、黑龙江、吉林等,是现代化比较发达,知识化相对不足;其他地区则是知识化绝对不足。

预测值明显低于实测值的地区,现代化、城市化或经济发展相对不足,这样的地区包括云南、西藏、贵州、北京、河南、宁夏、安徽、陕西、甘肃等省(区)。其中北京、陕西等是知识化相对超前,其他省份则是现代化、城市化和经济发展严重不足。

(三)工业化与经济发展及城市化、知识化、现代化之间的关系

中国的城市化普遍滞后于工业化和国民经济发展水平,政策、特别是户籍政策是关键。对此,已有很多学者作过讨论。这里再讨论一下工业化与其他过程的关系。

以工业化指数为因变量,以其他 4 个变量为自变量,逐步回归分析结果是:

$B_0 = 31.8457, B_1 = 0.1581, B_2 = B_3 = B_4 = 0, F = 32$

各自变量每提高1%,工业化可上升0.11%。模型可信度也达到了99.9%。$B_2 = B_3 = B_4 = 0$说明工业化并不直接依赖城市化、知识化和现代化,恰恰相反,城市化、知识化和现代化依赖于或部分地依赖于工业化。与工业化最直接相关的是经济发展水平。当然,就二者的因果关系而言,工业化具有更多的自变量特征,所谓"无工不富"。

工业化预测值明显高于实测值,即工业化相对不足的包括西藏、海南、广西、青海、新疆、北京、上海等省(区/市),其中前6个省(区/市)是严重不足,北京、上海等是已经进入后工业阶段。工业化预测值明显低于实测值、即工业化相对超前的包括黑龙江、辽宁、湖北、山西、江苏、浙江、广东、山东、河北、河南、安徽11个省份。其中前四位是老工业基地,目前经济、社会等其他方面的发展不足,工业化相对出超;江苏、浙江、广东、山东4个省份是改革开放以来工业化快速发展的省份。

总之,现代化是一个综合的过程,其中起主要作用的是经济发展水平、城市化和知识化;制约现代化的关键是知识化。

知识化与现代化是一对孪生姐妹,二者都直接地依赖于经济发展水平和城市化,间接地依赖于工业化,因为经济发展水平和城市化都部分、乃至大部分地得益于工业化。

四、主成分分析和聚类分析

(一) 主成分分析

主成分分析结果是,第一特征根 $\lambda = 3.8220$,第一特征根贡献率为76.54%;第二特征根 $\lambda = 0.8988$,其贡献率 $= 17.98\%$,其他特征根及其贡献率都很小。

第一特征向量中绝对值最大的是经济发展水平,其载荷为0.9367,其他都很小(不过0.2),说明经济因素是制约现代化、知识化和城市化等的最关键因素;第二特征向量上绝对值最大的是工业化,其载荷为0.9261,其他都很小(不过0.35),说明除了经济发展水平外,工业化是制约现代化、知识化和城市化等的最重要因素。所以说,要实现现代化,提高知识化,必须大力发展经济,加快工业化率和提高工业经济效益与质量。

以上两个因素的累积贡献率已达到94.52%。

(二) 聚类分析

直接用表5-16数据进行系统聚类,可以将中国内地的31个省(区/市)分成4类,如表5-18所示。这似乎是有序聚类——分级,除样本

14,19外,都与现代化得分顺序对应。我们再用表5-16数据的主成分得分进行系统聚类,因为主成分各得分之间完全是无关的,以此为基础进行分举应该更科学。结果是31个省(区/市)分成5类,各类总体特征如表5-19所示。

表5-18 直接聚类结果

类别	一类	二类	三类	四类
对象	京、津、沪	辽、吉、黑、苏、新、粤、浙、闽	晋、内蒙古、鄂、鲁、冀、陕、青、宁	琼、湘、渝、赣、川、甘、豫、桂、皖、滇、黔、藏

表5-19 主成分得分聚类结果

类别	一类	二类	三类	四类	五类
对象	沪、苏、辽、黑、晋	津、新、鄂	京、冀、豫、粤、闽、湘、赣、黔、藏	吉、浙、鲁、内蒙古、宁、渝、陕、青、桂	琼、皖、川、滇、甘
总体特征	各方面都相对较高	总体平均各方面都比第一类差,经济发展水平差得更远;但比其他类强,城市化相对强得更多,工业化相对强得更少	各项指标总体平均都接近全国的平均水平;除京外,城市化相对不足	工业化接近全国的平均水平,城市化比第三类的大部分地区还高,经济发展水平相对不足	各方面都相对很差,尤其经济发展水平

本章复习思考题

1. 解释概念:① 生活质量指数(PLQI);② ASHA 指数;③ 投入弹性系数。
2. 分析说明如何用比较的方法进行区域系统分析。
3. 分析说明如何用评价的方法进行区域系统分析。
4. 试用层次分析法选择和确定你家乡的主导产业。
5. 用学过的方法给出你家乡的现代化或知识化进程的评价。

第六章 区域规划和优化方法

第一节 区域开发中的规划问题

一、规划的概念和特征

规划,就是对未来活动所作的有目的、有意识的统筹安排。规划是一个过程(制定规划目标和方案),有时也指结果(规划方案)。规划必须具备3个基本要素:

(1) 目标。任何规划都必须具有明确的目标,规划方案的选择必须以一定的目标为依据。当然,规划目标不一定在规划研究开始时就明确了,常常是在规划过程中逐渐明确。

(2) 条件。任何规划的制定,都必须考虑各种现实与可能的条件,并以这些条件为约束。

(3) 方案。即实现目标的途径或措施。一般说来,一项规划往往有两个或两个以上的可行方案。

一般规划都具有以下共同特征:① 目的性(是为一定目的服务的);② 前瞻性(以构想的形式来安排未来的行动);③ 动态性(规划所依据的环境条件是变化的,决策者所追求的规划目标也是变化的)。

二、区域开发中的规划问题

从规划对象或规划内容上看,区域开发中的规划问题包括:资源开发利用规划,环境治理与保护规划,人口发展规划,基础设施建设规划,部门经济发展规划,区域综合开发规划等。

从规划的层次来看,区域开发中的规划问题是多层次的,既有高层次的、综合性的、宏观性的战略规划,也有低层次的、专题性的、微观性的策略规划。前者如某一省(市)或县的综合开发规划,后者如某一行业或企业的生产计划、产品研制与开发规划等。

从规划问题所追求的目标看,有单目标规划、多目标规划。在区域开发中,多目标规划较多,但多目标规划经过适当的处理,都可以转化成单目标问题,可用单目标规划模型予以求解。

从规划的时间角度看,有静态规划(规划目标和约束条件假定已经确定)和动态规划(规划目标和约束条件是变化的);有短期规划(5年以内)、中长期规划(5年以上,20年以内)和超长期规划(20年以上)。当然,这种定义只是相对的。一般而言,规划的期限越长,规划方案获得成功的把握性越小,因为未来时间跨度越大,我们对系统状态的掌握越不准确。所以,越是长期规划,规划方案越粗,弹性越大;越是短期规划,要求规划方案越细,可操作性越强。

第二节 线性规划模型

一、线性规划问题

(一) 运输问题

假设某种物资(如煤炭、钢铁、石油等)有 m 个产地,n 个销地。第 i 产地的产量为 $a_i(i=1,2,\cdots,m)$,第 j 销地的需求量为 $b_j(j=1,2,\cdots,n)$,它们的平衡条件是:

$$\sum_{i=1}^m a_i = \sum_{j=1}^n b_j$$

如果产地 i 到销地 j 的单位物资的运费为 c_{ij},试问:如何安排该种物资调运计划,才能使总运费最省?

设 x_{ij} 表示由产地 i 供给销地的物资数量,则上述问题可以表述为:

求一组变量 $x_{ij}(i=1,2,\cdots,m;j=1,2,\cdots,n)$,使其满足:

$$\sum_{i=1}^m x_{ij} \geqslant b_j \quad (j=1,2,\cdots,n)$$

$$\sum_{j=1}^n x_{ij} \leqslant a_i \quad (i=1,2,\cdots,m)$$

而且使

$$z = \sum_{i=1}^m \sum_{j=1}^n c_{ij} x_{ij} \Rightarrow \min$$

$$x_{ij} \geqslant 0 \quad (i=1,2,\cdots,m;j=1,2,\cdots,n)$$

(二) 资源利用问题

假设某地区拥有 m 种资源,其中,第 i 种资源在规划期内的限额为 $b_i(i=1,2,\cdots,m)$。这 m 种资源可用来生产 n 种产品,其中,生产单位数量的 j 产品需要消耗 i 种资源的数量为 $a_{ij}(i=1,2,\cdots,m;j=1,2,\cdots,n)$,第 j 种产品的单价是 $c_j(j=1,2,\cdots,n)$。试问:如何安排这 n 种产品的生产计划,才能使规划期内资源利用的总产值达到最大?

设第 j 种产品的生产数量为 $x_j(j=1,2,\cdots,n)$,则上述资源利用问题可表述为:

在约束条件
$$\sum_{i=1}^{m} a_{ij}x_j \leqslant b_j \quad (j=1,2,\cdots,n)$$
$$x_j \geqslant 0 \quad (j=1,2,\cdots,n)$$

下,求一组变量 $x_j(j=1,2,\cdots,n)$,使
$$z = \sum_{j=1}^{n} c_j x_j \Rightarrow \max(\min)$$

(三) 生产布局问题

在区域规划中,常常要涉及生产布局问题,如工业企业建设的选点、不同地块的农作物播种安排等。现以工业企业建设选点为例,说明生产布局问题的线性规划思想和模型。

设 x_{ij} 表示把第 i 个企业布局在第 j 个地点,其中 $i,j=1,2,\cdots,n$,即企业数与地点数相等。如果 $i \neq j$,可以通过假设的虚拟变量 x_{ij}(增加零变量)化为这种形式。通过调查研究可以确定这些企业布局在不同地点的投资额、经济效果或对环境的影响。我们把这种投资或效果称为 x_{ij} 的效果系数,设为 A。即:
$$A = \{a_{ij} : i,j = 1,2,\cdots,n\}$$

现在的问题是,怎样布局这些企业于各个地点,使总投资达到最小或总效益达到最大?

我们约定:如果第 i 个企业确定布局于第 j 个地点,则 $x_{ij}=1$;否则,$x_{ij}=0$。

假设一个企业只能布局于一个地点(不分开建),一个地点只能容纳一个企业。如果允许一个地点安排两个或两个以上的企业,可以通过安排虚拟地点(即把 1 个地点看成是 2 个地点)加以解决。

据此,我们可以用 0~1 线性规划模型描述生产布局问题:

目标函数:
$$z = \sum_{j=1}^{n} c_j x_j$$

趋向最大或最小。

约束条件:$x_{ij}=0$ 或 $x_{ij}=1$,对未知量的约束条件;当 i 企业布局在 j 地点时取 1,否则取 0。

$$\sum_{j=1}^{n} x_{ij} = 1 \quad (i=1,2,\cdots,n,\text{一个企业只能布局在一个地点的约束})$$

$$\sum_{i=1}^{n} x_{ij} = 1 \quad (j=1,2,\cdots,n,\text{一个地点只能布局一个企业的约束})$$

二、线性规划的标准形式

线性规划问题一般都具有以下的共同特征：

每一个问题都有一组未知变量$(x_1,x_2,\cdots,x_n)$表示某一规划方案，这组未知变量的一组定值代表一组具体的方案，而且通常要求这组变量的取值是非负的。

每一问题都有两个主要组成部分：一是目标函数，按照研究问题的不同，常常要求目标函数取最大或最小值；二是约束条件，它定义了一种求解范围，使问题的解必须在这一范围之内。

每一问题的约束条件和目标函数都是线性的。

根据这些特征，并考虑到讨论和计算上的方便，都把线性规划问题的数学模型转化成标准形式，即：在约束条件

$$\sum_{j=1}^{n} a_{ij}x_j = b_i \quad (i=1,2,\cdots,n)$$

以及非负约束

$$x_j \geqslant 0 \quad j=1,2,\cdots,n$$

下，求一组未知变量$x_j(j=1,2,\cdots,n)$的值，使目标函数

$$z = \sum_{j=1}^{n} c_j x_j \Rightarrow \min$$

转化办法是：

(1) 对于求极大值问题，可令$z' = -z$，将目标函数代换成求极小值问题。

(2) 对于第k个约束条件$\sum a_{kj}x_j \leqslant (\text{或} \geqslant) b_k$，可引入松弛变量$x_{n+k} \geqslant 0$，并将第$k$个方程改写为：

$$a_{k1}x_1 + a_{k2}x_2 + \cdots + (-)x_{n+k} = b_k$$

而将其目标函数看作：

$$z = \sum_{j=1}^{n} c_j x_j = \sum_{j=1}^{n} c_j x_j + 0 \times x_{n+k}$$

这样就把原始问题转化为标准形式的线性规划模型了。

三、线性规划模型的求解

线性规划模型一般可用单纯型法加以求解。单纯型法的基本思路

是:根据规划问题的具体数据找出初始可行解;判别、检查所有的检验系数是否满足最优性。若满足,则已完成求解,否则,进行迭代,重复上述步骤,直至所有的检验系数都满足最优性为止。

不管用什么方法求解线性规划模型,除非只有几个变量,否则,计算量都很大,需借助于计算机。目前,各种计算机、各种算法语言的线性规划程序都有,故线性规划方法的求解和应用已不成问题。

第三节　线性规划应用实例

一、吉林省非金属矿产资源开发线性规划

在帮助吉林省建材局进行非金属矿产资源开发规划时,为解决 1995 年和 2000 年主要矿种的开发量问题,在综合预测的基础上我们做了主要矿种的开采量线性规划研究,我们重点考虑了硅藻土(X_1)、膨润土(X_2)、石墨(X_3)、硅灰石(X_4)、高岭土(X_5)、石膏(X_6)、滑石(X_7)、花岗石(X_8)、沸石(X_9)、浮石(X_{10})、水泥灰岩(X_{11})和火山渣(X_{12})共 12 个主要矿种的开采量。目标函数是净产值最大和国际市场价值(用国际市场价格衡量的价值)最大。主要考虑的约束条件有:开采资金(固定资产+流动资金)、开采能力(劳动力数量和劳动生产率)、市场容量和总产值。

以净产值最大和国际市场价值最大作为目标函数,基本想法是,资源开发要讲经济效益,不能盲目开发,不能劳民伤财,不能浪费资源,而经济效益的根本体现就是净产值;我国正在扩大外向型经济,积极参与国际经济分工和合作,吉林省的这 12 种矿产资源国际意义较大,未来市场将有很大一部分在国外,要开采这些资源,就必须考虑国际市场价格。两个目标函数之间的关系是:净产值最大为第一目标,国际市场价格最大为第二目标,第二目标是在第一目标最大值下浮 10% 的情况下求得的。

四大约束条件其中前两个有上限,这是毋庸置疑的。市场容量我们既考虑了上限,也考虑了下限。用上限约束是为了不冒太大的风险,用下限约束是为了不浪费资源(市场容量也是一种资源)。总产值达一定水平作为约束条件之一,我们的想法是:非金属矿产资源开发是吉林省的优势产业,列入线性规划中的这 12 种矿产是优中之优。为确保吉林省实现十二大目标,这些资源的开发必须达到一定的数量,以创造产值和为接续产业(有关的加工、综合利用行业)提供足够的原材料。

模型的具体内容如下:

目标函数

第三节 线性规划应用实例

A：净产值最大

$$Z_1 = 25.43X_1 + 15.00X_2 + 11.3057X_3 + 50.00X_4 + 10.00X_5 + 9.2346X_6 + 20.00X_7 + 55.56X_8 + 5.726X_9 + 16.50X_{10} + 1.5428X_{11} + 4.8896X_{12} \to \max$$

B：国际市场价格计算的产值最大

$$Z_2 = 784.4X_1 + 319.65X_2 + 217.5X_3 + 480.54X_4 + 591.6X_5 + 120.93X_6 + 290.0X_7 + 620.0X_8 + 280.90X_9 + 692.7X_{10} + 35.214X_{11} + 51.948X_{12} \to \max$$

约束条件

市场约束：

1995 年	2000 年
$13.924 \leqslant X_1 \leqslant 14.295$	$18.27 \leqslant X_1 \leqslant 19.11$
$23.948 \leqslant X_2 \leqslant 24.63$	$34.814 \leqslant X_2 \leqslant 36.71$
$3.54 \leqslant X_3 \leqslant 3.64$	$4.70 \leqslant X_3 \leqslant 4.97$
$11.258 \leqslant X_4 \leqslant 11.55$	$16.80 \leqslant X_4 \leqslant 17.60$
$0.5 \leqslant X_5 \leqslant 0.83$	$0.913 \leqslant X_5 \leqslant 0.996$
$6.6 \leqslant X_6 \leqslant 7.8$	$7.80 \leqslant X_6 \leqslant 9.00$
$2.519 \leqslant X_7 \leqslant 2.997$	$2.997 \leqslant X_7 \leqslant 3.435$
$1.35 \leqslant X_8 \leqslant 1.46$	$1.97 \leqslant X_8 \leqslant 2.16$
$37.308 \leqslant X_9 \leqslant 39.51$	$63.55 \leqslant X_9 \leqslant 70.44$
$8.64 \leqslant X_{10} \leqslant 9.445$	$14.84 \leqslant X_{10} \leqslant 17.05$
$772.1 \leqslant X_{11} \leqslant 780.5$	$949.3 \leqslant X_{11} \leqslant 960.5$
$15.60 \leqslant X_{12} \leqslant 17.53$	$19.10 \leqslant X_{12} \leqslant 23.43$

总产值约束：

$$62.93X_1 + 65.00X_2 + 40.00X_3 + 120.00X_4 + 27.20X_5 + 40.00X_6 + 75.38X_7 + 148.15X_8 + 11.526X_9 + 54.00X_{10} + 7.0428X_{11} + 10.3896X_{12} \geqslant 11\,600[15\,000.00]$$（方括号中的数字是 2000 年数值，下同）

开采能力（劳动力）约束：

$$0.0074X_1 + 0.0082X_2 + 0.0207X_3 + 0.0305X_4 + 0.0210X_5 + 0.0112X_6 + 0.0151X_7 + 0.0073X_8 + 0.0040X_9 + 0.0077X_{10} + 0.0009X_{11} + 0.0016X_{12} \leqslant 1.8499(2.09542)$$（圆括号中的数据为高方案值，下同）$[2.4500,(2.5665)]$

资金约束：

$$45.0068X_1 + 51.08X_2 + 38.9423X_3 + 30.00X_4 + 30.00X_5 + 38.46X_6$$

$$+ 60.00X_7 + 45.00X_8 + 3.16X_9 + 37.50X_{10} + 5.25X_{11} + 4.50X_{12} \leqslant 7\ 803.27(10\ 404.37)[1\ 000,(1\ 100)]$$

根据计算(见表6-1),并结合计算机模拟的中间成果可以得出吉林省主要矿产资源开采结论如下:

表6-1 主要矿种开采量的线性规划结果

矿产	符号	单位	1995		2000	
			A	B	A	B
1. 硅藻土	X_1	万 t	14.295	14.295	19.11	19.11
2. 膨润土	X_2	万 t	24.63	24.63	36.71	36.71
3. 石墨	X_3	万 t	3.54	3.54	4.70	4.70
4. 硅灰石	X_4	万 t	11.55	11.49	17.60	17.57
5. 高岭土	X_5	万 t	0.5	0.83	0.913	0.996
6. 石膏	X_6	万 t	7.055	6.60	7.87	7.80
7. 滑石	X_7	万 t	2.997	2.997	3.435	3.435
8. 花岗石	X_8	万 m³	1.46	1.46	2.16	2.16
9. 沸石	X_9	万 t	39.51	39.51	70.44	70.44
10. 浮石	X_{10}	万 t	9.445	9.445	17.05	17.05
11. 水泥灰岩	X_{11}	万 t	780.5	780.5	960.5	960.5
12. 火山渣	X_{12}	万 t	17.53	17.53	23.43	23.43
最佳时	总产值	万元	11 420	11 404	15 565	15 560
	净产值	万元	3 233.7	3 229.7	4 521.4	4 520.0
	国际价值	万元	74 367	74 478	106 670	106 696
	需开采能力	万人	1.84	1.84	2.57	2.57
	需开采资金	万元	7 577	7 564	10 090	10 089

注:A——净产值最大为目标函数;B——在最大净产值向下浮动10%后,国际价值最大为目标函数。

(1) 当资金、劳力均很充足时,应充分利用(占据)市场,即开采指标应为市场上限。

(2) 当资金充足、开发能力略显不足时,应适当少生产石墨、石膏、高岭土等。

(3) 当劳力充足、资金不足时,可适当少生产石墨、石膏等。

(4) 当资金、劳力都不足时,应优先生产硅藻土、火山渣、花岗石、水泥灰岩和膨润土等。

(5) 以净产值最大为目标函数和以最大净产值下浮10%后国际价值最大为目标函数的计算结果略有区别,因此,若全省非金属矿产开发能较顺利和较大规模地参与国际市场,则以后一个计算结果(B)为准;否则应以前一个计算结果(A)为准。估计1995年时吉林省非金属矿产开发不会大规模地参与国际市场,故建议以结果 A 为准;2000年时可考虑以结果 B 为准。

二、农作物优化布局模型

农作物布局是农业生产布局的重要方面,也是土地利用规划的主要内容之一。本节利用系统科学、特别是运筹学的思想方法,探讨农作物优化布局的数学表达方式。

(一) 农作物布局问题分析

1. 传统农作物生产布局决策

传统的农作物生产布局决策,常是在综合分析各布局因素及其变化的基础上,用"拍脑袋"的方法来决定各种作物种多少,各块地种什么,因而很难最优,甚至谈不上"优化"。随着市场经济的发展及科学技术的进步,特别是数学、计算机科学在各领域的应用,这种传统的决策方法已满足不了社会发展的需要,农作物生产布局急需改进决策方法,提高决策水平,尽量给出定量的和优化的决策结论。

2. 作物生产布局的决策思路

作物生产布局有两种决策思路:一是假定各地块之间无差异,决策问题主要是根据市场需求和资源供给条件,确定各种作物的播种面积;另一种是考虑各地块(或各类地)的差异,决策问题主要是根据市场需求、资源供给条件及各地块对不同作物的适应性,决定各地块种什么作物。前者是典型的区位论问题,已有很多学者作过探讨;后者较为复杂,特在此作些讨论。

3. 影响农作物布局的因素

影响农作物布局的因素很多,如土地资源的自然属性,距市场的距离,市场状况,水、种子、化肥、农药、资金投入能力和栽培技术等。用数学的方法来研究这些因素对农作物生产布局的影响,有的是很难表示的,如科学技术进步;有的能够表示,但也必须作出特殊的假定。

(1) 自然属性。应该说,在一个不太大的地区范围内,各地块种某些常见的农作物,都是可以办到的,只要投入(技术,资金,人力等)足够的多。因此，描述土地自然属性对农作物布局的影响可以用各地块相同的投入所导致的单产不同来表示，也可以用相同的单产所需要的不同投入表示。

(2) 距市场的距离。距市场距离直接影响农作物生产利润的大小(因运费不同)和实现利润的难易程度(因易运输程度不同)，可以用把运输成本计入总成本的办法考虑该因素对作物布局的影响。运输成本是运输量、运输距离和运输价格的函数。

(3) 市场因子。市场对作物布局的影响主要表现在农产品价格和市场容量两个方面。一般说来，价格越高，市场容量越小；价格越低，容量越大。

(4) 投入能力。农业耕作投入包括资金、化肥、机械、劳力、水和技术等，这些投入中，除技术外，都可以定量地加以描述。它们对作物布局的影响，既表现在总量限制(总供给能力有限)上，也表现在单位面积投入的强度上。其中后者可在土地自然属性中予以考虑。因而，在投入方面，我们只考虑总量限制即可。

一般说来，这些投入之间，有很大的互补性，如可通过多投入劳力精耕细作来提高单产，也可以通过多投入化肥来提高单产。所以，在条件许可的情况下，应构造包括投入要素互补特征的数学模型体系。

(二) 农作物布局决策的简化模型

1. 决策问题

假定有 n 块地(各地块内部无差异)，要种 m 种作物(每块地只种 1 种作物)，问如何安排各地块所种之作物，才能在满足各种约束条件的情况下获得最大的经济效益？这是一个典型的 0-1 规划问题。

2. 假定条件和符号设定

设：

(1) 各地块的面积为 W_i。

(2) 假定只有一个市场，各块地到市场的距离 D_i 为已知，市场对 j 作物产品的需求量最大值为 $\max Q_j$，最小值为 $\min Q_j$，均为已知。

(3) 各作物产品单位距离、单位质量的运输价格为 T_j。

(4) 各作物产品的市场价格 C_j 假定不变。

(5) i 块地种 j 种作物(一种作物对应一种产品)的单产 P_{ij} 假定不变(只是要求的投入不同)。

(6) 为保证 i 块地种 j 作物达单产 P_{ij}，单位面积需投入的劳力为 L_{ij}，水量为 S_{ij}，化肥量为 H_{ij}，机械为 G_{ij}。

第三节 线性规划应用实例

(7) 因水源地、劳力市场、化肥市场及机械条件的不同,各地块的劳力价格、水价格、化肥价格和机械投入价格不同,分别假定为 L_i, S_i, H_i, G_i。

(8) 假定 i 块地种 j 作物,则 $Y_{ij}=1$,否则 $Y_{ij}=0$,Y_{ij} 为待求的决策变量。

3. 约束条件

(1) 满足市场要求,同时不造成产品积压:

$$\min Q_j \leqslant \sum_{i=1}^{n} W_i P_{ij} Y_{ij} \leqslant \max Q_j \quad j=1,2,\cdots,m$$

(2) 资源约束。假设所供给的资源在各地块之间是可以互相流动的,只是供给价格不同,则有以下资源约束条件:

水资源使用不超过总供给能力 S:

$$\sum_{i=1}^{n} W_i \times S_{ij} \times Y_{ij} \leqslant S$$

劳动力占用不超过总供给能力 L:

$$\sum_{i=1}^{n} \sum_{j=1}^{m} W_i \times L_{ij} \times Y_{ij} \leqslant L$$

化肥使用不超过总供给能力 H:

$$\sum_{i=1}^{n} \sum_{j=1}^{m} W_i \times H_{ij} \times Y_{ij} \leqslant H$$

机械使用不超过总供给能力 G:

$$\sum_{i=1}^{n} \sum_{j=1}^{m} W_i G_{ij} Y_{ij} \leqslant G$$

资金使用不超过总供给能力 Z:

$$\sum_{j=1}^{m} \sum_{i=1}^{n} W_i \times Y_{ij} (S_{ij} \times S_i + L_{ij} \times L_i + H_{ij} \times H_i + G_{ij} \times G_i) \leqslant Z$$

假定所供给的资源在各地块之间不能够互相流动,供给价格也不一样,则除上述约束条件外,还需增加以下资源约束:

各地块水资源使用不超过供给能力 S_i:

$$\sum_{j=1}^{m} W_i \times S_{ij} \times Y_{ij} \leqslant S_i$$

各地块劳动力占用不超过供给能力 L_i:

$$\sum_{j=1}^{m} W_i \times L_{ij} \times Y_{ij} \leqslant L_i$$

各地块化肥使用不超过供给能力 H_i:

$$\sum_{j=1}^{m} W_i \times H_{ij} \times Y_{ij} \leqslant H_i$$

各地块机械使用不超过供给能力 G_i：

$$\sum_{j=1}^{m} W_i \times G_{ij} \times Y_{ij} \leqslant G_i$$

各地块资金使用不超过供给能力 Z_i：

$$\sum_{j=1}^{m} W_i \times Y_{ij}(S_i S_{ij} + L_i L_{ij} + H_i H_{ij} + G_i G_{ij}) \leqslant Z_i \quad i=1,2,\cdots,n$$

(3) 变量的自然要求。

非负要求：$Y_{ij} \geqslant 0 \quad i=1,2,\cdots,n; j=1,2,\cdots,m$

一块地最多只能种一种作物：

$$\sum_{j=1}^{m} Y_{ij} \leqslant 1 \quad (i=1,2,\cdots,n) \quad (=0 \text{ 意味该块地闲置})$$

4．目标函数

经济效益有各种不同的理解，如总产量最大，总产值最大，净产值最大等。

(1) 总产量最大。当总生产能力有限(市场的基本需求难以满足，正如中国 20 世纪 60～70 年代)时，产量往往成为决策考虑的最主要方面。此时的目标函数是：

$$\sum_{j=1}^{m} \sum_{i=1}^{n} W_i Y_{ij} P_{ij} \Rightarrow \max$$

(2) 总产值最大。20 世纪 90 年代以前，我国的经济建设只注意规模，不注重效益，产值往往成为经营决策的最主要方面。此时农作物布局决策的目标函数是：

$$\sum_{j=1}^{m} \sum_{i=1}^{n} W_i Y_{ij} P_{ij} C_j \Rightarrow \max$$

(3) 总费用最小。为不冒风险，有时也把总费用最小作为决策的最主要因素加以考虑。此时农作物布局决策的目标函数是：

$$\sum_{j=1}^{m} \sum_{i=1}^{n} W_i Y_{ij} [(S_i S_{ij} + L_i L_{ij} + H_i H_{ij} + G_i G_{ij}) + D_i P_{ij} T_j] \Rightarrow \min$$

(4) 净产值最大。在市场经济条件下，最有意义的是净产值，即总产值中扣去总成本后的部分。农作物布局决策净产值最大的目标函数是：

$$\sum_{j=1}^{m} \sum_{i=1}^{n} W_i Y_{ij} \{C_j P_{ij} - [(S_i S_{ij} + L_i L_{ij} + H_i H_{ij} + G_i G_{ij}) + D_i P_{ij} T_j]\} \Rightarrow \max$$

(5) 几点说明。

a. 为保证上述模型有解，资源(水、劳力、化肥、机械及资金)供给必达一定水平。

b. 若要考虑投入要素的互补问题,应首先建立投入要素变化与单产之间的关系方程:

$$P_{ij} = U(L_{ij}, S_{ij}, H_{ij}, G_{ij})$$

将单产看成是各项投入的函数,投入变量成为决策变量。此时,因 P_{ij} 和 $L_{ij}, S_{ij}, H_{ij}, G_{ij}$ 已不是常量,因而作物布局问题转化为混合规划问题,其求解过程异常复杂。

c. 若考虑多个市场(假定为 f 个)情况,市场方面的约束条件将变成:

$$\min Q_{kj} \leqslant \sum_{i=1}^{n} W_i A_{ik} Y_{ij} P_{ij} \leqslant \max Q_{kj} \quad (k=1,2,\cdots,f; j=1,2,\cdots,m)$$

式中:A_{ik} 是 i 地块的产品运往 k 市场的比例系数,显然 $0 \leqslant A_{ik} \leqslant 1$,$A_{ik}$ 是待求的决策变量。

这种情况下总产量最大和总产值最大的目标函数均不变。总费用最小的目标函数变为:

$$\sum_{j=1}^{m} \sum_{i=1}^{n} [W_i Y_{ij}(S_i S_{ij} + L_i L_{ij} + H_i H_{ij} + G_i G_{ij}) + \sum_{k=1}^{f} D_{ik} A_{ik} P_{ij} T_j] \Rightarrow \min$$

净产值最大的目标函数变为:

$$\sum_{j=1}^{m} \sum_{i=1}^{n} \{W_i Y_{ij}[C_j P_{ij} - (S_i S_{ij} + L_i L_{ij} + H_i H_{ij} + G_i G_{ij})] -$$
$$\sum_{k=1}^{f} D_{ik} A_{ik} P_{ij} T_j W_i\} \Rightarrow \max$$

d. 若同时考虑市场价格与市场容量的相互制约关系,应首先建立价格与容量之间的关系方程:

$$C_{kj} = H(Q_{kj})$$

其中 C_{kj} 和 Q_{kj} 分别是 k 市场 j 产品的价格及供应量,且 Q_{kj} 满足

$$Q_{kj} = \sum_{i=1}^{n} W_i A_{ik} Y_{ij} P_{ij} \quad (i=1,2,\cdots,n)$$

此时可假定市场容量无上、下限,即价格极低时,市场容量非常大;价格极高时市场容量相当小。这种状况下的优化模型将发生如下变化:

在约束方程中去掉市场约束;目标函数中,总产值项变为:

$$\sum_{k=1}^{f} \sum_{j=1}^{m} C_{kj} Q_{kj}$$

此时布局决策已转化为混合规划问题,其求解过程也将变得非常复杂。

e. 上述模型中,没有考虑作物的间套复种问题。

（三）考虑间套复种情况的数学描述

1. 假定条件及符号设定

在上述有关假定基础上,补充如下设定：

（1）假设 m 种作物中,任两种均可进行间（套、复）种（当然,所需投入不同）,且只有一种间（套、复）种方式,不考虑 2 种或 2 种以上作物的间（套、复）种问题。

（2）当第 i 块地是第 u 种作物与第 v 种作物间种,则记 $Y_{iuv}=1$,否则 $Y_{iuv}=0$。Y_{iuv} 是决策变量。

（3）第 i 块地采取第 u 种作物与第 v 种作物间种,标准单产为 $P_{iu}+P_{iv}$（产 u 作物 P_{iu}、v 作物 P_{iv}）。

（4）为保证 i 块地采取第 u 种作物与第 v 种作物间种达标准单产 $P_{iu}+P_{iv}$,单位面积需投入的劳力为 L_{iuv},水量为 S_{iuv},化肥量为 H_{iuv},机械为 G_{iuv}。

（5）只种一种作物实质可看成 $u=v$ 的特例,此时单产为 $P_{iu}+P_{iv}=2P_{iu}=2P_{iv}(P_{iu}=P_{iv})$。

2. 约束条件

（1）资源方面的约束方程与前类似。

（2）市场方面的约束（假定只一个市场）为：

$$\min Q_j \leqslant \sum_{i=1}^{n} W_i P_{ij} \sum_{u=1}^{m} (Y_{iuj}+Y_{ijj}) \leqslant \max Q_j \quad (j=1,2,\cdots,m)$$

对于多个市场,可仿上述列出约束方程：

$$\min Q_{kj} \leqslant \sum_{i=1}^{n} W_i A_{ikj} P_{ij} \sum_{u=1}^{m} (Y_{iju}+Y_{ijj}) \leqslant \max Q_{kj}$$
$$(j=1,2,\cdots,m;k=1,2,\cdots,f)$$

式中：A_{ikj} 是 i 块地 j 产品运往市场 k 的比例系数（$0 \leqslant A_{ikj} \leqslant 1$）。

（3）自然要求。

非负要求：$Y_{iuv} \geqslant 0, i=1,2,\cdots,n;u,v=1,2,\cdots,m$

一块地只有一种利用方式：

$$\sum_{u=1}^{m} \sum_{v=u}^{m} Y_{iuv} \leqslant 1 \quad (=0 \text{ 为闲置})$$

3. 目标函数

（1）总产量最大目标函数是：

$$Z_1 = \sum_{i=1}^{n} W_i \sum_{u=1}^{m} \sum_{v=u}^{m} Y_{iuv}(P_{iu}+P_{iv}) \Rightarrow \max$$

(2) 总产值最大目标函数是：

$$Z_2 = \sum_{i=1}^{n} W_i \sum_{u=1}^{m} \sum_{v=u}^{m} Y_{iuv} \sum_{k=1}^{f} (A_{iku} P_{iu} C_{ku} + A_{ikv} P_{iv} C_{kv}) \Rightarrow \max$$

(3) 总费用最小目标函数是：

$$Z_3 = \sum_{i=1}^{n} W_i \Big[\sum_{u=1}^{m} \sum_{v=u}^{m} Y_{iuv} (S_i S_{iuv} + L_i L_{iuv} + H_i H_{iuv} + G_i G_{iuv}) +$$

$$\sum_{k=1}^{f} D_{ik} \sum_{u=1}^{m} \sum_{v=u}^{m} Y_{iuv} (T_u P_{iu} A_{iuv} + T_v P_{iv} A_{ikv}) \Big] \Rightarrow \min$$

式中：A_{iku}，A_{ikv} 分别是 i 块地产品 u、产品 v 运往市场 k 的比例系数（$0 \leq A_{iku}, A_{ikv} \leq 1$）。

(4) 净产值最大目标函数是：

$$Z_4 = Z_2 - Z_3 \Rightarrow \max$$

三、工业生产布局模型体系

工业生产的地域组织（建、产、供、销综合规划）可以用线性规划模型描述如下[①]：

（一）问题

一种产品，有多个市场，有多个原材料供应地（同一种原料）可在区域内的多处（原有、新建、扩建）进行生产。要求从满足消费的角度出发，确定各个生产地的产量及建设规模、确定原材料和产品的合理运输方案，使得在定额资金补偿期内产品的成本、原材料和成品的运费，以及新增生产能力所占用的资金总量（基建投资额）达到最小。

（二）符号设定

在模型中假设有 n 个消费地（$j=1,2,\cdots,n$），u 个原料产地（$k=1,2,\cdots,u$），m 个生产地（$i=1,2,\cdots,m$）。

X_i——第 i 个生产地的产量；

W_i——第 i 个生产地新建或扩建的生产能力；

X_{ij}——第 i 个生产地供应第 j 个消费地的该种产品数量；

B_j——第 j 个消费地的需求量；

A_i——第 i 个生产地原有的生产能力，$A_i=0$，则表示该地点目前没有生产这种产品的企业；

λ_i——第 i 个生产地新建或扩建的生产能力在计划期的动用系数；

[①] 陈锡康. 生产力布局的若干经济数学模型. 地理学报, 1981(1)

H_i——根据当地条件第 i 个生产地最大可能达到的生产能力；

g_i——i 个地点新建（扩建）单位生产能力所需要的资金数量（基本建设投资额）；

G——为增加生产能力而可能使用的资金数量；

b_{ij}——从第 i 个生产地到第 j 个消费地的单位产品运输费用；

C_j——第 j 个生产地的单位产品生产成本；

E——资金补偿期的定额（投资回收期的定额）；

Y_{ki}——第 k 个原料地运给第 i 个生产地的原料数量，这是一个未知数；

D_k——第 k 个原料地的原料供应量；

r——生产单位产品所消耗的原料数量；

Q_{ki}——第 k 个原料地到第 i 个生产地原料的运价；

C_i——第 i 个生产地生产单位产品的成本（不包括原料运费）。

（三）模型

首先是对原材料地的约束条件：

（1）各原料地运出的原料不能超过其供应量：
$$\sum Y_{ki} \leqslant D_k \quad (k=1,2,\cdots,u)$$

其次是对生产地的约束条件：

（2）生产地原料供需平衡：
$$\sum Y_{ki} = rX_i \quad (i=1,2,\cdots,m)$$

（3）各生产地产量不能超过其能力：
$$X_i \leqslant A_i + \lambda_i W_i \quad (i=1,2,\cdots,m)$$

（4）各生产地的规模不超控：
$$A_i + W_i \leqslant H_i \quad (i=1,2,\cdots,m)$$

（5）各生产地产销平衡：
$$\sum X_{ij} = X_i \quad (i=1,2,\cdots,m)$$

（6）新增生产能力中所用的资金总额（基建投资额）不超限额：
$$\sum g_i W_i \leqslant G$$

对于消费地的约束条件：

（7）各消费地需求得到满足：
$$\sum X_{ij} = B_j \quad (j=1,2,\cdots,n)$$

（8）变量的非负要求：
$$Y_k \geqslant 0 \quad (k=1,2,\cdots,u; i=1,2,\cdots,m)$$
$$X_i \geqslant 0, W_i \geqslant 0 \quad (i=1,2,\cdots,m)$$

$$X_{ij} \geq 0 \quad (i=1,2,\cdots,m; j=1,2,\cdots,n)$$

目标函数:在定额的资金补偿期内该种产品的生产成本(不含运费)、原材料运费、产品运费以及所占用的资金总量(基建投资)达到最小。即:

$$E\Big[\sum_{k=1}^{u}\sum_{i=1}^{m}a_{ik}y_{ki} + \sum_{i=1}^{m}(c_{i}x_{i} + g_{i}w_{i}) + \sum_{i=1}^{m}\sum_{j=1}^{n}b_{ij}x_{ij}\Big] \Rightarrow \min$$

这是一个比较全面的生产力布局模型。考虑了原料供应、产品的生产、销售和基建等方面的因素和条件。它适合于原材料和成品的运输费用都比较大的情况。在这个模型中在产品的生产过程中只考虑一种运费较大的原材料,而某些产品的生产过程中耗用两种或两种以上运费很大的原料(例如,在生铁的生产过程中消耗大量的铁矿石和炼焦煤)。这时我们只需把这个模型略加修改,就可适用。

为了使这个模型有解,至少必须满足以下条件:

第一,原材料供应能力需达一定水平(满足市场最低要求):

$$\sum D_k \geq r \sum B_j$$

第二,产品生产能力应达市场需求水平:

$$\sum (W_i + A_i) \geq \sum B_j$$

第三,基建投资额应达一定要求:

$$G \geq f(\sum B_j - \sum A_i); \quad \sum H_i \geq \sum B_j$$

(四)讨论

(1) 企业规模类型情况的处理,要考虑。

(2) 非经济因素的考虑——要分别赋分,权重综合。其中非经济因素包括:国防安全、地区照顾、环境保护等。处理办法可以是分别赋分,加权计算各地权重,用该权重修正目标函数。

第四节 决策与对策分析方法

决策和对策方法就是用一定的数学工具,把多种未来可能出现的情况、可能性的大小、有可能采取的多种行动方案以及各个方案可能产生的结果等,简单、明确、形象地显示出来,从而使决策者思想条理化,把注意力放到有决定意义的事务上,更充分地发挥主动性和创造性,作出最合理的决策(图 6-1)。

一、决策的问题与类型

根据性质不同,可以将决策问题分为 4 种:确定型、非确定型、风险型和竞争型。

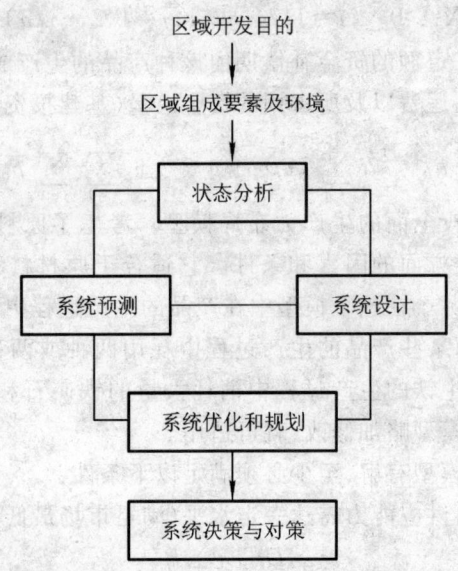

图 6-1　区域规划中各类模型之间的关系

(1) 确定型决策。就是决策的对象系统未来状态是确定的,对系统的开发虽然可以采取不同的开发方案,但每一开发方案的费用和效益也是确定的(可以用确定的数学模型表达出来),决策的目的就是从若干个方案中找出最佳方案。

(2) 风险型决策。也叫统计型决策或随机型决策。它具备下列 5 个条件：

① 决策目标明确；② 决策方案具体,且不少于 2 个；③ 系统可能出现的状态不少于 2 种,且难以确定；④ 系统可能出现的状态的概率已知或可以求得；⑤ 不同决策方案在系统不同状态下的损失或收益可以计算出来。

(3) 非确定型决策。同风险型决策相比,缺少条件④,即存在系统可能出现的状态不少于两种,但各状态出现的概率无法得知。

(4) 竞争型决策。是指有竞争对手的决策,如军事决策、市场占领决策等。这种决策方案的选择,不仅要考虑决策对象本身的变化,还要考虑竞争对手的策略。

二、非确定型决策问题的分析方法

假定某一工厂准备生产一种产品,因缺乏资料,工厂对该产品市场需求量只能估计为较高、一般、较低、很低 4 种情况,而对每种情况出现的概

率无法预测。为生产这种产品,工厂考虑了3个方案:

第一方案:改建原有的生产线。

第二方案:新建一条生产线。

第三方案:部分零件从市场上采购,本厂生产其他部分,组装后出售。

这3个方案在不同市场需求情况下的获利情况如表6-2所示。

表6-2 非确定型决策问题数据(假想)

市场需求	第一方案	第二方案	第三方案
较 高	600	800	400
一 般	400	350	250
较 低	0	-150	90
很 低	-150	-300	50

对于这种非确定型决策问题,目前存在多种分析方法,下面结合此例介绍常见的几种。

1. 等概率法

既然各种自然状态出现的概率无法预测,不妨假定它们的概率相等。此例中,四种状态,按等概率计算,每种状态出现的概率为 $1/4 = 0.25$。因此,各方案的损益值是:

第一方案:$600 \times 0.25 + 400 \times 0.25 + 0 \times 0.25 + (-150) \times 0.25 = 212.5$

第二方案:$800 \times 0.25 + 350 \times 0.25 + (-100) \times 0.25 + (-300) \times 0.25 = 187.5$

第三方案:$400 \times 0.25 + 250 \times 0.25 + 90 \times 0.25 + 50 \times 0.25 = 197.5$

第一方案收益值最大,应认为是最佳方案。

2. 最大的最小收益法(小中取大)

以最小收益值为评价标准,注意的重点放在收益不低于一定限度(或损失不超过一定的限度)。计算步骤是:先找出各方案中的最小收益值;然后比较这些最小收益值,以其中的最大者为准确定最佳方案。

如上例,3个方案的最小收益值分别是:-150,-300,50。50最大,所以,第三方案为最佳方案。

显然,此法是一种比较保守的分析方法。

3. 最大的最大收益法(大中取大)

和2相反,以各方案的最大收益为比较对象,大中取大。此例中,各方案的最大收益值分别是:600,800,400。800最大,所以,第二方案是最佳方案。显然,此法是一种十分乐观的分析方法。

4. 最小的最大后悔值法(大中取小)

当某一状态出现而决策者却未采取对应的方案,决策者就会感到后悔。最大收益值与所采取的方案的收益值之差,叫做后悔值。按照这种分析方法,先找出各个方案的最大后悔值,然后选择最大后悔值最小的方案作为最佳方案。此例中,各种状态的最大收益值计算如下:

市场需求较高时,最大收益值是第二方案(800);
市场需求一般时,最大收益值是第一方案(400);
市场需求较低时,最大收益值是第四方案(90);
市场需求很低时,最大收益值是第四方案(50)。

因此,各方案在各种状态下的后悔值就如表6-3所示。

表6-3 各方案的后悔值计算结果

市场需求	第一方案	第二方案	第三方案
较 高	800-600=200	800-800=0	800-400=400
一 般	400-400=0	400-350=50	400-250=150
较 低	90-0=90	90-(-100)=190	90-90=0
很 低	50+150=200	50-(-300)=350	50-50=0
最大后悔值	200	350	400

3方案中,以第一方案的最大后悔值最小,因此,第一方案为最佳方案。

5. 乐观系数法

最大的最小收益值法是从最悲观的估计出发,最大的最大收益值法是从最乐观的估计出发,两者都是走极端的估计。将二者结合起来,即根据决策人员的主观判断,选择一个系数 $\alpha(0<\alpha<1,\alpha$ 称乐观系数),当 $\alpha=0$ 时,决策人员对出现的状态持完全悲观的看法;当 $\alpha=1$ 时,决策人员对出现的状态持完全乐观的看法。

对上述例子,假定取 $\alpha=0.2$,则 $1-\alpha=0.8$ 为悲观系数。利用这两个系数可以计算出各方案的收益值,就是乐观系数×最大收益+悲观系数×最低收益。用此法计算上例各方案的收益值就是:

第一方案:$0.2\times 600+0.8\times(-150)=0$
第二方案:$0.2\times 800+0.8\times(-300)=-80$
第三方案:$0.2\times 400+0.8\times 50=120$

120最大。因此,可以认为第三方案为最佳方案。

从以上分析可以看出,不同的分析方法,导致不同的结果,得到不同的最佳方案。仔细研究所得结果,可以认为各方法都有优点和缺点。决策人员究竟采用哪种方法,取决于他对未来状态的估计是乐观的或是悲观的,也取决于他个人是比较谨慎还是喜欢冒险。在某种情况下选用某种方法,要依靠决策者个人的判断,这必然带来很大的主观性。这种主观性是很难避免的,因为既然未来状态出现的可能性大小是不能预测的,要做出完全符合客观情况的判断是不可能的。

三、风险型决策问题的分析方法

风险型决策可以用决策树作为分析的工具。首先画一个方框作为出发点,叫决策点。从决策点画出若干条线,每一条线代表一个方案。这样的线叫方案枝。在各个方案枝的末端画上一个圆圈,叫作自然状态点。从自然状态点引出若干条直线,代表自然状态,叫作概率枝。把各个方案在各种自然状态下的利益或损失的数字记在概率的末端,这样构成的图形叫决策树。

例1 假设有一建筑公司要承包某项工程,承包或不承包的收益与天气状态有关。具体数据如表6-4所示,决策树分析过程如图6-2所示。

表6-4 建筑工程承包工程情况表

自然状态	概率	承包损益/元	不承包损益/元
天气好	0.2	50 000	-1 000
天气不好	0.8	-10 000	-1 000

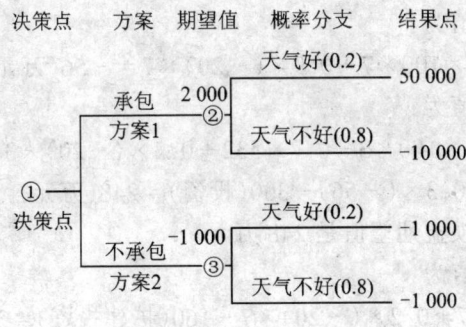

图6-2 建筑公司承包工程决策分析

决策树方法有利于管理人员把决策问题条理化、形象化。把各种替代方案、可能出现的情况及其可能性大小绘制在一张图上,也便于讨论,通过对决策树的讨论、补充和修正,可更精确地反映实际情况,把决策作得更科学、更可靠。用决策树方法分析决策问题,只要把图形绘出,然后由右向左一步步地计算期望值,比较期望值的大小,就可找出最优方案。这对多级决策问题来说,尤感方便。

例2 为生产某种产品,地方政府设计了3个方案:

方案一:建一个大工厂。

方案二:建一个小工厂。

方案三:先建一个小工厂,3年后若产品销路好,再扩建。

已知,建大工厂需投资300万元,建小工厂需投资150万元,在小工厂基础上扩建需投资160万元;产品前3年销路好的概率是0.7,销路差的概率是0.3。而前3年销路好、后7年销路也好的概率是0.8,前3年销路差、后7年销路好的概率是0.1;大工厂和小工厂在不同销路状态下的损益(单位:万元·年$^{-1}$)情况如下:

自然状态	概率	大工厂	小工厂
销路好	0.7	100	40
销路差	0.3	-20	20

扩建后使用的7年,每年的损益值与大工厂相同。试以10年为考察基础,分析3方案中哪个方案为最佳方案。

这是一个多级决策问题。我们用决策树方法分析如下:

首先,画出决策树,如图6-3所示;然后从右至左计算损益期望值(舍小取大,标注在各结点的标号上);比较各方案的收益期望值。

点4的期望值为:

$$0.8 \times 100 \times 7 + 0.2 \times (-20) \times 7 = 532(万元)$$

点5的期望值为:

$$0.1 \times 100 \times 7 + 0.9 \times (-20) \times 7 = -56(万元)$$

点2的期望值为:

$$0.7 \times 100 \times 3 + 0.7 \times 532 + 0.3 \times (-20) \times 3 +$$
$$0.3 \times (-56) - 300(投资) = 248(万元)$$

即大工厂的损益期望值是248万元。

点8的期望值为:

$$0.8 \times 100 \times 7 + 0.2 \times (-20) \times 7 - 160(扩建投资) = 372(万元)$$

点9的期望值为:

$$0.8 \times 40 \times 7 + 0.2 \times 20 \times 7 = 252(万元)$$

点9不如点8,故扩建;点8移至点6。

第四节 决策与对策分析方法

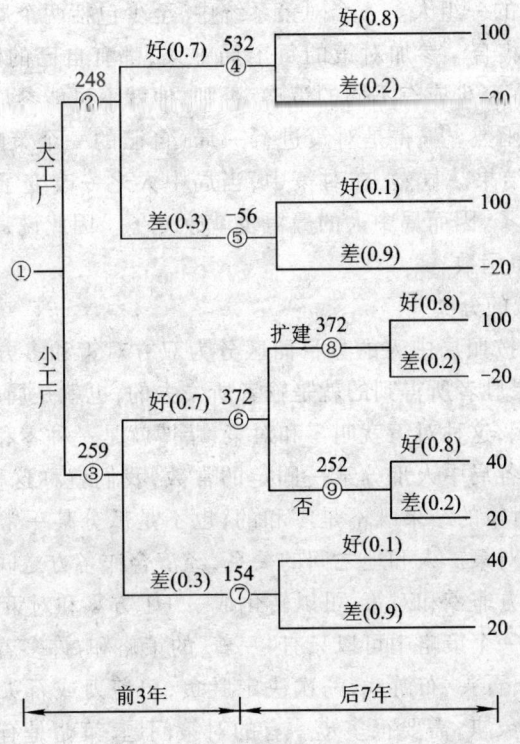

图 6-3 工厂建设多级决策过程示意

点 7 的期望值为：
$$0.1 \times 40 \times 7 + 0.9 \times 20 \times 7 = 154(万元)$$
点 3 的期望值为：
$$0.7 \times 40 \times 3 + 0.7 \times 372 + 0.3 \times 20 \times 3 +$$
$$0.3 \times 154 - 150(投资) = 258.6 \approx 259(万元)$$

显然，先建小工厂，若销路好再建大工厂的方案期望值最大。因此，方案三为最佳方案，即建厂决策应该是：先建一个小工厂，3 年后如果产品销路好，就将小工厂扩建成大工厂。

必须指出，所谓损益期望值是指今后可能得到的数值，并不代表必然能够实现的数值。因此，以损益期望值为依据而选定的最优方案，实际上也不一定是效果最好的方案。

四、竞争型决策——对策论的理论和方法

（一）对策的三要素

（1）局中人。有权决定自己策略的对策参加者，可以是一个人，也可

以是利益一致的一组人。一个对策系统中,至少包括两个局中人。

(2) 策略集合。参加对策的每个局中人,都有自己的策略集合。当然,每个局中人至少应有不同的策略,否则,他就不可能参加对策。

(3) 赢得函数。赢得是对策进行一局(自己的一个策略与对手某一策略作用)的结果。显然,在对策中,当局中人之一改变了自己的策略,"局势"也就变了,因而局中人的赢得也就改变了。因此说,赢得是局势的函数,称为赢得函数。

(二) 对策的分类

对策可以按照局中人的数目而区分为双方对策和多方对策;对策进行的结果,如果胜者所得到的就是输者所失去的,也就是局中人赢得的代数和为零,那么,这种对策就叫零和对策,赌博就是一种零和对策;有时对策的结果就是各局中人瓜分某一固定的常数,我们就称这种对策为常数和对策;有时对策的结果既不是零和的,也不是瓜分某一常数,则称此类决策为非零和对策。人和地之间的关系,经济合作各方之间的关系,常是非零和的。n 方非零和对策,可以转化成 $n+1$ 方零和对策。

局中人的一个策略中可以只有"一着"的策略和"许多着"的策略。前者如二人剪刀、石头、布游戏,一次决定胜负,出剪刀或石头或布就是"一着";后者如下象棋,需要很多步。有的对策问题,策略是有限的,每一策略所组成的"一着"也是有限的,称为有限对策;否则,称为无限对策。

对策还可以按策略是否为时间的函数而区分为静态对策和动态对策,二人零和对策是最常见的静态对策。

(三) 矩阵对策

在零和对策中,如果局中人只有两个,并且每个局中人的策略集合中的元素是有限的,称为二人有限零和对策。这种对策的赢得函数可以用一个矩阵来表示,故称为矩阵对策,而赢得函数矩阵称为对策矩阵。

用Ⅰ、Ⅱ表示局中人,假如Ⅰ共有 m 个策略,以 a_i 表示其中的第 i 个策略,记这个策略集合为 S_1,则

$$S_1 = \{a_1, a_2, \cdots, a_m\}$$

同理,如局中人Ⅱ共有 n 个策略,我们以 b_j 表示其中的第 j 个策略,记这个策略集合为 S_2,则

$$S_2 = \{b_1, b_2, \cdots, b_n\}$$

以行表示局中人Ⅰ的策略,以列表示局中人Ⅱ的策略,则 i 行和 j 列交点处即表示局中人Ⅰ采取第 a_i 策略,局中人Ⅱ采取第 b_j 策略所形成的局势。如果根据对策结果规定,在局势 (a_i, b_j) 时Ⅰ的赢得是 p_{ij}(p_{ij} 为正

第四节 决策与对策分析方法

表示Ⅰ的收入、Ⅱ的支出，p_{ij}为负，表示Ⅰ的支出、Ⅱ的收入），显然Ⅱ的赢得与Ⅰ赢得是互为相反数。局中人Ⅰ在各种局势下的赢得可用表6-5表示。

表6-5 局中人Ⅰ的赢得表

Ⅰ的策略 \ Ⅱ的策略	b_1	b_2	...	b_j	...	b_n
a_1	p_{11}	p_{12}	...	p_{1j}	...	p_{1n}
a_2	p_{21}	p_{22}	...	p_{2j}	...	p_{2n}
...			....			
a_i	p_{i1}	p_{i2}	...	p_{ij}	...	p_{in}
...			....			
a_m	p_{m1}	p_{m2}	...	p_{mj}	...	p_{mn}

田忌赛马是比较典型的二人零和对策，可用矩阵对策的方法把齐王在赛马中的各种局势的赢得表示出来。

由于齐王和田忌约定3个等级马中各选一匹马进行比赛，所以，对策的一局就是赛完3匹马。因此，在这个对策中，一个局中人的完整行动方案应该是确定3个等级马的比赛顺序。我们记齐王策略（马的出战顺序）为：

a_1：上，中，下　　a_2：上，下，中　　a_3：中，上，下
a_4：中，下，上　　a_5：下，上，中　　a_6：下，中，上

田忌的策略集合与齐王相同，表示方法一样。由于已知齐王的每一个同等级的马均比田忌的强，而次一等级的马均不如田忌上一等级的马，我们可以算出齐王的各种策略的赢得如表6-6所示。

表6-6 齐王赢得表

齐王策略 \ 田忌策略	上中下	上下中	中上下	中下上	下上中	下中上
a_1 上中下	3	1	1	1	-1	1
a_2 上下中	1	3	1	1	1	-1
a_3 中上下	1	-1	3	1	1	1
a_4 中下上	-1	1	1	3	1	1
a_5 下上中	1	1	1	-1	3	1
a_6 下中上	1	1	-1	1	1	3

齐王每一策略赢得的代数和是6,6种策略的总赢得是36,可见优势

之明显。但每一策略中,都存在一个局势,其所得是-1。孙膑就是选择了这个局势,使田忌在赛马中战胜了齐王。如果齐王懂得对策,在选择赛马出战顺序上也能像孙膑那样,考虑对手的策略,则获胜的机会将大大超过田忌。

区域之间、区域内部不同集团之间的关系,包括合作与竞争、利益分配等,都可以用对策理论来解释,有的也可以用对策模型加以描述、甚至分析。

本章复习思考题

1. 解释概念:① 风险型决策;② 乐观系数;③ 零和对策。
2. 简述线性规划的原理和建模过程。
3. 请写出线性规划模型的标准形式。
4. 举例说明决策的类型。
5. 分析说明人-地关系的对策性质。

第七章 区域发展方向分析

区域发展方向是区域开发与管理决策的最关键问题之一。方向明确,才能不断进步;否则的话,可能越努力越犯错误。南辕北辙、背道而驰,就是这个道理。区域开发与规划中,这方面的教训和经验一样多。

区域发展方向的含义很丰富,也可以有很多不同的表述方式。这里主要从形象设计的角度,谈谈区域发展方向确定中的有关问题。形象是直观特点的简洁、清晰的概述,区域发展方向的确定过程,就是对地区发展潜力的剖析、发展目标的功能定位和发展思路的升华、概括以及统一的过程。

形象设计既要符合实际,也要面向未来,真正表达出区域的未来发展目标。

要防止过分地渲染,无限地拔高,劳民伤财地建造标志性工程。

本章结合实际,讨论一般区域形象设计、城市形象设计、城市功能定位、旅游目的地形象策划问题。

第一节 地区形象设计[①]

小到个人,大到地区和国家,均存在一个形象问题。个人形象反映了一个人的气质、文化修养和基本素质等;一个地区的形象,反映了该地区的文化底蕴、历史传统、经济水平、城市特色和地域人文特性等;国家形象反映了国家的历史、文化、经济实力、国际地位与影响力等。比如,天安门、故宫、长城等让人们联想到这是中国的首都北京;外滩、南京路中心商业街、东方明珠广播电视塔、浦东新区等给人以中国第一城市上海的基本形象。在向市场经济迈进的过程中,区域经济、文化和社会全面进步已是各方面极为关注的问题。如何吸引投资、开拓市场,树立良好的区域形象已成为20世纪90年代中国地区发展的热门话题。本书借鉴企业形象设计(CIS)的基本原理,将其内涵和外延拓展到区域范围,开展区域形象设计(regional identity system,简称 RIS),并把它作为新时期区域规划的一

[①] 钱智,徐俊. 区域形象设计的理论与应用研究——以安徽形象设计为例. 地理研究,1998,17(1):66~73

种尝试。

一、区域形象设计的一般原理

（一）基本概念

形象是指能引起人的思想或感情活动的具体形状和姿态，是外界事物在人脑中的反映。区域形象(regional identity 或 regional image，简称 RI)是指某区域内部与外部公众关于该区域内在综合实力、外显活力和未来发展前景的一整套情感和印象，是该区域内自然、经济、社会、科技、教育、文化、历史、生态诸方面要素在公众头脑中反映后形成的总体印象，涉及区域的发展规模、发展水平、发展质量及发展模式等内容。良好的区域形象是区域发展的一笔无形资产。

区域形象设计(RIS)是对某区域全面考察的基础上，分析该区域自然地理特征、文化历史渊源、资源与经济的比较优势、经济发展水平与空间结构特征、人口素质、文化景观特征和环境美学特色等内容，提出该区域未来形象特征的一整套设计方案，并在实践中按照设计要求进行建设和宣传介绍，使该区域形象充分显示出来。区域形象设计的目的是要提高区域的人口素质、改善区域环境质量、增强区域活动水平、加重区域景观的美学色彩，以此来优化人地系统的结构。

（二）区域形象的形成

区域形象的形成与人脑的认识结构有关，是在"大脑黑箱"中通过"过滤作用"而形成的。"黑箱"这种思维模式，通常被看作信息选择与转换的复杂过滤系统，只有过滤后的感知信息才最终通过认识表述产生图像。这种过滤与信息的来源、文化背景和生理因素有关，由于文化和生理的差异导致对信息的取舍和综合存在差异，形成不同的感觉。一旦有与环境信息类似的刺激，大脑会立刻获取、提炼，在黑箱中加工后形成特定的图像。区域形象就是现实事件、无形刺激和个人背景三方面要素通过黑箱相互作用而产生。

区域形象的形成过程是区域实体与区域内外公众相互沟通的过程。不同的区域特征塑造了区域信息，通过不同个体的印象综合便形成了该区域的印象形象；这种形象会影响区内外观众的态度，进而影响公众的舆论和行为；这一切又改变着区域形象的结构与特征。这一过程是循环往复、逐步递增和升华的(图 7-1)。

（三）区域形象设计的构成

根据形象形成的原理，可以从 3 个方面即理念识别(mind identity, MI)、行为识别(behavior identity, BI)、视觉识别(visual identity, VI)来进

第一节 地区形象设计

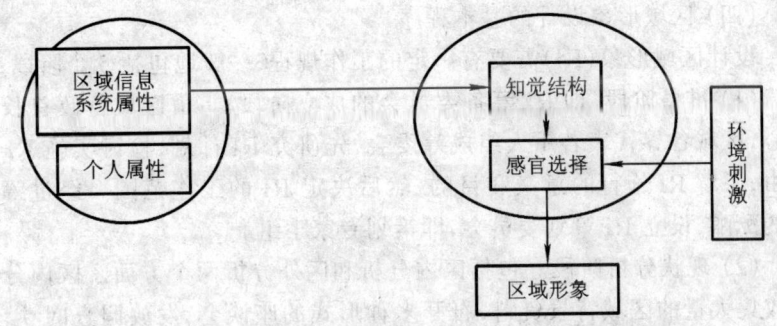

图 7-1 区域形象的形成机理

行区域形象设计与建设（图 7-2）。① 理念识别系统包括区域精神、区域价值观、伦理道德水平等，其中区域精神是区域形象的核心，一个区域的精神一旦被广大公众所接受，既能对内部公众产生巨大的凝聚力，又能对外部公众产生巨大的吸引力，从而集聚区内外的各种力量，实现区域经济文化的协同发展；反之，也能起反面作用。② 行为识别系统包括政府行为、民众行为和企业行为。政府是区域发展的组织者和管理者，政府行为往往是区域形象的代表，体现在政府的各种管理与公关活动中，如重大决策的制定与实施、日常的办事效率、新闻发布会、慰问、专访、社会公益活动、特色节日、贸易活动、调研活动等。民众行为包括民众的衣食住行、言谈举止、精神风貌、整体素质等。由于民众是组成区域的主体，民众行为形象也是区域行为形象的主体。企业行为主要是指企业的生产经营活动，包括企业家与员工的素质与行为、经济效益状况、产品的品牌及参与社会公益活动情况等。它是区域形象活动的指示器。③ 视觉识别系统是最直接有形的形象识别系统，包括区域的信息标志、标准字体、标准色、象征图案及宣传口号、文化景观及经济文化实体的活动等。

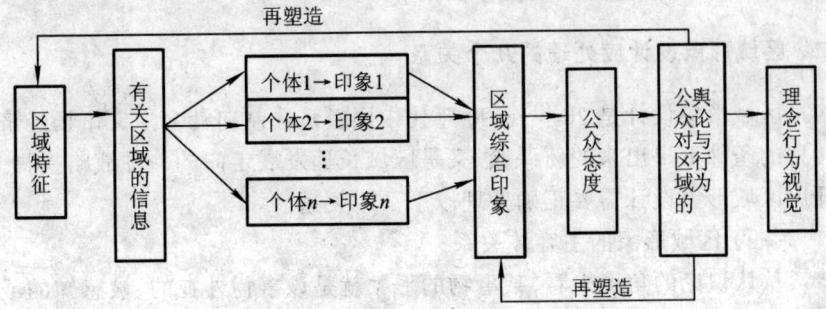

图 7-2 区域形象的形成过程

（四）区域形象设计的基本程序

设计区域形象(RI)需要有一定的工作规程，一般地包括5个阶段：

(1) 准备阶段(即 RI 筹备委员会的成立阶段)。由区域行政首长为中心，区域各界代表若干人组成筹委会，先研究 RI 计划，检讨实施 RI 的理由，了解 RI 施行的意义和目的，然后决定 RI 的工作范围。经过筹委会的酝酿，设立 RI 策划委员会，即策划专家小组。

(2) 现状分析阶段。包括区内分析和区外分析两个方面。区内分析要收集大量的区域背景资料，召开多种形式的座谈会，发放调查问卷，找出区域发展中存在的问题；区外分析就是从更高层次的区域系统来分析，如国际政治经济秩序、国家宏观政策环境和市场体系，以及不同等级区域的形象特征等，作出该区域的完整形象定位。

(3) 区域理念和未来走向的确立。根据区域现状分析，特别是区域文化特质的提炼，结合当前的形势来重新检讨区域精神理念，以区域文化特质、社会经济背景，特别是本区域的比较优势，预测未来 10 年或 20 年后的发展态势。

(4) 区域结构整合。依据区域理念和未来走向来检讨区域内部结构，并着手改善区域状况；在外界 RI 公司或智囊人员的协助下，开展区域内部的各种组织和体制、媒体信息传递系统的设计与实践，为培育新的区域素质作准备。

(5) 统合 BI 与 VI。在区域结构整合过程中，区域的行为活动必然会得到统一与协调；使区域各利益主体趋向一体化。视觉识别系统的统合，对于区域来说尚属未开发领域，偌大的区域以何种视觉形象展现在媒体传递系统中，是相当困难的。但是，如果区域行为协调一致，精神理念统一，那么一个统一标识的形成并不难，关键在于通过各种媒体如电视、报纸、广告、标语等的大力宣传。VI 设计系统的完成需要 RI 策划公司和公众的广泛协作，也可辅之招标征集等形式。

二、区域形象设计应处理的几个关系

区域形象设计是 20 世纪 90 年代中国经济体制向社会主义市场经济转型的条件下提出来的新课题，又是区域长远发展走向的一种战略抉择。开展区域形象设计需要正确处理以下 3 个关系。

（一）区域形象的主客体关系

从认识论的角度来看，某事物的形象就是该事物外在的、被感知的或者凭借所感知到的并作出判断的东西。形象反映事物本身，为事物本身所决定的。但形象又不是事物本身，而存在于事物与其相关的人之间的各种关系之中。区域形象就是存在于一个客体和两个主体的关系中。一个客体是指区域自然和社会本身;两个主体分别是:① 客体向其显示形象、使之接受形象的主体,即形象的接受者;② 对客体能够产生影响的并对该客体显示其形象与作用的主体,即形象的给予者。在这种关系中,由于两个主体与客体的相互作用,导致客体及其外在表现形象总会有差异的。而区域形象设计与建设是形象给予者的事情,为避免形象误导,要处理好主客体的关系,既要加大力度展示形象,也要杜绝弄虚作假等不良手段。

(二) 区际关系

区域系统相对世界来说具有多层次和多元性。依据不同的尺度可以划分出多种类型的区域。区域之间又是相互联系、相互作用的,存在着不同的利益,具有不同的地位和比较优势,形成了复杂的区际分工和区内分工。因此,在进行区域形象设计时要充分考虑到区域的静态和动态的比较优势,兼顾各区域的比较利益,顺应区域分工的客观规律,形成独具特色的区域形象,实现多区域的协调发展。

(三) 代际关系

区域形象设计是在历史和现实的基础上,对区域的重新定位和建设。因此,对区内历代人民所创造的文化精华要给予充分的肯定和继承,对一些不足部分要加以完善和升华;对未来的人们要留有活动和展示才华的余地。这主要表现在对自然资源的开发利用和生态环境的保护方面,树立人地和谐的伦理价值观,既要满足当代人的需求,也要满足后人生存的需要,走可持续发展的道路。

三、案例分析——安徽形象设计与建设

在我国特定的行政管理体制下,省(区)是国家实行宏观管理的最有力的一级行政单位。一个好的省区形象是省级政府和省内民众所竭力追求的。安徽省是很有特色的省份。虽建制历史不长,但在地域上却有着悠久而复杂的历史文化现象。

(一) 安徽形象的演变

安徽省位于我国中部,是南方与北方的过渡地带,是长江中游与下游的接壤段,地域文化上有"吴头楚尾"之称;兼有黄河、淮河与长江三大流域的特点。安徽的地形复杂,山水秀丽,北部东部是低矮的平原,南部西部是起伏的山地丘陵,有著名的黄山、九华山、齐云山和天柱山。目前是靠近沿海的农业大省、资源大省和人口大省。

1. 区域文化理念的形成

安徽的区域人文特性受文化变迁的影响较大。古代安徽是多种文化交融的边缘地带，早期分属于中原文化、楚文化、吴越文化的控制，尤其是楚文化的影响深刻，楚考烈王曾任都钜阳（今安徽阜阳）和寿春（今安徽寿县），表现为多元综合的人文现象。隋唐以后，由于长期的统一，社会安定，儒家文化的影响较大，社会风尚儒化趋势明显。安徽的方言分布与演变基本反映了这种复杂现象。

2. 区域经济开发的行为轨迹

安徽地区开发大致从北到南梯次展开，唐代以前淮北最为发达，唐宋时期江淮之间经济占首位，明清以后皖南最为富庶，近期以皖江（长江安徽段）沿岸经济发达。究其原因，主要是唐宋以来，江淮以北自然环境变化较大，特别是淮北地区，由于河流改道频繁，内涝、盐碱、风沙等自然灾害严重，造成了近几百年经济发展滞后；近代，皖南山区由于自然环境的封闭和思想意识的保守，现代资本主义的影响较小，也未能像徽商那样盛极一时。

3. 区域空间格局的变迁

春秋时代，淮北属蔡国管辖，江淮之间分属不同的小国；战国时期基本为楚国所控制；秦统一后至南北朝时期，安徽是若干政区的交错地带；隋唐以后安徽政区基本以淮河、长江为界三分；明朝永乐年后设立了跨淮越江的南京，改变了安徽的政治格局；乾隆二十五年将安徽布政司移至安庆，与早年设立的安徽巡抚同在一地，形成了安徽省建制；20世纪的变动不大。由于安徽所处的特殊位置，历来是政治上比较敏感的区域，军事上的战略要地，很多重要的战争都发生在安徽境内，如春秋吴楚征战，楚汉战争，三国魏吴之战，淝水之战，宋金之战，太平天国的战火，以及现代的淮海战役等。可见，历史上安徽的地缘政治意义重大。

从上述分析可知安徽形象的演变过程，明朝以前安徽的政治板块尚未形成，还谈不上安徽形象；自明朝永乐年后至乾隆二十五年是安徽形象的萌芽期，随后，安徽形象经历了波浪式的形成过程，即由好→不佳→差→好（指政治运动时代）→差→较好（指"八五"时期）。

(二) 安徽形象的总体定位

未来一段时期，安徽总体形象是中国东、西、南、北、中结合部的农业强省、轻工大省、旅游名省、华东地区的能源及冶金基地。安徽是中国经济发展战略由东向西转移的"二传手"，沟通南北往来的中介；长江三角洲经济核心区的紧密型合作伙伴；长江沿岸和中部经济区域的重要成员。这一形象定位主要考虑了上述区域印象形象以及反映区域发展时空特性的一些因素：一是区域综合优势在全国的位次。运用多元统计分析中功效系数的方法进行区域综合优势评价,得出1995年安徽省综合省力在全国的排序为第18位(表7-1),今后仍需加快发展。二是据1996年中国及安徽统计年鉴资料分析,对"七五"、"八五"期间全国和安徽的GDP与人口增长弹性系数比较,自1987—1992年安徽的发展速度低于全国平均水平,特别是1991年洪涝灾害使安徽经济处于最低点;1992年开始转入快速发展时期;但是,1993—1995年的人口增长相对较快,因此,今后仍要把控制人口作为一项重要任务来抓。三是省内外经济关系分析。安徽与周边省区的经济联系密切,特别是与长江三角洲地区,在产业结构、资源赋存、技术和人才等方面具有较强的互补性,安徽是生产要素区际传递的中介。目前安徽各地区分别与周边省区建立了经济协作关系:皖北与江苏、山东、河南接壤地区形成了19地(市)组成的淮海经济区,沿江地区(包括省会合肥)参与了长江沿岸中心城市协调会和南京区域经济协调会,皖西大别山区属革命老区,与鄂、豫两省的毗邻地区已联合起来脱贫致富,共同开发山区资源。皖南的黄山市,参加了闽浙赣皖毗邻地区四省九地市经济协作区。四是区域环境质量评价。如淮河流域污染治理、黄山景区生态保护等。

表7-1 安徽在全国综合优势排序(1995年)

省区	功效系数值	位次	省区	功效系数值	位次	省区	功效系数值	位次
北京	0.4616	5	浙江	0.6330	2	海南	0.4372	6
天津	0.5971	3	安徽	0.2463	18	四川	0.2489	17
河北	0.2040	25	福建	0.3301	8	贵州	0.0364	30
山西	0.2646	15	江西	0.2365	20	云南	0.2047	24
内蒙古	0.2731	12	山东	0.3281	10	西藏	0.0979	29
辽宁	0.2028	26	河南	0.1537	27	陕西	0.2169	23
吉林	0.2995	11	湖北	0.2383	19	甘肃	0.1354	28
黑龙江	0.3337	7	湖南	0.2699	13	青海	0.2179	22
上海	0.6496	1	广东	0.4896	4	宁夏	0.2587	16
江苏	0.3286	9	广西	0.2242	21	新疆	0.2697	14

注:本表计算未考虑自然资源优势,港、澳、台地区未参与排序。
资料来源:中国统计年鉴,1996。

(三)形象体系的设计与建设
1. 理念识别系统的核心:安徽精神形象(MI)

拥有6 000万人口的安徽省要实现跨世纪的大发展,靠什么力量来凝聚人心,鼓舞士气,引导风尚？安徽省委提出要弘扬"黄山松精神"。黄山松精神是时代精神的集中体现,内涵十分丰富。"顶峰傲雪的自强精神,众木成林的团结精神,有益社会的奉献精神,广迎四海的开放精神,岩石夹缝中自立发展的进取精神和坚韧不拔的拼搏精神",强调要用黄山松精神继续塑造安徽勇于创新、锐意改革的形象,团结奋斗、百折不挠的形象,山川秀美、人才荟萃的形象,快速发展、力争上游的形象。

此外,在历史上很有代表意义的桐城文派的文化精神与治学态度,徽商的开拓精神与经营思想等等,也应该成为安徽人文精神的重要组成部分。

2. 行为识别系统(BI)

(1) 政府形象。过去人们对地方政府形象的印象常常是"门难进,脸难看,事难办",新时期重塑政府形象极为必要。只有良好的政府形象才能带动地方经济社会的全面发展。安徽"八五"时期经济的快速增长,城乡面貌发生了很大的变化,安徽形象迅速改变,安徽各级政府的形象也随之改变。未来安徽政府形象的塑造要继续以黄山松精神为理念,辅之以政府行为、视觉形象的全面策划,构筑"公正、廉洁、务实、高效、敬业"的新形象。安徽省政府确立的"九五"及2010年发展目标是实现三大战略(科教兴省、外向带动、可持续发展),完成三大跨越(由农业大省向农业强省、资源大省向加工业大省、人口大省向经济大省的跨越)。在市场经济条件下如何实施这一目标？既要开展组织机构改革,明确各机构的角色,形成完善的制度结构,提高运作效率,又要选准项目开展全方位的公关和广告策划,如为开展与香港及海外的经济合作,举办皖港投资与发展研讨会；召开旅游经济工作会议,塑造优秀的安徽旅游形象,以带动其他窗口行业的形象建设等。

(2) 企业(集团)形象。"八五"时期,安徽经济发展已步入"快车道",形成了一批知名度较高的企业集团和较强竞争力的名牌产品,如美菱集团、荣事达集团、古井集团和奇安特集团等,生产出一批技术领先、市场占有率高的优势产品,像美菱冰箱、荣事达洗衣机、古井贡酒、奇安特运动鞋等。未来安徽的企业形象设计和名牌产品开发,要继续依托已有的大集团,打破行业和地区界限,实现企业资产的优化重组；积极利用国内外的资金和技术,培植新兴产业。当务之急,要搞好全省汽车制造行业的资产重组,以带动相关产业的全面发展。发挥合肥高等院校、科研院所集中的优势,加快高新技术开发区的建设,形成全省产业升级的技术创新源。要把"安徽名牌"的评选制度化、法律化,真正形成具有国际和国内先进水平

第一节 地区形象设计

的安徽名牌和中国名牌。

3. 视觉识别系统(VI)

(1) 城市空间形象。安徽城市的形象设计,包括城市等级体系的确立,省会城市与区域中心城市的形象定位、建筑设计、空间结构的拓展等。如有关大城市的形象定位——合肥市为全省政治文化中心和现代化历史文化名城,芜湖市为全省经济中心和现代化的商贸文化名城,阜阳市为京九线上的交通大都市。据预测,2010 年安徽的城市密度达到 2.93 座/万 km^2,届时城市体系将成塔形。合肥、淮南为特大城市,芜湖、安庆、马鞍山、阜阳、蚌埠、铜陵等为大城市,以及一批中等城市、小城市。其中,应加快皖江城市群的建设,与沿江产业带共同构成独具特色的皖江经济带。

城市的建筑空间设计要讲求特色,把现代建筑潮流与城市区位、历史建筑文化融为一体。以芜湖市为例,为了体现当代沿江大都会的特色,规划设计了"亮、丽、洁、绿"的"芜湖外滩"临江建筑景观。城市的空间拓展应以城市发展的实际需求为前提,如合肥市作为全省的政治文化中心和高科技创新中心,在空间拓展上,依托高新技术开发区渐次展开。

(2) 基础设施形象。安徽的基础设施水平较好,1995 年铁路的路网密度为 0.019 km/km^2,高于全国平均水平(0.008 km/km^2)。公路路网密度为 0.025 3 km/km^2,全国平均为 0.121 km/km^2。程控电话交换机容量"八五"期间增长了 30 倍。为树立良好的安徽形象,需抓好以下几方面的建设:一是积极配合国家交通干线建设,完善省内交通网络。如沿江港口的扩建与改造,内河区域港口体系的合理分工,开发利用黄金水道;加快芜湖长江大桥、沿江铁路和高等级公路安徽段的建设速度,振兴皖江经济带;充分利用京九线优势,发展皖北经济等。二是适应国民经济信息化的需要,加快主要城市间的光缆和各地市间数字微波的建设。三是抓好城市的公用服务设备(如供水、供电、供气、污水处理、居民住宅)的建设,改善城市生活质量。

(3) 旅游景观形象。旅游业发达与否,是衡量区域经济发达程度、社会进步状况、政治持续稳定的重要尺度,是展示区域形象的重要侧面。安徽是旅游资源大省,目前旅游资源开发及基础设施建设取得了较大的进展,初步形成了皖北、皖东、皖西、皖中旅游区的雏形及开发较好的皖南旅游区。拥有黄山、九华山、天柱山、琅琊山、齐云山 5 大国家级风景名胜区,歙县、亳州、寿县 3 座历史文化名城和 22 处国家森林公园。一批省级风景区、历史文化名城和森林公园也得到开发建设。铜陵长江大桥、太平湖大桥的建成,加强了省会合肥与皖南旅游区的联系,促进了皖南旅游区"两山夹一湖"(黄山、九华山、太平湖)格局的形成;合宁、合巢芜高速公路的建成,加强了与长江三角洲经济核心区的联系;黄山机场对外航班增加,使皖南旅游区海外客源的可进入性增强。已形成了以港、澳、台地区、日本、东南亚市场为主体,欧美市场快速崛起的新局面。

未来安徽旅游形象应侧重于树立名山、大江、秀湖、古城有机结合,自然景观与地域文化相互融合的中部旅游省的新形象。打好"黄山牌",做好"徽文章",形成世界级的皖南综合旅游区,以及皖北古文化旅游区、皖东观光旅游区、皖西生态旅游区、皖中休闲度假旅游区。建设黄山、合肥、马鞍山、亳州、寿县等不同级别、各具特色的旅游城市。构筑节点众多、等级有序、纵横交错的特色旅游网络体系。

此外,政府的外观形象,也是区域视觉形象(VI)的一部分,包括政府的标志、象征图案、字体与色彩、事务用品与制服、建筑与室内装潢、交通工具和传播媒体等。如招贴画、徽标及广告、路牌等。今后,安徽省要通过征集、招标等形式来开展这方面的策划。

除了上述形象体系以外,还有人力资源开发、文化网络建设、窗口行业服务等。

区域形象设计是一种构造区域发展大计的全新思路,与地区发展战略规划不同。区域形象设计一般先开展形象定位,然后进行建设,并辅之以公关策划等手段,加大宣传力度,充分展示区域形象。安徽是省级行政区域,范围较大,开展形象设计的难度较大,这里仅作一尝试。目前,安徽形象的 VI 展示尚不明显,今后需要加大 VI 的展示力度。积极开拓国内外两个市场,引导区域的文化取向,促进区域经济文化协调发展,形成经济政治良性循环的文化氛围。

第二节 城市形象设计[①]

城市是一种特殊的区域,而且是越来越重要的区域。目前的城市形象设计理论研究内容庞杂,还没有一个统一的概念,这里通过对近年来国内外相关研究的综述和分析,提出其中共性的东西,从而揭示出在城市形象设计中所要解决的问题和所需的途径。

一、引言

形象设计应该出于人类对美的追求,设计师根据每个人的特点,从发

---

① 本部分参考了北京师范大学资源与环境科学系研究生徐艳的工作成果,特此说明和致谢。

式、化装、服装等进行精心设计,使被设计者不仅能突出个人美丽的一面,而且与他所处的环境、身份、工作性质相符。这才是成功的形象设计。近年来城市形象问题日益为人们所关注,大家对城市形象的重视,反映了人们对城市文化功能的追求,对城市应具有精神、文化功能的认同。而且随着物质生活的逐步丰裕,人们对城市文化功能的追求也会越来越高。所谓"形象",一般指的是外观,但对于一个城市来说,只谈外表是不够的,研究城市形象还必须涉及内在的、更深层次的问题。美好的城市不只要有令人赏心悦目的城市面貌,还应有方便舒适的生产、生活环境,有健全的城市功能,有深厚的历史文化底蕴。创造美好的城市形象,既要重视城市空间环境的艺术创造,又要考虑功能适用。体现对人的关怀,反映城市的蓬勃生机与活力。

城市设计的手法在各国历代的城市建设中都有表现,不过有意识地提出美化城市环境的要求,在城市建设中自觉运用城市设计的手法是近代工业革命以后的事。19 世纪之交在美国出现的城市美化运动(city beautiful)是较为典型的一例。20 世纪 60 年代起,首先在美国再次提出了城市设计问题。1965 年美国建筑师协会(American Institute of Architects)出版的《城市设计:城镇的建筑学》一书中讲到:"建立城市设计概念并不是要创造一个新的分离的领域,而是要恢复对一个基本的环境问题的重视"。到了 70 年代,城市设计已经作为一个单独的研究领域在世界范围确立起来,并得到迅速发展。清华大学建筑学院的刘宛把世界各国有关城市设计的概念分为 7 类,分别指出他们各自强调的重点[1]。20 世纪 90 年代以来,随着我国大规模的城市建设以及对城市景观的重视,城市设计成为学术界的研究热点。1997 年 12 月建筑学会邀请国内知名的建筑师、建筑教育家、城市规划师在上海以城市的公共活动空间设计为主题召开学术年会,针对 21 世纪城市空间环境的展望以及国内外城市设计的实践探索,提出关于加强城市设计工作的 7 条倡议。次年 8 月,中国城市规划学会在深圳组织召开了"全国城市设计学术交流会",有规划师、建筑师 230 多人参加。交流的内容涉及了城市整体形象设计、居住环境设计、中心区、广场、步行街、滨水地带、旧城更新、历史地段保护等,基本涵盖了我国近年来城市设计的不同层面,反映了国内城市设计的发展水平。

二、城市形象设计的基本观点

(1) 经济发展的观点。城市设计的结果受经济运作的影响,同时城

---

[1] 刘宛. 城市设计概念发展评述. 城市规划,2000(12)

市设计水平的提高,城市空间新的造型,其实施方案依赖于城市经济实力及其政府的决策。

(2) 工程技术的观点。城市设计以具体的形体空间、景观环境为主,可视为理性科学与技术应用的表现。

(3) 社会层面的因素观点。城市设计应系统表现出社会秩序的空间组织法则,以符合各个地域结构与人文空间的需求。

(4) 环境保护与环境规划的观点。城市各种规划设计都应从整体上考虑,保持都市特有的风貌,并使生活在城市里的人们感受到城市时、空、情境经验的连续性,从而丰富人们在都市场所的工作、生活与休憩的经验。城市设计应善于将城市景观与建筑风格以及城市空间、都市生活与特色结合起来。

三、城市形象设计中需要处理的几个关系

城市形象设计首先要正确处理好城市政府愿望与社会公众需要的关系。城市形象设计从某种意义上来说是城市政府的一种管理行为,是城市政府行使的对本市形象塑造的运筹、构思和规划的职能。

城市设计的整体性和可持续性是其理性的基本要求,来自于对现代城市无序和混乱的反思。关于人类住区的可持续发展,《中国21世纪议程》明确指出:"人类住区发展的目标是通过政府部门和立法机构制定并实施促进人类住区可持续发展的政策法规、发展战略、规划和行动计划,动员所有的社会团体和全体民众积极参与建设,使之成为规划布局合理、配套设施齐全、有利工作、方便生活、住区环境清洁、优美、安静、居住条件舒适的人类住区。人类住区的发展必须与人口的增长和生产力的发展相适应,必须与资源的合理开发利用和保护环境相协调。"因此,城市设计必须以可持续发展为前提和基础。

城市设计是城市规划过程中不可忽视的环节,是城市规划价值目标中最真切的物质空间反映;或者说城市设计思想的实现是整个城市规划价值实现的重要媒介和使城市文化得以发扬的载体。城市规划所确定的目标要通过精心的城市设计才能实现,城市设计又不能脱离城市规划的限制。

四、城市形象与城市特色

城市形象是由多方面内容组成的,其中最直观的就是城市面貌。所以创造各具特色的城市是塑造美好城市形象的重要环节。城市特色包括以下3个因素:

(1) 自然因素。城市所在自然地理环境等。要把城市建设得有特色就要顺应自然,利用自然,表现自然环境的特点。如果人工的建设体现了自然环境的差异,那么特色也就在其中了。

(2) 规划布局。城市中的建筑总是按照一定的方式排列的,建筑由于排列布局的不同可以形成不同的特色。如北京的规划严整方正,是典型的棋盘式城市形态。

(3) 社会因素。是人工因素的深层依据。人们是按自己的生活习俗、行为方式、道德情趣来塑造城市的,他们会自觉或不自觉地把自己的文化观点加到物质实体的建设中去。如北京的四合院。它的特色不只是院落的空间形态,更在于承载着"老北京"的生活方式及和谐亲密的邻里关系。这些社会因素构成的特色在城市的发展建设中是非常重要的。

城市形象不是一朝一夕可以建成的,城市特色也不是短时间内就可以形成和能被人认可的。塑造美好的城市形象、形成独特的城市特色要靠日积月累。

五、一个理想的城市

城市是有生命的,就像是生长着的肌体。作为一个生命体,城市是有其个性的。城市设计理念的实现使我们体验到城市的脉搏,也体验到城市中人们的生活情趣,以及他们对理想城市的向往,所以城市设计也是城市生命中的一个部分。伊利尔·沙里宁曾说过:"让我看看你的城市,我就能说出城市居民在文化上追求的是什么。"城市设计体现着城市风貌,例如北京的城市设计主要是以政治为本,公共空间的设计也主要侧重于为政治集会设置的中心广场,或在一些重要建筑物的外部设置广场。造成城市风貌单调,让人感觉严肃有余而活泼不足。

现任北京市政府城市规划顾问卢伟民先生在第 20 届世界建筑师大会上发表的一篇演说《山水·人情·城市》中提出将"山水、人情"思想融入城市建设中。以"山水"之思想建设城市,旨在使城市与自然相协调,而并非一定要有山脉在近旁才能建成山水城市;以"人情"融入城市建设旨在创造与人类需求相呼应的社区。著名的明尼苏达环境主义者和作家西古尔德·奥尔森(Sigurd Olson)曾经说过:"如果我们可以搬到一个开敞的地区,在那里我们可以同时享受现代生活和一直激荡着我们心灵的传统美梦,那么我们就大功告成了。"我国著名科学家钱学森教授也提出"社会主义中国应该建设山水城市"的论断,他强调:"山水城市还要充分引用现代科学技术成果,也是高技术城市。"

六、塑造城市形象、形成城市特色的途径

(1) 尊重自然,突出自然之美。英国人霍华德在19世纪末《明日,一条通向真正改革和平的道路》中提出"田园城市(garden city)"的设想;美国建筑大师赖特在1932年著《正在消失的城市》中提出"广亩城市(broad acre city)";法国建筑大师柯布西耶于1922年著《明日的城市》,1937年作《阳光城》,提出"现代城市"方案。他们的共同点就是让城市与自然结合。

(2) 保护文化遗产,延续历史风貌。城市是历史延续的产物,其文物古迹,历史地段,风景名胜体现了历史感,如果利用好这些文物古迹,使周围的建设与之协调融合,形成一个有特色的典型区段,这对塑造美好的城市形象将是大有裨益的。如北京的平安大街改造工程,在拓宽道路的同时,又沿街建造了反映北京文化古都特点的建筑物,很好地保持了原有的风貌。

(3) 精心创作,维护城市整体关系。城市形象有整体形象与局部形象之分。整体形象反映城市的整体面貌在城市内外公众心目中的全面投射,或者说是城市在社会公众中所产生的一般影响和社会公众对城市形象的一种完整的看法、评价和印象。良好的城市整体形象是城市具有决定性意义的宝贵财富,是促进城市经济社会全面发展的重要动力,是城市与城市之间进行各种竞争的无形法宝。整体形象不是凭空建立起来的,而是各局部形象的总和。设计时着眼于整体形象优化总目标的前提下,还必须重视城市局部形象的设计和塑造。局部形象反映构成城市系统的某些要素或特定方面的状况在城市内外公众心目中的个别投射,是构成整体形象的基础。将二者有机结合起来,使好的局部形象凸出,使整体形象具有丰富内涵。

(4) 顺应社会发展。1990年联合国研究机构首次提出了"知识经济"的概念。我国的经济发展水平还处于工业经济时代,但并不意味着现阶段讲知识经济属于空谈。城市设计应当具有适当的超前意识。在城市设计中应用高科技手段,如现在提出的数字大厦、智能住宅等。

七、小结

城市设计应以满足城市人的生理、心理要求为根本出发点,以提高城市生活的环境质量为最高目标。城市设计是一种成熟的理论方法,它的渗透和介入可以使城市规划科学化,但不能取代任何规划阶段。它的目的不仅在于改善城市的生活环境质量,而且在于经济的振兴与发展。同

时城市设计的目的还包含对城市历史文化及城市特色的追求。城市设计是一种"过程设计"而非终级蓝图,城市设计不仅是空间实体的设计,也是城市的塑造和完善的过程。

第三节 城市功能、性质定位[①]

一、城市定位的基本理论

城市定位是指在社会经济发展的坐标系中综合地确定城市坐标的过程。城市中区域的核心(而区域是地理研究核心),城市定位对于城市发展和区域发展具有重大的影响作用。

(一) 城市定位的特性和内容

城市定位具有鲜明的战略性、综合性、地域性和动态性。战略性要求定位工作做到高屋建瓴、高瞻远瞩,站到未来发展层次把握城市和相关区域的方向和走向,洞悉社会经济发展的总体演进趋势。综合性要求定位工作全面、系统地分析与城市发展有关的各种条件和影响因素,并能够从总体上抓住关键问题和主导因素。地域性要求定位工作突出城市及其所在区域的特色,把城市放在区域发展中去分析,把能够代表城市自身的内在的东西发掘出来,强化城市自身的个性发展特征。动态性要求定位工作遵循城市发展的历史演进规律和总体趋向,注重城市发展的阶段性变化,赋予其时限性和时效性。

城市定位由定性、定向、定形和定量4个方面或称环节组成。所谓定性是指确定城市的性质,即在详尽分析城市在区域社会经济发展中的各种职能作用的基础上,筛选出对城市发展具有重大意义的主导性和支配性的城市职能。所谓定向是确定指城市的发展方向,包括城市的发展方针、目标走向、战略模式等,这一工作是以区域分析、城市对比分析和发展战略研究为基础的。所谓定形是指城市形象的确定,这里不仅是指城市的代表性的景观特色,更重要的是指城市的内在的、相对稳定的、个性化的东西。为此,必须处理好历史文脉的继承和发展创新的关系,处理好自然生态潜质和人文社会发展的关系,做到城市形象与城市灵魂、活力的有机融合。所谓定量是指从数量的角度给城市发展以某种形式的标定,它既包括城市人口规模、用地规模的确定,也包括城市经济地位、综合竞争

[①] 张复明. 城市定位的理论思考与案例研究——以太原市为例. 经济地理,2000,6:48~51

力、发展水平的科学预测和数量分析。

(二) 城市定位的因素和要素

城市定位是一项复杂的工作,需要对若干重要的影响因素进行综合分析。城市定位的主要因素有:城市的历史基础及地位、城市的经济地理位置、城市发展的国际背景和国内背景、城市的发展条件和基础、城市的产业现状和区域、城市人口和经济规模、城市的职能分工和发展方向、城市与其他相关城市的关系、城市的区域影响及地位、城市的区域基础及城市-区域关系、国家或经济区对城市发展建设的要求和区域分工任务等。

城市定位不是简单地提出一个城市发展的口号,或者就城市发展的具体问题提出解决方案。它事关城市未来的前途和命运,事关城市的地位和形象,事关城市的发展目标与方向,因此不是对发展特征和规划指标的机械罗列和繁琐陈述。城市定位与城市发展目标、城市性质、城市发展战略、城市形象有联系,也有区别。相对而言,城市定位比之其他的工作更具综合性、科学性和战略性,应当在一个合理的定位框架下,明确其基本组成要素,运用规范的科学术语将城市的方向、特色、精神内涵高度地凝炼和概括出来。

根据城市经济学、城市地理学、城市规划学等相关学科的基本理论,参考国内外有关地区开展城市定位的工作经验和研究文献,城市定位大致可以归纳为7个基本要素:即空间定位、产业定位、城市特色、城市功能和性能、城市形象、城市规模和城市发展策略。

(三) 城市定位的综合

城市定位是一个主观与客观一体化的过程。一般来说,城市定位工作是着眼于城市未来的地位、类型、形象的,必然受制于城市的自然条件、资源条件、产业基础、社会文化现状和腹地区域特征等因素,需要遵循城市发展的客观规律。但是,城市定位又是一个规范性很强的工作,它是对城市发展的预测和设计,所以不可避免地受到理论思想、研究方法、兴趣偏好和其他主观因素的影响。故而,定位过程必须把主观与客观有机结合起来,过分拘泥于当前的条件和基础不可取,不顾条件盲目拔高也不可取。对于城市形象设计的主观良好愿望,对于城市性质的综合判断预测,若能建立在城市发展条件、基础、机遇以及相关区域的深入分析基础之上,城市定位也就基本做到了科学、合理、可靠。

总之,城市定位是一项复杂的社会经济系统工程,既要有理论依托,又要立足现实,还应有综合战略目光。这项工作,应当在整体分析各种城市定位的影响因素的基础上,按照城市定位的组成要素,运用规范的学术语言,进行高度概括和浓缩凝炼,最终作出合理、严谨、准确的表述。惟此,才能真正发挥对城市发展的重大指导作用。

二、太原城市定位的逻辑思路和科学依据

太原市的城市定位经历多次变化过程,由20世纪50年代的"内陆地区新兴重工业城市",到80年代的"能源重化工基地的中心城市"、"以冶金、机械、煤炭、化工为主导的工业城市",再到90年代中期的"以能源重化工为基础的高科技、大流通、多功能、开放型的现代化工业城市"。在步入21世纪初叶的新的历史时期,旧的城市定位已经无法适应新形势的要求,制定新的城市定位势在必然。

(一)城市定位的逻辑判据

城市定位是在全面深刻分析有关城市发展的重大影响因素及其作用机理、复合效应的基础上,科学地筛选城市地位的基本组成要素,合理地确定城市发展的基调、特色和策略的过程。太原城市定位的基本逻辑学判据有5个:①太原在全国劳动地域分工中应当承担的任务,太原在中国工业化进程中的历史使命,国家能源工业的稳定、持续发展要求和空间布局调整的战略任务;②从国家经济安全的战略高度着眼,全国区域经济协调发展的战略要求,中西部区域经济开发和布局优化入手分析;③从山西经济社会发展的大局出发,兴晋富民的战略目标和历史使命对于太原的要求;④从太原自身需要入手,从满足太原市260万城市居民的物质、精神生活需要的层面出发,太原对自身发展的希望,对于城市综合发展、城市现代化的主观要求;⑤从太原当前城市发展的现实出发,充分考虑城市发展的各种有利条件和不利条件,明确城市发展的比较优势、竞争和工业化优势,指出城市职能的主要发展空间和地理区域,综合分析确定太原城市发展的方向、出路、路径和策略。

从全国劳动地域分工角度看,太原地处山西能源基地的地理中心,承担着区域性煤炭能源生产和管理服务的战略性任务。当前,全国能源生产与消费的结构与模式正在进行战略性调整,在探索煤炭能源的可持续利用模式和新的能源消费模式等方面,太原是责无旁贷的。根据全国经济的总体布局,太原还应承担重化工、制造产业发展的专业化生产任务。

从国家经济安全与区域协调发展的层面分析,太原对于能源经济安全起着不可低估的脊梁作用,作为不可替代的重工业基地。是全国工业体系的重要组成部分。太原地处中部地带,地理区位较为重要,便于依托现有城市基础,组织区域经济活动,支持中西部地区的经济的协调发展具有特别重要的意义。由此出发,太原应当面向中西部,逐步发展成为跨省域的综合服务基地和地带性创业中心。

就山西兴晋富民的战略要求而言,太原作为省会城市和不可替代的省域中心城市,在辐射带动周边城市经济发展、建立具有自主知识产权的技术创新体系、组织实施全省产业调整、资源型经济转型、产业布局优化、高新技术产业化开发、区域经济综合发展等方面肩负着举足轻重的历史任务。为此,城市定位必须对城市的生产、管理、服务、创新、集聚、辐射、组织能力的培养予以充分的重视,明确其发展方向和主攻目标。

向现代化迈进,是每一个城市孜孜以求的发展目标,同样也是太原自身发展的目标要求。从这一要求出发,城市首先应当是一个以人为本、具有综合功能的人居环境。所以,改善城市基础设施,优化城市空间布局,加强城市职能体系建设,提高城市的职能层次和辐射效应,推进城市职能体系的多样化,都是城市发展不可回避的话题,城市定位工作对此不能不给予足够的重视。

(二) 城市定位的现实依据

宏观背景:经济的市场化和国际化进程日益加快、工业化结构升级优化、经济进入适度增长区间、城市化越过快速发展的拐点、城市群的极化效应不断增强、城乡二元结构矛盾趋于尖锐、就业压力增大等。

区域背景:沿海地区快速发展、西部开发迎来新的发展机遇、中部五省(赣、皖、湘、鄂、豫)呈现出隆起态势、能源基地重心逐步西移、传统工业基地出现衰退、周边城市群(特别是京津唐城市群及胶济沿线城市带、中原准城市群)极化效应日益突出。

空间区位:从大位置看,太原市处于中部地带的过渡性区位、环渤海地区的边缘区位、中国经济开发的冷区域;从中位置看,处于能源基地的前中心、山西省域的地理中心;从小位置看,处于汾河上游地区、太原盆地的北缘、晋中腹地区域的经济中心和交通中枢。

依托基点:新中国建国 50 多年来,太原的城市发展总体上依赖矿产资源优势和原有的工业基础,形成了低层次、重型化的产业结构。从未来发展分析,科技创新能力、人力资源、大都市基础、省会地位等将会成为城市发展新的动力因素。

障碍条件:人均水资源只有 230 m^3,是国内最为缺水的城市之一;受三面环山的盆地地形、高频率的静风天气、季节性河流等生态地理特征的影响,城市环境对污染物质的自然降解能力偏低;多年以来,SO_2 和 TSP 均超过国家三级标准,已被列为全球头号污染城市;存在着经济增长方式粗放、产业层次较低、城市职能分工雷同、城市基础设施滞后、历史包袱沉重等问题。

历史基础:3 000 多年以来,太原这座历史悠久的古城一直是山西中部地区、而后是山西全境的政治、经济、文化中心和军事要地、交通枢纽，同时是全国性商业中心与手工业重镇。建国以来，太原被确定为重点开发的新兴工业城市，而后成为山西能源基地中心城市，全国重要的能源重化工基地。

区域基础：太原是山西省会、省域首位中心城市。从山西省域来看，山西地处国家的第二阶梯、属于中部经济地带，自然生态与社会经济的过渡性特征十分鲜明，矿产资源赋存丰富，但水资源短缺问题严重。山西是以煤炭工业为主导，能源、冶金、机械、化工、建材为支柱的资源型经济地区，产业结构初级化、单一化和地区同构化问题较为突出。处于省域外环地带的城市，如大同、运城、阳泉、晋城等，与周边省区之间的经济互补性较强，历史文化也较为密切，经济的外向型十分突出，向心性相对薄弱。从大晋中经济区来看，能矿资源蕴藏丰裕，经济总量约占全省的1/2左右。区域内部的经济、文化、社会联系较为密切，除阳泉具有明显的趋东性外，其余地区受到太原强有力辐射影响，是太原最为稳定的腹地区域和发展空间。

经济基础：全市GDP已达323亿元，工业增加值81.56亿元，社会消费品零售总额126亿元，地方财政收入18.50亿元，主要经济指标的占全省总量的1/3~1/4左右，省内排位龙头老大。三次产业比例为4.87：50.62：44.50，工业内部以能源、机械、化工、冶金为支柱，重型化特征相当突出。向外输出的主要商品是矿产品、初级原料和部分重加工产品，主要经济联系区域为以京津为核心的环渤海地区和沿海经济发达地区。

城市基础：全市总人口达295.69万人，其中非农业人口193.73万人，城市人口162万人，建成区面积170 km^2。在城市基础设施方面，与省内其他城市相比较，太原市在住宅、用气、公交、绿化等方面处于领先水平，但在用水、道路等方面则处于中下游水平。

目前，太原与省内多数城市、地区之间缺乏明确的技术经济分工，主要专业化生产部门大致相似，产业结构同构化问题较为严重，城市职能也大都处于同一层次，城市的职能影响多为远辐射型，与腹地区域联系相对薄弱。从全省城镇体系发展的角度分析，妥善处理好太原与邻近的古交、榆次、介休、教义、汾阳、沂州、原平、阳泉等城市之间，与大同、长治等区域性中心城市之间，乃至与邻近省区的核心城市之间的职能分工，是太原城市定位的重要任务。

（三）太原城市定位的逻辑判定

一般而言，城市的基本功能包括生产功能、服务功能、流通功能、管理功能、极化功能、辐射功能、创新功能等多个方面。随着城市化的不断推进,城市功能也在相应发生变化,创新功能、集散功能、服务功能的地位与影响将会越加突出。在步入 21 世纪的新的历史时期,太原的城市定位不仅是单纯在深化或强化生产功能方面做文章,而是要在围绕城市的基本功能层面,在提高功能的综合性、效能性方面下大工夫,把它放在省域发展、跨省域发展的大背景中进行分析和筹划。从城市地位区域影响和发展基础等方面出发,太原的城市定位着重于高层次和高附加价值的生产功能、通畅性和现代化的流通功能、综合性和多层次的服务功能、强大的技术创新和组织创新功能、强辐射和市场化的管理功能等,而非其他一般性的、低层次的城市功能。

职能层次和职能影响层面的确定是城市定位的重要内容。就太原而言,主要的职能影响范围重点是中部腹地区域、山西省城、中西部、环渤海经济区、全国 5 个层次。其中,山西省城、中西部、全国为主要层面,其他两个为辅助分析层面。从大晋中经济区分析,太原是综合性经济中枢,是区域社会经济发展的核心和焦点;从山西省域分析,太原是省会城市,全省政治、经济、文化、科教、交通、信息、商贸和旅游中心,职能组分具有综合性的特点,但是职能强度参差不齐,职能影响尺度也不够一致;从环渤海经济区分析,太原以能源重化工产业,特别是煤炭、冶金、化工、机械产业为特色和专业化生产方向,初级化的能源重化工产品为主要交换商品;从中西部地区分析,对于太原而言其拓展空间、市场空间较大,便于实行水平分工与垂直分工相结合的经济开发模式,若以生产服务、技术服务、制造装备产业为战略重点,可望形成互补、互动的良性发展机制;从全国经济发展分析,太原的清洁能源生产和技术开发、三晋文化发展、重加工设备制造具有良好发展前景,有些还具有国际性影响,产业化开发的潜力较大,如何把握变得十分重要。

综上所述,太原城市定位的逻辑判定大致为:职能发展以综合性、高度化、高效化为方面;职能区域以山西省域和中西部为主要层面;城市发展以现代化和生态型人居中心为目标。以人为本、可持续发展、山西省会、现代都市、三晋腹地经济中心、清洁生产中心、省域综合性中心城市、环渤海西部中心城市、中西部生产与服务复合中心,清洁能源生产与技术开发基地等,基本上可以确定为城市定位的备选性要素。

三、太原城市定位的表述和阐释

(一)太原市城市定位的基本原则

考虑到城市定位工作的特性,以及研究对象自身的特点,太原城市定位工作应当遵循的基本原则是:保持发展弹性、留有余地的原则;突出地

第三节　城市功能、性质定位

域特色、注重个性发展的原则；立足当前、把握未来趋向的原则；依托竞争优势、调整区域分工的原则；强调综合发展、提高职能层次的原则；抓住要点、高度凝练的原则。

(二)太原城市定位的总体表述

(1) 表述之一。把太原建成经济发达、环境优美、科教文化繁荣的多功能、综合性、现代化城市。从表述看，发展目标较为明确，规划味道较重，地域特色、产业特色、城市特色不鲜明，区域地位较为模糊，城市的职能层次也不够清晰。

(2) 表述之二。具有三晋文化特色、现代化气息的重型制造业中心和综合经济中枢。这一表述中，产业定位相对明确，但空间区位的分析稍显不足，城市-区域关系也存在一定的局限性。

(3) 表述之三。山西省省会，全省政治、经济、文化、交通、科教、信息中心，以高新技术产业为先导、能源重化工工业为主导的现代化、特大型城市。这种表述符合传统思维习惯，与城市性质较为接近，但缺乏文化气息、都市气息，过分强调了城市的生产功能，忽视了城市的其他功能。

(4) 表述之四。山西省域中心城市，以生产、服务、管理、创新、集散为主导功能，产业多元化、结构高度化、开发高效化、增长集约化、环境清洁化为方向，以环渤海地区、中西部地区为发展空间，实施双向拓展，建成可持续发展的现代化、综合性都市。这一表述抓住了城市的主导功能，明确了城市的发展方向和开拓空间，但是对于太原的城市特色反映不够，产业定位也较为笼统，文字也略显冗长。

(5) 表述之五。山西省省会，三晋历史文化古(名)城，联合国确定的清洁生产试点城市，以可持续发展为指导，以中西部主要辐散空间，保持重化工产业特色，向着现代化、综合性、清洁化、国际化迈进的大都市。这一表述逻辑层次清楚，兼顾了空间定位、产业定位、城市特色等重大问题，但是对于城市的创新、服务功能强调不够。此外，用文字直接表述清洁生产试点城市，似乎不如简略地论述城市发展的产业策略和生态策略更具科学性和合理性。

分析表明，以上关于太原城市定位的表述各具特色、各有千秋，但都存在一定的问题和缺憾。以此为基础，以城市定位的基本理论为指导，参考其他城市定位研究的科学成果和有益经验，通过综合分析城市定位的影响因素和相关条件，依照城市定位的基本原则，可以将21世纪初叶太原的城市定位确定为：

山西省省会，立足山西、面向中西部的生产与服务复合中心，全国重要的清洁能源-重加工产业基地和技术创新基地，具有三晋文化特色的综合性、现代化、生态型都市。

(三) 太原城市定位的阐释

城市定位是一段相当凝炼的语言表述,其科学内涵是十分丰富的。为了更好地指导城市发展的实际,有必要对其内在含义进行专门解释,明确界定其概念的外延,以免发生误导。

(1) 空间定位。以大晋中经济区为基本腹地,服务和辐射山西省,面向中西部地带、黄土高原地区、煤炭能源基地,着眼于全国工业化和城市化发展。未来城市的区域地位是,山西省中心城市、能源基地和黄土高原的生产与服务中心,中西部重要的技术、产业、服务多重辐射源之一,全国性专业化生产基地。

(2) 职能定位。省城范围内最为重要的工业、科技、教育、行政、旅游服务、信息、交通职能中心。其中,基础工业、行政、交通、信息职能为未来发展依托基点,科技职能、经济管理职能、高层次服务职能、高加工度工业生产职能为发展要点。要重点打好省会这张王牌,充分利用好政治中心、科教中心的有利条件,对经济职能进行改造、发展、提升、转型,实现职能层次的抬升和跃迁,逐步形成具有地域特色和都市特色的现代化、综合性城市职能体系。

(3) 产业定位。专业化的高科技产业与技术、清洁能源生产与技术、都市产业、机械制造产业基地和技术创新基地。其中,机械制造,包括机电仪一体化产品、重型加工工业及装备工业、清洁燃烧器设备、环保与资源综合利用设备;清洁能源产业,包括工业型煤产业化开发、煤炭洁净燃烧技术与生产、低耗水、轻污染的高载能产品生产与技术开发;高新技术产业,主要包括生物制药产业、新材料产业、电子信息产业;都市产业和省会产业,主要包括文化产业、信息服务产业、房地产产业、旅游产业、教育产业、都市工业及会展业、高档印刷业、中介服务业等。此外,以不锈钢制品和特种钢为支柱的冶金工业、以技术开发为支撑的环保产业在发展中也应予以重视。

(4) 城市形象。生态城市、重加工制造基地、现代化都市、技术创新基地、三晋历史文化中心,与自然相互融合、与生态协调发展的现代人居环境。

(5) 城市特色。以重化工产业、清洁生产、技术创新和开发、三晋文化、大都市为主导特征,以汾河滨河城市、晋祠、凌霄双塔、王氏宗情故里、迎泽大街、五一广场为城市象征和标志。

都市文化:黄河文化、黄土高原文化、佛教文化、三晋文化、现代都市文化的良好融合,具有历史文化底蕴、现代文化气息的大文化构架体系。

第四节 复州城镇经济社会功能和性质定位

复州城镇是辽宁省瓦房店市的一个重要城镇,具有良好的区位条件、比较雄厚的经济实力和源远的文化内涵,因而在未来发展中担负着艰巨的任务,具有重要的战略地位和独特的功能[①]。

一、复州城镇经济发展所面临的机遇与挑战

(一)辉煌的前天

复州城镇历史悠久,从战国开始有建置记载,在西汉设置文县,到辽初改为迁民县,属黄龙府,后置扶州,又改称复州。雍正十二年(1727年)升为州,属奉天府。民国二年(1913年)改复州为复县,属奉天省东边道,民国十四年(1925年)改属辽沈道,12月复县公署由复州迁往瓦房店。1947年复县政府移驻复州城东门里,11月单独成立复州城镇政府。新中国成立后,名称几经变革,1985年1月,经省人民政府批准,成立复州城镇人民政府。

"金(州)、复(州)、海(城)、盖(州),辽阳在外",复州当年是和金州、海城、盖州、辽阳并列为辽中南5大州县政府所在地和经济文化中心。

表7-2、表7-3列出了金(州)、复(州)、海(城)、盖(州)、辽(阳)的经济发展水平和综合实力的对比情况。从表中数字可以看出,它们的发展水平并不低,复州城本身(狭义复州)的水平还明显高于海(城)、盖(州)、辽(阳);综合实力方面(表7-3),广义复州(即瓦房店市)的实力虽比海城、金州略低,却明显高于盖(州)、辽(阳)。当初的复州管辖区域远比目前的瓦房店市大,复州城当年的辉煌可想而知。

(二)遗憾的昨天

近现代发展中复州城镇错过了三次大好的机遇:

(1)中长铁路改线。1916年日俄战争后,日本要修中长铁路,该铁路在瓦房店市境内的原定线路走向是:熊岳→复州→邓屯。当时复州的乡绅们怕修铁路破坏了"地气",遂用银两买通总工程师,将线路改成现在的位置。从技术经济上讲,此线走向极不合理(穿山而建),对复州城、乃至瓦房店市来说,则丧失了大好的发展机会。铁路代表近代工业,瓦房店市区就是在中长铁路的带动下才形成的。现在的铁路距复州城直线距离

[①] 本文是复州城镇经济社会发展规划成果的一部分,该规划由国家体改委小城镇改革发展中心委托,吴殿廷主持,得到了辽宁省、大连市、瓦房店市和复州城镇政府及有关部门的支持

20多千米,交通距离则30多千米。复州城近代工业没有得到更大的发展,原因就在于此。

铁路改线导致行政中心的搬迁。表7-2和表7-3显示,复州城镇经济发展水平不比金(州)、海(城)、盖(州)、辽(阳)低,综合实力则与金(州)、海(城)、盖(州)、辽(阳)不可同日而语:狭义复州不足金(州)、海(城)、辽(阳)的1/10,宽义复州也不过金(州)、海(城)的1/6。可见,铁路改线和行政中心的变化对复州地位的影响是多么的巨大。

表7-2 辽中南五大(州)县经济发展水平的对比

县市镇	职工工资/元	农民人均纯收入/元	人均GDP/元	人均财政收入/元	人均城乡居民储蓄余额/元	经济发展水平/元	位次
金州区	5 545	3 966	18 129.22	559.87	12 062.19	4 853.21	1
复州(狭义)	4 736	3 608.91	12 569.80	305.74	7 808.82	3 483.45	2
复州(宽义)	3 366	2 565.27	10 985.57	267.13	6 824.55	2 802.69	5
复州(广义)	3 433	2 616	8 153.30	198.28	5 065.07	2 362.11	6
海城市	4 454	3 641	13 523.85	268.68	5 737.83	3 204.87	3
盖州市	2 280	2 385	3 340.53	132.56	3 056.63	1 490.67	8
辽阳市	5 490	2 475.8	8 160.85	428.25	4 311.85	2 899.19	4
辽阳县	4 062	2 400	6 596.88	188.13	2 146.11	1 918.13	7

注:狭义复州即复州城镇;广义复州即瓦房店市,宽义复州包括复州及其影响的8个乡镇(阎店、西杨、驼山、东岗、胜利、三台、长兴岛、杨家),下同。

数据来源:瓦房店市统计局《经济信息手册1997》,中国统计出版社《辽宁统计年鉴1998》。

(2) 大的服装批发市场没有形成。复州城作为历史文化古城和政治中心,不乏经商观念和能人。1982年刚刚实行联产承包时,复州就有近200户人家干起了个体商业,他们不辞辛劳地到南方往回背鞋帽和布匹卖。此举非但没得到支持,反而被当作资本主义予以取缔。就是这些人被迫到了海城,成为西柳大集的创业功臣。如今的西柳大集,坐地收税2亿元,让复州人既羡慕,又嫉妒,更为自己的行为而后悔莫及。

(3) 完整的古城墙被拆掉。复州古城曾经像兴城古城一样,都是全国、特别是东北地区保存最完好的古城,其旅游经济价值、建筑美学价值是无法估量的。但在20世纪90年代初的城镇改造中,为了交通的方便而将古城墙拆除了。如今,兴城已成为东北地区旅游的热点之一,并成为

第四节　复州城镇经济社会功能和性质定位

古装影视的拍摄基地。复州只剩下一截断壁残垣,令人目不忍睹。

表7-3　辽中南五大(州)县综合经济实力

县市镇	GDP(现价)/万元	全部工业总产值(1990不变价)/万元	农业总产值(1990不变价)/万元	财政收入/万元	社会消费品零售额/万元	外贸出口供货额/万美元	城乡居民储蓄余额/万元	综合实力/万元	位次
金州区	950 000	2 293 839	199 000	29 338	240 045	420 015	632 078	361 754	2
复州(狭义)	62 081	160 021	16 274	1 510	26 858	8 525	38 567	21 546	8
复州(宽义)	269 854	695 576	105 865	6 562	116 745	25 510	16 741	67 675	7
复州(广义)	829 324	2 137 661	216 706	20 168	358 784	161 136	515 200	302 313	3
海城市	1 460 000	3 950 000	325 000	29 006	280 053	200 038	619 441	408 141	1
盖州市	290 626	134 926	113 753	11 533	112 631	63 540	265 927	99 698	6
辽阳市	1 451 000	2 575 919	180 252	76 143	298 383	3 696	766 647	238 091	4
辽阳县	389 023	546 871	88 333	11 094	54 936	73 952	126 558	100 997	5

数据来源:瓦房店市统计局《经济信息手册1997》,中国统计出版社《辽宁统计年鉴1998》。

(三)充满机遇和挑战的今天

(1)位置很好。位于瓦房店市西部中心,交通四通八达,哈尔滨至大连公路(老哈大道)纵贯全境,有6条公路向周边辐射。但通而不畅,无铁路,无高速公路,无海岸海港。而铁路代表近代工业,高速公路代表现代工业,海洋代表21世纪。这些都决定复州的经济建设必然面临严峻的挑战。

(2)基础不错。工业规模较大,有著名企业和主导产品(水泵)作依托,门类相对较多;农业基础扎实,灌溉条件不错,畜牧业、特别是肉鸡养殖业很发达,蔬菜商品化传统较长(依托老哈大道为大连市区供应),日光大棚,特别是韭菜、黄桃等有特色,效益好;商贸业有传统,一直是瓦房店市西部8乡镇的商业中心、交通枢纽和货物集散地。1997年社会总产值27.9亿元,镇级财政收入2 500万元,人均收入3 300元;经济发展速度快,上述指标比1996年分别增长了19%、25%、86.7%和8%;外向型经济发展迅速,已招外商13家,引进外资1 100万元,招国内客商30家,引进内资1.8亿元,1997年出口供货1.2亿元。

但人多地少,资源有限,特别缺乏大的矿产资源和著名的旅游资源。

(3)瓦房店市中心正在西移。沿海乡镇的振兴和繁荣,为复州城的二、三产业和城市建设提供了很大的机遇;瓦-复中线柏油路面已贯通,使复州城与瓦房店市市区的联系有北、中、南三线交通更加方便;东风水库的建设,使复州沿河地区免除了水灾之患,并具备了灌溉之利。

(4)复州的地缘优势和人缘优势突出。因为老哈大道,复州人很早就与外界建立了交往,外界朋友多,出去闯天下的人很多,目前在外面成就事业者、名门后裔者不少;复州长期作为州、县政治文化中心,对周围乡镇影响大,很多周围乡镇出去闯天下的仁人志士,是从复州读书后走出去的,复州是他们的第二故乡,他们对复州有特殊的感情。

发展经济有三种资源:硬资源——自然资源,劳动力,设备等;软资源——政策,社会环境,劳动者素质等;活资源——即地缘和人缘关系。复州在硬资源方面不错,但无大型矿产资源和海洋资源;软资源正在改善提高;活资源则应充分重视和开发利用。

(5)瓦房店市区偏居市域东南一隅,作为经济中心,与腹地联系不便。因此,瓦房店市在西部需要一个经济支撑点。

市场经济体制下,政治中心与经济中心可以分离,如美国的首都是华盛顿,经济中心却是纽约;巴西的政治中心是巴西利亚(原为里约热内卢),经济中心却是圣保罗。我国现在实行市场经济体制,政治中心与经济中心可否分离? 若能分离,复州城的前景则是令人激动的,因作瓦房店市经济中心,除了复州城外,别无可能。当然,在目前或今后不太长的时间内,复州城只能作次中心。

(6)目前复州城镇已享有很特殊的政策。1993年7月被瓦房店市委、市政府确定为综合改革特别实验区(简称复州特镇),1995年5月被辽宁省政府和体改委确定为全省综合改革试点镇和100个重点建设的小城镇。这些优惠的政策也是复州城镇今后发展的宝贵条件。

二、复州城镇发展方向与目标的确定方法与过程

(一)镇内外人士的希望和认同

为了了解和确定镇内外人士对复州城镇未来发展方向的希望,在实地调研时,我们曾就复州城镇的发展目标、主要优势与劣势、当前存在的主要问题及其解决的途径、重点发展的产业和村屯等,进行系统的问卷调查,这也体现了群众参与规划的原则,不仅可以使规划做得很实,还可以使规划更顺利地得到实施。有关结果统计整理如表7-4和表7-5所示。

第四节 复州城镇经济社会功能和性质定位

表7-4 "复州发展目标和功能定位"调查结果 （单位:%）

地域范围	功能地位					
瓦房店市	次中心	100	实力最强的镇	53.8	最富裕的镇	38.5
大连地区	重要城镇	84.6	最富裕的镇		富裕的镇	69.2
（辽南地区）	重要城镇	76.9	最富裕的镇		富裕的镇	46.2
辽宁省	模范乡镇	38.5	百强乡镇	53.8	一流小城镇	84.6
东北地区	反季节菜果生产基地	61.5	反季节菜果产销基地	84.6	农用水泵产销中心	92.3
全国	综合改革模范乡镇	61.5	农用水泵产销中心	76.9	农业产业化样板镇	38.5
其他	现代化小城镇	38.5	文化蕴涵丰富的镇	69.2		
			经济实力强大的镇	46.2		
			人民富裕的镇	38.5		

表7-5 "复州经济发展优势和劣势"调查结果

序号	优势/机遇	确认/%	劣势/挑战	确认/%
1	位置很好	100	无高速公路和铁路	76.9
2	基础很好	92.3	无海岸线和港口	76.9
3	瓦房店市重心西移	76.9	农业土地资源有限	46.2
4	地缘和人缘好	84.6	工业矿产资源不多	84.6
5	领导班子团结，决策得民心	100		
6	文化蕴涵丰富	15.4		
7	有历史价值的文物古迹	15.4		

这些调查得到的数据，是我们确定复州城镇未来发展方向与目标的直接依据。

（二）相关区域发展过程的比较

规划要面向未来，也要注意周边乡镇和背景区域(瓦房店市、大连市、辽宁省乃至全国大环境的变化。为此，我们还考察了改革开放以来复州城镇发展历程和这些地区的对比情况,见表7-6和表7-7。

表7-6 复州城镇社会经济发展情况与背景区域的比较

指标	全国	辽宁	大连	瓦房店市	复州城镇
人口增长率(1991—1997)/‰	9.26	5.78	6.45	2.21	7.11
GDP增长率(1991—1997)/%	11.53	10.44	14.83	19.78	
农业总产值增长率(1991—1997)/%	8.02	9.97	10.00	11.55	17.23
工业总产值增长率(1991—1997)/%	20.93	20.52	31.55	44.11	22.73
农民人均纯收入(1997)/元	2 090	2 301.5	3 081.44	2 616.41	3 608
农民全年人均总收入(1997)/元		3 387.1	3 994.25	3 644.80	
人均GDP(1997)/元	6 079	8 525	15 340	8 153	12 570

注:增长率按可比价计算。

由此可见,在经济发展上,复州城镇可以比背景区域走得更快些。

这几个乡镇,都是瓦房店市经济发展水平最高、速度最快的乡镇。复州城镇和它们相比,仍然是较好的。由此我们可以说,复州城镇作瓦房店市次中心是有可能的。

三、复州城镇区的功能定位

复州是一个综合性的乡镇,作为全国小城镇综合改革试点,要提供改革经验和示范;复州城区的功能是综合的,既要为本镇居民提供生产和生活条件,也要为周边乡镇提供优质高效的社会、经济、文化服务。见表7-7。

第四节 复州城镇经济社会功能和性质定位

表 7-7　复州城镇社会经济发展情况与瓦房店市有关乡镇的对比

乡镇	人口增长速度 (1991—1997)/‰	社会总产值速度 (1991—1998)/%	工业总产值速度 (1991—1998)/%	农业总产值速度 (1991—1998)/%
复州城	7.11	38.28	22.73	17.23
永宁	-3.09	28.08	22.88	13.49
长兴岛	-4.37	31.15	24.51	2.38
炮台	-5.17	35.76	23.56	20.67
李店	-10.55	34.08	20.44	13.68
老虎屯	-6.76	35.31	27.31	6.21

（一）生产和生活功能

复州城区是二、三产业集中、人口密集的社区，为城内及其周围居民提供现代化的生产、生活条件及服务是复州城区未来的最基本功能。要实现生产的功能，就必须具有现代化的工商企业和为企业提供产前、产中和产后服务的能力。因此，必须对目前的企业进行改造升级，必须建立起物资供应、技术设计、质量检验、产品销售网络，必须有较高层次的人才培训、管理咨询、信息服务机构；要实现生活功能，就要开发好房地产，保障水、路、电、讯（通讯）的畅通无阻，搞好文化、教育、医疗、休憩设施建设，实现环境优美整洁，社会安定有序。目前，复州城镇基础设施比较完善，在交通、能源、通讯、供水、供电等方面都有了很大的提高。第二产业发展势头良好，在瓦房店市域各乡镇中位居前列。第三产业也初步形成了以商业、餐饮业、服务业、运输业、房地产业等为主的产业体系。

（二）带动和服务功能

复州城镇区是原复县的政治、经济、文化中心，各项事业都比较发达，历史上就起到中心城镇的带动和服务作用。目前仍为周边乡镇社会、经济、文化服务的中心，瓦房店市的很多社会、文化部门都在复州设有分支机构，如医院、文化馆、信用社、农业银行、公安局、税务局等，在为周边乡镇提供相关服务方面，发挥了很大的作用。职业教育、特殊教育（聋哑学校）等，则取代了瓦房店市区而成为全市的中心。其交通通讯、商业饮食、文化教育、医疗保健等都已达到较高的水平。其周边乡镇如驼山乡、西杨乡、东岗镇本身实力弱，距瓦房店市都在 50 km 以上。因此复州城镇区自然成为这些乡镇社会、经济、文化服务的中心，担负着带动周边乡村和乡镇经济社会的发展的重任。

（三）吸纳和集聚功能

复州城镇区作为瓦房店市的次中心,作为一个二、三产业比较发达的社区,必然要吸纳周边农村的剩余劳动力,自 1995 年来已吸纳迁入人口 5 638 人,其中大多数来自周边农村。另外,还有暂住人口 8 000 人,也多数来自周边农村,他们在镇区务工经商、开店建厂,繁荣了城镇经济。复州镇内基础设施比较完善,功能齐全,生产、生活条件好,还建有水泵城、工业小区等,吸引了众多企业和大量的资金集聚。交通、通讯等基础设施的完善还带来了市场和信息的集聚。随着镇区功能分区和基础设施的进一步完善,复州城镇区必将吸引更多的人口、企业、物资和资金的集聚,从而实现集聚效益。

(四) 改革和建设示范功能

我国的小城镇管理和建设,起步较晚,经验较少;由计划经济到市场经济,政府的职能转变,基础设施的建设和使用,土地的开发与保护,社会保障体系的建立和完善等,都有很多问题需要探讨。小城镇,大问题;小城镇,大战略,小城镇改革开放和建设、管理是一项长期的研究课题,需要不断地进行探索、试点。复州城镇作为全国小城镇综合改革试点镇,就要在小城镇改革、镇区建设等方面大胆地进行改革尝试,不断探索,总结出一些改革和发展的经验,供全国同类小城镇借鉴。目前,复州城镇在机构改革和基础设施建设等方面取得了一定的成果。今后要继续在政府职能转换、财政体制改革以及投融资体制改革等方面进行积极的探索。复州要敢为人先,成为小城镇改革、建设和发展的模范镇。

四、复州城镇区的性质定位与发展方向

(一) 辽南工商重镇

复州城镇将成为辽南工商重镇的理由如下:

(1) 历史基础好。由于长期作为州县政府所在地,在历史上复州城镇区就是区域的政治、经济、文化和商业中心,百姓的经商意识比较浓厚,海城的西柳大市场就是复州人创建起来的。

(2) 地理位置和交通条件优越。复州城镇东至瓦房店市区 40 km,西临渤海 20 km,南距大连 100 km,北距沈阳 290 km,哈尔滨至大连公路纵贯全境,有 6 条公路向周边辐射,吸引范围包括周边十几个乡镇近 40 余万人口,具有发展工业和商业贸易的良好区位。

(3) 目前的工商业基础好。复州城镇是瓦房店市经济发展速度最快的乡镇。工业发展势头良好,其农用水泵内销国内 20 多个省区,农副加工产品远销北美、东南亚和日本、韩国,市场占有份额都在 50% 以上,1998 年工业总产值达到 22 亿元。商业摊位和网点 2 000 多个,大小饭店

140余家,商贸、饮食业初具规模,1998年全镇从事第三产业的劳动力约11 000人,占劳动力总数的43%,在大连地区各城镇中名列前茅。除一般商业外,还形成五大专业市场(水泵市场、农贸市场、运输市场、煤炭市场和建材市场),目前日均流动人口近万人,节假日更达3万多人。

(4)经济发展的要求。瓦房店市跨世纪发展目标是辽东半岛最发达的地区,辽东半岛最发达地区就是辽宁省最发达地区,因为辽东半岛在辽宁省最发达;复州城镇要成为瓦房店市的次中心,客观上必须成为辽南最发达的乡镇。

随着瓦房店市经济重心的西移,复州城镇经济发展的相对速度还会加快。因此,把复州城镇定位为辽南工商重镇是必要的、合理的,也是切实可行的。

(二) 历史文化古城

复州城镇历史悠久,早在四五千年以前,就有人类在这里繁衍生息。从战国开始有建置记载,在西汉设置文县,属幽州辽东郡。曾长期作为州、县政府所在地,成为影响数千平方千米地域的政治、文化中心。

复州城镇文化底蕴积淀深厚,遗存古迹达十余处,具有极大的研究和观赏价值。复州古城墙始建于辽金时代,当时为夯城(土城),明永乐四年砌为石城,清乾隆四十五年改建为砖城。1976年城墙被拆除,仅存东城门和130 m古城墙,属于市级文物保护单位。横山书院系辽南地区惟一保存比较好的书院,是清末复州最高学府,道光二十四年始建,占地2 467 m^2,是大连市文物古迹保护单位。清真寺系辽南地区惟一保存完好的清代伊斯兰寺院,始建于乾隆二十九年(1774年)。永丰古塔相传建于唐代,砖塔八角,13层22 m高,属于市级文物保护单位。永丰寺始建于明洪武年间,与永丰古塔并称"复州八景"之一。另外还有州治衙门和城守尉等古迹。

虽然旅游文化产业短时间内搞不出大名堂,文化兴镇也还谈不上,但文化因素对城镇的发展不可忽视。要挖掘民间力量,营造文化氛围。目前的文化馆管理体制要放开、搞活。政府不一定管理经营,但可支持、扶持书院、文化馆等开展经营活动和书画社活动、艺术品展销、建筑艺术研讨等。也要做好古迹的保护和修复工作,整理历史传说和民俗风情,发掘历史文物古迹,弘扬历史文化遗产,做好古城保护规划,使复州城镇成为辽南地区的历史文化名城。

(三) 瓦房店市的次中心

瓦房店市区偏东偏南,不便于组织和带动全市经济的发展,瓦房店市中西部地区诸乡镇距市区都在40~50 km以上,客观上需要一个次中心。复州城镇区位于全市几何中心附近,又有6条公路与周围乡镇连接,历史上就曾是政治、经济和文化中心。所以,瓦房店市的这个次中心,非复州莫属。

复州城镇区历史上就曾是瓦房店市的中心,瓦房店市委、市政府(原复县县委、县政府)迁到瓦房店市区后,复州城镇区仍以历史形成的自然、地理和社会文明进步的优势影响着周围乡镇的发展,成为瓦房店市中西部地区的中心城镇。目前镇内仍设有37个市直机构的分支机构和事业单位,包括高级中学、瓦房店市二院等。这在客观上为复州成为瓦房店市的重镇和战略支撑点提供了可能。

当然,复州城镇区目前的实力还不够,与周围乡镇政府所在地相比,还强不了多少,在组织和带动周围乡镇进行现代化建设方面,规模有待于扩大,水平还有待于提高。我们必须加快建设,拓展规模,优化结构,提高层次。

作为瓦房店市次中心,复州城镇区经济方面的次中心地位目前不明显;社会次中心地位也在受到挑战,如不努力,也将下降。已经形成并可进一步发展的,主要是交通次中心,教育文化次中心,医疗次中心。其中交通次中心要搞好市场建设与管理,人流、物流要大力组织,已有的8条线路要逐渐规范化,获取更大的利润;教育次中心面临的问题是:由于计划生育,学生数量在减少,要维持次中心地位,就要提高教育质量,调整教育结构,为周边乡镇培养实用人才;医疗次中心(复州二院)不仅要为镇内人口服务,更要为周边乡镇服务。在交通、信息等条件发生根本变化的情况下,二院的定位要重新考虑,医疗、保健功能要加强,高精尖技术不一定作为主要追求目标,但可在地方病和某些疑难杂症治疗上占有一定地位。

第五节 旅游目的地形象设计

一、旅游目的地形象设计概述

(一)旅游目的地形象

旅游目的地形象是旅游者对某一旅游地的总体认识和评价,是对区域内在和外在精神价值进行提升的无形价值。旅游形象设计使旅游地政府和公众对本地旅游的资源核心,产品定位和发展目标有更清楚的认识,使旅游地在众多的同类产品中以鲜明的姿态出现在旅游者面前。在现代旅游业的发展当中,旅游形象设计正在发挥着越来越重要的作用[①]。

旅游目的地形象的作用体现在3个方面:

(1) 地方旅游决策部门和公众对地方性有较深的理解,使决策者在众多的旅游资源中识别出最核心的部分,在此基础上,把握未来旅游产品开发和市场开拓的方向;使地方公众了解本地开发旅游的潜力和前景,增强旅游意识,积极参与地方旅游的开发和建设。

(2) 为旅游者的出游决策提供信息帮助。旅游者在选择出游目的地的时候,面对众多不熟悉的旅游地及旅游产品,常常会犹豫不决。事实上,影响旅游者决策行为的不一定总是距离、时间、成本等一般因素,旅游地的知名度、美誉度、认可度或其他一些因素可能更为重要。旅游地通过形象设计,可以增加识别度,引起游客注意,诱发出行欲望。

(3) 为旅游企业,特别是旅行批发商和旅行零售商提供产品组织及销售方面的技术支持。对于旅行社来讲,其线路的组织和产品包装,与目的地的形象的建立与推广具有千丝万缕的联系。

旅游目的地形象设计一般遵循整体性原则和差异性原则。目的地形象是一个综合的形象系统,在总体形象之下包含着物质景观形象、地方文化形象、企业形象等多个二级系统,每个二级形象系统又包含若干三级系统或构成元素。整体性原则即是指从二级形象系统至构成元素,其形象设计都应围绕总体形象展开,与总体形象相统一。形象设计的目的是使产品更加易于识别,差异性原则即是指在旅游地形象设计中突出地方特性,与其他同类产品相区别。目的地形象具有有形和无形两重特性,无形要素是指事物本质特性的抽象概括,而有形要素则是指事物内在特征在外部的传达与表现。由于形象具有二重性,决定了区域形象的多重属性,如客观性、可塑性、两面性、识别性、系统性。

目的地形象建设是一个系统工程,其中需要完成3项基本任务:塑造地方精神;树立地区居民行为规范;设计地区形象识别系统,实际上这3项基本任务是由CI设计的三要素推广而来。地区形象的形成,有3种情况:一是自然形成的,主要受地理地貌的影响,如桂林山水;二是历史形成的,与当地的历史演变紧密相关,如西安古城;三是新兴地区的重新塑造形成,如深圳特区。

目的地形象的客体是区域,而主体有两个:一个是赋予区域以形象的主体(如旅游区开发者和管理者),另一个是对区域形象进行评价的主体(如旅游者)。因此我们可以认为,区域旅游形象是由开发者和旅游者共

---

① 吴必虎. 区域旅游规划原理. 北京:中国旅游出版社,2001

同决定的,即取决于地方性和公众。围绕这样一个区域旅游形象来设计产品、规范操作,才能在买方市场的前提下,将旅游区作为一个整体推向客源市场。

建立旅游形象的基本程序,一般包括前期的基础性研究和后期的显示性研究。前期工作又包括地方性研究、公众调查和分析、形象替代性分析等;而显示性研究主要讨论、创建旅游形象的具体表达,如理念、传播口号、视觉符号等。

(二) 形象定位策略

形象定位是进行旅游目的地形象设计的前提,它为形象设计指出方向。形象定位是建立在地方性分析和市场分析两方面基础之上的。地方性分析揭示地方的资源特色、文化背景;市场分析揭示公众对旅游地的认知和预期,两方面的综合构成旅游形象定位的前提。在此基础上通过对区域旅游发展全面的形象化表述,提出旅游形象的核心内容,即总体形象。它是对区域旅游资源及产品特色的高度概括,既要体现地方性,又要给游客以遐想,诱发出行的欲望,同时要简洁凝练。理念核心的确定,既要在旅游地内部加以推广,包括对旅游管理机构、旅游企业和社区公众的推广,也要面对目标市场和潜在游客,进行旅游地形象的推广。

世界上许多国家和地区都十分重视其旅游形象的定位并已在广大目标市场树立了牢固的形象。泰国、新加坡以度假和奖励旅游作为其整体形象;西班牙、加勒比地区、美国的夏威夷以阳光、海滩和民俗为整体形象;意大利把文艺复兴时期的绘画、雕塑、建筑杰作作为整体形象。中国旅游业虽然已经开始注意旅游形象的建设,但始终未对中国整体旅游形象进行过系统、科学的研究。

定位的重点不在于产品或企业本身,不是去发明或发现什么了不起的事物,而是通过定位促使商品进入潜在消费者心目中。旅游者身处一个被众多"景点品牌"包围的境地,旧的形象阶梯已经很稳固,新的形象阶梯正在形成,这是在进行旅游点个体形象定位时所要把握的有关旅游形象阶梯的最基本特点。关于具体的形象定位方法有以下几种策略:

(1) 领先定位。领先定位适用于独一无二或无法替代的旅游资源,如"天下第一瀑"、"五岳归来不看山,黄山归来不看岳"等。其他案例还包括埃及的金字塔、中国的长城等,它们都具有世界范围内不可替代的独占花魁的地位。

(2) 比附定位。比附定位并不去占据原有形象阶梯的最高阶,而情愿甘居其次,如"塞上江南"(银川)、"东方威尼斯"(苏州)、"加勒比海中的夏威夷"(牙买加)等。

(3) 逆向定位。逆向定位强调并宣传定位对象是消费者心中第一位形象的对立面和相反面,同时开辟了一个新的易于接受的心理形象阶梯。如野生动物园宣称是传统圈养动物园的对立面,而获得旅游者的青睐。

(4) 空隙定位。比附定位及逆向定位都与原有形象阶梯存在关联,而空隙定位全然开辟了一个新的形象阶梯,从新角度出发进行立意,创造鲜明的形象。与有形商品定位比较旅游点的形象更适于采用空隙定位。

(5) 重新定位(再定位)。严格意义上来说,重新定位不能算是一种定位方法,而只是原旅游景点应当采取的再定位策略。面对处于衰落中的景点的整治,通常采取重新定位的方法可以促使新形象替换旧形象,从而占据一个有利的心灵位置。

(三) 界面意象:口号

界面意象既是指能够体现旅游形象理念核心的深邃内涵,又能为广大普通旅游者乐于接受、具有较高传播效率的表现形式,包括产品形象及其宣传口号、视觉形象等。在旅游业发展的初期,界面意象往往是对旅游资源现象学的提炼,具有直观、具体的景观指称,如北京市的口号"东方古都、长城故乡"就属于这种现象学的总结。但这种界面意象对客源市场的变化不能及时体现,容易过时;在此基础上提升出抽象映象,既具有一定的物质形象,又体现一定的抽象理念。如北京大学为黑龙江省伊春市设计的"伊春,森林里的故事……",其中"森林"是具体的物质景观,表现小兴安岭的森林景色和资源特色,而"森林里的故事……"就显得不具象,为公众留下较广阔的想像空间。最高层次的界面意象是纯抽象的设计,表面上与当地的物质景象毫无关系,但却能深刻体现当地的特点,如香港提出的"We Are Hong Kong(我们是香港)",虽然口号中没有具体显示香港的物质景象,但却充分体现了香港回归中国后她仍然保留的"是中国的一部分又不同于内地的社会主义",使其在继续保留对全世界开放旧姿的同时,又增添了对内地广泛客源市场的旅游吸引力和可达性。

根据地方性研究和公众调查结果,提出规划地的形象设计,据此构思并推广言简意赅的宣传口号。世界上许多城市和省份都有自己的宣传主题口号,寥寥数言,就把该地区的形象特征栩栩如生地刻画在潜在的和现实的旅游者脑海中,如美国纽约的口号是"I Love New York(我爱纽约)";夏威夷是"The Hawaiian Islands:where the world wants to be(夏威夷群岛:世界向往的地方)"。

帮助公众建立较好的旅游形象。即产品特性、价格/价值、用途、使用者、产品类别以及针对竞争者。

关于北京市的旅游形象,一些作者已经有若干建议,如陈传康(1994)

提出的口号是"到中国首先要游北京"。白祖诚(1994)认为北京的旅游形象由两个方面、两条主线构成:文化古都和现代首都。吴必虎 1998 年接受北京市旅游事业管理局的委托,主持编制《北京市旅游发展总体规划》,特地将旅游形象设计作为 10 个主要子课题之一,与有关人员一起合作,对北京城市的旅游形象进行了研究。这一规划已于 1999 年底得到北京市政府批准施行。其中确定北京市的旅游形象口号为"Oriental Capital and Great Wall(东方古都·长城故乡)"。口号设计时考虑到北京作为中国的首都,在国内旅游者市场中,几乎每天都会在新闻媒体中得到有关北京的消息,因而旅游形象口号设计主要从海外旅游者角度考虑。在外国游客眼里,北京的古老文明最为突出,且中国的形象与北京的形象往往可以互相替换,因而在设计国际旅游形象时,将长城作为北京的形象之一。以"Oriental"指代古代东方。口号中上下句押韵,便于上口记忆。

除了旅游宣传口号外,视觉传播符号系统也是旅游目的地形象的重要界面意象。

二、酒泉地区旅游形象策划

(一) 理念基础

(1) 酒泉地区历史文化底蕴丰厚,敦煌莫高窟是世界艺术瑰宝。

(2) 酒泉地区自然旅游资源丰富多彩,大漠广布,雅丹地貌奇特,海市蜃楼魅力无穷。

(3) 丝绸之路是享誉海内外的经典旅游线,酒泉地区是丝绸之路景点最多、品位最高的黄金地段。

(4) 酒泉地区是新中国航天事业的摇篮,中国几乎所有的航天奇迹都是在酒泉卫星发射基地创造的;最近试验成功的返回式宇宙飞船"神州 5 号"更引起国内外震惊,古代飞天与现代飞天都在酒泉地区得以体现。

(5) 酒泉地区的蒙古族和哈萨克族以雪原高山为生活背景,形成了独特的民族文化和生活习惯,对其他地区的居民有广泛的吸引力。

(6) 酒泉地区是西北的缩影和精华,而西北区的市场形象定位为大漠、黄河,丝路花雨,华夏历史文化长廊。

(二) 主题定位

丝路精华与大漠风光游;中华西塞关城游;现代航天科技游。

(三) 形象设计

1. 视觉识别系统

徽标:运用飞天、驼铃等代表酒泉特点的形象,适当抽象组合而成,如飞天+驼铃+火箭;飞天绕火箭。具体图案可向社会征集。

标准字体:请名人书写或设计"酒泉旅游"、"中国敦煌"艺术字体,在特定场合使用。

标准色:沙黄色,与自然背景一致,与莫高窟壁画主体颜色协调,也反映富贵、繁荣,与葡萄美酒等相对应。

吉祥物:骆驼。

应用符号系统:包括旅游地纪念品、办公及公关用品、指示类应用设计、广告、旅游地服务人员的视觉形象等。

2. 听觉识别系统

"葡萄美酒夜光杯"等古诗古韵;悠远的驼铃声和蒙古族歌声。

3. 味觉识别系统

百年陈酿,甘醇永久的葡萄酒。

(四) 宣传口号

1. 综合概念口号

(1) 千年酒泉流不尽,万众景仰两飞天。

(2) 国泰民安,共享酒泉。

(3) 世界瑰宝,中国酒泉(the God's present, Jiuquan, China)。

(4) 中国的酒泉,世界的酒泉——让我们共同拥有!

(5) 天高任鸟飞,海阔凭鱼跃;久在都市里,潇洒游酒泉。

(6) 西凉故都,中国酒泉。

(7) 西塞第一城,中国酒泉。

(8) 丝路明珠,中国酒泉。

(9) 享天地造物之无痕,沐人类文明之久远,请到酒泉来。

(10) 漫漫丝绸古道,悠悠中华文明,酒泉欢迎您。

(11) 大漠孤烟,长河落日,海市蜃楼,飞天再现。

(12) 漫漫戈壁,片片绿洲,淙淙溪流,悠悠雪山,融融笑脸——天地精华五彩酒泉。

(13) 天若不爱酒,酒星不在天;地若不爱酒,地应无酒泉。

(14) 这里点燃了远古文明的星火,这里聆听过丝绸之路的驼铃,这里逝去了汉唐盛世的岁月,这里见证着华夏复兴的辉煌——酒泉,永远的酒泉!

(15) 你爱山吗?你爱水吗?如果你爱,请到酒泉来。你爱歌吗?你爱酒吗?如果你爱,请到酒泉来。你爱绵绵的雪山、无尽的原野吗?如果你爱,请到酒泉来。你爱神奇的艺术、璀璨的文化吗?如果你爱,请到酒泉来!

2. 具体景区景点口号

(1) 悠悠丝路,璀璨敦煌。
(2) 敦煌,中国的敦煌,世界的敦煌,永远的敦煌。
(3) 敦煌,丝绸之路上的艺术殿堂。
(4) 丝路之畔,雪山圣境——肃北雪域蒙古族欢迎您!
(5) 塞上香格里拉——中国肃北。
(6) 夏日清凉何处觅?肃北阿克塞欢迎您!
(7) 寻觅石油之路——中国玉门。
(8) 祖国崛起的地方——酒泉航天城。
(9) 酒泉,中国航天事业的摇篮。
(10) 戈壁蛟龙——酒泉航天城。
(11) 梦柯冰川——透明世界。
(12) 海市蜃景,天地奇观。
(13) 敦煌雅丹,英雄鏖战的地方。
(14) 安西锁阳城,保存最完整的古代军事防御体系。
(15) 玉门拱北,伊斯兰圣地。
(16) 玉门——铁人王进喜的故乡。
(17) 羌笛吹绿河西柳,春风荡漾玉门关。
(18) 劝君更进一杯酒,西出阳关多故人。
(19) 张艺谋大圆英雄梦,六明星鏖战魔鬼城。
(20) "神州5号"顺利返回,载人航天梦想成真!

本章复习思考题

1. 解释概念:① 区域形象;② 城市形象;③ 旅游目的地形象。
2. 简述如何塑造区域形象。
3. 简述城市形象和城市功能之间的关系。
4. 结合某一旅游景区/景点,说明如何对旅游目的地进行形象策划。
5. 给出你家乡(城市或区域)的形象分析。

第八章 区域发展的影响分析

第一节 子系统贡献率和因子贡献率分析

一、子系统贡献率分析

(一) 概述

设有 n 个部门,在考察期内,各部门净增长为 ΔX_i, $\Delta X_i = X_i(t) - X_i(0)$;总净增长为 ΔY,即:

$$\Delta Y = \sum \Delta X_i$$

则各部门对增长的贡献率为:

$$P_i = \Delta X_i / \Delta Y$$

这个模型也可以用于各地区对全国、各县市对全省经济增长的贡献分析。

下面结合全国各地区经济增长贡献分析[1],说明这种方法的具体应用。

(二) 数据来源与计算方法

选取1980年和2000年我国大陆各省(市、区)的GDP,采用公式 $e = y_{i0}/y_0$(y_{i0} 为 i 地区1980年的GDP,y_0 为全国1980年的GDP。),算出1980年各省、市、区GDP的份额;采用公式 $e = \Delta y_i / \Delta y_{全国} \times 100\%$($\Delta y_i$ 为 i 地区1980—2000年的GDP增长值;$\Delta y_{全国}$ 为全国该年段的GDP增长值),算出1980—2000年各省、市、区对全国GDP增长的贡献率。选取1980年和2000年30个省(市、区)第一、二、三产业的GDP,采用同样的方法,分别计算各地区第一、二、三产业GDP的基年份额和对全国第一、二、三产业GDP增长的贡献率。选取1980年和2000年30个省(区/市)人均GDP,采用公式 $y_i = y_{i0}(1+r)^{20}$(y_i 为 i 地区2000年人均GDP;y_{i0} 为 i 地区1980年的人均GDP;r 为人均GDP的平均增长率),算出各地区人均GDP的平均增长率。由计算结果列出表8-1。

---

[1] 此部分的计算由周伟完成。

表 8-1 各地区对全国经济增长的贡献率

地区 \ 指标	GDP 份额/%	GDP 贡献率/%	第一产业 份额/%	第一产业 贡献率/%	第二产业 份额/%	第二产业 贡献率/%	第三产业 份额/%	第三产业 贡献率/%
全国	100	100	100	100	100	100	100	100
北京	3.16	2.52	0.46	0.61	4.30	1.92	4.33	3.87
天津	2.35	1.65	0.49	0.49	3.25	1.69	2.86	1.98
河北	4.99	5.25	5.13	5.48	4.76	5.55	5.27	4.56
山西	2.47	1.65	1.55	1.15	2.85	1.73	2.87	1.68
内蒙古	1.56	1.44	1.36	2.41	1.45	1.19	2.11	1.31
辽宁	6.39	4.73	3.47	3.31	8.64	4.87	4.96	4.89
吉林	2.24	1.86	2.05	2.69	2.35	1.69	2.23	1.66
黑龙江	5.03	3.27	4.17	2.19	5.89	3.93	4.04	2.73
上海	7.09	4.57	0.76	0.53	10.60	4.36	7.65	6.15
江苏	7.27	8.90	7.10	6.79	7.52	9.65	6.77	8.41
浙江	4.09	6.31	4.87	4.34	3.78	7.01	3.61	5.93
安徽	3.20	3.12	4.88	4.84	2.25	2.82	3.04	2.70
福建	1.99	4.13	2.41	4.41	1.60	3.79	2.26	4.26
江西	2.53	2.04	3.64	3.17	1.84	1.49	2.54	2.19
山东	6.64	8.89	8.02	8.42	6.56	9.27	4.61	8.22
河南	5.21	5.29	7.03	7.74	4.24	5.25	4.83	4.18
湖北	4.54	4.39	5.37	4.28	4.12	4.60	4.25	4.00
湖南	4.36	3.77	6.12	5.10	3.59	3.13	3.91	3.88
广东	5.59	10.15	6.25	6.65	4.54	10.78	7.19	10.26
广西	2.21	2.10	3.31	3.59	1.97	1.59	2.63	2.04
海南	0.44	0.54	0.81	1.35	0.16	0.22	0.57	0.59
四川(含重庆)	7.33	5.69	10.11	7.93	5.46	5.06	7.73	5.35
贵州	1.37	1.01	1.87	1.78	1.08	0.82	1.33	0.89
云南	1.92	2.02	2.71	2.90	1.53	1.83	1.68	1.82
西藏	0.20	0.12	0.35	0.23	0.10	0.06	0.22	0.14
陕西	2.16	1.69	2.15	1.82	2.14	1.55	2.18	1.74

第一节 子系统贡献率和因子贡献率分析

续表

数据\指标\地区	GDP 份额/%	GDP 贡献率/%	第一产业 份额/%	第一产业 贡献率/%	第二产业 份额/%	第二产业 贡献率/%	第三产业 份额/%	第三产业 贡献率/%
甘肃	1.68	0.98	1.24	1.28	1.79	0.90	2.05	0.91
青海	0.40	0.26	0.38	0.24	0.35	0.24	0.58	0.29
宁夏	0.36	0.27	0.32	0.30	0.33	0.26	0.51	0.26
新疆	1.21	1.41	1.62	1.93	0.96	1.28	1.20	1.32

注：以下分析中四川均含重庆，全国数据不包含港、澳、台地区。

资料来源：中国统计年鉴，2001；改革开放十七年中国的地区经济。由其中数据计算得出。

将全国划分为东、中、西3个地带（东部地带包括辽、京、津、冀、鲁、苏、沪、浙、闽、粤、桂、琼12个地区；中部地带包括黑、吉、内蒙古、晋、豫、皖、鄂、湘、赣9个地区；其余属西部地带），计算出东、中、西3个地带的1980年GDP的份额及1980—2000年段的贡献率，见表8-2。

表8-2 东中西3个地带对全国经济增长的贡献率 单位：%

数据\指标\地区	GDP 份额	GDP 贡献率	第一产业 份额	第一产业 贡献率	第二产业 份额	第二产业 贡献率	第三产业 份额	第三产业 贡献率
全国	100	100	100	100	100	100	100	100
东部	52.23	59.74	43.1	45.96	57.68	60.71	52.72	61.17
中部	31.14	26.83	36.16	33.57	28.58	25.81	29.82	24.33
西部	16.63	13.44	20.74	18.42	13.74	11.99	17.46	12.72

将全国划分为南、北方（北方地区包括黑、吉、辽、内蒙古、京、津、冀、鲁、晋、陕、豫、甘、宁、青、新15个地区；其余属南方地区），计算出南、北方1980年GDP的份额及1980—2000年段的贡献率，见表8-3。

表8-3 南北方对全国经济增长的贡献率 （单位：%）

数据\指标\地区	GDP 份额	GDP 贡献率	第一产业 份额	第一产业 贡献率	第二产业 份额	第二产业 贡献率	第三产业 份额	第三产业 贡献率
全国	100	100	100	100	100	100	100	100
北方	45.87	41.15	39.44	40.07	49.87	41.30	44.62	39.61
南方	54.13	58.85	60.56	57.88	50.13	57.21	55.38	58.61

(三) GDP 增长的贡献分析

为了分析各地区 GDP 增长对全国 GDP 增长的贡献,有必要考察各地区经济发展的动态过程。我们作二维平面图来直观地表示各地区 GDP 增长的贡献与基年份额之间的关系。用代表 30 个地区 1980 年的 GDP 平均份额(3.33%)的水平线和代表 30 个地区 1980—2000 年段的 GDP 平均贡献率(3.33%)的竖直线划分坐标平面,以各地区的相应数值作为数据来源,作出散点图 8-1。

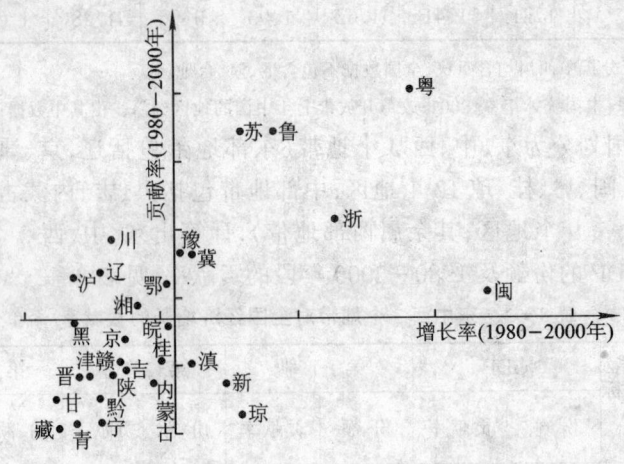

图 8-1 改革开放以来各地区经济增长对全国的贡献率

如图 8-1 所示,第一象限的点所代表的省份 1980 年的 GDP 份额和 1980—2000 年对全国 GDP 增长的贡献率均位于全国平均线以上,第二、三、四象限中点的含义不言而喻。从图 8-1 中可以看出,粤、鲁、苏的贡献率最大;川、沪、辽、湘的基年份额虽大,但贡献率却不大。联系实际可以发现,前 3 个省区位优越,创新能力强,在改革开放和市场经济的浪潮中,抓住机遇,自主发展起来;后 4 个省、市则不然,有的人口众多,人地矛盾突出,有的曾被国家重点扶持,地位被动,发展后劲不足。这些都是造成经济大省之间增长差距的原因。还有两个典型省份是闽、黑,前者原有份额低于平均线,但增长最快,贡献率跃至全国平均线之上;后者恰恰相反,原有份额很高,但增长最慢,贡献率退至全国平均线之下;二者是前面所述两类地区的极端表现。

按照各区域 1980 年、2000 年的 GDP 份额大小及 1980—2000 年段的贡献率大小进行排序,得到表 8-4。

第一节　子系统贡献率和因子贡献率分析

表 8-4　各地区 GDP 静态份额和贡献率排序

地区位序 ＼ 指标	份额/1980 年	份额/2000 年	贡献率/1980—2000 年
前 10 名（经济大省）	川、沪、苏、鲁、辽、粤、豫、黑、冀、鄂	粤、苏、鲁、浙、川、豫、冀、辽、沪、鄂	粤、苏、鲁、浙、川、豫、冀、辽、沪、鄂
居　中	湘、浙、皖、京、赣、晋、津、吉、桂、陕	闽、湘、黑、皖、京、桂、赣、滇、吉、陕	闽、湘、黑、皖、京、桂、赣、滇、吉、陕
后几名（经济小省）	闽、滇、甘、内蒙古、黔、新、琼、青、宁、藏	晋、津、内蒙古、新、黔、甘、琼、宁、青、藏	津、晋、内蒙古、新、黔、甘、琼、宁、青、藏

从表 8-4 可以看出，2000 年与 1980 年相比，各地区 GDP 份额位序有了明显的变化，经济大省（市）由 1980 年的川、沪、苏等变为 2000 年的粤、苏、鲁等。在 GDP 普遍增长的前提下，东部沿海省份、南方省份对全国 GDP 增长的贡献率大。1980 年东、中、西三大地带的省份在前 10 名中的比例是 6∶3∶1，2000 年是 7∶2∶1，差距扩大；1980 年南、北方的省份在前 10 名中的比例是 5∶5，2000 年是 6∶4，差距也在扩大。表 8-4 同时也是以静态份额和动态增长两个指标对各地区进行经济类型划分的结果。

各地区一、二、三产业增长对全国的贡献从略。

二、影响因素分析

设经济总产值与各影响因素之间的关系为：

$$Y = F(X_i)$$

则 i 因素对经济发展的影响分析可以通过 X 在 $X(0)$ 附近增加或减少 1%，来推求 Y 的变化幅度。

下面结合中国南北经济异速增长的影响因素分析[①] 案例，说明这种方法的具体应用。

沿海和内地，东、中、西三大地带的差异，一直是人们关注的焦点，但是，最近十几年来，随着国有企业经营的日益困难，南北差异开始引起人们的注意，北方经济发展速度明显低于南方，已导致中国经济发展出现了新的空间不平衡。

（一）南北差异的特点

这里的南北方划分，主要依据中国自然地理界限，特别是气候分界，

---

① 本项研究得到了意大利 Trento 大学的资助和该校 Costa 教授、Trevisan 教授、Arnoldi 研究员和张刚峰博士的帮助，特此致谢。本文原载《地理研究》2001 年第 2 期。

即以秦岭-淮河为界；此线以北，基本是旱作农业，大田作物是一年一熟或两年三熟；以南则水田占有相当的比重，完全是一年两熟或两年五熟；此线以北，都是典型的北方文化；以南是南方文化。这样划分的南北方，其内涵是：南方包括上海、江苏、浙江、安徽、福建、江西、湖北、湖南、广东、广西、海南、重庆、四川、云南、贵州、西藏，共16个省、市、区，面积约占全国的40%，人口接近60%；其余省区（市）为北方，面积约占全国的60%，人口40%多一点，见表8-5。

表8-5 南北方基本情况对比

地区	人口/万人			GDP/亿元			人均GDP/(元·人$^{-1}$)		
	1980	1999	1980—1999年平均增长率	1980	1999	1980—1999年平均增长率	1980(1998年价格)	1999	1980—1999年平均增长率
北方	41 435	52 275	1.231	6 174	36 530	9.81	1 469	6 988	8.55
南方	56 831	71 944	1.249	6 977	52 462	11.20	1 228	7 292	9.83
北方/南方	0.729 1	0.726 6	0.985 4	0.884 9	0.696 3	0.875 6	1.196 3	0.958 3	0.870 3

注：表中速度未扣除物价因素。
资料来源：中国统计年鉴，2000；中国改革开放17年，1996。

20年来，南北方人口的数量对比没有太大的变化，但GDP总量和人均GDP对比却发生了很大的变化：1980年北方GDP总量相当于南方的近90%，1999年不到南方的70%；1980年人均GDP北方比南方高出20%，1999年只是南方的96%。而且这种趋势还在持续，因为南方的经济更强劲，北方的困难更严峻。

北方与南方人均收入的差别，远比人均GDP的差别大，1999年农村人均纯收入北方不到南方的90%，城市居民可支配收入只相当于南方的80%多一点，南北间的贫富差别已经很明显。

1980—1999年期间，我国沿海与内地人均GDP增长率的对比是1.275 1:1，南北人均GDP增长率的对比是1.149 0:1；沿海与内地的差距扩大了35.79%，南北差距变化了21.90%。可见，南北差异的变化已经到了可与东西差异变化相比拟的程度。1999年我国沿海和内地农民人均纯收入和城市居民可支配收入的对比分别是1.408 1:1和1.611 4:1，而南北方的这两个比例分别是1.241 3:1和1.141 0:1，南北贫富差距（特别是城市居民之间）也可与沿海-内地差距相比。见表8-6。

第一节 子系统贡献率和因子贡献率分析

表8-6 南北差异与沿海-内地差距的对比(1999年)

地区	人均GDP/元	农民纯收入/元	城市居民可支配收入/元
南方	7 292	2 436	6 493
北方	6 988	2 135	5 231
南方/北方	1.043 5	1.141 0	1.241 3
沿海	10 311	7 039	2 981
内地	4 965	4 999	1 850
沿海/内地	2.076 7	1.408 1	1.611 4
(南方/北方)/(沿海/内地)	0.502 5	0.810 3	0.770 3

资料来源:中国统计年鉴,2000。

总之,这20年来,南北经济发展速度差别是明显的,南快北慢,由此导致南北经济发展水平对比关系出现了新的不平衡,即改革开放前北方远高于南方,目前则是南方高于北方;发生逆转的时间大约是20世纪90年代初。

(二) 影响因素分析

决定经济增长的因素很多,地理环境和历史基础、经济结构,生产要素的投入,出口的变化等,都对经济增长有影响。因受系统数据的限制,这里主要以1978—1998年的数据变化为基础进行分析。

1. 地理环境和历史基础

应该说,自然条件各有千秋,不分伯仲。南方地区水多耕地少,水资源占全国资源总量的81%,而耕地只占全国耕地的35.9%。北方地区,水少耕地多,耕地资源占全国耕地总面积的64.1%,而水资源只占全国水资源总量的19%。但从总体上说,农业发展的潜力,特别是人均拥有的土地资源和粮食生产能力,北方要好于南方,20世纪70年代以前的南粮北运,目前已完全转变为北粮南运。工业资源绝对是北方好于南方,北方能源与矿产资源丰富,煤炭资源的90%、铁矿的60%、石油资源几乎全部在北方。南方能源资源普遍短缺,只是稀有金属和部分有色金属占优势。

历史基础北方远好于南方。20世纪70年代以前,南方是国防前线,国家建设的重点是北方和内地,"一五"期间的156项重点工程,大多数在北方。由此导致北方经济发展水平大大高于南方,如1980年人均GDP,北方是1 469元,南方是1 228元,北方比南方高20%以上;工业化程度(工业增加值占GDP的比例),1980年北方比南方高出近10个百分点;城市化程度,即使到1998年,北方仍比南方高7个百分点以上(分别为

29.72%和22.27%);科技教育,尽管国人一直感叹"孔雀东南飞"和"一江春水向东流"(内地人才转移到沿海地区,北方人才流入南方),1999年北方每万人中科技从业人员、大学专职教师和大学在校生人数等,北方仍比南方高很多,全国88所重点大学,60%以上在北方;中国科学院和工程院院士,70%以上在北方。

据此,我们认为,地理环境和历史基础差异不构成南北经济发展速度差异的原因,至少不是主要原因。

2. 经济结构的影响

首先考察GDP结构对南北经济发展差异的影响,数据见表8-7。改革开放初,南北方的第三产业比重几乎一样,南北的结构差异主要表现在北方的第二产业比重远远高于南方,第一产业则比南方低。而这20年来,中国的第二产业发展最快,其次是第三产业,第一产业速度最低。从份额分享的角度说,北方的这种结构,是比南方有利的。但北方的速度却比南方慢,说明一、二、三产业结构的差异,不是导致南快北慢的原因。这也可以从三次产业对经济发展的贡献率对比中得到说明,见表8-7后3列,三次产业的贡献率南北方差不多。

表8-7 GDP结构的南北对比

地区	GDP结构/%						增长贡献率/%		
	801	802	803	981	982	983	一产	二产	三产
北方	25.94	55.06	19	18.52	46.49	34.99	17.03	44.76	38.21
南方	33.73	46.31	19.97	17.51	46.72	35.77	14.61	46.79	38.60
北方/南方	0.769 1	1.189	0.951 7	0.934 3	0.998 7	1.045 9	1.165 4	0.956 6	0.990 0

资料来源:中国改革开放17年,1996;中国统计年鉴,1999。

其次看工业结构差异对经济发展速度的影响。改革开放前北方工业化水平高一些,改革开放后,南方工业化进程加快,目前工业化程度南北方差不多。我们着重考察轻重工业的比例关系和所有制结构对经济发展的影响。

轻重工业的情况见表8-8。显然,北方轻工业比重远小于南方。近20年来,中国的轻工业增长速度明显高于重工业的增长速度,1998年全国轻工业增长指数(1978年为100)是1 998,而同期重工业是1 400,二者相差近500。北方重工业比重大,当然工业总的增长速度相对较慢;而这20年来,工业增长一直是中国经济增长的主要因素,工业增加值对1978—1998年期间GDP增长的贡献率是41.71%,北方GDP增长缓慢由此可以得到部分解释。经计算,由于轻重工业比例的差别,南方将比北方在经济发展速度上快 0.267 5 个百分点。考虑到人口增长率差别很小,所以,这也可作为人均 GDP 增长率差别的解释。

表 8-8 南北方工业结构对比(1998 年)   (单位:亿元)

地区	工业总产值	轻工业	重工业	轻工业比重/%	轻工业/重工业
北方	21 450	7 877	13 573	36.72	0.580 3
南方	36 125	18 438	17 686	51.04	1.042 5
北方/南方	0.593 8	0.427 2	0.767 4	0.719 4	0.841 8

资料来源:中国统计年鉴,1999。

再来看看工业中所有制结构的差别。表 8-9 给出了 1998 年南北方的情况对比。显然,北方国有及国有控股企业的产值和从业人员的比重都远远高于南方,但工业总产值却大大小于南方,只有南方的 60% 多一点。而在这 20 年里,工业是全国经济最主要的增长因素,工业产值平均年增长速度为 14.83%,大大高于 GDP 的年增长速度(9.8%)。但是,工业企业中国有及国有控股工业的增长速度只有 7.65%,工业的增长主要靠非国有工业,其对全国工业产值增长的贡献份额是 73.58%,远远大于国有及国有控股企业的贡献率(26.42%)。南方工业乃至整个经济的快速发展,主要得益于非国有工业,1985—1995 年间南方非国有工业对工业产值增长的贡献率达到 77.71%,而同期北方只有 62.48%,低于南方 14 个百分点以上。由此计算得到的结果是:由于工业所有制结构的差别,北方 GDP 增长率将比南方慢 0.299 6 个百分点。

表 8-9 南北方国有工业及其比例(1998 年)

地区	全国工业总产值/亿元	其中国有及国有控股企业/亿元	国有及国有控股所占比例/%	全部工业从业人员/万人	国有单位从业人员/万人	国有单位从业人员比例/%
北方	45 437	15 789.27	34.75	23 652.6	4 446.7	18.80
南方	73 611.13	17 831.77	24.22	38 707.6	4 611.4	11.91
北方/南方	0.617 3	0.885 5	1.434 5	0.611 1	0.964 3	1.578 1

资料来源:中国统计年鉴,1999。

北方国有企业工业产值略低于南方,但工业总产值却只相当于南方的 60% 多一点,国有比例高于南方 40% 以上;国有单位从业人员比例与工业总产值相似;南北方从业人员之比(0.611 1)与工业总产值之比(0.617 3)差不多,说明南北方工业总体劳动生产率接近;但国有单位从业人员与国有单位产值之比(1.578 1 和 0.885 5),相差却很大,说明北方国有工业的劳动生产率也大大低于南方。

3. 投入要素的作用

首先看固定资产投资。考虑到固定资产投资见效的延迟性,我们用 1995—1998 年累计数字(外商直接投资与此同)说明。表 8-10 给出了南北方 1995—1998 年累计固定资产投资的情况对比,从表 8-10 可以看出,北方固定资产投资总量远小于南方,人均投资强度也是如此,这验证了投资乘数效应在中国的存在。由此计算,南方将比北方经济发展速度快 0.464 9 个百分点。但是,南方的投资,主要已不是靠国有单位,而是靠社会、个体和外商等非国有机构,国有投资比例已小于 50%。而北方虽然近年国有单位投资所占比例大大减小,但 1995—1998 年仍超过 50%,接近 60%,国有投资的人均额,北方也大于南方。由此说明,造成南北方经济发展速度差异的原因,不是国家投资所为,南方的快速发展,主要得益于非国有投资因素。

再看外商直接投资的差异,数据见表 8-11。北方外商直接投资额不到南方的 40%,人均额只是南方的一半。根据世界银行的研究结果,外商投资使中国 1990—1994 年的 GDP 增长提高了 0.9 个百分点,贡献率为 8.6%。1990—1995 年中国工业增长过程中,资金的贡献率是 39.34%。假定中国各产业的资金贡献率相似,由外商投资占中国总投资的 1/5 可以知道,外商投资对中国经济发展的贡献率是 8%。两个结果差不多,即外商直接投资对中国经济增长的贡献率是很大的,近年可能还会提高,估计可达 10% 甚至更多。南方发展比北方快,外商直接投资差别是重要因素之一。通过计算可以知道,外商直接投资的差别,将使北方比南方在 GDP 和人均 GDP 增长上慢 0.155 9 个百分点。

4. 进出口的作用

北方与南方经济总量的差距,远小于进出口总额的差距(见表 8-12),这就是说,南方的外向型经济更发达。人均的情况也是如此,北方人均进出口总额不足南方的一半。而且这种差距有逐年扩大的趋势,北方形势更为严峻。

另外,对比进口和出口情况可以发现,北方的出口能力差距更大(见表 8-13),1995 年出口总量相当于南方的 35% 多一点,1998 年出口总量只相当于南方的 30%,而同期进口额分别是南方的 42.49% 和 35.6%。二者都在下降,每年下降 1 个百分点以上,人均情况也是如此。南方发展比北方快,这与出口乘数规律在区域发展中的作用有关。根据大陆 31 个省区的数据计算,人均 GDP(Y)与人均出口额(X)之间的回归关系是:$Y = 1\,429.786 X^{0.364\,8}$($F = 97.351\,8, R = 0.877\,8$,模型可信度达 99.9%)。由此推算,南方要比北方在 GDP 和人均 GDP 上快 0.390 9 个百分点。

第一节 子系统贡献率和因子贡献率分析

表 8-10 南北方固定资产投资情况的对比

地区	1995—1998年累计/亿元	其中国有企业/亿元	国有投资所占比重/%	1995—1998年投资累计额的人均值/(万元·人⁻¹·年⁻¹)	1995—1998年国有投资累计额的人均值/(万元·人⁻¹·年⁻¹)
北方	36 835.52	21 310.36	57.85	0.179 4	0.103 8
南方	56 415.81	26 824.01	47.55	0.200 6	0.095 4
北方/南方	0.652 9	0.794 5	1.216 7	0.894 7	1.088 6

资料来源:中国统计年鉴,1996—1999。

表 8-11 外商直接投资额的南北对比

地区	总额的对比/(万美元·年⁻¹)					人均情况的对比/(美元·人⁻¹·年⁻¹)				
	1995	1996	1997	1998	1995—1998	1995	1996	1997	1998	1995—1998
北方	923 469	1 114 574	1 277 432	1 236 988	4 552 463	18.24	21.78	24.79	23.83	22.18
南方	2 798 080	3 115 199	3 212 677	3 291 401	12 417 357	40.54	44.43	45.39	46.12	44.15
北方/南方	0.330 0	0.357 8	0.397 6	0.375 8	0.366 6	0.449 8	0.490 2	0.546 1	0.516 6	0.502 4

资料来源:中国统计年鉴,1996—1999。

表 8-12 南北方进出口总额的对比

地区	总额的对比/(万美元·年$^{-1}$)				人均情况的对比/(美元·人$^{-1}$·年$^{-1}$)				
	1995	1996	1997	1998	1995—1998	1995	1996	1997	1998	1995—1998
北方	7 847 610	7 744 469	8 169 170	7 937 355	31 698 604	154.97	151.32	158.51	152.88	154.42
南方	20 240 201	21 243 561	24 347 032	24 454 986	90 285 780	293.25	302.98	343.96	342.68	320.98
北方/南方	0.387 7	0.364 6	0.335 5	0.324 6	0.351 092	0.528 5	0.499 4	0.460 8	0.446 1	0.481 1

资料来源:中国统计年鉴,1996—1999。

表 8-13 进出口人均额的南北对比

地区	出口/(美元·人$^{-1}$·年$^{-1}$)				进口/(美元·人$^{-1}$·年$^{-1}$)				
	1995	1996	1997	1998	1995—1998	1995	1996	1997	1998	1995—1998
北方	77.16	76.30	86.20	82.00	80.44	77.78	75.02	72.31	70.88	73.97
南方	158.95	159.71	195.48	197.84	178.20	134.30	143.27	148.49	144.84	142.78
北方/南方	0.485 4	0.477 8	0.441 0	0.414 5	0.451 4	0.579 2	0.523 6	0.487 0	0.489 4	0.518 1

资料来源:中国统计年鉴,1996—1999。

5. 社会因素的影响

数据见表8-14。北方城市人口比例大,文盲半文盲人口比例低,人口自然增长慢,这是有利于经济发展的因素。但北方经济发展速度却远比南方慢,看来,导致南北经济发展速度差异的原因,不是这些社会文化因子的作用。

表 8-14 南北方社会因子的对比

地区	1998年人口/万人	1998年城市人口比例/%	15岁及以上文盲、半文盲比例/%	1998年人口自然增长率/‰
北方	51 919	29.72	14.89	7.08
南方	71 363	22.27	16.55	7.69
北方/南方	0.727 5	1.334 4	0.900 2	0.919 6

资料来源:根据中国统计年鉴和各省统计年鉴计算得到。

那么,南北速度差异就没有社会因素的影响吗?有!事实上,南北的速度差异,在相当程度上是社会因素造成的,这些因素包括:

(1) 改革开放程度的差别。中国改革开放的区域差别,首先是沿海和内地的差别,但无论是沿海,还是内地,南北也有不同,尤其是东部地带,在开放程度上,南北差别很大,详见表8-15。很明显,各种开放类型区都是南多北少,而且越是高等级的开放区,北方与南方的差距越大。有道是:从北往南逛,越逛越开放;从南往北走,越走越保守。北方开放程度低,经济不活,政策优惠程度差,对各种生产要素的吸引弱,参与世界市场的能力低,经济发展慢。政策因素和由此导致的开放程度差别,是南快北慢的最主要原因之一。

表 8-15 中国东部地区改革开放程度的南北对比(按开放程度由高至低顺序)

类型	全国/个	南方/个	其中珠江三角洲/个	其中长江三角洲/个	北部(环渤海地区)/个
保税区	13	10	7	3	3
特殊开放地区	4	4	2	2	0
经济特区	5	5	5	0	0
高新技术产业开发区	52	18	11	7	12
经济技术开发区	32	19	10	9	9
沿海开放城市	14	9	4	5	5

注:这里的珠江三角洲包括广东、广西、福建、海南;长江三角洲包括上海、江苏、浙江和安徽;环渤海地区包括北京、天津、辽宁、河北及山东。

资料来源:国家计委国土地区司编.对外开放工作参考资料汇编(1),1997;张敦富等.中国投资环境.北京:化学工业出版社,1993.168~171;市场报,1996-05-02(4)。

(2) 地缘、人缘的差别。近现代以来,南方人口密度大大高于北方,为了生存,南方人不得不往外闯,主要方向是下南洋和到北美淘金。现在这些地区,尤其是北美地区,经济发达,华侨们资产殷实,在祖国改革开放政策的感召下,在中国优惠的投资环境吸引下,纷纷回来投资。中国内地目前利用的外资,60%以上来自香港、澳门和台湾,其他部分的80%以上是华侨或通过华侨引进的。而华侨90%以上祖籍南方,特别是广东和福建。

北方中原地区、山东半岛和关中平原近代以后的人口密度也很大,但人口迁移的方向主要是闯关东和走西口,基本没出国门,即使出去的,也主要是中亚和东北亚地区。而这些地区目前的经济发展水平比中国高不了多少,华侨回国投资有限。

(3) 经济观念的差别。中国北方历来是政治中心,封建保守思想严重,所以北方人一向重农轻商;而商业、市场恰恰是推动工业化和现代化建设的巨轮。南方人的商业意识非常强,温州的小商品经营,广州的外贸出口,上海的跨国营销,都为中国的市场经济体系建设立下了丰碑。据保守估计,经济观念差别对南快北慢的影响程度至少在一成以上。

(4) 地理区位。南方好于北方,南方靠近港澳台,接近世界大洋主航线,历史上就曾与海外有较密切的联系,现在更是海外华侨进出的主要通道,所以,南方在发展外向型经济方面有着北方不可比拟的优越性。从这个角度说,港澳回归和加入WTO,南北差异将有可能扩大。

(三) 结论

(1) 南北方经济发展的特点是南快北慢,而且这种差异在短期内还会持续下去。这是令人深思的,长此下去,南北方的经济发展水平差距就会拉大,不利于国家的统一和团结,因为中国历史上形成的大的分裂,都是南北分裂,如三国、东晋、南北朝等。

(2) 应该说,造成这种差异的原因是多方面的(见表8-16),而且各个方面是融合在一起共同发挥作用的,以上的分析,只是从不同角度给出的解释,因而是不能加和的。从这些分析中我们可以得出结论,南方比北方经济发展快的原因是:地缘优势和超前观念所获得的政策倾斜,导致了出口能力和投资(尤其是外商直接投资)强度的差别;工业结构(特别是所有制结构和轻重工业结构)的作用也很明显,而国家投资的作用很小,而且越来越不重要。这与其他学者的研究结果不尽相同。

表 8-16 南北经济增长因素差异分析结果汇总(南方比北方快的原因)

项目	人均全社会固定资产投资额	人均出口额	工业所有制结构	轻重工业比例	人均外商直接投资额
百分点	0.464 9	0.390 9	0.299 6	0.267 5	0.155 9
相对贡献率/%	29.45	24.76	18.98	16.94	9.87

第二节 偶然因素对区域经济发展的影响[①]

一、引言

美国经济学家克鲁格曼(P. Krugman)在研究制造业区位集聚现象时,指出历史偶然因素起着十分重要的作用。美国佐治亚州的达尔顿(Dalton)地毯制造业专业化的形成,与1895年当地一个女孩为朋友婚礼赠送的手工自制簇状床罩有关。其他如纽约州特洛伊的领、袖制造,纽约州的格拉弗斯维尔(Gloversvlle)和约翰斯敦(Johnston)的皮手套制造,麻省东北部的制鞋业等,均有与达尔顿相似的原因。

一旦区域出现专业化生产以后,通过贸易活动可使这种专业化格局不断积累发展下去,同时,生产的前向和后向关联,也加强了这种积累。即在规模收益递增因素作用下,区域内制造业发展具有一定的"锁定(locking in)"效应或"路径依赖(path dependent)"效应。这些效应对相关区域的经济发展起着十分重要的作用。

偶然因素的提出,是对传统的区位理论的一大修正。在这之前的区位论研究,侧重于分析经济活动区位的影响因子(如原材料、劳动力、市场等)。这些因子提供了产业活动区位的可能性,但并没有谈及产业活动区位的必然性。换句话说,这些区位理论并没有解释为何同样的环境条件下,有些区位成为某类经济活动的集中地,另一些区位则出现截然不同的结果。克鲁格曼的偶然因素分析,在产业区位的可能性与必然性之间起了重要的联结作用。

中国经济地理格局中,也存在一些十分有意义的问题:在相似的经济区位条件下,有一些区位出现了经济发展的奇迹,另一些区位则平平淡

---

① 李晓健,葛震远,乔家君.偶然因素对区域经济发展的影响——以河南虞城县稍岗乡为例.人文地理,2000,(6):1~4

淡。基于以上的分析,我们提出这样的假设:在给定的经济发展基础条件(背景)下,偶然因素促成相关经济活动由可能转变为现实;路径依赖又使这种区位的条件优势得以充分发挥,循环积累的产业关联带动了区域经济的发展。

下面以河南东部平原一个传统的农区的工业发展为例,来验证这一假设的实际意义,探讨偶然因素对区域发展影响分析方法。

二、南庄村的发展条件与偶然因素的作用

南庄村位于河南虞城县稍岗北 2 km 处,北靠 310 国道,南隔乡政府与陇海铁路相距不足 4 km,是豫东平原上典型的农村地域。该行政村辖 4 个自然村(吴庄、南庄、林庄、陈阁),7 个村民组,有常住人口 891 人,耕地 81.44 hm^2,林地 7.20 hm^2,园地 1.13 hm^2。1999 年钢卷尺生产加工收入占全村总收入的 75%。全村有国内一流的卷尺生产线 6 条,销售收入千万元以上的企业 5 家,固定资产 10 万~50 万元的加工户 70 余户。产品远销上海、浙江、山东、河北等国内省份以及越南、缅甸、泰国、新加坡、俄罗斯等国际市场。成为实力雄厚的钢卷尺专业化生产村。

钢卷尺的生产为劳动密集型。劳动力开支占总成本的比例为 36.7%,钢卷尺的销售又需要方便的交通运输条件。此外,由于销售网络建立过程中,人员出外销售占有重要作用,故又加大了对劳动力数量和推销技能的依赖。虞城县位于平原地区,劳动力资源十分丰富,成本低廉。陇海铁路贯穿东西,距京九铁路商丘站仅 20 km。北邻山东,南毗安徽。三省交界,交通便利。

虞城的环境条件十分有利于钢卷尺以及其他同类生产条件的工业品的生产。但环境与此相类似的区位甚多,为何仅在城诚(南庄村)形成钢卷尺生产?其中偶然因素起有重要作用。

20 世纪 80 年代初,南庄村一农民利用看望在商丘钢卷尺厂亲戚的机会,将该钢卷尺厂抛弃的尺条带回来。他一开始将其截成 10 cm 左右的直尺,十分廉价地卖给村里的小学生,在当时收入十分低下的情况下,该农民从中赚得微薄额外收入。之后,他又利用废旧香脂盒等圆盒,将废尺条手工做成小钢卷尺自用,邻居见后,认为不错,促使该农民做后出售。由于附近木村集散对卷尺有一定需求,这种十分粗糙廉价的自制卷尺具有一定市场。市场的刺激,促使该农民到城里购买简单的机械,开办了家庭型工厂。邻里见有利可图,仿效办起类似的小工厂。初始的生产十分简单,产品并无固定商标。待发展到一定阶段后,早期的一些厂家开始到上海等地学习生产技术,并利用积累的资金购买先进设备,推出自己

的商标。优质产品和庞大的人工销售网络,扩延着南庄村销售市场区。1999年,以南庄村为核心的稍岗钢卷尺生产,占据全国同类产品市场的70%以上。

三、对区域就业的带动

南庄村专门从事钢卷尺加工的农户有228户,从事钢卷尺加工、管理的人员达734人,再加上外出销售的人员15人,合计全村从事钢卷尺的人员达749人,占全村总人数的84.1%,也就是说,全村除了年迈的老人、年幼的儿童、求学的学生及2名残疾人外,其余全部参与钢卷尺的生产和销售。同时,南庄村所吸引的外来就业人口几乎是本村人口的2.5倍。

伴随着南庄村钢卷尺生产和销售队伍向周边地区的扩散,带动了稍岗,以致虞城县相关就业人员的增加。1999年,稍岗和虞城县从事钢卷尺生产和销售的人员达8 571人和13 346人。有近5 000名本县外销人员活跃在全国2 000多个县(市),形成庞大的人力销售网络。除此以外,邻近的夏邑县也有一些乡镇于20世纪90年代开始了钢卷尺的生产,1999年的从业人员达2 000人。

四、对相关产业的带动

(一) 对饮食业、修理业的带动

生产规模的扩大,就业人数的增加,首先影响的就是餐饮业。据统计,南庄村环村公路两旁有各种小吃部7处,在这里就餐的顾客多为在本地上班的职工(约占总数的80%),每天每个小吃部顾客数在40人次以上,营业额达150元,可直接获取利润50元,周围数十千米内有名的小吃均有安排,经营者多为本村或邻村的亲戚朋友,一般每店从业人员为2~3人。南庄村还有高级酒店1家,据老板介绍,每月至少2次的婚丧嫁娶可得利润2 000元以上。

原料的购进与产品的销售,大大增加了运输工具的工作量,同时众多的家电也迅猛增多。据村委会统计,全村至少有10辆桑塔纳轿车,300辆摩托,近100辆卡车、三轮车等。全村拥有2台彩电以上的农户约120家,购买VCD、电脑的家庭占全村总户数的20%以上,这必然促进修理行业的快速发展。据调查,运输电焊修理2处,每天在3人以上,摩托修理厂3个,每天合计营业额在500元左右。

(二) 娱乐业、教育文卫的快速发展

南庄村钢卷尺带动了地方经济的快速发展,南庄人在物质享受的同

时,开始追求精神享受。自1992年以来,先后建立2处舞厅(位于高级酒店和高级宾馆内),台球室1间,影碟室1间,游戏厅多处等。娱乐业的从业人员近20名,固定资产约25万元,每天顾客人数达200人次,营业额超过600元。走进娱乐场所,到处洋溢着城镇生活的气息。

南庄村先后投资40万元和10万元建成标准化小学校舍1所(两层27间教室),幼儿园1所,每年拿出近万元,购买教学仪器和设备,改善教学条件。不仅吸纳了本村100名学龄及学龄前儿童,而且还解决了邻村200名学生的求学问题。小学教师的文化程度达到了中师以上水平,南庄村幼儿园还有一名幼师毕业的教师。现在还形成了"量天下的钢卷尺,闯世界的南庄人"等现代文化。在环村公路上,居然冒出了都市文化才有的工艺美术社。另外,南庄村还投资20万元建立了较为标准的医院,达到了人人享有卫生保健的目标。

(三)日常生活、生产服务体系日趋完善

据调查,在环村公路两侧共有美容美发店4处,高级宾馆1栋,电脑干洗店1间,糖酒批发店5所,化妆品经营处4个,铁门生产厂1个,做高档家具、装潢的商家2个,艺术照相馆2间,日常用品零售店7处,高级服装加工店1个,销售柴油、汽油、机油的加油站1个。据介绍,美容美发、化妆品、高档家具等行业看好,糖酒批发店和加油站生意兴隆。

据统计,南庄村有种子经营部1所,生产专用玻璃店1间,五金电料漆门市部3处,石棉经营部1所,固定资产3万元,每天营业额平均为600元,利润为250元。在农作物播种期,每天营业额达2 000元以上。

(四)带动全县制造业发展

南庄村钢卷尺的生产设备都是自行研制的,根据设计图纸,制造厂家生产出所需要的设备。虞城县设备厂是20世纪80年代中期濒临破产的集体企业,自其被选为钢卷尺定点制造厂家后,通过产业关联迅速带动了该厂及相关产业的发展。不但解决了近200名职工的就业问题,而且还为全县缴纳近10万元的税金,同时还带动了其他零部件的生产。

(五)对农业的积极驱动

南庄村钢卷尺的迅速发展带动了农业的机械化和水利化,全村拥有大型联合收割机1台,播种机2台,脱粒机4台,施肥机200台,基本保证了农业发展的需要。先后投资5万多元,新打机井24眼,全部实行电、机双配套,达到3.3 hm^{2}地一眼井的农田水利标准化。所有地块均建成田成方、林成网、路相通、沟相连、旱能浇、涝能排、旱涝保丰收的农业新格局。

五、对相关区域经济的带动

（一）带动区域经济快速增长

南庄村钢卷尺生产带动了全乡的经济发展。以1996年为例,全乡乡镇企业总产值0.96亿元,其中钢卷尺行业占72.9%。自20世纪80年代以来,全乡经济年均增长速度达34.5%,明显高于全县及全国平均水平。1999年全乡钢卷尺税收达80万元,在虞城这个贫困县中地位非常突出。

（二）居民收入、消费水平大幅度提高

20世纪80年代以前,稍岗乡是虞城县（国家级贫困县）有名的贫困乡镇,而南庄村又是稍岗乡经济最落后的地方。自钢卷尺在此出现并形成一定规模后,该区域居民收入呈加速发展态势。以南庄村为例,1975年全村人均年收入仅30~40元,1982年达到300元,1990年为800元,1995年跃居2 000元,1999年达到5 000元以上。随着经济收入的快速发展,全乡、全村消费水平得到大幅度提高。如南庄村20世纪70年代末油盐酱醋全靠照顾;到80年代就盖起了瓦房,买起了电视机、电风扇等家用电器;90年代,数十栋二层高标准住宅楼陆续建成,程控电话成倍增长,桑塔纳轿车、摩托车也走进了平民家庭生活。

（三）基础设施建设得到明显改善

根据钢卷尺需用电烤固化用电量较大的特点。1997年,采取县政府拨一点、乡里筹一点、群众捐一点的方法,多渠道筹资130万元建成了1个35 kV的变电站,解决了企业发展中电力不足的问题。为改善钢卷尺加工专业村南庄村的交通环境,于1998年分别投资60多万元和10万元铺通了稍岗经南庄到310国道长达3.9 km的柏油路和南庄村环村柏油路（长约1.2 km）,大大方便了钢卷尺的产销运输。为了及时了解市场信息,方便企业洽谈生意,乡政府出资15万元敷设了县城至稍岗的光缆线路,从而提高了企业的通信能力。

（四）区域经济的辐射作用

稍岗乡钢卷尺对周边乡镇的直接带动体现于各乡镇工业产值的增加及就业人数的增多,在稍岗乡钢卷尺所辐射的6个乡镇中,该行业对各乡镇的贡献平均达43%,产值平均为2 000万元,高的达3 000万元以上（夏邑县车站镇和虞城县稍岗乡）,低者接近1 000万元,迅速带动了一方居民的脱贫致富。

六、说明

本节以南庄村为例,分析了偶然因素在区域经济发展中的作用。该案例表明,在有利的区域发展条件下,区域经济的起动中,偶然因素有不可忽视的作用。这种偶然因素,还在某种程度上决定了区域发展的专业化方向。

承认偶然因素对区域经济的影响,决不意味着对其影响力的无限扩大。偶然因素影响的大小还决定于其他条件:① 只有这种偶然因素所带来的发展方向与区域的自然发展优势相一致,这种发展才能持续下去;② 区域经济在偶然因素启动之后,管理决策的正确与否也决定着相关产业的发展规模和增长速度。换句话说,决定着路径依赖与否。

中国区域情况差别很大。此案例分析并不能代表所有区域的情况。来自其他多类区域的实例将有利于进一步研究偶然因素与区域发展关系。

偶然因素对区域发展影响的研究分析,方法很多,但没有系统、统一的模式,一是因为偶然因素复杂多样,不同类型的因素,其影响分析的方法也不一样;二是被影响的地域、被考察的领域不同,研究的视角不同,指标体系就不一样,作用机理迥异,研究方法肯定不同。如沈大高速公路对辽中南地区经济-社会发展的影响,承办2008年奥运会对北京市社会、经济发展的影响、"9.11"事件对我国旅游业发展的影响等,就不能用前述的方法加以研究。

第三节 突发事件对区域发展的影响分析
——以 SARS 对我国经济发展影响研究为例

一、概述

世界充满了不确定性,2001年发生在美国的"9.11"、2002年美国攻打伊拉克等人为突发事件,台风、地震等自然突发事件,都会影响到一定地域范围内经济的发展。对这些突发事件所造成的经济影响进行研究,估计这种影响的大致后果,是区域系统分析面临的紧迫课题,也是重大难题。

此类问题可以从以下几个方面展开研究:

弄清楚有关因素之间的联系,建立系统动态方程或投入产出方程,直接推算影响后果。这种推算结果比较准确,需要获取精确的数据,把握确

第三节 突发事件对区域发展的影响分析
——以SARS对我国经济发展影响研究为例

切的方程关系。

利用乘数效应、回归方程等间接推算影响后果。这种推算比较粗略，计算简便，但需要一定的间接数据支撑。

利用历史数据进行趋势外推，然后从趋势值中扣除实际值，得到的就是影响后果估计值。这种方法属于后验性研究，不具有预测性，只在事件影响已经充分表现出来、并有统计数据支持的情况下才能使用。

下面给出2003年春季SARS事件对中国经济影响分析研究的初步成果[1]，从中可以看出此类研究的具体思路和做法。此项研究完成于2003年6月，具有预测的性质。

假定国际贸易趋势不发生大的变化，国内宏观经济政策保持连续性和稳定性，SARS影响范围波及全国，对消费信心、投资信心和出口环境的负面影响严重。

在这些基本假定下，按疫情可能持续的时间进行分季度预测，主要结果为：在不考虑疫情的基准情况下，2003年全国GDP增长可望达到8.85%；如果疫情仅持续到二季度，全年GDP增长可达8.35%，放慢0.5个百分点；若疫情持续到三季度，预计全年GDP增长为8%，放慢0.85个百分点；若持续到四季度，全年经济增长率为7.7%，放慢1.15个百分点。SARS可能使全年经济增长放慢0.5～1.2个百分点，但改变不了经济快速增长的内在趋势。

如果考虑政府在抗击疫情中采取的各项积极应对措施，特别是增加透明度、减免相关行业税费以及增加财政支出等所带来的积极效应，疫情对经济增长的负面影响会被部分抵消，疫情最终影响可能在1个百分点以内，全年GDP增速可能为8%左右。需要说明，我们采用的几种预测方法并不完善，只能尽量从不同角度弥补漏洞，预测结果仅是参考性的。

二、SARS对我国2003年经济影响的初步估计

（一）从生产角度分析

SARS对生产的直接影响面较小，在时间上可能是短期冲击，地域上相对集中。

（1）受SARS影响的主要是第三产业的一些行业，占GDP的比重不大。SARS直接冲击的行业主要是社会服务业（包括旅游、住宿、公共服务、居民服务及其他服务等）、批发零售贸易餐饮业和交通运输业，根据

---

[1] 卢中原，张立群，李建伟．非典可能使经济增长放慢0.5%～1.2%．www.homeway.com.cn [2003.06.03 11:31]，中国经济时报

2001年统计年鉴的有关数据计算,其占GDP总量的比重分别为3.6%,8.2%和6%,合计为17.8%。进一步分析,受冲击的行业比重实际上达不到这么高。

在交通运输业的统计中,邮电通讯业约占1/3,而SARS对其影响主要是正面的(目前通讯、互联网业务比以往要繁忙),故应当剔除;影响较大的主要是客运,而占业务量50%以上的货运受冲击较小,也需要剔除。因此,交通运输业中直接受疫情冲击的行业,在GDP中的比重约为2%。

批发零售贸易餐饮业中,批发和零售贸易受到的影响不大,受冲击较大的主要是餐饮业,占GDP的比重约为2%。

经过以上调整,生产中受非典直接冲击的行业,占全国GDP的比重不超过8%,而且这些行业受冲击的程度也是不同的,一些行业如出租车和宾馆业出现部分停业现象,但是这些受冲击严重的行业尚未发生全行业停产停业。

(2) SARS对这些行业冲击的时间可能是有限的,对不同地域的影响程度也是有差别的。从香港和广东的经验看,疫情一般持续3~4个月。因此预计全国这些行业受直接冲击的时间至少为一个季度左右。从地域上看,SARS发生以来,受影响最大的是广东、北京、天津、河北、山西和内蒙古。根据2001年统计年鉴,在社会服务业、批发零售贸易餐饮业和交通运输业中,这6个省市合计所占比重分别为28.4%,20.8%和27.5%。当然有些行业,例如,旅游、餐饮、住宿、客运等受到的冲击已扩展到全国,但其他地区与疫情最严重的地区相比,受影响的程度还是有差异的。

(二) 从需求角度分析

受SARS冲击的主要是进出口、利用外资和消费,目前影响程度尚不严重,后续影响还需观察。

(1) 外贸和利用外资会受到一定影响。2003年的春季广交会只有16 400多位客商到会,成交额仅为44.2亿美元,与去年12万多人的规模和成交额168亿美元相比,下降很多。一些重要的国际会议和商务活动被推迟和取消,据外交部消息,自SARS发生以来,截至5月6日,100个国家对中国往访团组和人员采取了限制措施。这对外贸和利用外资肯定会产生不利影响,但不会很严重。因为外商确定到中国贸易或投资的计划,关键取决于市场容量、劳动力成本、投资环境、预期利润等多种长期因素,因突发的短期因素而推迟的可能性较大,完全取消的可能性较小。一季度,广东进出口总额同比增长33%。这表明,即使在SARS冲击严重的区域,外贸和利用外资受到的不利影响也是有限的。但是也要注意,疫情对北京和华北地区的负面影响很可能在5~6月份才明显显现。如果

SARS延续1~2个季度,地区性损失会进一步扩大,但对全年全国外贸增长和利用外资的影响不至于太严重。综合模型测算的结果,预计全年进出口将继续保持2位数的增长,利用外资总额将超过600亿美元。

(2)对消费的影响有负也有正,总体看负面影响尚不严重。具体分析,食品、生活必需品等刚性较大的消费不会因此减少。需要认真决策的耐用消费品,例如,家电、家具、汽车的购买,据对一些市场的调查,基本没受影响,其中家庭购车数量反而有所增加(这里有提前购买的因素)。而一些防治SARS的商品,销售增加很多。减少较多的主要是那些消费弹性大的"即兴购买",但这些商品在零售总额中比例不大。

值得关注的是,由于SARS导致大量农民工从城市返乡,农民工外出务工经商的收入会有所减少,进而对农村居民消费产生不利影响。河南农村出省劳务600万人,截至2003年5月7日,累计返乡89万人,其中从广东、北京、山西等主要疫区返回的占48%。江西422万出省务工农民中,截至5月8日大约25万人返乡,75万人停工;由于外出打工收入减少,至今全省农民人均收入已减少10元左右。总的看,SARS对城乡居民收入和消费有一定冲击,对消费总量影响有负也有正,但是在地域和时段上影响是有差别的,全国性影响是有限的。运用宏观经济计量模型进行评估,即使将SARS作为一个对消费有严重负面作用的外生变量,给以最大赋值,其对今年全国消费品零售总额增长率的影响也仅为0.36个百分点。

(三)综合影响定量分析

运用月度计量模型和投入产出法分别测算,疫情对全年GDP的综合影响为0.5~1.2个百分点。SARS对生产和需求的直接影响,会通过各种经济联系产生间接影响。由于缺少历史对比和相关的定量分析手段,分析测算的难度较大。我们使用月度计量模型和投入产出表,初步分析了间接影响的程度。

(1)将疫情对投资信心、消费信心和出口环境带来的冲击做成相应的虚拟变量序列,按照最严重程度给予估值,代入月度计量模型预测全国今年经济增长。结果是:在没有SARS影响的基准情况下,2003年全国GDP增长率可望达到8.85%;若疫情严重程度不变,时间持续1个季度,GDP增长率将为8.35%;持续两个季度时,GDP增长率为8%;持续3个季度时,GDP增长率为7.7%。由于模型系统包括了各经济指标之间的直接和间接联系,因此以上分析反映了疫情的综合影响。从分析结果看,在疫情严重程度估值不变、且持续3个季度的情况下,其对GDP增长率的综合影响为1.15个百分点。

(2) 运用投入产出分析法进行推算。根据 1997 年国民经济投入产出表中各行业之间的内在关联程度，计算受直接冲击行业（旅游、餐饮、住宿、购物、交通等）的完全消耗系数，推算结果显示，SARS 对 2003 年全国 GDP 增速的最大综合影响接近 1 个百分点。分季度预测，受 SARS 的综合影响，如果今年第二、三季度受直接冲击的行业收入减少 59% 或 1 640 亿元，换算为增加值以后（下同），会导致全年 GDP 减少 804 亿元，亦即全年 GDP 增速将放慢 0.78 个百分点。如果第四季度这些行业的收入也受到影响，按下降 30%、全年减少 2 100 亿元估算，全年 GDP 会减少 1 000 亿元，亦即全年 GDP 增速将放慢 0.98 个百分点。由于这个方法难以定量处理虚拟变量的冲击，所以预测值偏低，如果考虑疫情对投资信心、消费信心和出口环境带来的影响，上述分析结果与月度计量模型的结果基本一致。

综合以上分析，SARS 可能导致全年 GDP 增长率放慢 0.5～1.2 个百分点。需要说明的是，前一段疫情冲击会有滞后效应，目前还未充分显现；况且疫情还有很多未知因素，延续时间的长短、范围的大小，是决定影响程度的主要变数。如果发展为更长时间、更大范围的严重疫情，其对经济的影响则需要重新评估。

考虑到中央和地方各级政府全力抗击疫情，也积累了一些经验教训，因此，疫情进一步恶化的可能性将会逐步减小，对经济的冲击不太会超过以上估计的最坏情况。更重要的是，2002 年以来我国经济开始进入新一轮快速增长期，且持续时间将会较长，经济内在增势对负面冲击的抵御能力明显增强。这与 1997 年我国经济遭受亚洲金融危机冲击的情况有很大不同。当时我国经济恰好开始进入收缩期，经济增长自身存在减速趋势，内在抗冲击能力较弱。而当前疫情虽然会在一定程度上抑制今年经济增速，但动摇不了经济扩张的内在趋势。因此，疫情负面影响很可能在 1 个百分点以内，预计全年 GDP 增速为 8% 左右。

三、政策建议

一场灾难对区域经济的冲击很可能是短期的、局部的，SARS 对我国全年经济增长不会产生转折性影响，但严重威胁人的生命安全，集中暴露了公共卫生体系和政府相关社会管理职能的重大缺陷，由此造成的心理冲击和预期恶化可能更为深远。应对其冲击，首要目标应是保障人民健康和生命安全，安定民心；在局面基本稳住的同时，决不放松经济发展，特别应重视改善居民的生活环境；在中长期发展战略上，应完善政府的社会公共管理职能，注重经济和社会协调发展。我国综合经济实力显著增强，

第三节　突发事件对区域发展的影响分析
——以 SARS 对我国经济发展影响研究为例

加之近年财政收入增长较快,抗击 SARS 等灾害的物质条件比较有利。与前几年相比,经济政策的回旋余地增大,着力点可进行"远近兼顾、供求结合"的适当调整。据此提出以下建议:

(1) 加大生态环境治理力度。我国环境污染加剧,生态破坏严重,易导致 SARS 等灾害的发生和蔓延。应当因势利导,要求各地依法加强生态环境整治,注意改变人们的生活陋习,以防后患。

(2) 尽快建立健全社会突发事件应急机制。借鉴此次抗击疫情的经验,理顺条块分割的管理体制,明确责任制度,设立应急基金,以形成信息准确、预警及时、资源整合有力、指挥运转高效的危机处理体系。切实加强舆论监督,敦促政府提高信息透明度,增强公信力。加强对突发事件影响的研究工作,提高分析预警的能力。借鉴各国(尤其是与我国体制类似的越南)的成功经验,从更深层次吸取教训。

(3) 加快由经济建设型政府向公共服务型政府的转变。这种转变包含五个方面:

首先是从优先于经济目标向优先于社会目标的转变。在 SARS 危机之初,政府出现应对机制不健全,某些地方和政府部门工作不力,反映了转轨进程中政府职能的现状,即经济建设的职能比较强,公共服务的职能相当薄弱。SARS 危机告诫政府要把主要职责放到管理社会公共事务、提供有效的公共服务方面,才能使社会发展与经济发展同步进行,有效地应对各类突发性公共事件。

其次是从投资型财政体制向公共型财政体制的转变。SARS 危机暴露了现行财政体制的结构性缺陷。以 1998 年为例,公益性投资占当年财政支出的比例为 11.9%,卫生、体育和社会福利业 3 项加在一起只占当年全部财政支出的 1.2%,而国家机关、政党机关和社会团体的支出却占到了 6.1%。SARS 危机说明,要有效地预防各类突发性事件,必须加大公共风险性的财政支出比例。

三是从封闭型的行政体制向公开、透明的行政体制转变。这次 SARS 危机告诉人们,在一个突发性公共事件当中,瞒报、谎报、误报比任何行为都更可怕,比任何行为可能造成的损害都要大。SARS 危机之初的教训表明,由于信息的不公开,以及疫情初期有的政府部门和官员的不负责任的表现,造成了疫情的大面积扩散传播,对人民的生命健康安全造成了难以弥补的损害。这个惨痛的教训是:隐瞒公共信息也是一种严重的犯罪。

四是从行政控制型体制向依法行政型体制的转变。在突发性事件和紧急情况下,政府行使特别权力和处理特殊情况应当有严格的法律依据和法律规范。它可以使政府依法宣布进入紧急状态,依法进入特别程序行使特别权力,以保证突发性事件发生时的社会稳定。在抗击 SARS 危机中,国务院很快出台了《突发公共卫生事件应急条例》,起了一个很好的作用。SARS 危机加快了中国在应对各类突发性事件方面的立法进程。

　　五是从条块分割的行政体制向统一、协调的行政体制转变。SARS 危机爆发初期,充分暴露了现行条、块分割行政体制的种种弊端。建立统一、协调的行政体制是政府履行公共服务职能的重要保障。改革条、块分割的行政体制,重要的是明确划分中央与地方在公共服务方面的职权范围。依法明确界定中央与地方的职责权限,建立中央与地方的合理分权体制,这是中国政府改革的重大任务。

本章复习思考题

1. 根据统计数据,计算从 1995—2000 年间,我国一、二、三产业对世界 GDP 增长的贡献。
2. 根据统计数据,计算从 1995—2000 年间,各省(区/市)对全国经济增长的贡献。
3. 根据统计数据,考察我国的城市化、工业化与 GDP 增长之间的关系。
4. 给出"9.11"事件对美国旅游业影响分析的思路。
5. 分析奥运会对北京经济发展可能产生的影响。

第九章 区域系统的复杂性分析

区域系统是开放的复杂巨系统,前述的区域系统分析方法都是建立在区域系统是常规系统的假定基础上,因而是不够的。要深入把握开放的复杂巨系统的运动规律,还必须借助于现代系统分析技术和方法。为此,这里介绍系统动态学、分形理论及其在区域分析中的应用。

第一节 区域人-地系统动态学分析

系统动态学(system dynamics)是美国麻省理工学院福瑞斯特(Jay W. Forrster)教授于1956年首创的一种运用结构、功能、历史相结合的方法,通过建立DYNAMO模型并借助于计算机仿真而定量地研究高阶次、非线性、多重反馈复杂时变系统的系统分析技术。目前,这一技术已被广泛地应用于自然科学、社会科学以及工程技术研究的各个领域。本章将结合有关实例,介绍和探讨系统动态学方法在区域系统分析中的应用。

一、系统动态学的基本观点

(一)系统动态学关于系统的基本观点

系统动态学所研究的系统,其范围与规模可大可小,其种类可以是各种自然系统、社会系统、经济系统、技术系统、思维系统等,以及这些系统相互作用所构成的复合高阶时变系统。

在系统动态学中,系统的基本单元是反馈回路。反馈回路是耦合系统的状态、速率(或称行为)与信息的一条回路。它们对应于系统的3个组成部分:单元、运动与信息。任何复杂系统都是由这些相互作用的反馈回路所构成的,这些回路之间相互作用、相互偶合形成了系统的总体功能。其中,构成系统的任何一条反馈回路又都包含了多个反馈环节。按照反馈过程的特点,又可以将这些反馈分为正反馈和负反馈。正反馈的特点是能够产生自我强化的作用机制,负反馈的特点则是能够产生自我抑制的作用机制。具有正反馈特性的回路称为正反馈回路,具有负反馈特性的回路称为负反馈回路。正、负反馈回路的综合作用机制决定着复杂的系统行为,图9-1给出了某地区土地人口承载力系统中的两条基本反馈回路的正、负反馈作用机制。

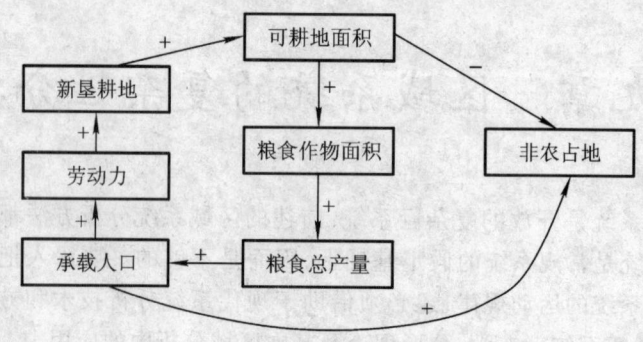

图9-1 正、负反馈作用机制

系统动态学是以定性与定量相结合的方法研究系统结构,模拟系统功能的。它从系统的微观构造入手,通过建造反映系统基本结构的模型,进而对系统随时间变化的行为进行模拟。建立系统动态学模型的过程,也就是剖析系统的结构与功能之间对立统一关系的过程。

(二) 系统动态学关于系统特性的基本观点

1. 系统的一般特性

(1) 总体性与相关性。总体性是系统最基本的特性之一。系统总体不简单地等于其各个组成部分之和。一般而言,系统总体大于部分之和,然而一个失去组织的系统的总体也可能小于部分之和。

相关性是指系统总体与部分、部分与部分、系统与环境之间的普遍相互关系以及单元、运动、信息之间相互关系。在复杂系统中,存在着一因多果、一果多因,甚至多因多果相互交叉的因果关系链。系统动态学采用反馈因果关系代替已往的单向因果关系,这无疑是对系统相关性的进一步认识。

(2) 系统的层次与等级。系统动态学强调系统中各单元、各子系统之间的相互联系、相互影响的关系。然而,各单元、各子系统之间还存在着相对的独立性,即系统结构具有层次与等级性,系统结构的层次性、等级性决定了系统功能的层次性、等级性。根据系统的这种层次性与等级性,可以将系统加以划分,从而使无从着手解决的问题,按系统的层次与等级逐级分解。

(3) 系统的类似性。系统动态学认为,在自然界与人类社会等不同领域里,各种类型的系统都存在着结构与功能上的类似性,即系统是相似的。这就是说可以用类似的规律和行为模式来描述看来似乎属于截然不同领域内的事物与现象。系统的类似性,决定了不同的系统之间存在着相同的研究模式与方法,这就是结构－功能模拟方法。这也是系统动态学用建立规范化模型的方法去研究和模拟真实系统的一个基本依据。

2. 系统的复杂特性

系统动态学方法主要用于研究与处理那些具有高阶次、非线性和多回路特点的复杂系统。认为这些复杂系统具有下述几个方面的特性。

(1) 反直观性。所有复杂系统都毫无例外地表现出反直观的特性。在人们的日常生活思维过程中所遇到的大多数是关于一阶负反馈系统的经验,人们了解事物的因果关系总是紧密地与时空相关。然而,在复杂系统中,这种简单的因果关系已不复存在,原因与结果的联系在时空上往往是分离的,因而比简单系统复杂得多,也往往被诱入歧途,使人们把系统的某些症候与某一种在时空上贴近的原因联系在一起,但事实上它们并无因果关系。

(2) 对变动参数的不敏感性。由于非线性的存在,使得即使是把复杂反馈系统模型的大多数参数加以变动,甚至使部分参数变动数倍,其模型模式也可能无多大变化。复杂系统的这一特性,使得即便是在缺乏严密的基础数据的情况下,也可以通过"会诊"而估计参数,使复杂系统的研究成为可能,从而克服了资料不足给研究工作所带来的困难。

(3) 长、短期效果的矛盾性。一般而言,由于非线性的作用,使得变更复杂系统内部结构与参数所引起的短期与长期的影响往往是彼此相反的。譬如,在国民经济问题研究中,当涉及到投资时,往往就需要研究积累率问题,积累率是否适当,其影响甚大,持续的高积累率必然会导致国民经济短期的高速增长,但也会导致积累与消费比例的严重失调,从而影响消费,以致制约生产,最终使整个国民经济陷入困境。系统动态学方法在处理复杂系统的这种长、短期效果的矛盾方面,有着其他方法无法比拟的独到优点。

二、系统动态学解决问题的过程与步骤

(一) 系统分析

(1) 了解问题。即回答要解决什么问题,拟达到什么目的,完成此项任务需要哪些条件,现已具备哪些条件,还需要准备哪些条件,等等。

(2) 分析系统的基本问题与主要问题、基本矛盾与主要矛盾以及矛盾的主要方面。

(3) 初步划定系统的边界,确定内生变量、外生变量和输入变量。一般而言,系统的范围取决于研究的目的,系统边界的划定一般是把与建模目的有关的内容划入系统内部,使其与外界环境隔开。那么,如何才算确

定了系统的范围？系统的边界又应划在何处呢？按照系统动态学的观点，划定系统边界的一条基本准则是：应将系统中的反馈回路考虑成闭合的回路，把那些与建模目的关系密切、变量值较为重要的都划入系统内部。由此可见，划定系统边界之前应首先明确研究的目的。没有目的就无法确定系统的边界。

(4) 确定系统行为的参考模式，即用图形表示出系统中的主要变量，并由此引出与这些变量有关的其他重要的变量，通过各方面的定性分析，勾绘出有待研究的问题的发展趋势。由于系统动态学所研究的对象大多数是复杂系统，其发展趋势很难准确地预测，需要会同各方面专家，集思广益地"会诊"或运用专家咨询法予以解决。一旦参考模式确立，在整个建模过程中，构模者就要反复地参考这些模式，以防研究偏离方向。

(5) 调查、搜集有关资料。系统动态学模型被认为是真实系统的"实验室"，要想通过模型模拟和剖析真实系统，获取更丰富、更深刻的信息，进而寻求解决问题的途径，"实验室"的建立是至关重要的。而要建好"实验室"，就必须在认真调查研究的基础上，花大力气搜集、完备各种资料。毫无疑问，为使模型更真实地反映系统，搜集的资料越多越好。但是，要强调的是，资料搜集工作必须紧紧围绕着研究目的进行，如果偏离了研究目的，即使资料再多也是徒劳的，而且还会给资料的筛选带来许多困难。

(二) 构建模型

模型的构建，是系统动态学研究、解决问题的关键性的一步。系统动态学模型的建造一般包括以下两个相互联系的工作环节：

1. 分析系统结构

在需要研究的问题已经明确、系统中的重要变量与参考模式已经确定，资料搜集工作也已基本完成之后，就要研究系统及其组成部分之间的相互关系，系统中的主要变量与其他有关变量之间的关系，分析系统的结构。为了使建模工作一开始就能把握整个研究过程的方向，首先要分析系统整体与局部的关系，然后分析变量与变量之间的关系（正关系、负关系、无关系），最后把这些关系转绘成反映系统结构的因果关系图和流图。

因果关系图是反映变量与变量之间因果关系的示意图。如图 9-1 所示，其中，变量之间相互作用的性质用因果关系键来表示，因果关系键中的正、负极性分别表示了正、负两种不同的影响作用。

正因果关系键 $A\rightarrow(+)B$，表明 A 的变化使 B 在同一方向上发生变化，即箭头指向的变量 B 将随着箭头源发的变量 A 的增加（减少）而增加（减少）；负因果关系键 $A\rightarrow(-)B$，表明 A 的变化使 B 在相反方向上发生变化，变量 B 将随着变量 A 的增加（减少）而减少（增加）。

第一节 区域人-地系统动态学分析

因果关系键把若干个变量串联后又折回源发变量,这样便形成了一个反馈回路。对于反馈回路,也有正、负极性之区别。如果沿着某一反馈回路绕行一周后,各因果关系键的累计效应为正,则该回路为正反馈回路,反之则为负反馈回路。正反馈具有自我强化的作用机制,负反馈则具有自我抑制的作用机制。

因果关系图虽然能够描述系统反馈结构的基本方面,但不能反映不同性质变量的区别,譬如,状态变量是系统动态学中最重要的变量,它具有积累效应。正是由于状态变量的积累效应,才使系统动态学模型的计算机模拟成为可能。为了进一步揭示系统变量的区别,分别用不同的符号代表不同的变量,并把有关的代表不同变量的各类符号用带箭头的线联结起来,便形成了反映系统结构的流图,如图9-2所示。

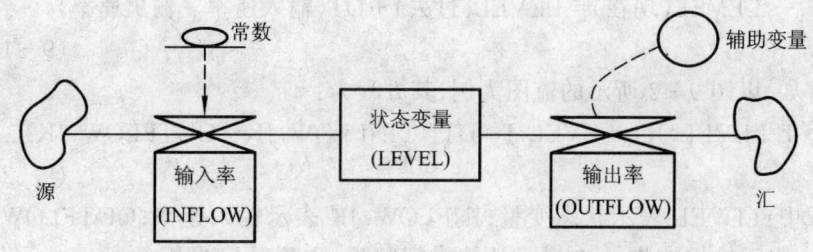

图9-2 流图及其表示符号

有了流图,便可以根据一定的规则建立DYNAMO模型。在DYNAMO模型中,常用的流图符号如图9-3所示。

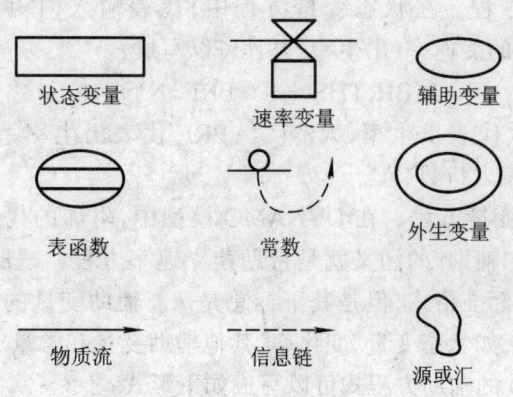

图9-3 DYNAMO方程中的流图符号

2. 建立DYNAMO方程

在DYNAMO模型中,主要有6种方程,其标志符号分别为:

L:状态变量方程。
R:速率方程。
A:辅助方程。
C:赋值予常数。
T:赋值予表函数中 Y 坐标。
N:计算初始值。

在这些方程中,C,T 与 N 方程都是为模型提供参数值的,并且这些值在同一次模拟中保持不变。L 方程是积累方程,R 与 A 方程是代数运算方程。下面我们将重点介绍 L,R 与 A 方程。

(1) 状态变量方程。在 DYNAMO 模型中,计算状态变量的方程称为状态方程,该方程的基本形式为:

$$\text{LEVEL}(现在) = \text{LEVEL}(过去) + \text{DT}(输入速率 - 输出速率) \quad (9-1)$$

譬如,以图 9-2 所示的流图为例,其方程为:

$$\text{L LEVEL.K} = \text{LEVEL.J} + \text{DT} \times (\text{INFLOW.JK} - \text{OUTFLOW.JK}) \quad (9-2)$$

式中:LEVEL 表示状态变量;INFLOW.JK 表示输入速率;OUTFLOW.JK 表示输出速率;DT 表示计算时间间隔,亦称时间步长;+、-、×、/分别为加、减、乘、除的代数运算符号;J,K,L 作为时间下标主要用以区别时间的先后顺序,K 表示现在,J 表示刚过去的那一时刻,L 表示即将到来的未来那一时刻;DT 表示 J 与 K 以及 K 与 L 之间的时间步长。

(2) 速率方程。在状态变量方程中,代表输入(INFLOW)与输出(OUTFLOW)的变速率(出生率)方程可以写成:

$$\text{R BIRTHS.KL} = \text{BRF} \times \text{POP.K} \quad (9-3)$$

式中:BIRTHS 代表出生率,人·年$^{-1}$;BRF 代表出生率系数,人·年$^{-1}$·人$^{-1}$;POP 代表人口数,人。

(3) 辅助变量方程。在 DYNAMO 模型中,附加的代数运算方程称为辅助方程。"辅助"的涵义就是帮助建立速率方程。一般而言,辅助方程没有统一的标准格式,但是其下标总是 k。辅助变量的值可由现在时刻的其他变量,如状态变量、变化率、其他辅助变量和常量求得。譬如,土地占用率 LFO 的辅助方程式可以写成如下形式:

$$\text{A LFO.K} = \text{BLDNGS.K} \times \text{LPB} \quad (9-4)$$
$$\text{A BLDNGS.K} = \text{BIRTHS.K} \times \text{PBL} \quad (9-5)$$

式(9-4)与式(9-5)中:LFO 代表土地占用率,hm^2·年$^{-1}$;BLDNGS 代表新建建筑物,座·年$^{-1}$;LPB 代表平均每座建筑物占用土地,hm^2·座$^{-1}$;

BIRTHS 代表每年新增人口数,人·年$^{-1}$;PBL 代表人均占用建筑物,座·人$^{-1}$。

在建立系统动态学模型时,为了使方程书写得井井有条,往往先把方程按照各子块(子系统)书写,书写顺序一般是沿流图按顺时针方向进行。

3. 参数的确定与赋值

DYNAMO 模型中的参数,主要有表函数、初始值、常数、转换系数、调节时间与参考数值等,在运用 DYNAMO 模型对真实系统进行模拟之前,首先应对以上参数赋值。

(三) 模型的模拟与评估

当系统动态学模型建构完成以后,经过反复检查各个方程,发现准确无误后,便可将其输入计算机进行调试运行。当模型调试运行通过后,就可以根据研究的目的,设计不同的方案,运用模型进行模拟运算,对真实系统进行仿真。然而,仿真结果是否可信,其关键是模型本身是否真实、有效。由此可见,对模型的真实性和有效性检验也是系统动态学仿真研究工作中一个十分重要的环节。

一般而言,在系统动态学研究中,对模型的真实性和有效性检验主要包括以下 4 个方面。

1. 模型结构适合性检验

(1) 量纲检验。系统动态学模型与其他模型一样,决不允许量纲不一致的情况出现。量纲的一致性检验是模型检验的一个最为基本的方面。量纲检验的要求是各变量必须有正确的量纲,而且各个方程式左右两端的量纲必须相同。

(2) 方程式极端条件的检验。即检验模型中每一个方程式在其变量的可能变化的极端条件下是否仍有意义。只要在极端条件下方程运行仍然合理,那么就能确定方程确具有强壮性。

(3) 模型边界检验。即主要检验模型所包含的变量与反馈回路是否足以描述所面向的问题和是否符合预定的研究目的。系统边界不宜过大,也不宜过小。如果边界划得过大,就会使模型变得过于复杂,反而模糊了系统结构与动态行为之间的主要关系,而当边界划得过小时,则意味着模型可能忽略了某些重要的方面,或者忽略了富有活力的反馈链。

2. 模型行为适合性检验

(1) 结构灵敏度检验。模型结构是决定其行为的主要因素。一般来说,变动模型的结构会对其行为产生较大的影响,模型结构的最大变动即意味着改变系统的边界。但对于系统动态学模型来说,模型行为对结构与相应的方程式的合理变动也不是过于敏感的,而是表现出一定的强壮性,如果模型行为对结构的合理变动过于敏感,则模型不宜作仿真分析之用。这里所谓的"合理变动"是指在某些模型中使参数取极值或变表函数为常数时的情况。这些改变意味着这些参数或表函数代表的因果关系键被取消,系统的结构当然也就改变了,即便是在这种情况下,强壮性较好的模型的行为仍然不会有大的变化。

(2) 参数灵敏度检验。改变参数对模型行为的影响没有像改变模型结构带来的影响那样大。改变某一参数而不影响模型行为的情况是常见的。系统动态学模型对参数变化是不敏感的。究其原因有二:一是变动某参数时,可能在一段时间内对进行过程中的一部分起作用,但随着主反馈回路的转移,在其余时间或对其他部分不发生任何影响,这时若改变反馈回路中的参数,对系统行为的影响是微乎其微的;二是反馈回路的补偿作用。当改变某一参数时,固然可以加强或削弱某一回路,但由于系统动态学的多回路特点,与此同时将自然而然地加强或削弱其他回路去补偿前述的相反作用,其最后结果则是对模型行为影响甚微或毫无影响。因此,在对系统动态学模型进行参数灵敏度检验时,不应把其他类型的定量模型的高参数灵敏度强加给系统动态学模型,并把灵敏度的高低作为衡量模型精确性的主要标准。与此相反的是,如果系统动态学模型对参数变动很敏感,则只能说明此模型没有实用性。

3. 模型结构与真实系统一致性检验

这一工作,主要是请熟悉真实系统的人员参与判定模型结构是否与真实系统相像。如果模型的结构从"外观"上来看与实际系统毫无相似之处,那么即使模型的行为被判定是合适的,也不能认为模型是可信的。

4. 模型行为与真实系统一致性检验

该环节检验首先应判断模型行为是否再现最初确立的那些参考模式,如果模型行为与参考模式差别较大,则这种模型再"好"也是无用的。但是,我们必须具体问题具体分析,切勿一遇模型行为与参考模式不符就对模型予以否定。因为模型与参考模式不符的原因有两种:一是模型有误,需要修改完善;二是模型出现的"奇特"行为很有可能是对真实系统的本质反映,而对这种"反映"人们以前从未注意到。对此必须严格加以证实,如果"反映"的确有意义,而且产生"奇特"行为的机制是真实的,那么模型便是有效的。

系统动态学方法研究问题的过程是一个分解综合、循环反复、逐步实现研究目的的过程。这一过程的繁简及长短与研究对象的复杂程度有关,也与研究目的有关。但是,无论进行何种研究,建模不可能一次成功,即便是一次成功,也需要反复修改、调试和改进,直至达到满足研究目的要求的模型。如此循环往复的过程,也正是系统动态学对于系统内部结构及其行为关系的认识不断深入的过程。

第二节 人地系统动态学思维模型

人地系统是地理学研究的最主要对象,对该系统进行动力学研究,则是地理学的最新课题之一。目前我国开展人地系统动态学研究,应以人为中心,以人对地作用为研究主线。本节仅就人地系统研究对象的确立、研究内容的界定和研究途径、研究方法的选择等,谈几点看法[①]。

一、人地系统研究对象的确立

人地系统是异常复杂的,其所包含的变量,可以说是数不胜数。对这样一个复杂的开放巨系统进行研究,不能眉毛胡子一把抓,把所有的变量都纳入,因为这既很难做到——人地系统所包含的要素太多了,几乎无法穷尽;也没有必要——我们研究的目的是为了解决人地协调共生问题,对于那些与人的生存、发展及人地相互作用没有直接关系的纯自然现象,如植物生理、动物生理等,不一定作为主要研究内容。当然,随着人类生产、生活规模和强度的增大,随着人们认识自然、改造自然要求的提高,人地系统研究的范围也将逐渐扩大。我们认为,根据现实科研条件及人们对人地系统认识的要求,应该以人为中心,围绕着人的生存和发展的需要以及为满足这些需要而从事活动所涉及到的对象来确定人地系统的组成要素,梳理人地系统层次结构。

首先,从人的生存和发展的角度看,人的需要可以分为 3 个层次,即生存需要、发展需要、享受需要。满足生存需要必须具备起码的衣食住行条件,需要生产一定质量和数量的食品、纺织品、房舍、家具和交通运输设施等,因而需要占用地表空间和开发利用土地资源、矿产资源等。这样,人和地就联系起来了。同样,为满足发展需要和享受需要就必须建造场所、生产物品、设施,也需要占用地表空间和开发利用自然资源,这样也把人和地结合起来了。这样可以得到一个以人的需求为中心的人地系统(图 9-4)。

此外,从人的新陈代谢的角度看,人类在满足自身需求而向大自然索取的过程中,将有相当一部分物质不能吸收,而以废气、废液和废渣的形式排泄出来,倾注到地表环境当中。由此改变了地表系统的物质、能量循

---

① 吴殿廷,葛岳静.人地系统动态学研究中的几个问题.热带地理,1997(1)

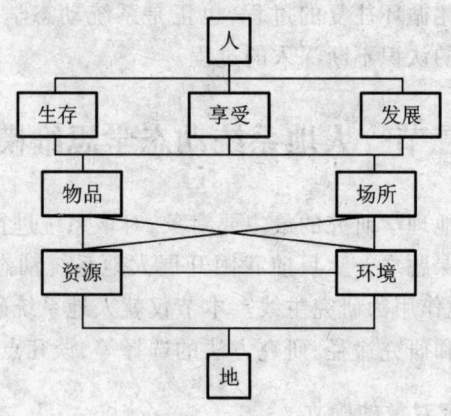

图 9-4　从人的需求出发构建人地系统

环和环境。这样,从人的排泄角度也可以构筑一个人地系统(图 9-5)。

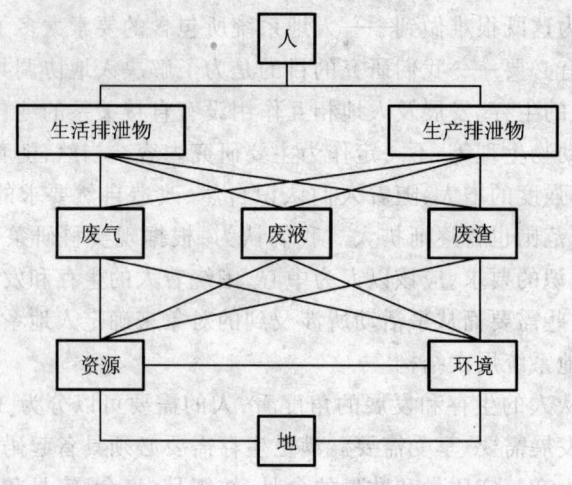

图 9-5　从人的消费排泄出发构建人地系统

　　图 9-4 是从正面考虑问题的,由下到上是传统地理学的主要思维过程,考虑问题的出发点是探讨地理环境为人类提供生存和发展的可能性;由上到下是马克思主义经典经济学的主要思维模式,主要目标是促进人类社会的发展。图 9-5 是从负面考虑问题的,是环境学的主要思维模式,目标是确保人类的生存环境。生存和发展是相辅相成的,单纯强调哪一方面都不合适,此乃"持续发展"的思想。因而有必要将图 9-4、图 9-5 结合起来使用,二者的接口是资源和环境,即两图中的第四层位。

　　图 9-4 和图 9-5 的意义在于:第一,深化了人地关系的物质内涵,从图 9-4 和图 9-5 可以看出,人与地的相互作用有丰富的物质内涵,有

第二节 人地系统动态学思维模型

的以具体的物质、能量等循环为基础,有的通过环境的综合作用影响着人类生存、发展和享受。而传统地理学对于人地关系的论述,有的停留在抽象的思辨阶段上,只见林而不见树(如人地关系论);有的则只强调某一方面(如气候对人的作用),只见树不见林(如环境决定论);第二,理顺了人地系统的层次结构。人与地之间的相互作用虽然异常复杂,但又有规律可循,这个规律就是人地之间相互作用的途径和方式。人对地的作用,从图9-4的角度看,是通过占用地表空间、生产所需物品来改变资源与环境,进而改造地表系统的;从图9-5的角度看,人是通过向自然界排放废气、废液和废渣来改变环境、影响资源,进而改变着地表系统的。地对人的作用,从图9-4、图9-5可以看出,是通过为人类提供生产、生活环境、资源,以及资源与环境之间的相互转化来影响人的。可见,用图9-4、图9-5可以把人地系统的层次结构恰当地表述出来。

图9-4和图9-5所描述的人地系统虽有一定的物质内容,但也是经过高度抽象和简化之后的系统,还须将它们细化。有了图9-4和图9-5所提供的框架,细化也是容易做到的。如图9-4中的生存需要,可以细化为衣食住行4类,进而细化为具体的物品。而要生产这些物品,就必须利用环境,占据地表空间,开发资源,详见图9-6。

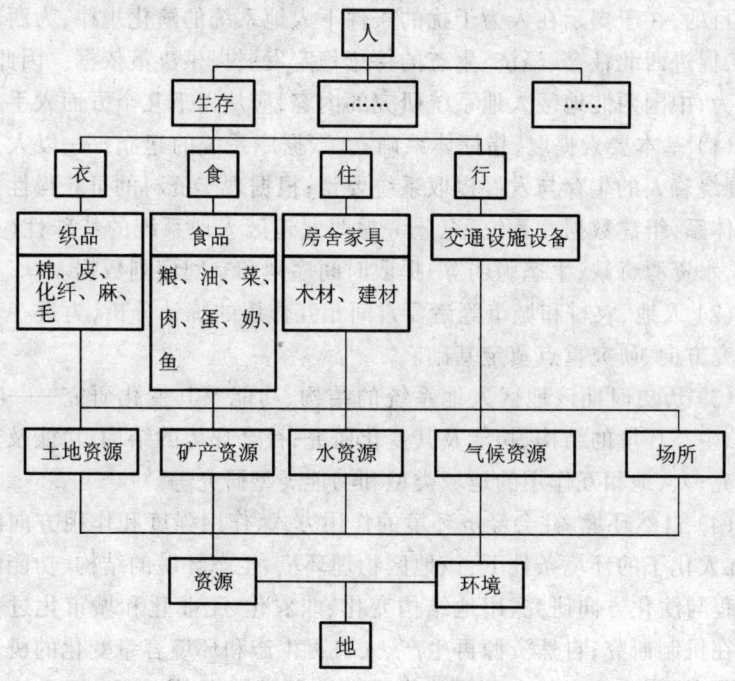

图9-6 区域人-地系统动态学模型的进一步描述

对图 9-6 进一步细化,如土地资源细化为耕地面积、林地面积、草地面积、水面面积等,即可根据实验数据进行建模,从而对人地系统动力学进行综合定量分析。可见,图 9-4、图 9-5 所提供的思维框架是有实际意义的。

二、研究内容的界定

开展人地系统研究,不仅在确定研究对象系统(即构建人地系统)时要以人为中心,从人的需要和人与地之间的相互作用出发确定人地系统的边界,而且在选择研究内容时,也要把人作为主体,把人与地之间的相互作用作为研究的重点,综合地、动态地考察人地之间的相互作用的方式和强度。当然,对于位居不同地区的人地系统而言,由于研究的具体目标不同,所面对的具体对象不同,研究的侧重点也应有所不同。这里,仅以中国西北地区这个特定的研究对象为例,谈谈人地系统动力学研究的内容。

在中国西北地区人地系统中,人的驱动力已达到了与自然驱动力相比拟的程度。该地区是中国能源、矿产资源的重要基地,同时也是一个环境破坏严重、生态问题突出、自然灾害频繁的地区。对该地区人地系统研究的目的,在于揭示在人为干扰的条件下人地系统的演化规律,为西部大开发,促进西北社会、经济、生态的持续稳定发展提供决策依据。因此,我们认为,中国西北地区人地系统研究的内容,应从以下几个方面入手:

(1) 基本要素提取,指标体系确立,数据库系统的建立——以人为中心,围绕着人的生存与发展提取系统要素;根据现实资料的可获得性构建指标体系,组建数据库系统;充分考虑西北地区人地系统的特殊性(人口稀少,水资源奇缺,生态脆弱等)提取时间序列和空间序列数据。

(2) 人地、农村和城市等诸要素间相互作用的统计分析,为进一步调整研究方向、研究重点奠定基础。

(3) 历史时期该地区人地系统的结构、功能及其变化研究——物理环境、生态环境的结构、功能及其变化研究;社会环境的结构、功能及其变化研究;人、地相互作用的地域类型和功能类型研究等。

(4) 自然环境、社会经济环境的作用方式、作用强度和作用方向的研究;在人化了的环境条件下,该地区物理环境、生态环境的结构、功能的变化过程与演化方向研究、用地结构变化、非农化、工业化和城市化过程及其内在机制研究;自然资源再生产、人口再生产和环境容量变化的机制和过程研究;西北地区与中东部的物质交换和能量流、信息流、资金流等流量、流向的变化及其对该地区人地系统的影响研究;该地区人地系统主要灾害过程及其时空过程研究,主要是人文活动、经济活动对灾害形成过程的作用和灾害对人类经济、文化活动的影响研究等。

(5) 该地区社会、经济、生态理想状态的标志研究;人地系统主要灾害的监测、预报和急救管理研究;人地系统主要控制变量及调控途径的研究,人地系统运行状态的调控措施研究等。

三、研究途径和研究方法的选择

人地系统动态学研究的内容,说到底是人地系统相互作用方式、相互作用强度的研究。因此,必须强调对作用机制的分析和对作用强度的定量分析。这就要求我们一改过去那种关于人地关系研究中哲学思辨的做法,而大量引进自然科学中的实验模拟方法。

模拟实验,可以采用统计方法和物质能量守恒、技术经济学方法等。由于人地系统本身的复杂性,难以复原性等特点,必须将二者结合使用,才能真正揭示人地作用规律。

人地系统中有5种基本的过程在起作用,物理过程、化学过程、生物过程、生态过程和文化过程。这些过程影响着物质、能量和信息在人地系统中的运动和转换,从而造成人地系统结构、功能在时空上的变化。到目前为止,除了文化过程以外,其他4种过程都可以在一定程度上用物质和能量守恒的方法加以研究。通常的做法是:根据物质能量守恒原理,建立一组人地系统中物质和能量流动的方程式。这些方程式要能够表明,对任何一个大小的空间体积(空气、水、土地或城市),在任何给定的时间间隔内物质和能量的增减。要做到这一点,就必须充分考虑该空间内的物质、能量的流入、流出以及物质、能量在该空间内的转换。可见,物质能量守恒方法是以微观解剖实验数据为基础,以演绎方法为主进行推理,其推理过程是严格的,推理结论是可靠的,因而是人地系统研究中值得推崇的方法。

但是,这种方法要求准确把握物质、能量相互转化过程,这在实践中有时是困难的。而且,这种方法是在严格限定边界条件的情况下进行的,所得结论对于真实的、更复杂、更广规模的人地系统未必适用。所以,对人地系统研究,还必须辅以统计方法。

统计方法的核心是确定因变量、自变量之间的统计显著性关系,其中因变量可以是人地系统中某个观测变量,自变量是与因变量相关,对因变量的变化有一定影响的因子。统计方法的应用过程是简单的:① 根据有关物理、化学、生物和生态现象识别影响因变量的自变量。这种识别只要求判断对因变量有无影响,而不要求判断具体的影响方式或强度,因而在实践中容易做到。② 选取样本,提取样本的自变量、因变量值。样本的选取应努力做到典型性与充分性结合。③ 建立模型。根据经验和前人成果,选择恰当的数学模型,并依据样本的观测值用特定的方法确定模型中的参数。④ 对模型进行精度检验,利用模型分析研究对象中因变量与自变量之间的数量关系。

应该注意的是,人地系统内各因子之间的作用是复杂的,也是因时、因地而变化的。所以,在模型选择时,不能主观臆断,最好多用几种模型试试,哪种模型效果好(拟合误差较小,揭示的规律合理),就以哪种为准。

人地系统研究中使用统计方法可以在较大范围内选取样本,不需要对研究对象进行封闭试验,因而不必对边界条件进行严格限定,只要所选样本有一定的典型性,且样本容量充分大,所得模型精度较高,从统计学的角度讲,结论就较可靠。但是,统计方法也有个问题,即两个完全不相关的因子,如上海扫大街的人数和天津冰棍销售量,如做统计分析,可能得到一个精度很高的回归模型,而事实上,二者风马牛不相及。可见,单纯应用统计方法也是不行的。所以,笔者认为,对人地系统研究来说,物质能量守恒方法和统计方法各有利弊,应在实践中将两者有机地结合起来。

事实上,现代仿真模拟方法,即系统动态学方法,就是两者有机结合的成功范例。实践证明,系统动态学方法应用于人地系统动态研究是可行的,也是有意义的。

总之,人地系统是复杂的,人地系统研究应以人为中心,围绕人的生存、发展需要和人与地之间的相互作用(方式和强度)构建对象系统,确定研究内容和重点,大量引进模拟实验方法,将物质能量守恒分析和统计分析结合起来,充分利用系统动态学在人-地系统研究中的独特作用,把人地系统的研究更深入、更扎实地开展起来。

第三节 区域 PRED 模型:柴达木盆地人-地系统的动态模拟

一、运用 SD 模型拟解决的主要区域问题

系统动态学模型的诸多优越性使其成为解决区域 PRED 协调持续发展的首选有效方法之一。与其他方法相比,它最擅长于处理高阶次、非线性、时变问题,最擅长于处理长期性问题和周期性问题,且在数据缺少的条件下仍可进行研究。区域 PRED 协调发展问题正是属于上述几种

类型的问题。作为一种因果机理性模型,重在强调区域 PRED 系统的协调行为主要由系统内部机制所决定,重在预测 PRED 系统的长期变化趋势,因为正确预测一种趋势的变化方向比预测该行为趋势的增长率更具现实意义,通过长程的仿真可显示出症结之所在,从而制定出相应的调控对策。可见,系统动态学模型在明确建模目的之后,将集中于问题与矛盾而不是整个系统,将构建出达到预定目标、解决特定问题和满足预定要求的相对有效的模型而不是十全十美的终极模型。

下面以柴达木盆地 PRED 协调发展系统研究为例[①],探讨在干旱地区系统动态学模型将集中解决的主要问题:

(1) 地区人口、资源、经济与生态环境持续协调发展的总体变动趋势。

(2) 地区水资源合理开发利用及水资源优化配置对工农业和生态环境保护的重大影响。

(3) 地区矿产资源大规模开发对人口增长和工业发展及环境污染的影响。

(4) 地区资源承载力、人口承载力、经济承载力和环境承载力之间相互制约关系及对国家相关政策做出的响应。

(5) 地区主要资源开发规模、优先时序、强度及开发效果的综合评估和优化选择。

(6) 地区多种开发政策模拟实验与政策分析。

(7) 地区 PRED 协调发展的主要限制因素及其解决途径,等等。

二、柴达木盆地 PRED 协调发展系统的基本反馈结构

柴达木盆地 PRED 协调发展的 SD 规划模型(图 9-7)中,要素涉及经济、社会、资源、环境、科技等,具体包括人口、水资源、农业、工业及第三产业、环境污染和国内生产总值共 6 大子系统,根据系统分解协调原理,分为人口、水资源、耕地、粮食单产、工业、建筑业、商业、交通运输业、工业废气污染、工业废水污染、工业废渣污染和 GDP 共 12 个子模块,它们之间互相联系,互相影响,构成了具有多重反馈的因果关系回路。

主要正反馈回路有:

(1) 总用水人口→(+)新增人口→(+)总用水人口。

(2) 工业及第三产业产值→(+)三废排放量→(-)可用水总量→(+)耕地面积→(-)工业及第三产业产值。

---

① 方创琳. 区域发展规划论. 北京:科学出版社,2000.120~130

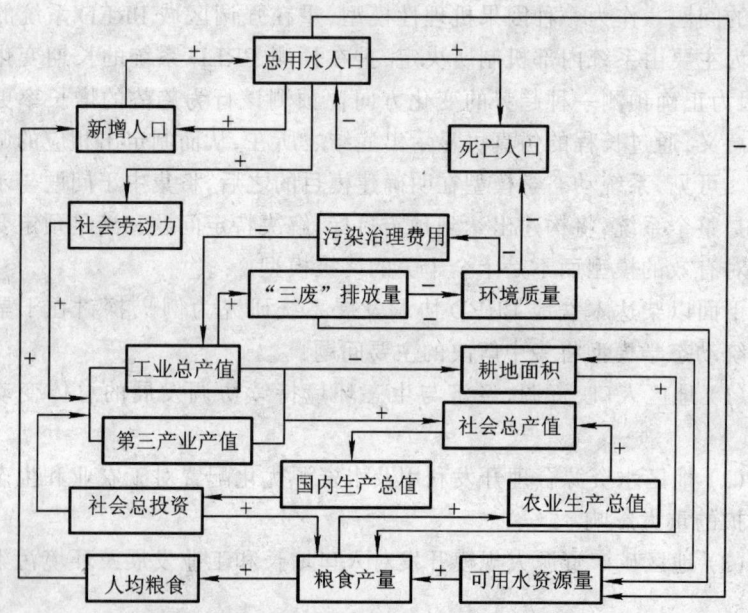

图9-7 柴达木盆地PRED关系略图

(3) 社会总投资→(+)国内生产总值(GDP)→(+)社会总投资。

(4) 社会总投资→(+)粮食产量→(+)农业增加值→(+)GDP→(+)社会总投资。

主要负反馈回路有：

(1) 总用水人口→(+)社会劳动力→(+)工业及第三产业增加值→(+)三废排放量→(-)环境质量→(+)死亡/迁出人口→(-)总用水人口。

(2) 可用水资源量→(+)粮食产量→(+)人均粮食→(+)新增人口→(+)总用水人口→(-)可用水资源量。

(3) 总用水人口→(+)死亡人口→(-)总用水人口。

(4) 工业及第三产业产值→(+)三废排放量→(-)环境质量→(-)污染治理费用→(-)工业及第三产业产值。

图9-8为柴达木盆地PRED反馈关系图(见书末插页)。

三、柴达木盆地PRED协调发展系统动态学规划模型

建立柴达木盆地PRED协调发展系统动态学模型的一项重要工作就是确定系统参数。根据因果关系流程图，实地调查并搜集了以1950—2002年的相关资料，具体分析各变量间的联系方式，进而确定系统参数，

然后利用系统动态学专用模拟语言 Professional DYNAMO Plus 软件建立了西北地区 PRED 协调发展 SD(systematic dynamo)规划模型。

1 系统动态学方程参数的求算方法

系统动态学模型的一个显著优越性就在于它同其他模型之间有着最多的"接口",因而同时可采用其他模型求算其系统参数。在西北地区 PRED 协调发展系统动态学模型中,所采用的求算参数的方法有:

(1) 采用算术平均值法确定参数。如额定出生系数 ECR、额定死亡系数 EWR、额定迁入系数 EQR、额定迁出系数 EQC、城镇居民用水定额 CZRYSE、农村居民用水定额 NCRYSE、有效灌溉面积系数 YXGGXS、农业投资系数 NYTZXS、农业劳动力系数 NYLDLXS 等。

(2) 采用发展趋势推算法确定参数。如计划生育影响因子 JSYZ、宜农荒地垦殖率 NNDKL、种植业产值增长率系数 ZYL、林业产值增长率系数 LYL、工业产值增长率系数 GYZZXS、工业产值增长率转换系数 GYZZHS、建筑业产值增长率系数 JZCZXS 和增长率转换系数 JZCZHS、商业产值增长率系数 SYCZXS 和增长率转换系数 SYCZHS、交通运输业产值增长率系数 JTYCZXS 和转换系数 JTYZHS、GDP 增长率系数 GDPZZXS 和增长率转换系数 GDPZHS、循环用水系数 SXHXS,等等。

(3) 采用表函数法确定参数。这类参数主要有污染对出生的影响 WRS、生活用水供需比对人口迁入的影响 SBQRR、国家政策对人口迁入的影响 GCQR、矿产资源剩余对工业生产的影响 KCJYZ 等。

(4) 采用回归分析模型确定参数。在 MINITAB 软件支持下,采用一元线性回归模型确定社会总投资 SHZTZ 参数,采用多元线性回归模型确定社会总产值 SHZCZ、GDP 增长率 GDPZL、农业总产值 NYZCZ、畜牧业产值 XMYCZ、粮食单产增长率 LSZL、草场灌溉面积 CCGMJ 等。

(5) 采用柯布－道格拉斯生产函数模型确定参数。如用此模型分别求算工业、商业、建筑业和交通运输业的资金弹性系数 PK、SYT、JZT、TZT,劳动力弹性系数 PL、SDT、JDT、TDT 广义科技进步因子 GKJBYZ、SYKJYZ、JZKJYZ、JTKJYZ 等。

(6) 采用灰色预测模型修正参数。如用此模型分别校正农业产值、工业总产值、粮食总产量、商业总产值、社会总产值、总用水人口、GDP 等预测值,进而反推系统参数。

2. 柴达木盆地 PRED 协调发展的系统动态学主体方程

(1) 总用水人口子系统共 40 多个方程。主要有:

L ZYSRK.K = ZYSRK.J + DT × (ZZRK.JK − JSRK.JK)

R ZZRK.KL = CSRK.K + QRRK.K

$$A\ CSRK.K = ECR \times JSYZ \times ZYSRK.K \times WRS.K$$
$$A\ QRRK.K = EQR \times ZYSRK.K \times SBQRR.K \times GCQR.K$$
$$A\ SBQRR.K = TABHL(TSBQRR, SGXB.K, 0, 10, 1)$$
$$R\ JSRK.KL = SWRK.K + QCRK.K$$
$$A\ SWRK.K = EWR \times ZYSRK.K \times WRW.K$$
$$A\ QCRK.K = EQC \times ZYSRK.K \times GCQC.K \times SBQCR.K$$

(2) 可利用水资源子系统共50多个方程。主要有：
$$L\ KYSZL.K = KYSZL.J + DT \times (0 + SYJL.JK)$$
$$R\ SYJL.KL = SGYL.K - SXQL.K$$
$$A\ SGYL.K = FSPFL.K + XHSL.K$$
$$A\ FSPFL.K = FSPFBL \times GFSZL.K$$
$$A\ XHSL.K = SXHXS \times (SHYS.K + GGYS.K + SCYS.K + CCYS.K + LYYS.K) + GYSXHS \times GYYS.K)$$

(3) 农牧业子系统共51个方程。主要有：
$$L\ GDMJ.K = GDMJ.J + DT \times (GDZL.JK - GDJL.JK)$$
$$R\ GDZL.KL = NNDKL$$
$$R\ GDJL.KL = JMZDL.K + JTZDL.K + GKZDL.K$$
$$A\ JMZDL.K = JMZDXS \times (CSRK.K + QRRK.K - SWRK.K - QCRK.K)$$
$$A\ JTZDL.K = JTZDXS \times ETZZXS \times JTYCZ.K/10000$$
$$A\ GKZDL.K = GKZDXS \times ETGYXS \times GYZCZ.K/10000$$
$$A\ RJGD.K = GDMJ.K/ZYSRK.K$$
$$L\ LSDC.K = LSDC.J + DT \times LSZL.JK$$

(4) 工业等非农产业子系统，可以组建近70个方程。主要有：
$$L\ GYZCZ.K = GYZCZ.J + DT \times GYZL.JK$$
$$A\ KCJYZ.K = TABHL(TKCJYZ, KCSSZ.K, 0, 1, 0.1)$$
$$A\ KCSSZ.K = 1 - CJB \times GYZCZ.K/QQJZ$$
$$L\ JZYCZ.K = JZYCZ.J + DT \times JZCZL.JK$$
$$R\ JZCZL.KL = JZCZXS \times JZCZHS \times JZKJYZ \times EXP(JZT) \times LOGN(JZYTZ.K) \times EXP[JDT \times LOGN(JZYLL.K)]$$
$$L\ SYCZ.K = SYCZ.J + DT \times SYZL.JK$$
$$R\ SYZL.KL = SYCZXS \times SYCZHS \times SYKJYZ \times EXP(SYT \times LOGN(SYTZ.K) \times EXP[SDT \times LOGN(SYLDL.K)]$$
$$L\ JTYCZ.K = JTYCZ.J + DT \times JTZL.JK$$
$$R\ JTZL.KL = JTYSZXS \times JTYZHS \times JTKJYZ \times EXP(TZT \times LOGN(JTTZ.K)) \times EXP[TDT \times LOGN(JTLDL.K)]$$

(5) 经济总量子系统共14个方程。主要有：
L GDP.K = GDP.J + DT × GDPZL.JK
A SHZCZ.K = NYZCZ.K + GYZCZ.K + JZYCZ.K + SYCZ.K + JTYCZ.K
A RJGDP.K = GDP.K/ZYSRK.K

(6) 环境污染与保护子系统共20个方程。主要有：
L GFQPL.K = GFQPL.J + DT × FQPL.JK
R FQPL.KL = WYFQPL.K × GYZL.KL
A WYFQPL.K = GFQPL.K/GYZCZ.K
L GFSZL.K = GFSZL.J + DT × GFCL.JK
A WYFSPL.K = GFSZL.K/GYZCZ.K
L GFZJL.K = GFZJL.J + DT × GFCL.JK
R GFCL.KL = GFZJL.K/GYZCZ.K × GYZL.KL

第四节 分形理论及其在区域系统分析中的应用

一、分形理论原理

(一) 分形理论的起源与发展

分形论的原理是基于分形几何学(fractal geometry)的发展。作为国际上兴起的非线性科学中的前沿数学工具，主要研究和揭示复杂的自然和社会现象中所隐藏着的规律性、层次性和标度不变性，是一门横跨自然科学、社会科学和思维科学的新学科，被称之为继突变论、协同学、耗散结构和混沌学后的又一探索复杂性对象的新方法。分形几何学由法国著名数学家曼德尔布罗特(B. B. Mandelbrot)在20世纪70年代中期所创立，80年代初已广泛应用于物理学、化学、生物学、地学、经济学、情报学等领域。自从分形科学诞生以后，就再也不能用老眼光看世界了。分形论为人们通过部分推及整体、从有限中认识无限提供了新的指导。国外分形研究异常活跃，国内的分形研究起步较晚，但是在应用领域已经获得一定成果，也出版了一定数量的学术著作。但总的看来，分形学与物理学、化学、材料学等结合紧密，还没有引起数学家们的足够重视。这是一个值得忧虑的现象，因为分形理论本质上是一门数学理论，只是其应用的发展超越了其理论的发展。

(二) 分形论的基本概念和基本分析思路

随着系统论中关于非线性特性研究的发展，分形论在系统论中的地位越来越重要。这是因为，人们无论是在研究自然系统或者社会系统时都面临系统的复杂性,许多难以解决的问题需要新方法和新手段的引入。因此,分形论以其基本研究思想——研究系统组成部分以某种方式与整体相似的形,或者是指在很宽的尺度范围内,无特征尺度却有自相似性或自仿射性的现象特征——无疑适应了许多学科的新方法发展的需要。因此,在诸如分形表面和体积、信号处理中的分形与混沌、生长现象、扩散、迭代函数系统、非线性动力系统、自组织和合作现象等方面的应用具有广阔的前景。在我国人口系统、股票市场预测、水文预测以及计算机图形图像处理方面,分形论的应用已比较成熟。

分形学研究问题的基本思路是:第一步,混沌系统的诊断。这是应用分形论解决问题的前提条件。复杂无序系统并非都是混沌系统,而混沌系统一定是复杂无序系统。分形论则是应用于混沌系统的理论。因此,在对系统进行研究时,首先需要诊断系统是否为混沌系统。运用分形理论的前提是要证明系统是个复杂系统。所有有关系统如经济系统、人口系统等分形研究的成果都必须基于这样的假定能够成立。系统混沌诊断的意义主要有:所研究的系统是否属于混沌系统,所研究的现象是否属于混沌现象。对于这些问题的回答,是应用一般非线性系统的混沌理论研究成果来理解复杂系统和复杂现象的前提,如果仅仅从数学的数值模拟和物理学实验中所得到的混沌结果与现实现象之间具有的相似性来类推系统的演化机制和运动规律,是缺乏说服力的。

第二步,混沌系统分形分析。系统的动态行为不外乎 4 种类型:稳定平衡、周期性波动、不稳定发散和随机不规则涨落,通常表现为长期变化的趋势性和短期的不规则波动。应用分形理论分析系统是基于对系统的长期变化趋势有着深刻的内在原因,而短期的系统状态波动则是外在随机因素的作用,如不可预测的自然灾害作用等。通常是在线性(或对数线性)方程的基础上加上随机项。如果系统现象的不规则波动被证明是属于系统内在非线性作用产生的混沌行为,则应当从系统内部着手,探索非线性数学方程产生的混沌时间序列。

第三步,混沌系统的结论实现。通常是指不同尺度上利用图形的自相似性实现以及时间序列的不同时间尺度上的数值预测等。

分形理论的基本概念如下:

1. 豪斯道夫(Hausdorff)维数

设 $A \subset R^n, s \geqslant 0$。对于 $\delta > 0$,定义:

$$H_\delta^s(A) = \inf \sum_{i=1}^{\infty} |U_i|^s \qquad \left(A \subset \bigcup_{i=1}^{\infty} U_i, |U_i| \leqslant \delta\right)$$

其中 $|U_i|$ 表示 U_i 的直径。定义:

$$H^s(A) = \lim_{\delta \to 0} H^s_\delta(A)$$

则 $H^s(A)$ 称为集合 A 的豪斯道夫 s 维测度。可以证明,对于集合 A,存在惟一的非负实数 $D_H(A)$,它满足:若 $0 \leqslant s < D_H(A)$,则 $H^s(A) = \infty$;若 $D_H(A) < s < \infty$,则 $H^s(A) = 0$。$D_H(A)$ 叫做 A 的豪斯道夫维数。对于任意的集合 A,恒有 $D_H(A) \geqslant D_T(A)$,则 $D_T(A)$ 为 A 的拓扑维数。

豪斯道夫维数可以刻画一个集合的复杂程度。特别地,若 $D_H > D_T$,那么该集合应占有比 D_T 维更大的空间,即该集合应有足够的不规则性。曼德尔布罗特曾把满足 $D_H(A) \geqslant D_T(A)$ 的集合 A 称作分形集。由于 D_T 恒为整数,故 D_H 为非整数的集合一定是分形集。但有很多分形集,例如平面皮阿诺(Peano)曲线,它们的 D_H 可为整数。因此曼德尔布罗特后来扩充了分形的定义,认为凡是部分与整体以某种方式相似的体系就是分形。

2. 自相似集与相似维数(self-similar set and similar dimension)

自相似集是目前研究得比较清楚的分形集。为了讨论自相似集,首先定义压缩映射和相似映射的概念。

设映射 $\Psi: R^n \to R^n$,如果对任意的 x、$y \in R^n$,有 $\|\Psi(x) - \Psi(y)\| \leqslant c \|x - y\|$,$c < 1$,$\|\cdot\|$ 是 R^n 中的距离,则称 Ψ 为压缩映射。如果 $\|\Psi(x) - \Psi(y)\| = r \|x - y\|$,则称 Ψ 为相似映射,r 为相似常数。

设 $\Psi_1, \Psi_2, \cdots, \Psi_n$ 是 n 个相似压缩映射,$r_i(1 \leqslant i \leqslant n)$ 为相应的相似常数。如果 $A \subset R^n$,满足 $A = \bigcup_{i=1}^{n} \Psi_i(A)$,且存在一个 $s \geqslant 0$ 使 $H^s(A) > 0$,$H^s(\Psi_i(A) \cap \Psi_j(A)) = 0$,$i \neq j$,则称 A 为关于这一族相似压缩映射的自相似集。令 $r(t) = \sum_{i=1}^{n} r_i^t$,则存在惟一的 D_s,使 $r(D_s) = 1$,称 D_s 为集合 A 的相似维数,它刻画了自相似集的复杂程度。

若 A 是一个紧集,则在满足开集条件(open set condition)时,可以证明 $D_H = D_s$。

上面关于自相似集的结果,可以推广到统计自相似(statistical self-similarity)的情形,而实际存在的分形(例如海岸线、云、山等)都是统计自相似的。

3. 自仿射集与盒子维数(self-affinite set and box dimension)

在自相似集的定义中,自相似集沿各个方向的伸缩率相同。但如果前面的映射中,各个方向的伸缩率不完全相同,则我们可得自仿射集的定义。对于自仿射集,根据不同的目的需要可引入不同的维数,如空穴维数、质量维数、盒子维数等。盒子维数是运用得比较成熟的一种维数。

盒子维数也是在实际应用中常见的维数。用边长为 δ 的盒子(在平面上就是正方形,在三维空间中就是立方体)去覆盖一个集合,所需的最少的盒子数记为 $N(\delta)$。若当 δ 充分小时,$N(\delta)$ 与 δ 的关系为:

$$N(\delta) \propto \delta^{-D_B}$$

D_B 就叫做盒子维数。在实际求 D_B 时,是用直线去拟合 $\ln N(\delta)$ 与 $\ln \delta$ 的函数关系,然后计算直线的斜率(D_B)。在豪斯道夫维数不易求出时,D_B 可以是 D_H 的一种近似。

与自相似集类似,自仿射集也可以推广到统计自仿射(statistical self-affinity)的情形。

就时间序列而言,R/S 分析(rescaled range analysis)是一种不错的分析预测方法。R/S 分析是由赫斯特(H. E. Hurst)于 1965 年提出的一种时间序列统计方法,它在分形理论中有着重要的应用。

二、分形理论的应用进展

分形理论在我国广泛应用于区域分析起始于 20 世纪 90 年代,艾南山、李后强、陈彦光等人在这方面做了比较深入的工作,涉及气候、土壤、水文等自然系统方面以及人口系统、城镇体系、区域交通网络等人文方面。

(一) 城镇体系等级结构的分形研究

城镇体系的等级结构,即城镇等级规模分布。它是指一定区域内城镇规模的层次分布,揭示一个区域内城镇规模的分布规律(集中或分散)。它反映城镇从大到小的序列与规模的关系。从城镇体系的基本概念出发可以证明得出城镇体系系统是具有分形性质的。

对于一个给定的区域,若用一个人口规模尺度 r 作为划分城镇的标准,则区域内城镇数目 $N(r)$ 与 r 的关系满足:

$$N(r) \propto r^{-D} \qquad (9-6)$$

显然这是一个分形模型,其中 D 便是分形维数。1949 年 G. K. Zipf (齐夫)提出了一个通用城市规模分布法则:

$$p_r = \frac{p_1}{r^q} \qquad (9-7)$$

式中:r 为城市等级序列($r = 1,2,3,\cdots,n$);p_r 为等级为 r 的城市规模;p_1 为首位城市规模;q 为与区域条件和发展阶段有关的常数。将式(9-7)变换可以得到

第四节 分形理论及其在区域系统分析中的应用

$$r = \frac{p_1^{1/q}}{p_r^{1/q}} \quad (9-8)$$

令 $C = p_1^{1/q}$，$D_f = 1/q$，则式(9-8)可写为：

$$r = Cp_r^{-D_f} \quad (9-9)$$

显然，齐夫法则具有分形意义。对于一个具体的区域，由城镇规模的点对序列 $(p_r, r)(r=1,2,\cdots,n)$ 可以求出分维数 D_f。D_f 的地理意义为：

当 $D_f < 1$ 时，城镇等级规模结构较为分散，人口呈不均衡状态分布，区域内城镇体系发育还不成熟；

当 $D_f = 1$ 时，该区域内首位城市人口数与最小城镇人口数比值；

当 $D_f > 1$ 时，该城市规模分布较为集中，中间位序城镇数目较多，人口分布比较集中，整个城镇体系发育比较成熟。

(二) 城镇体系的空间相关性

城镇体系的空间相关性一般用关联维数来标度，其定义式为：

$$C(r) = \frac{1}{n^2} \sum_{j=1}^{n} H(r - |x_i - x_j|)$$

$$H(x) = \begin{cases} 1 & x > 0 \\ 0 & x < 0 \end{cases}$$

r 为给定的距离标度，如果一个城镇体系的空间分布具有分形特征，那么根据分维定义则有：

$$C(r) \propto r^{D_g}$$

$$D_g = \lim_{r \to D} \frac{\ln C(r)}{\ln r}$$

D_g 反映了城镇之间的空间相互作用的规律性，其中 $0 \leq D_g \leq 2$。其值越小说明城镇之间的相互作用越大，空间分布集中度越高，反之亦然。

(三) 区域交通网络的分形研究

1. 网络密度

区域内所有的交通线路构成区域的交通网络。区域内的城镇则是交通网络上的节点。由于城镇体系的空间结构的自相似性，交通网络一定也具有分形特征。对于给定的一个区域，其区内的交通线的长度只与该区域范围有关，且二者呈正相关。对于一个以中心城市为圆心，半径为 r，面积为 S 的圆形区域，有：

$$L(S)^{1/D} \propto S^{1/2} \propto r \quad (9-10)$$

$$L(r) = L_1 r^{D_L} \qquad (9-11)$$

式(9-11)中 L_1 为区域内网络总长度，$L(r)$ 为某一标度范围内网络线长度。因为长度与密度成正相关，这样就可以得到交通网络密度的空间动态模型：

$$\rho(r) \propto r^{D_L - d} \qquad (9-12)$$

式(9-12)中 d 为欧氏几何中的平面维数2，则 D_L 的地理意义为：当 $D_L < 2$ 时，网络密度从中心城市向区域四周逐渐递减，D_L 越小，递减速度越快；$D_L = 2$ 时，则网络密度与区域半径呈线性关系，网络密度从中心向四周均匀变化；$D_L > 2$ 时，则网络密度从中心城市向四周逐渐递增，这种现象一般不存在。

2. 网络连通性

传统的评价网络连通性的方法有很多种。刘继生、陈彦光(1998)提出用关联维数来衡量网络的连通性。在讨论城镇之间的空间相互作用时，若 $|x_i - x_j|$ 取直线距离，则求得一个 D_{g1}，若 $|x_i - x_j|$ 取交通距离，则可以求得一个 D_{g2}。若 D_{g2} 越接近 D_{g1}，则说明连通性越好：

$$K = \frac{D_{g2}}{D_{g1}}$$

由前所知：$0 \leqslant D_g \leqslant 2, D_{g1} \leqslant D_{g2}$，那么 $0 < K \leqslant 1$。K 值越大，表明连通性越好。

由上可见，分形理论在区域分析中对于复杂的空间和时间系统都具有较好的分析预测能力。随着计算机技术的发展，分形理论将逐渐摆脱其计算复杂的特点，成为一强有力的分析工具[1,2]。

三、分形理论在区域差异分析中的应用

区域经济系统是一个要素众多、结构复杂的大系统，导致区域经济发展差异的原因不但包括自然因素，还有人为因素（如政策等）；既有确定性因素，也有随机性因素。因此，对于一个特定的国家或地区而言，如果用基尼系数描述区域经济发展的差异，就会发现它随着时间的变化，即基尼系数的时间序列会呈现出一定的不规则性。对于这种不规则性，无法用经典的数学方法揭示其规律性。但是，从"分形"理论来看，这种不规则性

---

[1] 岳文泽，徐建华等.分形理论在人文地理学中的应用研究.地理学与国土研究，2001，17(2)：51~56

[2] 刘继生，陈彦光.分形城市引力模型的一般形式和应用方法.地理科学，2000，20(6)：528~533

的背后却隐藏着一定规律性。

（一）应用 R/S 分析的前提条件证明

区域系统内不同经济单元发展差异的动态变化趋势采用的是经济增长收敛性的概念。所谓经济增长收敛性(convergence)是指在封闭的经济条件下，对于一个有效经济范围的不同经济单位(国家、地区甚至家庭)，初期的静态指标(人均产出、人均收入)和其经济增长速度之间存在负相关关系，即落后地区比发达地区有更高的经济增长率，从而导致各经济单位初期的静态指标差异逐步消失的过程。

这里在论证可运用 R/S 分析于地区经济发展时间上的差异的前提证明是基于 Barro 的收敛性分析框架，即：

$$\frac{1}{T-t}\ln\left(\frac{y_{iT}}{y_{it}}\right) = x_i^* + \frac{1-e^{-\beta(T-t)}}{T-t}\ln\left(\frac{y_i^*}{y_i^0}\right) + u_{it}$$

式中：i 表示经济单位；t 和 T 表示期初和期末时点；$T-t$ 为观察时间长度；y_{it} 和 y_{iT} 分别为期初和期末的静态经济指标(比如人均产出或收入)；x_i^* 为稳定状态的某一经济指标的增长率；y_i^0 为每个人均的经济指标量；y_i^* 为稳定状态的人均经济指标量；系数 β 为收敛速率；u_{it} 为误差项。

因此，系数 β 表示 y_i^0 接近 y_i^* 的速度。β 值越高，则表示向稳定状态收敛的速度越快；如果 β 值大于 0，表示地区经济增长差异趋于收敛；如果小于 0，则表示地区经济增长差异趋于发散。

如果假定 x_i^* 和 y_i^* 保持不变，可以得出通常的估算公式为：

$$\frac{1}{T-t}\ln\left(\frac{y_{iT}}{y_{it}}\right) = B + \frac{1-e^{-\beta(T-t)}}{T-t}\ln y_{it} + u_{it}$$

式中：B 为常数；u_{it} 为误差值，由上式回归计算。β 值仅与期初人均指标值有关，被称为 β 收敛，即为无条件收敛。

我们对上述式子变形可得：

$$\ln\left(\frac{y_{iT}}{y_{it}}\right) = C\ln(y_{it})$$

C 为储存着全部信息的系数。这样，上式可以变为：

$$C = \frac{\ln\left(\dfrac{y_{iT}}{y_{it}}\right)}{\ln y_{it}}$$

由上式可以证明，C 具有广义的分维性质。这说明可以用 R/S 分析方法研究区域差异程度的基尼系数变化规律。

（二）对基尼系数序列的 R/S 分析

对于描述一个区域内经济发展差异的基尼系数序列 $B(t)$，可以运用

R/S 分析方法研究其时序变化规律,该方法的计算过程如下:

(1) 计算差值序列:
$$\xi(t) = B(t) - B(t-1) \qquad (t=1,2,3\cdots)$$

(2) 计算均值序列:
$$\langle \xi \rangle \tau = \frac{1}{\tau} \sum_{t}^{\tau} \xi(t) \qquad (t=1,2,3\cdots,\tau)$$

(3) 计算累积离差:
$$X(t,\tau) = \sum_{\mu=1}^{t} \{\xi(\mu) - \langle \xi \rangle \tau\} \qquad (t=1,2,\cdots,\tau)$$

(4) 计算极差:
$$R(\tau) = \max_{1 \leq t \leq \tau} X(t,\tau) - \min_{1 \leq t \leq \tau} X(t,\tau) \qquad (t=1,2,\cdots,\tau)$$

(5) 计算标准离差:
$$S(\tau) = \left[\frac{1}{\tau} \sum_{t=1}^{\tau} (\xi(t) - \langle \xi \rangle \tau)^2 \right]^{\frac{1}{2}} \qquad (t=1,2,\cdots,\tau)$$

则根据 R/S 分析原理,有标度关系:
$$\frac{R(\tau)}{S(\tau)} = (a\tau)^H$$

式中:a 为常数;H 为赫斯特指数或 H 指数,它与盒子的维数关系为:$D_B = 2 - H$ 理论证明了关联函数:
$$C(t) = \frac{\langle -\Delta B(-t) \Delta B(t) \rangle}{\langle \Delta B(T)^2 \rangle} = 2^{3-2D_B} - 1$$

〈 〉表示求平均,$\Delta B(t)$ 是未来的增量,$\Delta B(-t)$ 是过去的增量。关联函数 $C(t)$ 反映了事物发展的未来状态与过去历史的相关特性。可见,当 $H=0.5$ 即 $D_B=1.5$ 时,$C(t)=0$。过去 $\Delta B(-t)$ 与未来 $\Delta B(t)$ 无关;当 $H>0.5$ 即 $D_B<1.5$ 而 $C(t)>0$ 时,则呈正相关。即过去一段时间内的增长趋势意味着未来相同一段时间间隔内也有一个增长趋势,反之亦然。并且 H 偏离 0.5 越远,这种相关性越明显。当 $H<0.5$ 而 $C(t)<0$,过去与未来有负相关关系。因此只要求出一定范围内基尼系数变化的过程 H 指数,便可以由(2)求出盒子维数 D_B,再由(3)分析过去的发展与未来趋势之间的相关特性。H 指数可根据(1)拟合求得。

耿庆武研究我国东部与西部经济发展差异时,用人均 GDP 计算了 1978—1996 年的基尼系数序列,其动态变化过程如图 9-9 所示。

运用 R/S 方法,将基尼系数指标作为 $B(t)$,计算出 H 指数,记为 $H(y'_1 - y'_2)$。y_1,y_2 是选取数据的起始、终止年份,$y'_1 - y'_2$ 表示该起止年内所拟合的区间。为便于直观分析,定义并绘制 H 指数曲线图,简称 H

第四节 分形理论及其在区域系统分析中的应用

图形。横坐标为年份、纵坐标为 H 值。在某一起止年内,例如 1978—1996 年,将 $_{78}^{96}H(1978—1981)$(该点的横坐标为 1980 年,以下类似)、$_{78}^{96}H(1978—1982)$、…、$_{78}^{96}H(1978—1996)$ 共 16 个点连成一条曲线,起点为 $(1978,0.0)$ 点,然后将拟合区间后移一年,即 $_{79}^{96}H(1979—1982)$、$_{79}^{96}H(1979—1983)$、…、$_{79}^{96}H(1979—1996)$ 共 15 个点连线。以此类推则得 1978—1996 年间的 H 图形。

计算所得的 H 指数表为:$_{78}^{86}H(1978—1986)=0.366$,该值小于 0.5。说明以 1986 年以后的 8 年将与 1986 年以前的 8 年呈负相关。数据表明 1978 年实行改革开放以来,由于 1978 年以前我国均衡发展政策的滞后效应的影响,1985 年以前的基尼系数呈缩小趋势,那么按照 R/S 分析的 H 指数指示,1985 年以后基尼系数将呈扩大。实际数据表明 1984 年由于改革推进到城市,各地人均 GDP 大幅度增长,加上邓小平同志 1980 年 3 月提出要"发挥比较优势,扬长避短,要承认不平衡",明确提出了效率优先、非均衡发展的指导思想,因此,基尼系数逐渐扩大。见图 9-9。

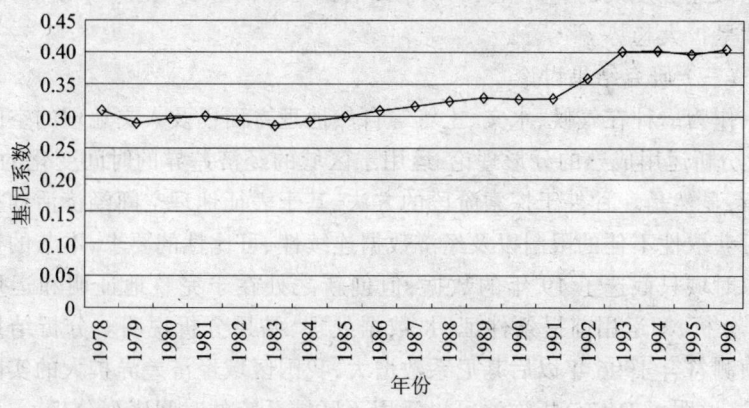

图 9-9 我国东西部地区 1978—1996 年的基尼系数[①]

我国目前沿海与内地的经济发展差异固然受政府所采取的梯度区域开发策略(譬如沿海倾斜政策,经济特区政策)的影响,但更大的原因是各种经济法则在市场运作下对自身经济效益追逐自然运作的结果。因为产业与市场的集中,可以使各种经济活动的成本降低,从而使得厂商或产业在某一段成长时期经历规模报酬递增。沿海地带的产业结构、市场发展与地理优势在开放伊始即与西部地带有显著差异。各种经济单位在市场运

---

① 耿庆武.中国大陆经济区域的划分及发展趋势.深圳大学学报(社会科学版),2000(6)

作下对自身经济效益的追逐,自然向较高度开发的地区不断集中,从而呈现繁荣的地区更加繁荣的现象,区间差异不断扩大。而 $_{78}^{96}H$(1978—1987)= 0.434,小于 0.5,表明 1987—1996 年的变化趋势与 1978—1987 年呈负相关。从所分析的数据看,1978—1987 年,总的变化趋势是先减小再升高但还没有超过 1978 年的基尼系数,再减小而后升高到 1987 年 31.5。按照 H 指数的指示意义,则变化趋势是先升高再减小且再升高。我们查看原始数据支持了这种变化趋势:即升高到 1989 年的 0.329 后减小到 1990 年的 0.326,此后一直上升到 1994 年的 0.402,后又减至 1995 年的 0.397。实际的数据是支持了 H 指数的预测。同时,从起始年份为 1984 年起,所有的 H 指数从弱的正相关开始,基本上都是正相关。而 1984 年后基尼系数都是在上升的总的大趋势上波动。除了 $_{93}^{96}H$(1993—1996)= 0.500 001 呈弱相关外,其余的终止年份为 1996 年的均远大于 0.5,呈现正相关,而且凡是终止年份为 1996 年的 H 指数均大于 0.5。根据分形几何的理论,如果将来与过去的政策环境条件相同,则我国东西部地区经济发展的差异在 1996 年以后的 18 年内(即 2014 年以前)还将继续呈扩大趋势。

(三)研究结果讨论

作为一种在气候、水文、土壤等自然地理方面以及人文地理的空间结构上分析运用成熟的分形理论,运用于区域的经济差异的时间变化的 R/S 分析,显然是一种处于探索阶段的方法。基于表征地理空间经济活动指标的可获取性不佳的限制以及经济数据连续性、可比性的要求,本节的数据选取时域只截选了 19 年的数据,但创新之处在于完整地证明和运用了 R/S 分析,即运用前提条件证明、数据处理、结果分析说明。分析结果以及预测符合 1996 年以后基尼系数增大,我国区域经济差异扩大的实际情况,这说明了 R/S 分析方法可以运用于区域系统的时间序列分析。

四、分形理论在人口系统分析中的应用

人口系统是属于区域系统中的一个子系统。在 19 世纪末 20 世纪初,人口理论发展比较快,出现了适度人口论,人口转变理论以及稳定人口论。分形理论也涉足进来,以揭示人口现象中所蕴藏的规律性,为人口学提供新思路和新工具。

(一)人口系统的混沌性证明

人类社会是一个复杂的大系统。出生、死亡、迁入、迁出、人与人之间,人与经济、社会和环境之间的作用,构成了一个动力学问题。在 19 世纪,复利公式被运用于人口增长预测中,即:

$$X_n = X_0(1+r)^n$$

式中：X_n 为 n 年后的预测人口数；X_0 是基年的人口数；而 r 是从基年到 n 年间不变的人口年增长率。

如果只考虑第 n 年到第 $n+1$ 年之间所增长的人口数，则

$$X_{n+1} = (1+r)X_n$$

由于这一模型是建立在人口按几何级数增长的假设基础上，对于非稳定人口，它没有考虑自然环境、经济、社会等因素的限制，故不太适合用于科学的人口预测。为此，应加一项反映环境限制的非线性项 bX_n^2，即

$$X_{n+1} = (1+r)X_n - bX_n^2$$

经数学变换可得：

$$X_{n+1} = \mu X_n(1-X_n) = f(\mu, X_n)$$

其中 $\mu = (1+r)$。此式称为 Logistic 映像。在此映像中，必须 $0 < X_n < 1, 1 < \mu < 4$，否则就无意义。由迭代运算发现，此式完全受 μ 值（即人口增长率）的影响。不动点（fixed point）$X^* = \left(1 - \dfrac{1}{\mu}\right)$。由动力学稳定条件 $|f'(X^*)| < 1$ 可知，只有当 $1 < \mu < 3$ 时，这个不动点才是稳定的。当 $\mu > 3$ 时，这个不动点就变成不稳定点，"分裂"成一对新的稳定不动点 X_1^* 和 X_2^*，形成周期为 2 的振荡。这是分岔现象。

在现实生活中究竟有没有这种交替振荡，需要长期的观察。但是，倍周期分岔理论可以帮助我们去找出影响人口发展过程的最基本的因素。因为分岔谱和混沌带有无穷嵌套的几何结构，同一种行为在越来越小的尺度上重复出现，这是分形的特点。系统演化的轨迹还可形成奇怪吸引子。由理论研究可知，该过程将形成一个多重分形。

（二）中国人口发展的 R/S 分析

用 R/S 分析影响我国人口发展的两个重要因素[1]：出生率、死亡率以及两者的直接作用结果——总人口数和自然增长率的发展趋势。所采用的分析数据是从 1949—1990 年这 4 项指标各年的变化数据（见表 9-1）。

计算过程参见前述 R/S 分析过程。将以上 4 个分析指标作为 $B(t)$，计算出 H 指数，记为 $_{y_2}^{y_1} H(y_1' - y_2')$。$y_1, y_2$ 是选取数据的起始、终止年份，$y_1' - y_2'$ 表示该起止年内所拟合的区间。为便于直观分析，定义并绘制 H 指数曲线图，简称 H 图形。横坐标为年份，纵坐标为 H 值。

---

[1] 陈嵘，王放等.中国人口发展的 R/S 分析.中国人口科学，1992(4)：27～32

表 9-1 中国历年总人口数、出生率、死亡率、自然增长率（1949—1990 年）

年份	总人口数/万人	出生率/‰	死亡率/‰	自然增长率/‰	年份	总人口数/万人	出生率/‰	死亡率/‰	自然增长率/‰
1949	54 167	36.00	20.00	16.00	1970	82 992	33.43	7.60	25.83
1950	55 196	37.00	18.00	19.00	1971	85 229	30.65	7.32	23.33
1951	56 300	37.80	17.80	20.00	1972	87 177	29.77	7.61	22.16
1952	57 482	37.00	17.00	20.00	1973	89 211	27.93	7.04	20.89
1953	58 796	37.00	14.00	23.00	1974	90 859	24.82	7.34	17.48
1954	60 266	37.97	13.18	24.79	1975	92 420	23.01	7.32	15.69
1955	61 465	32.60	12.28	20.32	1976	93 717	19.91	7.25	12.66
1956	62 828	31.90	11.40	20.50	1977	94 974	18.93	6.87	12.06
1957	64 653	34.03	10.80	23.23	1978	96 259	18.25	6.25	12.00
1958	65 994	29.22	11.98	17.24	1979	97 542	17.82	6.21	11.61
1959	67 207	24.78	14.59	10.19	1980	98 705	18.21	6.34	11.87
1960	66 207	20.86	25.43	−4.75	1981	100 072	20.91	6.36	14.55
1961	65 859	18.02	14.24	3.78	1982	101 590	21.09	6.60	14.49
1962	67 295	37.01	10.02	26.99	1983	102 764	18.62	7.08	11.54
1963	69 172	43.37	10.04	33.33	1984	103 876	17.50	6.69	10.81
1964	70 499	39.14	11.50	27.64	1985	105 044	17.80	6.57	11.23
1965	72 538	37.88	9.5	28.38	1986	106 529	20.77	6.69	14.08
1966	74 542	35.05	8.83	26.22	1987	108 073	21.04	6.65	14.39
1967	76 368	33.96	8.43	25.53	1988	109 614	20.78	6.58	14.20
1968	78 534	35.59	8.21	27.38	1989	111 191	20.83	6.50	14.33
1969	80 671	34.11	8.03	26.08	1990	113 368	20.98	6.28	14.70

在某一起止年内，例如 1949—1990 年，将 $_{49}^{90}H$(1949—1951)（该点的横坐标 1951 年，以下类似）、$_{49}^{90}H$(1949—1952)、$_{49}^{90}H$(1949—1953)、…、$_{49}^{90}H$(1949—1990)共 40 个点连成一条曲线，起点为(1949.0)点。然后，将拟合区间后移一年，即 $_{49}^{90}H$(1950—1952)、$_{49}^{90}H$(1950—1953)、…、$_{49}^{90}H$(1950—1990)共 39 个点连线。以此类推则得 1949—1990 年间的 H 图

第四节 分形理论及其在区域系统分析中的应用

形。

计算结果:作 1949—1990 年中国总人口数的 $\ln \tau - \ln R/S$(见图 9-10),得到拟合直线,斜率为 $^{90}_{49}H(1949—1990) = 0.74$。具有较为明显的正相关。

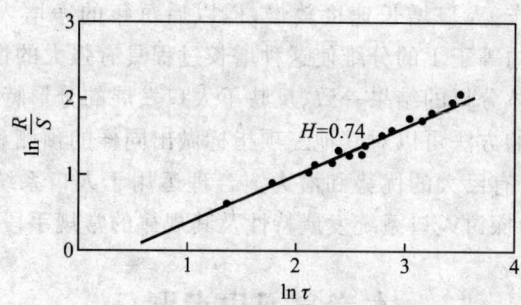

图 9-10 1949—1990 年间中国总人口数的 $\ln \tau$ 和 $\ln R/S$

根据数据作出中国总人口数的 H 图形,其中包含 40 条 H 指数曲线,这些曲线按其走向趋势大致分为 3 组:1949—1958 年,1959—1961 年,1962—1990 年,同时在 1966 年左右有弯曲。这 3 组 H 曲线相对集中,故选出:

$$^{90}_{49}H(1959—1990) = 0.71 \qquad D_H = 1.29$$

作出 1959—1990 年的 H 图形,发现其中 H 值均大于 0.5,D_H 则小于 1.5,而且还有 1974 年以来的突变。选出:

$$^{90}_{49}H(1974—1990) = 0.62 \qquad D_H = 1.38$$

通过对总人口数 H 指数变化的分析,我们可以看到,40 余年来,中国人口数量是逐步增加的,未来 40 年里必将有与过去相同的变化,即人口将继续增加。而且由于 H 值偏离 0.5 较远,维数接近 1,故这种正相关较明显。这正是所谓的"滞后效应"。虽然中国从 1974 年开始开展计划生育,1980 年提倡一对夫妇只生一个孩子,使得人口增长率大为下降,但由于人口的惯性增长、生育率控制的不稳定性以及中国的人口基数大,中国人口在未来 40~50 年间仍将继续增长。新中国建国 40 年来,中国的经济形势变化很大,特别是人口政策的重大改变,导致人口发展过程产生一些突变。这些突变也能通过 H 指数得到反映。1949—1958 年间,新中国的国民经济迅速恢复和发展,城乡人民的物质生活水平和身体健康水平都有一定程度的提高,形成了人口迅速增长的局面。这期间的 H 值约为 0.5,表明建国初期的 10 年,中国的人口发展在纯自然状态下运行。由于没有采取任何人口控制措施,使得人口数量持续高速增长。由

H 值反映的 1962 年、1966 年、1974 年等的突变,原因十分明显;1962 年以后人口出现补偿性回升。到 1966 年左右,由于文化大革命造成生育上的无政府状态,直到 1974 年 H 值开始下降,但仍保持远大于 0.5 的势头。1973 年 8 月,国务院成立计划生育领导小组,在全国范围内大力开展计划生育工作,人口增长速度放慢,但以后每年的净增人数仍相当可观。这是由于约等于 1 的分维使这种增长过程具有强大的惯性。分段考虑的结果与整体分析的结果一致,反映了人口发展的分形特征。

依照同样的方法可以对其他三项指标做出同样的预测和分析。结果表明,分形理论有巨大的优势和潜力。合理运用于人口系统这样的混沌系统,可以成为探讨人口系统发展特性及其规律的常规手段。

本章复习思考题

1. 简述系统动态学研究问题的基本思路。
2. 写出系统动态学的几种主要方程,并解释其意义和应用。
3. 根据系统动态学原理,将图 9-1、图 9-2、图 9-3 细化,并写出几个关键方程。
4. 以你家乡为例,绘出人口-资源-环境之间关系的粗略框图。
5. 试举出区域系统中分形的例子。
6. 试计算我国城市体系的分形特征(数据到城市统计年鉴中找)。

主要参考文献

1 詹姆斯 O 威勒,彼得 O 穆特著.空间经济分析.王兴中,李晓宝等译.乌鲁木齐:新疆人民出版社,1988
2 方创琳.区域发展规划论.北京:科学出版社,2000
3 陈宗兴等.经济活动的空间分析.西安:陕西人民出版社,1988
4 崔功豪等.区域分析与规划.北京:高等教育出版社,1999
5 郭腾云,陆大道等.中国开放政策对区域发展的作用.地理学报,2001(9)
6 韩渊丰,张治勋,赵汝植主编.区域地理理论与研究方法.西安:陕西师范大学出版社,1993
7 李小建等.20世纪90年代中国县际经济差异的空间分析.地理学报,2001(2)
8 林炳耀.计量地理学概论.北京:高等教育出版社,1985
9 林德金等.政策研究方法论.延吉:延边大学出版社,1991
10 刘思华主编.可持续发展经济学.武汉:湖北人民出版社,1997
11 卢纹岱等. SPSS FOR WINDOWS.北京:电子工业出版社,1999
12 陆大道,刘毅,樊杰.我国区域政策实施效果与区域发展的基本态势.地理学报,1999(6)
13 陆大道.区位论及区域研究方法.北京:科学出版社,1988
14 陆玉麒.区域发展中的空间结构研究.南京:南京师范大学出版社,1998
15 钱纳里等.发展的形式:1950—1970.李新华等译.北京:经济科学出版社,1988
16 秦耀辰.区域系统模型及其应用.开封:河南大学出版社,1994
17 王黎明.区域可持续发展——基于人地关系地域系统的视角.北京:中国经济出版社,1998
18 王应明.判断矩阵排序方法综述.决策与决策支持系统,1995,5(5)
19 王铮,丁金宏.区域科学原理.北京:科学出版社,1994
20 魏翠萍,章志敏.一种改进矩阵一致性的算法.系统工程理论与实践,2000,20(8)
21 魏后凯,贺灿飞等.外商在华直接投资动机与区位因素分析.经济研

究,2001(2)
22 吴殿廷.长白山区特产资源开发研究.自然资源,1992(6)
23 吴殿廷等.吉林省非金属矿产资源开发中的几个问题.系统工程理论与实践,1997(5)
24 吴殿廷等.区域经济发展研究:理论、方法与实践.长春:吉林科学技术出版社,2001
25 吴殿廷主编.区域分析与规划.北京:北京师范大学出版社,1999
26 吴殿廷主编.区域经济学.北京:科学出版社,2003
27 徐建华.现代地理学中的数学方法.北京:高等教育出版社,1994
28 姚德民主编.管理系统工程.长春:吉林科学技术出版社,1986
29 张超,杨秉赓.计量地理学基础.北京:高等教育出版社,1991
30 Scott A J. Global City-Regions: Trends. Theory. Prospects. Oxfbrd: Oxford University Press, 2000
31 Scott A J, Paul A S. Collective Order and Economic Regulation in Industrial Agglomerations: The Technopoles of Southern California, Environment and Planning C: Government and Polics, 1990
32 Scott A J, Soja E W. The City: Los Angles and Urban Theory at the End of the Twentieth Century. Berkeley and Los Angeles: University of California Press, 1996
33 Scott A J. Regions and the World Economy: The Coming Shape of Global Production, Competitiot and Political Order. Oxford: Oxford University Press,1998
34 Uallachain B. The Identification of Industrial Complexes. Annals of the Association of American Geographers, 1984(74)
35 Babble,Earl R. Survey Research Methods,2nd edition. Belmont CA: Wadsworth,1990
36 Baeley, Kenneth D. Methods of Social Reseach. New York: Free Press,1978
37 Baroach,Eejgene. Problems of Problem Definition in Policy Analysis, In: Crecine J P. Research in Public Policy Analysis and Management. Greenwich C T:JAI Press,1981
38 Beatley. Temothy. Applying Moral Principles to Growth Management. Journal of the American Planning Auociation,1984,50(4)
39 Behn,Robert D. Policy Analysis and Policy Politics,Policy Analysis, 1981(2)

40　Brightman, Harvey J. Problem Solving: A Logical and Creative Approach. Atlanta: Georgia State University Business Press, 1980
41　C. Cindy Fan. The Vertical and Horizontal Expansions of China's City System. Urban Geography, 1999, 20(6)
42　Carl V. Patton and David S. Sawicki. Basic Methods of Policy Analysis and Planning. Englewood Cliffs, Prentice-Hall, 1993
43　Carley, Micemeed. Rational Techniques in Policy Analyisi. London: Heinemann, 1980
44　Chekland, Peter B. Formulating Problems for Systems Analysis. In Handbook of systems analysis: Overview of USA, Procedures, Application, and practice, ed. Hugh J Miser and Edward S. Quade. New York: North Holland, 1985
45　Cooke P N. Back to the Future: Modernity, Postmodernity and Locality. London: Unwin Hyman, 1990
46　Cooke P N. Individuals, localities and postmodernism. Environment and planning D: Society and Space, 1987(5)
47　David A. Plane, A Systemic Demographic Efficiency Analysis of U.S. Interstate Population Exchange, 1935—1980, Economic geography, 1984, 60(4)
48　David A. Plane, Age-Composition Change and the Geographical Dynamics of Interregional Migration in the U.S. Annals of the Association of American Geographers, 1992, 182(1)
49　David L, Haff, James M, et al. A Geographical Analysis of the Innovativeness of States. Economic geography, 1988, 64(2)
50　Donahue, Anne Marie, et al. Ethics in Poiittcs and Government, New York: H. W. Wilson, 1989
51　Leanler E. Trade, wages and revolving door ideas. NBER Working Papers seies, 1994(4716)
52　Soja E W. Postmetropolis: Critical Studies of Cities and Regions. Oxford: Biadwell, 2000
53　Eddings, Jerelyn. Atlanta goes for Olympic gold. U. S. News & World Report, 1995, 6(119)
54　Formainl R. The Myth of Scientific Public policy, New Brunswick, Transaction Books, 1990
55　Fowler, Floyd J. Survey Research Methods. Newbury Park, Sage,

1988.
56 Demko G. Regional Development: Problems and Policies in Eastern and Western Europe. Groom Helm Ltd, 1984
57 Gordon, Clark. Dynamics of Interstate Labor Migration. Annals of the Association of American Geographers, 1982, 72(3)
58 Grosman S, Hart O. The Cost and Benefits of Ownership: A Theory of Vertical Integration. Journal of Political Economy, 1986(94)
59 Armstrong H, Taylor J. Regional Economics and Policy. Cambridge University Press, 1985
60 Hall, Peter A. Policy Paradigms, Experts and the State: The Case of Macroeconomic Policy-Making in Britain. In Social Scients, Policy and the State, ed. Stephen Brooks and Alain-G. Gagnon-New York: Praeger, 1990
61 Hatry H P, Richard E W, Donald M F. Practical Program Evaluation for State and Local Government Officials, 2nd ed. Washington D C: Urban Institute, 1981
62 Heeneman, Robert A. The World of the Policy Analyst: Rationality, Values and Politics. Chatham N J: Chatham House, 1990
63 Allen J et al. Rethinking the Region. London: Routledge, 1998
64 Wheeler J O. Information Flows among Major Metropolitan Areas in the Unites States. Annals of the Association of American Geographers, 1989, 79(4)
65 Rodras J E. The Changing Map of American Poverty in an Era of Economic Restructuring and Political Realignment. Economic geography, 1997, 73(1)
66 Hudson J C. North American Origins of Middlewestern Frontier Populations. Annals of the Association of American Geographers, 1988, 78(3)
67 Newhold K B. Spatial Distribution and Redistribution of Immigrants in the Metropolitan United States. Economic geography, 1999, 75(3)
68 Ohmae K. The End of the Nation State, New York: Free Press, 1995
69 Butzer K W. The Americas before and after 1492: An Introduction to Current Geographical Reserch. Annals of the Association of American Geographers, 1992, 82(3)
70 Kavita P, Emilio C. The Shifting Patterns of Sectoral Labor Alocation

during Development: Developed Versus Developing Countries. Annals of the Association of American Geographers,1989, 79(3)

71 Krugman P. Geography and Trade. Gambridge. Massachusetts: The Mit Press,1991

72 Laurence, Ma J C. Administrative Changs and Urban Population in China. Annals of the Association of American Geographers,1987,77 (3)

73 Long Gen Ying. China's Changing Regional Disparities during the Reform Period. Economic geography, 1999,75(1)

74 Castells M. The Rise of the Network Society. Oxford: Blackwell, 1996

75 Porter M. Regions and the new economics of competition. In:Scott A J. Global City-Regions. Oxford: Oxford University Press, 2000

76 Storper M. The Regional World: Territorial Development in a Global Economy. New York: Guilford,1997

77 Massey D, Allen J. Geography Matters! A Reader. Cambridge: Cambridge University Press, 1984

78 Massey D. Spatial Division of Labour: Social Structures and the Geography of Production. London: Macmillan,1984

79 Meehan,Eugene J. Ethics for policymaking: A Methodological Analysis. New York:Greenwood Press,1990

80 Mills. Miream K. Conflict Resolution and Public Politics,Planning,and the Public Internest. New York:Greenwood Press,1990

81 Krugman P, Lawrence R. Trade,jobs and wages. NBER Working Paper series,1993

82 Knox P L. World cities and the organization of global space. In: Johnston R J, Taylor P J,Watts M J. Geographies of Global Change: Remapping the World in the Late Twentieth Century. Oxford: Blackwell, 1995.232~247

83 Palumbo,Dennis J,Donald J. In: Dennis J P,Donald J C. Implementation and the Policy Process:Opening up the Black Box. New York: Greenwood Press,1990

84 Putnam R D. Making Democracy Work: Civic Traditions in Modern Italy. Princeton: Princeton University Press,1993

85 Lawrence R, Slaughter M. International trade and American wages in

the 1980s: giant sucking sound or small hiccup?. Brookins Paper on Economic Activity. Macroeconomics. 1993

86　Miller R, Blair P. Input-Output Analysis: Foundations and Extensions. Englewood Cliffs, NJ: Prentice-Hall, 1985

87　Schein R H. The Place of Landscape: A Conceptual Framework for an American Scene. Annals of the Association of American Geographers, 1997, 87(4)

88　Morrill R. Development, Diversity and Regional Demographic Vasriability in the U. S. Annals of the Association of American Geographers, 1992, 82(1)

89　Valenion T N, Michael F G. Modeling Interegional Interaction: Implications for Defining Functional Regions. Annals of the Association of American Geographers, 1992, 82(1)

90　Van Dyke, Vernon. Equality and Publicy. Chicago: Nelson-Hall, 1990

91　Cline W. Trade and Income Distribution. Washington D C: Institute for International Economics, 1997

92　Williamson J G. Regional Inequality and the Process of National Development: A Description of the Patterns. Economic Development and Cultural Change, 1965, 13(4)

93　Wolman, Harold. Local Economic Development Policy Analysis and Political Behavior. Journal of Urban Affairs, 1988, 10(1)

94　Yehua Dennis Wei. Regional Inequality in China. Progress In Human Geography, 1999, 23(1)

后　　记

　　这是一部面向经济学、地理学和管理科学等学科有关专业硕(博)士研究生的课程教材,与区域经济学、经济地理学、区域分析与规划等本科生课程衔接配套,试图从系统科学的角度,用数学模型的方法,对区域运动规律作出客观而严谨的阐释。

　　区域及其发展异常复杂,区域系统分析内容十分庞杂,这里着重于时间和空间两个侧面,以及宏观和中观两个层面的分析思路与方法,区域发展的内在规律和微观机制涉猎较少。

　　本教材是北京师范大学地理学与遥感科学学院多年研究生教学、科研成果的总结,也是集体合作的成果。田杰参与了第一章、第二章和第四章,杜瑜参与了第九章部分文稿的写作;梁进社教授、周尚意教授给予了一些帮助;王静爱教授、史培军教授、葛岳静教授、王世君教授,宋金平博士、张文新博士、朱青博士等参与了案例研究;张梅青、马丽、季晟、李雁梅、武聪颖等研究生帮助整理了一些素材。特此说明和致谢。

　　天地修远,上下求索。一般教材强调系统性、权威性,但作为研究生教材,必须注重探索性、前沿性。从这个角度说,本书更像是一部专著,是专著性教材,书中难免存在错漏之处,欢迎读者批评指正。

　　本教材的出版,得益于教育部研究生工作办公室、高等教育出版社和北京师范大学研究生院的支持,得到了徐丽萍、马晓云、陈海柳女士的直接帮助,特致谢意。

吴殿廷

2003 年国庆节

于北京师范大学

图书在版编目(CIP)数据

区域分析与规划高级教程/吴殿廷编著. —北京:高等教育出版社,2004.6(2006重印)
ISBN 7-04-014466-2

Ⅰ.区… Ⅱ.吴… Ⅲ.区域规划-研究生-教材 Ⅳ.TU982

中国版本图书馆 CIP 数据核字(2004)第 025814 号

策划编辑	徐丽萍	责任编辑	陈海柳	封面设计	李卫青
责任绘图	杜晓丹	版式设计	史新薇	责任校对	朱惠芳
责任印制	朱学忠				

出版发行	高等教育出版社	购书热线	010-58581118
社　　址	北京市西城区德外大街4号	免费咨询	800-810-0598
邮政编码	100011	网　　址	http://www.hep.edu.cn
总　　机	010-58581000		http://www.hep.com.cn
		网上订购	http://www.landraco.com
经　　销	蓝色畅想图书发行有限公司		http://www.landraco.com.cn
印　　刷	北京明月印务有限责任公司	畅想教育	http://www.widedu.com
开　　本	787×960　1/16	版　次	2004年6月第1版
印　　张	21.25	印　次	2006年12月第2次印刷
字　　数	360 000	定　价	31.80元
插　　页	1		

本书如有缺页、倒页、脱页等质量问题,请到所购图书销售部门联系调换。

版权所有　侵权必究

物料号　14466-00

郑 重 声 明

高等教育出版社依法对本书享有专有出版权。任何未经许可的复制、销售行为均违反《中华人民共和国著作权法》，其行为人将承担相应的民事责任和行政责任，构成犯罪的，将被依法追究刑事责任。为了维护市场秩序，保护读者的合法权益，避免读者误用盗版书造成不良后果，我社将配合行政执法部门和司法机关对违法犯罪的单位和个人给予严厉打击。社会各界人士如发现上述侵权行为，希望及时举报，本社将奖励举报有功人员。

反盗版举报电话：(010) 58581897/58581698/58581879/58581877
传　　真：(010) 82086060
E - mail：dd@hep.com.cn 或 chenrong@hep.com.cn
通信地址：北京市西城区德外大街 4 号
　　　　　高等教育出版社法律事务部
邮　　编：100011

购书请拨打电话：(010) 58581118